Tricot · Courbes et dimension fractale

Springer
*Berlin
Heidelberg
New York
Barcelone
Hong Kong
Londres
Milan
Paris
Singapour
Tokyo*

Claude Tricot

Courbes et dimension fractale

Préface de Michel Mendès France

2ème édition augmentée

 Springer

Claude Tricot
Université Clermont Ferrand II
Département de Mathématiques
F-63177 Aubière Cedex

Mathematics Subject Classification (1991): 28A80

Die Deutsche Bibliothek - CIP-Einheitsaufnahme

Tricot, Claude :
Courbes et dimension fractale / Claude Tricot. Préf. par Michel
Mendès France. - 2. éd. - Berlin ; Heidelberg ; New York ; Barcelona ;
Hongkong ; London ; Mailand ; Paris ; Singapur ; Tokio : Springer,
1999
  ISBN 3-540-65504-2

ISBN 3-540-65504-2 Springer-Verlag Berlin Heidelberg New York
ISBN 3-540-56748-8 1ère édition Springer-Verlag Berlin Heidelberg New York

Tous droits de traduction, de reproduction et d'adaptation réservés pour tous pays. La loi du
11 mars 1957 interdit les copies ou les reproductions destinées à une utilisation collective. Toute
représentation, reproduction intégrale ou partielle faite par quelque procédé que ce soit, sans le
consentement de l'auteur ou de ses ayants cause, est illicite et constitue une contrefaçon sanc-
tionnée par les articles 425 et suivants du Code pénal.

© Springer-Verlag Berlin Heidelberg 1999
- composé sous TEX (L^TEX) par l'auteur
- mise-en-page: macros Springer-TEX
- maquette de couverture: Struve u. Partner, Heidelberg
- imprimé en Italie

SPIN: 10704818   41/3143 - 5 4 3 2 1 0 - Imprimé sur papier non acide

Ce livre est dédié à
My Hanh

Préface

Un mathématicien, pur et authentique, n'a jamais vu de courbe. Une courbe est un objet mathématique infiniment mince, donc invisible. Et cependant, nous avons tous cru voir des droites, des cercles, des paraboles... lorsque potaches au lycée nous apprenions les éléments de géométrie euclidienne.

E. Mach voulait supprimer de la physique tout ce qu'on ne pouvait percevoir, toute entité métaphysique. Son point de vue profondément réaliste a eu une influence décisive sur nombre de savants. Claude Tricot nous dit ici qu'une courbe, c'est une courbe dessinée, c'est-à-dire une courbe épaisse et visible. Elle a l'épaisseur du crayon, de la plume, de la craie au tableau noir. Elle est la trace laissée par la particule fantôme dans la chambre à bulles. La courbe abstraite, celle qu'on ne voit pas et qui ne nous concerne pas, c'est l'intersection de toutes les courbes épaisses qui la contiennent. Ce sont ces courbes épaisses que Claude Tricot étudie et dissèque. Il s'intéresse en particulier à la façon dont les détails et les irrégularités apparaissent alors que l'épaisseur décroit.

Ce point de vue n'est pas nouveau. Il date de Hausdorff et de Bouligand au début du siècle. Mais l'originalité de l'auteur c'est sans doute d'avoir su pousser cette étude comme nul autre avant lui. Son approche "réaliste" (positiviste?) a une conséquence importante. Le livre qu'on va lire ne s'adresse pas seulement au mathématicien perdu dans son univers abstrait, mais aussi à l'ingénieur qui se bat contre la rigueur incontournable de la réalité. Le mot rigueur pourrait être rapproché du mot rugosité. On aimerait arrondir et contrôler l'un et l'autre. La matière est rugueuse; sa description exige donc une approche "fractale".

Ce livre traite de fractals, ces objets complexes dont B. Mandelbrot a montré l'ubiquité aussi bien dans la nature que dans les théories abstraites. La géométrie fractale a connu un extraordinaire développement depuis qu'en 1967 B. Mandelbrot a montré que la côte bretonne avait une dimension qui dépasse l'unité. A vrai dire la théorie n'a vraiment pris son essor qu'au début des années 80, toujours sous l'irrésistible impulsion de son auteur à qui on doit plusieurs très beaux ouvrages et un grand nombre d'articles dans les revues scientifiques.

La rigueur a sa beauté et la beauté possède sa poésie. Le mathématicien, l'ingénieur, le physicien et le biologiste trouveront dans le livre de Claude Tricot matière à réflexion et à rêverie.

Michel Mendès France

Avant-propos de l'édition 1999

Certains lecteurs de cet ouvrage l'ont trouvé lisible, et cela m'a encouragé à persévérer dans ce style de mathématiques. J'ai voulu du coup augmenter sensiblement cette deuxième édition. Tous les chapitres ont été relus et certains ont subi d'importantes modifications, surtout dans la troisième partie (la partie "fractale"). Dans l'essentiel:

Le chapitre sur les fonctions non dérivables (ancien chapitre 12) a été divisé en deux, un chapitre sur l'analyse mathématique et l'autre sur les principaux modèles. On y trouvera en particulier de nouveaux indices de rugosité calculés à partir de normes fonctionnelles.

Celui sur les approximations d'une courbe par des enveloppes convexes locales (ancien chapitre 15) a reçu une présentation différente. On montre comment les différentes méthodes pour "parcourir" une courbe (telle la méthode par pas égaux, ou méthode du compas) peuvent donner lieu à des *dimensions* ou *indices* différents, et différents de la dimension fractale classique.

Deux nouveaux chapitres ont été ajoutés, sur le sujet des multifractales, c'est-à-dire des mesures fractales et singulières. Les notions de base (mesure, ensemble de mesure nulle) étant acquises dans les chapitres antérieurs, cela se pouvait faire sans digression et en restant dans le cadre du livre. J'ai rencontré beaucoup de chercheurs découragés par l'apparent hermétisme du sujet, lorsqu'il se présente dans un contexte mathématique. Mais d'autres présentations, dans un style qui se veut libre, large et sans rigueur, peuvent aussi décourager par un manque de détail, et même un certain relâchement, dans l'énoncé des preuves et des définitions. Une fois de plus j'ai fait le pari d'une présentation à la fois simple et précise du sujet. L'exercice est difficile et je me vois obligé de solliciter l'indulgence. Les chapitres 20 et 21 présentent donc l'essentiel du sujet, c'est-à-dire les deux types d'analyse, *locale* et *ponctuelle*, et montrent comment ces deux approches diffèrent et se complètent. Dans la logique de l'exposé il a fallu introduire la fameuse *dimension* de Hausdorff, ce que j'avais évité jusque-là. Il n'est d'ailleurs pas nécessaire pour cela de passer par les *mesures de Hausdorff*, qui appartiennent à une théorie de la mesure plus abstraite. Ces chapitres se terminent par des considérations générales sur le spectre multifractal des fonctions, avec une certaine traduction du "formalisme multifractal".

Je tiens à remercier ceux de mes anciens collaborateurs qui ont pris une part active à cette deuxième édition, ainsi que Louis-Antoine Blais-Morin qui s'est chargé des nouvelles figures. La maison d'édition m'avait proposé la sortie de ce livre pour la rentrée 1997! Je la remercie de sa patience, et de ses encouragements. J'ai changé de pays et d'institution entre temps, ce qui n'a pas été sans retarder nos projets.

Claude Tricot
1er Mars 1999

Avant-propos

C'est surtout aux spécialistes en sciences expérimentales que cet ouvrage s'adresse. Ils reconnaissent l'importance de bonnes bases mathématiques dans leur recherche, mais bien souvent ils n'ont ni le temps, ni le goût, de s'attaquer aux ouvrages écrits dans le style ordinaire aux mathématiques pures. Il y a dans ce style en effet des arcanes, un hermétisme, qui ont conduit maint lecteurs, méritants mais découragés, à proclamer que les mathématiques de haut niveau constituaient un domaine de luxe, réservé à de rares heureux. Ou encore, attitude moins commune, mais peut-être encore plus dangereuse, à se laisser entraîner, enivrer, par une démarche méthodologique qui donne l'impression d'une science parfaite, où l'on manipule des concepts abstraits, où la vérité semble ressortir directement des axiomes, et où tout, finalement, se transforme en pur discours.

Nous nous sommes efforcés, au cours de ces pages, de faire de bonnes mathématiques sans tomber dans le discours. C'est un risque à prendre: on peut en effet paraître trop loin des problèmes concrets aux yeux des expérimentateurs; et en même temps, imprécis, sans généralité suffisante aux yeux de collègues plus puristes, épris d'extrême précision. Ce qu'on peut y gagner en revanche, c'est un livre où un scientifique sérieux, qui connaît l'importance des mathématiques sans en être spécialiste, puisse trouver des idées et des méthodes qui éclairent sa recherche.

En effet, il n'y a rien de si mal connu que les courbes, leurs propriétés géométriques ou analytiques. Le sujet est même si vaste, qu'il nous a fallu le restreindre d'emblée: nous ne parlons que de **courbes simples**, décrites **dans un plan**. Pour un spécialiste en Topologie, de telles courbes ont les mêmes caractéristiques qu'un segment de droite, et il n'y a pas grand'chose de plus à en dire. Mais dès que l'on quitte la stratosphère de l'*analysis situs*, on est obligé de s'apercevoir qu'il existe une infinie variété de courbes, parmi les modèles mathématiques de trajectoires, de contours d'agrégations, de côtes géographiques, ou de profils de surfaces rugueuses. Il faut savoir les caractériser, et tout d'abord les classer. Il y a deux familles de courbes, celles de **longueur finie**, et celles dont les courbes polygonales d'approximation ont une longueur aussi grande que l'on veut lorsque la précision augmente, et qui sont dites de **longueur infinie**.

Une partie de l'analyse des courbes se fait par des intersections avec des droites. Ces intersections peuvent comporter un nombre fini de points, mais elle peuvent aussi être des ensembles du type Cantor. C'est pourquoi nous avons cru devoir réserver les trois premiers chapitres aux **ensembles de mesure nulle** sur la droite. C'est un thème ancien, cher à Cantor, Borel et Hausdorff, qui permet d'introduire la "dimension" au sens de Bouligand, l'un des principaux outils d'analyse de cet ouvrage.

La deuxième partie traite des courbes de longueur finie, ou **rectifiables**, de leurs propriétés locales, et des diverses façons qui existent de définir ou de calculer leur longueur. Il s'agit là aussi d'un thème ancien, mais presque oublié, car il a disparu des programmes d'études supérieures. On ne le retrouve que dans des ouvrages de théorie de la mesure, mais complètement noyé, défiguré, sous l'effet d'une généralisation abusive. Il est intéressant, et certainement utile, de retrouver ces anciens théorèmes; cependant tout n'a pas été dit sur ce sujet, et il y a encore place à des réflexions neuves.

Enfin, la troisième partie traite des courbes de longueur infinie, ou **non rectifiables**, et surtout des courbes **fractales**. Cette étude est donc plus restreinte que celle des ensembles fractals en général, telle qu'introduite et popularisée par Benoît Mandelbrot. Pourtant, même dans le cas particulier des courbes, on s'étonne de constater à quel point les notions sur ce sujet sont rares et floues, bref, non mathématiques. Et l'imprécision de la pensée rend évidemment la démarche scientifique peu assurée en pratique. Combien pensent encore que la côte Ouest de la Grande-Bretagne est une courbe présentant une structure de similitude interne (*self-similar*)? Qu'on en peut évaluer la dimension fractale avec la méthode dite du compas? Que la dimension d'une courbe s'obtient en ajoutant 1 à celle de son intersection avec une droite? Et ainsi de suite. Nous nous sommes efforcés dans cet ouvrage de garder des définitions absolument claires des mots employés; et d'en déduire, au fur et à mesure, des notions, des méthodes de calcul, parfois bien connues, parfois nouvelles, mais toujours dans un but d'applications pratiques. C'est la raison pour laquelle nous ne parlons jamais de la **dimension de Hausdorff**, cet excellent outil de théorie de la mesure, dont nous croyons qu'il ne servira jamais à rien, tel qu'il est, pour l'étude des courbes provenant de la physique, de la biologie ou de l'ingénierie. Nous espérons avoir fait un pas dans la bonne direction en introduisant des paramètres calculables qui peuvent servir, de façon directe, à une bonne étude statistique d'une courbe. Dans cet ordre d'idées, nos discussions avec des scientifiques, physiciens ou ingénieurs, sur les meilleures caractérisations des courbes expérimentales, nous ont été extrêmement utiles.

Donnons quelques précisions sur ce texte.

— Il y a dix-huit chapitres en tout, avec des illustrations aussi nombreuses que possibles, pour éclairer la lecture. Des annexes donnent quelques compléments de mathématiques: la plus importante concerne la convexité, dont nous faisons un grand usage dans l'analyse locale d'une courbe.

— On n'y retrouvera pas la succession classique de définitions, propositions et théorèmes numérotés, enfin tout le mécanisme du style mathématique actuel: nous espérons qu'à l'exemple des ouvrages du début du siècle, celui-ci y gagnera en clarté et en intérêt. Presque toutes les démonstrations des résultats énoncés s'y trouvent, afin d'aider ceux qui voudraient approfondir ou développer tel ou tel point. Cependant, chacune se trouve encadrée par les deux signes ▶ ◀, pour la mettre hors-texte: cela pourrait aider le lecteur à ne pas se perdre dans des détails techniques. Le symbole ◊, assez souvent employé, remplace le mot "Remarque".

— Une partie bibliographique se trouve à la fin de presque tous les chapitres. Les références sont peu nombreuses, surtout dans la partie "fractale" : nul n'est dispensé de consulter les bibliographies d'autres ouvrages sur ce sujet. Ce livre est complémentaire, sur certains points; mais non exhaustif. D'ailleurs, la science fractale est encore assez neuve; et l'avenir nous aidera à filtrer les vraiment bonnes idées.

— L'arrangement du texte est assuré par le logiciel TEX. Pour les figures, différents logiciels ont été mis à contribution, notamment *Mathematica*[1], *Illustrator*[2], et le nouveau logiciel *Analyse fractale*, élaboré sur mesure dans notre équipe, et qui sait faire les attracteurs, les saucisses de toutes formes, et les calculs de dimension.

Je tiens à remercier Michel Mendès France d'avoir bien voulu écrire une préface. Il reste en effet pour moi un modèle, dans la simplicité de son style et la hardiesse de ses idées. Le fait que son nom apparaisse ainsi en tête du livre, est d'excellent augure; c'est aussi, un peu, l'indication de ce que j'ai tenté de réaliser.

C'est un plaisir pour moi que de reconnaître l'aide considérable fournie par l'équipe, à tous les niveaux: Stéphane Baldo, François Normant, Salim Salem pour l'aspect scientifique, Emmanuelle Goulet, Pierre Ferland, Axel van de Walle pour le processus informatique, Frédéric Latreille, Uong Dinh Bich Chau, Axel van de Walle encore pour les illustrations. Ils ont déployé énormément d'enthousiasme, d'esprit critique et d'esprit d'initiative, au cours des phases successives d'un ouvrage dont l'élaboration a été longue. Peut-être, avec leur aide, la pesanteur de ma plume se fera-t-elle un peu moins sentir à l'honorable lecteur.

Claude Tricot
1er Avril 1992

---

[1] Marque déposée par *Wolfram Research Inc.*
[2] Marque déposée par *Adobe Inc.*

Table des matières

Partie I. Ensembles de mesure nulle sur la droite

---

1. **Les ensembles parfaits et leur mesure** 1
   - 1.1 Dualité ensemble-mesure 1
   - 1.2 Ensembles fermés et intervalles contigus 3
   - 1.3 Ensembles parfaits 4
   - 1.4 Arbres dyadiques et puissance d'un parfait 6
   - 1.5 Ensembles parfaits symétriques 8
   - 1.6 Représentation des parfaits par des arbres 10
   - 1.7 Références bibliographiques 13

2. **Recouvrements et dimension** 15
   - 2.1 Qu'est-ce que la mesure nulle? 15
   - 2.2 Hiérarchisation des ensembles de mesure nulle 17
   - 2.3 Mesure de Cantor-Minkowski d'un ensemble 19
   - 2.4 Occupation de l'espace et ordres de croissance 21
   - 2.5 Ordres de croissance et dimension 23
   - 2.6 Formulations équivalentes de la dimension 26
   - 2.7 Exemples de calcul de dimension 27
   - 2.8 Quelques propriétés de la dimension 29
   - 2.9 Dimensions supérieure et inférieure 30
   - 2.10 Références bibliographiques 32

3. **Intervalles contigus et dimension** 35
   - 3.1 Raréfaction logarithmique de Borel 35
   - 3.2 Indice de Besicovitch-Taylor 36
   - 3.3 Ordres de croissance équivalents 36
   - 3.4 Les contigus et la dimension fractale 38
   - 3.5 Algorithmes pour le calcul de la dimension 40
   - 3.6 Références bibliographiques 43

Partie II. Courbes rectifiables

4. Qu'est-ce qu'une courbe? ... 45
- 4.1 Quelques types d'ensembles du plan ... 45
- 4.2 Vitesses, trajectoires ... 46
- 4.3 La définition d'une courbe ... 47
- 4.4 Références bibliographiques ... 48

5. Courbes polygonales et longueur ... 51
- 5.1 La rectifiabilité ... 51
- 5.2 Distance de Hausdorff ... 51
- 5.3 Courbes polygonales d'approximation ... 54
- 5.4 La longueur d'une courbe ... 56
- 5.5 Deux notions distinctes ... 58
- 5.6 Mesure de longueur par le compas ... 60
- 5.7 Références bibliographiques ... 61

6. Courbes paramétrées, support d'une mesure ... 63
- 6.1 Paramétrisation par longueur d'arc ... 63
- 6.2 Mesure image ... 64
- 6.3 La longueur, par la vitesse instantanée ... 64
- 6.4 L'escalier du diable ... 66
- 6.5 La longueur, par la vitesse moyenne locale ... 71
- 6.6 Références bibliographiques ... 74

7. Géométrie locale des courbes rectifiables ... 75
- 7.1 Tangente, cône, enveloppes convexes ... 75
- 7.2 Relations entre propriétés locales ... 77
- 7.3 Contre-exemples ... 79
- 7.4 Tangente presque partout ... 82
- 7.5 Longueur locale, presque partout ... 84
- 7.6 Retour sur la rectifiabilité ... 85
- 7.7 Références bibliographiques ... 86

8. La longueur, par des intersections de droites ... 89
- 8.1 Intersections, projections ... 89
- 8.2 Mesure de familles de droites ... 90
- 8.3 Famille des droites coupant un ensemble ... 93
- 8.4 Cas des ensembles convexes ... 95
- 8.5 La longueur, par les droites sécantes ... 97
- 8.6 La longueur, par les projections ... 101
- 8.7 Application: calcul pratique de la longueur ... 102
- 8.8 La longueur, par les intersections aléatoires ... 104
- 8.9 L'aiguille de Buffon ... 106

8.10	Références bibliographiques	106

9. La longueur, par l'aire des boules centrées 109

9.1	Saucisse de Minkowski	109
9.2	La longueur, par l'aire d'une saucisse	110
9.3	Convergence de l'algorithme des saucisses	113
9.4	Réduction des boules à des segments parallèles	115
9.5	Références bibliographiques	117

Partie III. Courbes non rectifiables

10. Courbes de longueur infinie 119

10.1	Qu'est-ce que la longueur infinie?	119
10.2	Deux exemples	121
10.3	Dimension	122
10.4	Quelques exemples de dimension de courbes.	125
10.5	Recouvrements classiques: boules et boîtes.	128
10.6	Recouvrements par des figures quelconques	132
10.7	Recouvrements de courbes par des croix	135
10.8	Références bibliographiques	137

11. Courbes fractales 139

11.1	Qu'est-ce qu'une courbe fractale?	139
11.2	Une courbe fractale est nulle part rectifiable	141
11.3	Diamètre, taille	143
11.4	Caractérisation d'une courbe fractale	145

12. Graphes de fonctions 147

12.1	Courbes paramétrées par l'abcisse	147
12.2	Taille des arcs locaux	148
12.3	Variation d'une fonction	148
12.4	Dimension fractale d'un graphe	152
12.5	Exposant de Hölder	154
12.6	Autres fonctions d'irrégularité	156
12.7	Les dimensions associées $\Delta^{(\alpha,\beta)}(z)$	159
12.8	Calculs de dimension de graphes	160
12.9	Références bibliographiques	165

13. Quelques modèles de fonctions non dérivables 167

13.1	Le modèle le plus simple: La fonction de Knopp	167
13.2	Fonctions définies par une série	169
13.3	Fonction de Weierstrass	169
13.4	Affinité interne: construction de graphes de fonctions	173
13.5	Affinité interne: dimension des graphes	177

13.6	Invariance par changements d'échelle	180
13.7	La fonction de Weierstrass–Mandelbrot	184
13.8	Le spectre des fonctions invariantes	186
13.9	Références bibliographiques	188

14. Courbes construites par des similitudes … 191

14.1	Similitudes	191
14.2	Structure de similitude interne	193
14.3	Générateur et existence d'une courbe limite	196
14.4	Critère de simplicité	199
14.5	Exposant de similitude et dimension	202
14.6	Exemples	204
14.7	La paramétrisation naturelle	208
14.8	L'algorithme des tailles locales	212
14.9	Références bibliographiques	214

15. Déviation, et courbes expansives … 217

15.1	Pourquoi introduire de nouvelles notions	217
15.2	Déviation d'un ensemble	217
15.3	Chemin de déviation constante	220
15.4	Indice de recouvrement	222
15.5	Déviations locales et saucisse de Minkowski	223
15.6	Définition d'une courbe expansive	224
15.7	Critères d'expansivité	226
15.8	Les courbes à similitude interne sont expansives	230
15.9	La similitude interne statistique	231
15.10	Comment construire une courbe expansive	233
15.11	Certaines spirales ne sont pas expansives	238
15.12	Références bibliographiques	238

16. Dimension associée à une suite de longueurs … 239

16.1	Quelles longueurs?	239
16.2	Notion de jauge	240
16.3	Longueur selon une jauge	241
16.4	Dimension associée à une jauge	242
16.5	Théorème sur la dimension: forme discrète	244
16.6	Théorème sur la dimension: forme continue	244
16.7	Les jauges diamètre et largeur	247
16.8	Courbes de largeur uniforme	248
16.9	Le cas de la similitude interne	250
16.10	Un modèle de graphe de fonction	251
16.11	Des courbes plus générales	253
16.12	Evaluation de la dimension d'une courbe	256
16.13	Références bibliographiques	260

17. Balayage d'une courbe par des droites 261
  17.1 Dimension directionnelle 261
  17.2 Comparaison entre dimensions 263
  17.3 Exemples et applications 264
  17.4 Systèmes de coordonnées 266
  17.5 Intersections par des droites 270
  17.6 Borne supérieure essentielle 272
  17.7 Intersections uniformes 273
  17.8 Intersection par une courbe moyenne 274
  17.9 Références bibliographiques 276

18. Dimensions latérales d'une courbe 277
  18.1 Demi-saucisses 277
  18.2 Autres expressions des dimensions latérales 278
  18.3 Valeurs possibles des dimensions latérales 281
  18.4 Exemples 282
  18.5 L'opération Minkowski inverse 286
  18.6 Références bibliographiques 289

19. Dimension locale, dimension d'empilement 291
  19.1 Structures locales de quelques courbes 291
  19.2 Dimension locale 292
  19.3 Dimension d'empilement 295
  19.4 Valeurs prises par la dimension d'empilement 297
  19.5 La σ-stabilisation 300
  19.6 Références bibliographiques 301

20. Analyse ponctuelle des mesures 303
  20.1 Mesures singulières 303
  20.2 Exposant de Hölder ponctuel 305
  20.3 Hölder et la dimension fractale 305
  20.4 Hölder et la dimension d'empilement 307
  20.5 Dimension de Hausdorff 308
  20.6 Hölder et la dimension de Hausdorff 310
  20.7 Décomposition d'un support de mesure 312
  20.8 Mesures régulières sur un support singulier 312
  20.9 Mesure irrégulière sur un intervalle 314
  20.10 La structure fine des ensembles $E(\alpha)$ 317
  20.11 Références bibliographiques 320

21. Analyse locale des mesures 321
  21.1 Spectre d'exposants locaux 321
  21.2 Spectre de la mesure binomiale 322
  21.3 Autres spectres locaux 323
  21.4 Moments d'une mesure 324

	21.5	Spectre de Legendre	329
	21.6	Egalité entre deux spectres	331
	21.7	Formalisme multifractal	332
	21.8	Spectres de fonctions	334
	21.9	Références bibliographiques	335

Partie IV. Annexes, références et index

A. Limites supérieures et inférieures 337
    A.1   Convergence 337
    A.2   Suites non convergentes 339
    A.3   Fonctions non convergentes 341
    A.4   Limites du rapport $\log f(\epsilon)/\log g(\epsilon)$ 341
    A.5   Quelques applications 343

B. Deux lemmes sur les recouvrement 345
    B.1   Lemme de Vitali 345
    B.2   Recouvrements par des convexes homothétiques 348

C. Ensembles convexes dans le plan 353
    C.1   Convexité 353
    C.2   Taille d'un ensemble convexe 354
    C.3   Largeur d'un ensemble convexe 357
    C.4   Aire d'un ensemble convexe 362
    C.5   Enveloppe convexe 362
    C.6   Périmètre de l'enveloppe convexe d'une courbe 364
    C.7   Aire de l'enveloppe convexe d'une courbe 365

Références 367

Index 373

1 Les ensembles parfaits et leur mesure

1.1 Dualité ensemble–mesure

On peut définir de nombreux types d'ensembles sur la droite, si nombreux qu'on ne peut même pas tous les décrire. Mais bien peu sont réellement utiles pour fournir des modèles scientifiques. Heureusement, les besoins de la modélisation mathématique sont plus restreints que ceux de la logique pure. L'expérience prouve qu'en rendant la théorie de plus en plus vaste et générale, on s'adresse à un nombre de plus en plus petit de spécialistes. On observe comme une antinomie entre la généralité de la définition et celle de l'usage. Dans cet ouvrage, nous nous en tenons délibérément à l'usage. Nous considérons des ensembles de type très courant, donc peu sophistiqué, et surtout, *constructible*. De quels ensembles s'agit-il au juste?

Sur la droite, nous voyons d'abord les **intervalles**, ceux qui sont ouverts (notés $]a,b[$), ceux qui sont fermés (notés $[a,b]$), et les semi-ouverts ou semi-fermés ($]a,b]$, $[a,b[$). Les autres ensembles intéressants sont construits à partir des intervalles.

Il y a les ensembles **ouverts**, qui sont des réunions, finies ou dénombrables, d'intervalles ouverts. Et les ensembles **fermés**: ce sont les ensembles complémentaires des ouverts. On peut caractériser ouverts et fermés de la façon suivante:

> *Un ensemble **ouvert** V est tel que tout point de V est le centre d'un intervalle (même très petit) inclus dans V.*
>
> *Un ensemble **fermé** F est tel que la limite de toute suite convergente de points de F appartient aussi à F.*

◊ Par exemple, l'intervalle ouvert $]a,b[$ est bien un ouvert, car pour tout x dans cet intervalle, on peut trouver un ϵ assez petit pour que $]x-\epsilon, x+\epsilon[$ soit inclus dans $]a,b[$. Mais ce n'est pas un fermé, car la suite $(a + \frac{b-a}{n})$ de points de $]a,b[$ converge vers a, point qui n'est pas dans l'ensemble.

Etant donné un ensemble E quelconque, ajoutons-lui toutes les limites possibles de suites convergentes de E: on obtient un ensemble fermé noté $\overline{E}$, la **fermeture** (ou **adhérence**) de E.

A partir des ouverts, on peut construire les ensembles de la forme

$$E = \bigcap_n V_n,$$

qui sont intersections finies ou dénombrables d'ouverts: cette classe comprend à la fois les fermés et les ouverts, mais elle est plus vaste encore. Les complémentaires de ces ensembles s'écrivent

$$E = \bigcup_n F_n.$$

Ce sont des réunions finies ou dénombrables de fermés: cette classe comprend également les fermés et les ouverts. Elle n'est pas identique à la précédente.

Nous nous arrêterons là, dans la mesure où ces ensembles suffisent aux descriptions topologiques du présent ouvrage. Cependant, l'on pourrait continuer, en prenant toutes les réunions et intersections dénombrables des ensembles déjà construits, et leurs complémentaires, et ainsi de suite. Les ensembles ainsi définis sont les *boréliens* (de E. Borel). En langage de théorie des ensembles, c'est la plus petite famille d'ensembles qui contienne les intervalles, et qui soit *stable* pour les opérations de réunion (finie ou dénombrable), intersection et complémentation. En des termes plus pratiques, ce sont les seuls ensembles que l'on sache *construire* mathématiquement, tous les autres ensembles étant des ensembles *logiques*: on ne peut qu'admettre leur existence. La construction, par familles de plus en plus larges, des boréliens possède un avantage important: la *mesure* (de Borel) de ces ensembles se détermine en même temps. La mesure d'un intervalle est sa longueur. Ensuite on applique les règles simples de Borel (1898):

"La théorie de la mesure des ensembles exige seulement que, ayant défini la longueur d'un intervalle comme sa mesure, on fasse les conventions suivantes, évidemment nécessaires: la somme d'un nombre limité ou illimité d'ensembles sans partie commune a pour mesure la somme de leur mesure; la différence de deux ensembles (l'ensemble d'où l'on soustrait contenant, par hypothèse, tous les éléments de l'ensemble soustrait) a pour mesure la différence de leurs mesures."

Il existe ainsi une dualité entre les ensembles et leur mesure; au fond, construire un ensemble, et calculer sa mesure, dépend d'un seul et même processus. Ce qui tendrait à confirmer le principe fameux: en mathématiques, "ce qui ne se mesure pas, n'existe pas". Nous retrouverons bien d'autres applications de ce principe, par exemple, dans la deuxième partie, en ce qui concerne les courbes, dont on verra qu'on ne peut les étudier pratiquement que lorsqu'elles sont définies de façon correcte, c'est-à-dire *paramétrées*; et toute paramétrisation induit une mesure sur la courbe.

◊ On peut mesurer le même objet de beaucoup de façons. Par exemple, on peut utiliser des mesures rattachées au temps; ou encore des mesures de probabilité, pour définir d'autres mesures que la mesure de Borel. Celle-ci étant fondée sur la notion de longueur des intervalles, nous l'appellerons souvent *longueur*. Nous dirons donc *ensemble de longueur nulle*, plutôt que *de mesure nulle*, afin d'éviter les ambiguïtés.

1.2 Ensembles fermés et intervalles contigus

La longueur d'un intervalle $I = [a, b]$ ou $]a, b[$, est

$$L(I) = b - a \ .$$

La longueur $L(V)$ d'un ensemble ouvert V se calcule sans plus de difficulté: un tel ensemble est soit un intervalle, soit une réunion d'intervalles ouverts disjoints. Il suffit donc de faire la somme des longueurs de ces intervalles. On en déduit la longueur des ensembles fermés, de la façon suivante:

Supposons un tel ensemble, F, inclus dans un intervalle $[a, b]$. Lorsque a est le plus petit élément de F, et b le plus grand, $[a, b]$ est appelé l'*intervalle fondamental* de F: c'est le plus petit intervalle contenant F. Le complémentaire de F dans son intervalle fondamental est un ensemble ouvert. Il est donc formé d'intervalles ouverts disjoints C_1, C_2, ..., en quantité finie ou dénombrable. En suivant A. Denjoy, nous appelons ces intervalles les **contigus**, relativement à F. Selon la règle de Borel on obtient

$$L(F) = b - a - \sum_n L(C_n) \ .$$

Un ensemble fermé est donc de longueur nulle si la somme des longueurs de ses intervalles contigus, dans $[a, b]$, est égale à $b - a$.

Nous voyons que la mesure d'un fermé ne dépend pas des situations respectives de ses contigus. En revanche, il est très important de le souligner, *ses propriétés topologiques en dépendent.* Nous allons en donner des exemples typiques, qui nous épargneront les descriptions générales un peu lourdes.

Exemple Dans l'intervalle $[0, 1]$, posons

$$C_n = \left]\frac{1}{n+1}, \frac{1}{n}\right[\ , \ n = 1, 2, \ldots \ .$$

Une fois ôtés tous ces intervalles ouverts, il reste un ensemble fermé F, composé des points $\{\frac{1}{n}\}$, et du point $\{0\}$.

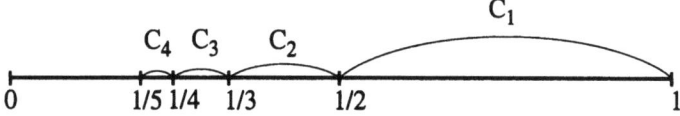

Fig. 1.1. *Ensemble fermé F, composé des points 0 et $1/n$, $n \geq 1$. Les intervalles ouverts contigus C_1, C_2, ..., ont des extrémités communes (sauf le point 1), donc F est dénombrable.*

Les points $\{\frac{1}{n}\}$ sont dits *points isolés*: chacun d'eux est le centre d'un intervalle ne contenant aucun autre point de F. Un ensemble composé uniquement de points isolés est dit *ensemble discret*. Ici, F n'est pas discret, car il contient le *point d'accumulation* $\{0\}$. Mais il est dénombrable, et, évidemment, de longueur nulle. En s'inspirant de cet exemple, on peut établir la règle suivante:

Lorsque les contigus C_1, C_2, ... sont rangés de droite à gauche, ou de gauche à droite, dans l'ordre de leurs indices, l'ensemble résiduel F est composé des extrémités de l'intervalle fondamental, de points isolés, et éventuellement d'intervalles fermés.

Mais la famille des ensembles fermés est bien plus riche que le type que nous venons de décrire. Il y a, aussi, les ensembles *parfaits*, qui n'ont pas de point isolés, et ne sont ni finis, ni dénombrables. Et surtout, les *parfaits nulle part denses*, qui ne contiennent aucun intervalle. Ils sont décrits dans la section suivante.

1.3 Ensembles parfaits

Exemple C'est à Cantor que revient le crédit d'avoir construit le premier fermé non dénombrable, mais ne contenant aucun intervalle. On l'obtient en ôtant à l'intervalle $[0, 1]$ un premier contigu C_1, qui est le segment $]1/3, 2/3[$, donc de longueur $1/3$ et centré au milieu. Il reste deux intervalles fermés, $[0, 1/3]$ et $[2/3, 1]$, sur lesquels on répète la même opération, dans le même rapport $1/3$. Et ainsi de suite: à la n–ième étape, on obtient une réunion de 2^n intervalles fermés disjoints de longueur 3^{-n}, à l'intérieur desquels on retire un contigu, centré au milieu, de longueur 3^{-n-1}. A chaque étape, on définit donc un nombre fini de contigus, mais comme il y a théoriquement une infinité d'étapes, cela donne finalement une famille dénombrable de contigus.

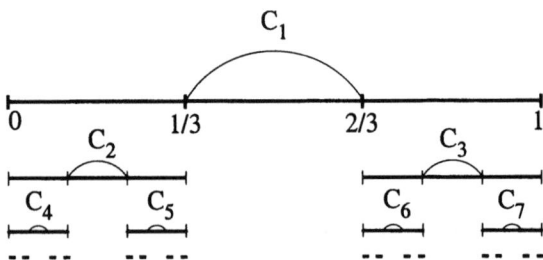

Fig. 1.2. *Construction de l'ensemble triadique de Cantor, par divisions successives. Il y a un contigu de longueur $1/3$, 2 contigus de longueur $1/3^2$, 4 de longueur $1/3^3$, ... Deux contigus quelconques n'ont aucune extrémité en commun, donc cet ensemble est parfait.*

Le fermé F ainsi déterminé contient évidemment toutes les extrémités de contigus, mais en fait bien davantage, comme on le vérifiera dans la section 4. Les contigus sont disposés de telle sorte que deux quelconques d'entre eux sont toujours séparés par un troisième; ils n'ont donc aucune extrémité commune. De plus, F ne contient pas d'intervalle ouvert: car si l'on enlève tous les contigus des étapes 1 à n, il ne reste plus que des intervalles fermés de longueur 3^{-n}; comme cette longueur tend vers 0 avec n, un intervalle contenu dans F serait nécessairement de longueur 0. Enfin, il est de longueur nulle: car il y a 2^{n-1} contigus de longueur 3^{-n}, et

$$1 - \sum_{n=1}^{\infty} 2^{n-1} 3^{-n} = 0 \, .$$

On peut raisonner autrement, en disant qu'à chaque étape, il reste les deux tiers de la mesure de l'ensemble précédent; ce qui reste après n étapes a donc pour mesure $(2/3)^n$, qui tend vers 0. L'ensemble résiduel est donc de mesure nulle.

Cet ensemble de Cantor est totalement caractérisé du point de vue de la topologie lorsqu'on dit que c'est un ensemble *parfait nulle part dense*:

> *Un ensemble **parfait** est un ensemble fermé, sans point isolé.*
>
> *Un ensemble **nulle part dense** est un ensemble dont la fermeture ne contient aucun intervalle.*

Comme dans la section précédente, à la suite de cet exemple nous pouvons donner une règle générale pour obtenir un ensemble du type Cantor:

Lorsque les contigus $\mathbf{C}_1, \mathbf{C}_2, \ldots$ sont rangés dans un intervalle $[a, b]$ de manière que: (i) les points a et b ne sont pas des extrémités de contigus, et deux contigus quelconques n'ont jamais une extrémité commune, alors l'ensemble résiduel F est parfait. (ii) tout point de F (donc, tout point de $[0, 1]$) appartient à la fermeture de $\cup_n \mathbf{C}_n$, alors F est nulle part dense.

▶ En effet, la propriété (i) implique qu'aucun point de F n'est isolé: s'il y en avait un, il serait l'extrémité commune de deux contigus.

Et la propriété (ii) implique que F ne contient aucun intervalle ouvert: s'il en contenait un, le milieu de cet intervalle ne serait pas limite d'une suite de points appartenant aux contigus, donc n'appartiendrait pas lui-même à la fermeture de $\cup_n \mathbf{C}_n$. ◀

◊ On peut ôter à un ensemble fermé tous ses points isolés: on obtient encore un ensemble fermé. On peut faire la même opération sur celui-ci, et ainsi de suite: au bout d'une infinité d'opérations on obtient, s'il reste encore quelque chose, un ensemble parfait (théorème de Cantor–Bendixon). En ôtant à cet ensemble parfait tous les intervalles ouverts qu'il contient, on obtient un ensemble parfait nulle part dense. Cantor peut conclure en 1883 (traduire "de la première puissance" par "dénombrable"):

'Chaque ensemble fermé P d'une puissance supérieure à la première se décompose d'une seule manière entre un ensemble de la première puissance et en un ensemble parfait."

Ainsi, les deux ensembles décrits dans les sections 2 et 3 sont des ensembles fermés caractéristiques.

◊ Si un fermé est de mesure nulle, il ne peut contenir aucun intervalle ouvert, donc il est nulle part dense. Mais le raisonnement inverse est faux: *il est facile d'obtenir des ensembles parfaits, nulle part denses, de mesure non nulle*. Le fait que l'ensemble de Cantor soit de mesure nulle provient uniquement de la division dans le rapport constant 1/3 à chaque étape; cette division est tout à fait indépendante de la structure topologique de F. Celle–ci est due à l'arrangement des contigus sur la droite. Pour donner un exemple de parfait nulle part dense, de mesure non nulle, on peut tout simplement reprendre les contigus de l'ensemble de Cantor, mais en les ôtant de l'intervalle $[0, 2]$ cette fois-ci:

De $[0, 2]$ on enlève un contigu C_1, centré en 1, de longueur 1/3; dans chacun des deux intervalles de longueur 5/6 restants, on enlève un contigu, centré, de longueur 1/9, et ainsi de suite. A la n–ième étape, on obtient une réunion de 2^n intervalles fermés de longueur $2^{-n} + 3^{-n}$, à l'intérieur desquels on retire un contigu, centré au milieu, de longueur 3^{-n-1}. Ceci donne finalement un ensemble fermé nulle part dense. Comme la somme des longueurs de tous ses contigus est égale à 1, cet ensemble est de longueur 1. On trouve une façon géométrique de le construire dans la figure 6.4.

1.4 Arbres dyadiques et puissance d'un parfait

C'est, comme nous l'avons vu, la manière de ranger les intervalles contigus qui détermine les propriétés topologiques de l'ensemble fermé résiduel F. Lorsqu'ils sont rangés, les uns contre les autres, de gauche à droite ou inversement, F est un ensemble discret, avec un seul point d'accumulation. Lorsqu'ils sont rangés de façon qu'entre deux contigus, on peut toujours placer un contigu plus petit, F est parfait. Mais dans ce cas, la notation C_1, C_2, ..., des contigus, n'est pas commode, car elle ne permet pas de déterminer la place exacte de C_n, pour un entier n quelconque, par rapport aux autres contigus. Il faut re–numéroter cette suite d'intervalles d'une autre façon. Le plus simple est sans doute d'utiliser un schéma dyadique.

Par exemple, appelons C_1 le plus grand contigu (ou l'un des plus grands s'il y en a plusieurs de taille maximale). Ensuite, C_2 sera le plus grand contigu situé à gauche de C_1, et C_3 le plus grand à droite de C_1. Et ainsi de suite: on place les contigus C_4 à C_7, de taille maximale, de gauche à droite, à l'intérieur des 4 intervalles restants, etc... . Ce type de rangement est symbolisé par l'arbre de la Fig. 1.3, où de chaque sommet n, représentant le contigu C_n, partent deux segments, aboutissant à deux sommets, représentant deux contigus, à gauche et à droite de C_n. Le fait que les contigus soient, à chaque fois, pris de taille maximale, assure qu'aucun contigu n'est oublié au cours de ce rangement. Remplaçons l'entier n par son développement en base 2:

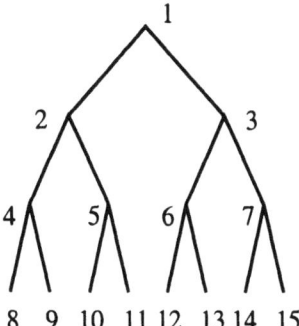

Fig. 1.3. *Arrangement des intervalles contigus d'un ensemble parfait sur la droite. Etant donné deux entiers $i \neq j$, C_i se trouve situé à gauche de C_j sur la droite, si i se trouve sur une branche située à gauche de celle qui porte j, à partir d'un certain rang.*

$$
\begin{array}{ccccc}
 & & & & 8 \longmapsto 1000 \\
 & & & & 9 \longmapsto 1001 \\
 & & 4 \longmapsto 100 & & 10 \longmapsto 1010 \\
 & 2 \longmapsto 10 & 5 \longmapsto 101 & & 11 \longmapsto 1011 \\
1 \longmapsto 1 & 3 \longmapsto 11 & 6 \longmapsto 110 & & 12 \longmapsto 1100 \\
 & & 7 \longmapsto 111 & & 13 \longmapsto 1101 \\
 & & & & 14 \longmapsto 1110 \\
 & & & & 15 \longmapsto 1111 \\
\end{array}
$$

On retrouve ce développement sur les branches de l'arbre dyadique 1.4: il suffit de faire correspondre, à chaque sommet n, la suite de 0 et de 1 du chemin qui part du premier sommet pour arriver au sommet n.

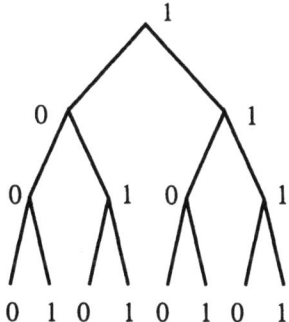

Fig. 1.4. *Une méthode simple pour trouver le développement binaire d'un nombre entier: chaque sommet est déterminé par la suite de 0 et de 1 qui le précèdent; cette suite constitue le développement en base 2 de l'entier associé au même sommet dans la Fig. 1.3.*

Il est donc commode de noter les intervalles contigus $\mathbf{C}(1)$, $\mathbf{C}(1,0)$, $\mathbf{C}(1,1)$, ..., $\mathbf{C}(1, i_1, i_2, \ldots, i_n)$: étant donné un contigu quelconque, on sait maintenant quelle est exactement sa place par rapport aux autres, par simple comparaison des suites. De plus, cette nouvelle notation a une conséquence très importante: *il est maintenant possible de décider si l'ensemble parfait F est dénombrable ou non.*

En effet, si l'ensemble parfait contient un intervalle, il est non dénombrable. S'il n'en contient pas, il est nulle part dense, et alors chacun de ses points est limite d'une suite d'intervalles contigus dont la longueur tend vers 0. Inversement, à toute suite infinie $i_1, i_2, \ldots$, de 0 et de 1, correspond, selon l'arrangement précédent, une suite infinie $\mathbf{C}(1, i_1)$, $\mathbf{C}(1, i_1, i_2)$, ... de contigus, dont la longueur tend vers 0, et qui convergent vers un point de F. Il importe de constater qu'à deux suites distinctes, correspondent deux points distincts de F: en effet, à partir d'un certain rang, les suites de contigus correspondantes seront séparées par un contigu. D'où le résultat suivant:

Au moyen du rangement des intervalles contigus dans un arbre dyadique, il est possible d'établir une bijection entre les points de F et l'ensemble de toutes les suites de 0 et de 1.

Or on ne peut dénombrer cet ensemble: il est lui–même en correspondance avec l'intervalle $[0, 1]$, au moyen du développement des nombres réels en base 2; c'est pourquoi on dit (Cantor) qu'il a *la puissance du continu*. En conclusion:

Un ensemble parfait n'est pas dénombrable: il a la puissance du continu.

◊ Etant donné une suite positive (c_n), telle que $\sum c_n = 1$, il est maintenant possible de construire un ensemble parfait nulle part dense de segment fondamental $[0, 1]$, dont la suite des longueurs de contigus soit précisément (c_n). On commence par re–numéroter cette suite comme précédemment, afin d'obtenir une suite dyadique $c(1)$, $c(1,0)$, $c(1,1)$, ..., chaque $c(1, i_1, \ldots, i_n)$ étant la longueur du contigu dont la place sera déterminée par le suite $i_1, \ldots, i_n$ de 0 et de 1. Ainsi, on attribue la longueur $c(1)$ au premier contigu $\mathbf{C}(1)$. A gauche de $\mathbf{C}(1)$ doivent se trouver tous les contigus tels que $i_1 = 0$: en faisant la somme de tous les $c(1, 0, i_2, \ldots, i_n)$, on obtient donc l'abcisse de l'extrémité gauche de $\mathbf{C}(1)$, dont la position se trouve par là entièrement déterminée. On procède de la même façon pour la position des autres contigus.

1.5 Ensembles parfaits symétriques

Les ensembles parfaits symétriques sont de simples généralisations de l'ensemble de Cantor. L'opération de base, parfois dite "dissection" (selon Kahane et Salem) consiste toujours à ôter, d'un segment quelconque, un contigu centré au milieu. Si la longueur de ce contigu est l, disons qu'on a pratiqué une *dissection de longueur l*. Partant de l'intervalle $[0, 1]$ par exemple, et d'une suite (l_n) de nombres réels positifs, on pratique sur $[0, 1]$ une dissection de longueur l_1; sur chacun des deux intervalles restants, une dissection de longueur l_2; à la n–ième étape, sur chacun des 2^{n-1} intervalles restants, une dissection de longueur l_n. Pour que cette construction soit possible, il faut donc que la suite (l_n) vérifie l'inégalité

$$\sum_{n=1}^{\infty} 2^{n-1} l_n \leq 1 \ .$$

Comme il existe toujours un contigu entre deux contigus donnés, l'ensemble résiduel F est un parfait, dit *symétrique*. Comme chaque contigu est centré au milieu d'un intervalle restant, F est nulle part dense. Enfin sa longueur est

$$L(F) = 1 - \sum_{n=1}^{\infty} 2^{n-1} l_n \ .$$

Cas particulier L'ensemble de Cantor (aussi appelé plus spécifiquement *ensemble triadique*, ou *ternaire*, *de Cantor*) correspond au cas $l_n = 3^{-n}$.

Cas particulier un peu plus général Un ensemble parfait symétrique *à rapport constant* correspond au cas où (l_n) est en progression géométrique, et où F est de mesure nulle: dans l'intervalle $[0,1]$, l_n est alors nécessairement de la forme

$$l_n = (1-2\,a)\,a^{n-1} \ ,$$

où a est un réel $< 1/2$. Sur la Fig. 1.5 est représenté un tel ensemble, pour $a = 1/4$.

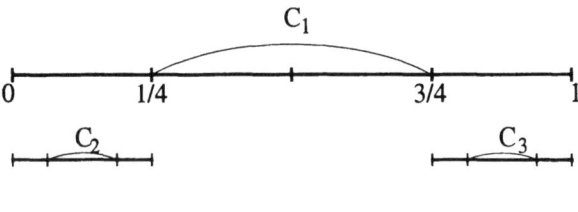

Fig. 1.5. *Ensemble parfait symétrique de rapport* $1/4$. *Comparer avec celui de la figure 1.2.*

Recouvrement d'un parfait symétrique L'étape n de la construction d'un ensemble parfait symétrique produit 2^n intervalles fermés de même longueur, qui recouvrent F, et que A. Denjoy appelle des *isolants*. Si l'on note F_n leur réunion, F peut aussi bien s'écrire

$$F = \bigcap_{1}^{\infty} F_n \ .$$

Comme la longueur totale de F_n est $1 - \sum_{i=1}^{n} 2^{i-1} l_i$, celle de chaque isolant de rang n est

$$a_n = 2^{-n} (1 - \sum_{i=1}^{n} 2^{i-1} l_i) \ .$$

Pour définir F, au lieu de donner (l_n) on peut plutôt donner (a_n), à condition que
$$a_0 = 1,\ 2\,a_{n+1} < a_n\ :$$
La longueur des contigus est alors déterminée par
$$l_{n+1} + 2\,a_{n+1} = a_n\ .$$
Lorsque F est un ensemble parfait symétrique à rapport constant, avec le paramètre a régissant la décroissance des contigus, la suite des longueur d'isolants est aussi une progression géométrique, de rapport a: on obtient simplement
$$a_n = a^n\ .$$
Dans ce cas, F est recouvert par 2 isolants de longueur a, ou par 4 isolants de longueur a^2, ..., ou par 2^n isolants de longueur a^n. Le "rapport" constant est donc aussi le rapport entre les longueurs de deux contigus successifs. Il vaut $1/3$ pour l'ensemble de Cantor.

1.6 Représentation des parfaits par des arbres

Les ensembles parfaits symétriques ne peuvent suffire comme exemples dans la théorie des ensembles fermés nulle part denses, à cause de leur structure trop symétrique, justement. Mais les descriptions, par des mots, d'ensembles plus élaborés, risque de devenir tout à fait indigeste. On peut préférer une représentation par des arbres infinis, construite sur les principes suivants:

Soit un ensemble parfait F, de segment fondamental $[0,1]$. Pour tout entier n, on peut diviser cet intervalle en 2^n *intervalles dyadiques* fermés, de longueur 2^{-n}: ce seront les *intervalles de rang n*. Parmi ces intervalles, éliminons ceux dont l'intérieur ne contient aucun point de F. Les autres contiennent au moins un point de F à l'intérieur, donc en fait une infinité puisqu'aucun point de F n'est isolé dans F; appelons-les *intervalles blancs*. Mentionnons quelques propriétés de ces intervalles, qui vont les rendre utilisables graphiquement:

Quelque soit n, les intervalles blancs de rang n recouvrent F.

▶ Cela vient de ce que F est parfait. Si un point x de F n'appartient pas à l'intérieur d'un intervalle blanc, alors c'est une extrémité d'intervalle de rang n. Mais x est limite d'une suite de points de F. Si cette suite contient une suite décroissante convergeant vers x, alors l'intervalle de rang n à droite de x est blanc; si elle contient une suite croissante, alors l'intervalle de gauche est blanc; si elle contient à la fois une suite croissante et une suite décroissante, les deux intervalles de droite et de gauche sont blancs. Dans tous les cas, x est une extrémité d'intervalle blanc, il appartient à cet intervalle lui-même puisque celui-ci est fermé. ◀

Tout intervalle blanc de rang n est inclus dans un intervalle blanc de rang $n-1$, et contient soit un, soit deux intervalles blancs de rang $n+1$.

D'où l'idée de représenter les intervalles blancs de rang n par des points, que l'on appelle *sommets*, reliés à ceux de rang $n-1$ par des *segments*, symbolisant la relation d'inclusion. Nous dirons qu'un sommet est un *embranchement* s'il en part deux segments, donc si l'intervalle correspondant en contient deux du rang suivant. Une *branche* de l'arbre sera une suite de segments reliés les uns aux autres par des sommets: elle peut être finie ou infinie.

Une branche infinie de l'arbre correspond à un point de l'ensemble parfait.

▶ Car une branche infinie représente une suite d'intervalles dyadique emboîté, qui converge vers un point de l'ensemble. ◀

Toute branche infinie contient une infinité d'embranchements.

▶ Car tout intervalle blanc, représenté par un sommet de cette branche, contient au moins deux points distincts de F, donc un intervalle blanc de rang n suffisamment grand, qui se divisera en deux intervalles blancs de rang $n+1$. ◀

Nous montrons sur la Fig. 1.6 les premières subdivisions de l'arbre le plus simple, où tout sommet est un sommet à embranchement: il représente donc l'intervalle $[0,1]$ lui-même. D'une façon générale, la connaissance de *tous* les intervalles blancs, pour tout n, suffit à déterminer entièrement l'ensemble parfait. Il existe en fait une relation bijective entre la famille des parfaits et celle de tous les arbres dyadiques infinis ayant la propriété suivante: toutes leurs branches infinies comporte une infinité d'embranchements (ceci évite les cas de points isolés).

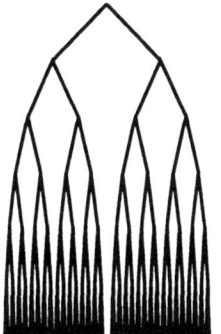  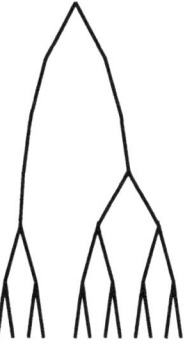

Fig. 1.6. *De gauche à droite: représentation par arbres dyadiques, jusqu'au rang 6, de l'intervalle $[0,1]$ (tous les sommets sont à embranchement); de l'intervalle $[0, 1/2]$; de l'ensemble $[0, 1/16] \cup [7/8, 1]$.*

Exemples Les Fig. 1.6 à 1.8 représentent les premières subdivisions d'arbres divers, représentant soit des intervalles, soit des parfaits nulle part denses. On pourrait, bien entendu, créer une notation logique qui permettrait de déterminer ces arbres théoriquement jusqu'à l'infini.

◊ Tout segment issu d'un embranchement pourrait être marqué d'un 0 (s'il part à gauche), ou d'un 1 (s'il part à droite): toute branche infinie porterait ainsi une suite infinie de 0 et de 1. Ce serait une nouvelle manière de montrer (grâce au

12   1 Les ensembles parfaits et leur mesure

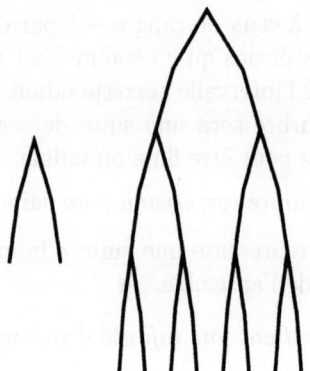

Fig. 1.7. *Jusqu'au rang 6, cette figure représente l'ensemble parfait symétrique de rapport 1/4, dans [0, 1]. Il est construit à partir du schéma fondamental de gauche, qu'il faudrait itérer jusqu'à l'infini.*

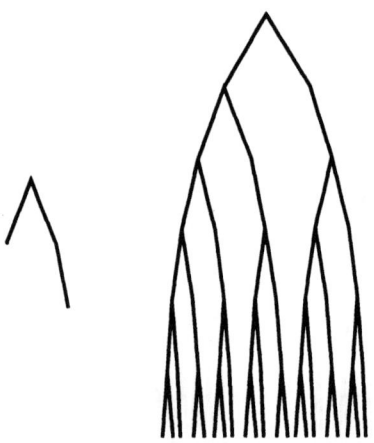

Fig. 1.8. *Jusqu'au rang 6, cette figure représente un ensemble parfait, non symétrique. Il est construit à partir du schéma fondamental de gauche. Si ω_n désigne le nombre de sommets de rang n, la suite (ω_n) vérifie la relation $\omega_{n+2} = \omega_{n+1} + \omega_n$: c'est une suite de Fibonacci.*

fait que toute branche infinie comporte une infinité d'embranchements) qu'un ensemble parfait a la puissance du continu.

1.7 Références bibliographiques

Pour approfondir ou vérifier certaines notions de Topologie, on peut consulter n'importe quel ouvrage général sur la question. Les plus récents se ressemblent tous. L'un des pionniers du genre est [K. Kuratowski].

La théorie moderne a étendu, sans les changer, les notions dues à [G. Cantor]. On lira avec intérêt la traduction des principaux passages de son œuvre, dans les Acta Mathematica. Cette traduction a été effectuée ou revue par Appell, Hermite et Poincaré. Les ensembles parfaits ont été définis par Cantor, en particulier. Pour un historique très détaillé, consulter [G. Dugac].

Les passages cités de Borel se trouveront facilement dans la réunion de ses principales publications [E. Borel 1], ainsi que dans le petit livre [E. Borel 3] qui est étonnament agréable à lire pour un ouvrage de mathématiques. C'est un style scientifique qui s'est perdu.

Les ensembles parfaits nulle part denses ont donné lieu à des travaux originaux de [A. Denjoy 1 et 2]. Les ensembles dont la construction utilise divers types de symétrie sont passés en revue dans les premiers chapitres du livre de [J.-P. Kahane et R. Salem], qui a constitué longtemps l'une des rares références connues en France sur la géométrie des ensembles de mesure nulle, avant les travaux de B. Mandelbrot. La tradition s'est un peu mieux conservée en Angleterre à cause de la présence de A.S. Besicovitch, mais sous un aspect très technique. La représentation des ensembles parfaits par intervalles dyadiques provient de [C. Tricot 1].

2 Recouvrements et dimension

2.1 Qu'est–ce que la mesure nulle?

Dans ce chapitre, nous entendrons la "mesure" dans le sens de "longueur", sauf mention du contraire. La longueur d'un intervalle u est $L(u)$. Nous avons vu qu'un ensemble fermé, d'intervalle fondamental $[a, b]$, est de mesure nulle si la somme des longueurs de ses contigus est égale à $b - a$. Mais le problème de la mesure peut se poser différemment, lorsqu'un ensemble est plutôt défini par ses **recouvrements** par intervalles. C'est le cas en particulier des ensembles parfaits représentés par des arbres. De plus, il est absolument nécessaire de trouver une bonne définition de la "mesure nulle", applicable à d'autres ensembles que les fermés, et même, à tous les ensembles. Voici une définition due à Borel:

> Un ensemble linéaire E est dit de **mesure nulle** si, pour tout $\epsilon > 0$, on peut trouver des intervalles $u_1, u_2, \ldots$ (en quantité finie ou dénombrable), tels que
> $$E \subset \bigcup u_n$$
> $$\sum L(u_n) \leq \epsilon.$$

Une telle famille d'intervalles est donc un recouvrement de E. En faisant tendre ϵ vers 0, on obtient évidemment des recouvrements de plus en plus fins.

Exemple Un ensemble dénombrable est toujours de mesure nulle, comme l'intuition le demande. En effet, si cet ensemble est dénombré comme une suite $(x_n)_{n \geq 1}$, on peut, pour tout ϵ, recouvrir chaque x_n d'un intervalle

$$u_n = \left[x_n - \frac{\epsilon}{2^n}, x_n + \frac{\epsilon}{2^n}\right].$$

Il s'agit bien d'un recouvrement de E, dont la somme totale des longueurs est égale à ϵ. Par exemple, un ensemble discret est de mesure nulle, mais aussi, l'ensemble des rationnels compris entre 0 et 1, alors que cet ensemble est *dense* dans $[0, 1]$, c'est-à-dire que tout nombre réel peut être approché par une suite de rationnels! C'est un exemple de plus, après ceux évoqués dans le Chap. 1, du fait suivant: *la mesure d'un ensemble ne détermine pas ses propriétés topologiques*. Pour étudier un ensemble, il est nécessaire de le mesurer: mais on n'en décrit pas par là toute la réalité.

Borel a proposé la condition équivalente suivante, qui n'utilise pas la variable ϵ:

L'ensemble E est de mesure nulle, s'il peut être recouvert par une suite d'intervalles (u_n), tels que
(i)   Chaque point de E appartient à une infinité de ces intervalles;
(ii) $\sum L(u_n) < \infty$.

▶ En effet, prenons une série $\sum \epsilon_k$ qui converge. Partons de la première définition de "mesure nulle". Pour chaque ϵ_k, on construit un recouvrement $u_{n,k}$ de E par des intervalles tels que $\sum_n L(u_{n,k}) \leq \epsilon_k$. La famille de tous les intervalles $u_{n,k}$, pour tous n et k, une fois re-dénombrée pour lui donner un seul indice, vérifie bien les conditions *(i)* et *(ii)* ci-dessus. Donc la première définition implique la deuxième. Inversement, si l'on admet la deuxième définition de "mesure nulle", avec la suite (u_n) vérifiant *(i)* et *(ii)*, on peut, pour tout ϵ, trouver un entier N tel que $\sum_{n=N}^{\infty} L(u_n) \leq \epsilon$. La famille $(u_n)_{n \geq N}$ constitue un recouvrement de E. ◀

Les propriétés *(i)* et *(ii)* ci-dessus font de la suite (u_n) un **recouvrement de Vitali** de E, notion que l'on retrouvera au Chap. 7, et sur laquelle nous donnons plus de précisions dans l'Annexe B. Nous avons déjà considéré deux types de recouvrements de Vitali pour un ensemble parfait nulle part dense. Ce sont les suivants:

Intervalles dyadiques La famille de tous les intervalles dyadiques dont l'intérieur contient un point de F (intervalles *blancs*) peut être représentée par un arbre (Chap. 1, §6). Toute branche infinie correspond à un point de F, donc la famille de tous ces intervalles est un recouvrement de Vitali. Un recouvrement, quelconque, de F par ces intervalles, est simplement une famille de sommets par lesquels passent toutes les branches de l'arbre. Par exemple, les intervalles de rang n constituent un recouvrement de F. Supposons qu'il y en ait un nombre ω_n. A cause de l'emboîtement des intervalles blancs, la suite $2^{-n} \omega_n$ est décroissante, et admet une limite. Si cette limite est 0, alors F est de mesure nulle (selon la première définition de Borel). Il se trouve que dans ce cas, cette condition suffisante est également nécessaire:

Le nombre (ω_n) étant celui des intervalles blancs de rang n, l'ensemble F est de mesure nulle, si et seulement si, la suite $2^{-n} \omega_n$ converge vers 0.

▶ Cela tient essentiellement au fait que F est fermé. Supposons que F soit de mesure nulle. Pour tout $\epsilon > 0$, il existe un recouvrement (u_n) de F par des intervalles, tel que $\sum L(u_n) \leq \epsilon$. Sans perdre de généralité, on va supposer que ces intervalles sont ouverts. Un théorème de Borel (*théorème des ensembles compacts*) montre qu'on peut extraire de ce recouvrement un recouvrement *fini* de F, que l'on va noter $\{v_1, ..., v_N\}$.

Prenons un entier N quelconque, tel que 2^{-N} soit plus petit que $L(v_m)$, pour tout m. Si on réunit tous les intervalles blancs de rang N qui touchent au moins l'un des v_m, on obtient les ω_N intervalles blancs recouvrant F, avec pour longueur totale

$$2^{-N} \omega_N \leq 3 \sum_{1}^{M} L(v_m) \leq 3\epsilon \, .$$

En conclusion, pour tout ϵ, et pour tout N suffisamment grand, l'inégalité ci-dessus a lieu. Cela suffit à prouver que $\lim 2^{-n} \omega_n = 0$. ◀

◊ Notons toutefois que pour prouver la "nullité" d'un ensemble quelconque, ce ne sont pas en général des recouvrements par intervalles égaux qu'il faut considérer. Nous en avons vu un exemple au début de cette section, avec un recouvrement de l'ensemble des nombres rationnels. Cet ensemble n'étant pas fermé, il a fallu, pour trouver un "petit" recouvrement, prendre des intervalles de tailles différentes.

Isolants Nous avons rencontré la notion d'*isolant* à propos des ensembles parfaits symétriques. Pour un tel ensemble, la famille de tous les isolants constitue bien un recouvrement de Vitali de E, puisque tout point de E est limite d'une suite d'isolants emboîtés dont la longueur tend vers 0. La longueur des isolants de rang n est a_n. Un argument du même genre que celui de l'exemple précédent peut montrer ceci:

Le parfait symétrique sera de mesure nulle, si et seulement si

$$\lim_{n \to \infty} 2^n a_n = 0.$$

C'est vrai pour tous ceux qui sont à rapport constant, puisque $a_n = a^n$, où $a < 1/2$.

2.2 Hiérarchisation des ensembles de mesure nulle

On a frôlé une idée importante dans l'analyse qui précède: c'est la relation, qui existe, entre la nullité d'un ensemble, et la convergence de certaines séries. Ce qui mène tout naturellement à classer les ensembles de mesure nulle, par le plus ou moins de rapidité de convergence des séries associées... Mais laissons parler Borel, en 1913 (traduire "intervalle d'exclusion" par "intervalle de recouvrement"):

"Les ensembles de mesure nulle jouent un rôle fondamental dans la théorie des fonctions; il est, en effet, toujours possible d'enfermer les singularités des fonctions bornées dans des ensembles qui sont, soit de mesure nulle, soit de mesure aussi petite que l'on veut. [...] Pour ces diverses raisons, la notion d'ensemble de mesure nulle est primordiale; mais c'est en même temps une notion si générale qu'on ne peut espérer approfondir réellement cette question qu'en étudiant de près cette notion générale, c'est-à-dire en ne confondant pas entre eux tous les ensembles de mesure nulle. La classification basée sur la décroissance asymptotique des intervalles d'exclusion me paraît être un premier pas dans cette étude qui s'impose aux analystes. Il en est d'ailleurs évidemment dans cette question comme dans toutes celles où intervient la notion générale de croissance (comme, par exemple, dans la théorie de la convergence des séries à termes positifs); il se présente des difficultés transfinies que l'on ne peut espérer surmonter entièrement; mais, d'autre part, les problèmes qui se présentent sont généralement, sinon toujours, indépendants de ces difficultés. [...] Théoriquement, la complexité de cette classification dépasse celle de l'étude

des séries à termes positifs, étude qui ne sera jamais achevée; pratiquement, un nombre relativement restreint de classes simples suffira pour les besoins effectifs de l'analyse."

Réflexions qui conduisent à une tentative de hiérarchisation de la famille des ensembles de mesure nulle, par la convergence des séries du type $\sum L(u_n)$:

"Nous conviendrons de dire que l'ensemble de mesure nulle est d'autant plus raréfié que la convergence de la série est plus rapide. Il est des cas, comme nous le verrons plus loin, où il est possible, pour le même ensemble, de définir plusieurs séries d'intervalle, dont l'une converge plus rapidement que les autres; pour définir la raréfaction d'un ensemble de mesure nulle, nous devrons supposer que l'on choisit la série qui converge le plus rapidement."

Borel lui-même n'a que peu développé ses idées à cette époque; il ne reprendra l'étude de la *raréfaction* des ensembles que plus tard, d'une façon qui le conduira à envisager la suite des longueurs de contigus (Chap. 3). Cependant, M. Fréchet, en 1961, tirera de ces passages une méthode "qualitative" de classification, qui procède ainsi (voir l'Annexe A pour quelques précisions sur les limites inférieures et supérieures d'une suite):

Etant donné un ensemble E, de mesure nulle, appelons *suite majorante* une suite d'intervalles (u_n) comme en § 1, c'est-à-dire un recouvrement de Vitali de E, dont la série des longueurs converge. On dira que E_1 est *plus raréfié* que E_2 s'il existe une suite majorante $u_n^{(1)}$ de E_1 dont la série des longueurs converge plus vite que celle de n'importe quelle suite majorante $u_n^{(2)}$ de E_2. La convergence plus rapide se traduit dans les termes suivants:

$$\limsup_{n\to\infty} \frac{\sum_{i=n}^\infty L(u_n^{(1)})}{\sum_{i=n}^\infty L(u_n^{(2)})} < 1 \ .$$

De plus, E_1 et E_2 auront *le même ordre de raréfaction* si E_1 ne peut être dit plus raréfié que E_2, et inversement.

En fait, cet essai de classification des ensembles de mesure nulle n'a pas eu de suite: on a pu démontrer qu'avec cette définition qualitative, tous les ensembles fermés de mesure nulle (y compris, les ensembles réduits à un point) avaient le même ordre de raréfaction! On n'obtient donc pas une classification suffisamment fine. On peut en trouver facilement la raison: étant donné une suite majorante, il est possible d'en extraire une sous-suite majorante qui converge aussi rapidement que l'on veut. Pour·classifier les ensembles de mesure nulle, il est donc indispensable d'apporter des conditions supplémentaires aux recouvrements envisagés; c'est ce que feront G. Bouligand en 1928, E. Borel en 1948, et bien d'autres. Le reste de ce chapitre, ainsi que le Chap. 3, seront consacrés à diverses classifications *quantitatives* qui remontent à cette époque, et nous conduirons à la notion de *dimension* (fractale).

2.3 Mesure de Cantor–Minkowski d'un ensemble

La notion de mesure de Borel est assez fine: elle sera généralisée plus tard par Carathéodory et Hausdorff. Elle a l'avantage de posséder toutes les propriétés voulues par les mathématiciens pour une mesure, et surtout l'additivité. Cependant, la difficulté de son calcul est en proportion avec la complexité topologique de l'ensemble.

Il existe une notion de mesure très "primitive", due à G. Cantor (1884), qui utilise des recouvrements d'ensembles par intervalles égaux. Cantor s'attaquait à un problème plus général encore: il cherchait

"une notion de volume ou de grandeur, qui se rapporte à tout ensemble P, situé dans un espace à n dimensions, que cet ensemble P soit continu ou non."

L'idée consiste à remplacer chaque point x de P par une boule $B_\epsilon(x)$, de rayon ϵ, de centre x. Le volume n–dimensionnel de la réunion de toutes ces boules est facile à calculer, par intégration. En faisant ensuite tendre ϵ vers 0, on obtient une limite qu'on appelle "volume" de P.

Cette réunion de boules $B_\epsilon(x)$ est parfois appelée "ensemble épaissi", mais plus souvent maintenant "saucisse de Minkowski de P" (vocabulaire dû à B. Mandelbrot), parce qu'elle ressemble effectivement à une saucisse dans le plan ou dans l'espace, et qu'elle a été utilisée par Minkowski pour ses études de courbes. On la notera $P(\epsilon)$. Ainsi,

$$P(\epsilon) = \bigcup_{x \in P} B_\epsilon(x) \quad \text{est la } \textit{saucisse de Minkowski} \text{ de } P.$$

Sur la droite, ces boules deviennent les intervalles $[x - \epsilon, x + \epsilon]$, et la saucisse de Minkowski de P est formée d'un nombre fini d'intervalles de longueur $\geq 2\epsilon$. Appelons L_C la mesure au sens de Cantor d'un ensemble P de la droite: par définition,

$$L_C(P) = \lim_{\epsilon \to 0} L(P(\epsilon)).$$

Voici quelques remarques utiles en ce qui concerne L_C:
- La saucisse $P(\epsilon)$ d'un ensemble P est identique à celle de sa fermeture $\overline{P}$. Ce qui donne

$$L_C(P) = L_C(\overline{P}).$$

Par exemple, la mesure L_C attribue à l'ensemble des rationnels de l'intervalle $[0, 1]$ la valeur 1, comme à l'intervalle lui–même.

- D'où il suit que *les seuls ensembles distingués par la mesure L_C sont les fermés*.

- Sur les fermés, L_C prend même valeur que la mesure de Borel L. Nous donnons la démonstration de ce résultat à la fin de cette section.

- La mesure L_C n'est en général pas additive. Par exemple, elle attribue la valeur 1 à l'ensemble E_1 des rationnels de $[0,1]$, aussi bien qu'à l'ensemble E_2 des irrationnels. Ainsi $L_C(E_1) + L_C(E_2) = 2 \neq L_C(E_1 \cup E_2)$. Ceci est considéré comme un inconvénient par les théoriciens, vis-à-vis de la mesure de Borel.

- Cet inconvénient est compensé par un avantage: elle se prête toujours à un calcul effectif. Dans la "pratique" en effet, on ne distingue pas entre un ensemble et sa fermeture. Les nombres irrationnels sont une invention des mathématiques, nécessaire d'ailleurs. La mesure au sens de Cantor ne tient pas compte de cette subtilité. On peut même mieux dire: en pratique, on ne "voit" jamais, par myopie naturelle, que des saucisses de Minkowski, à la précision ϵ plus ou moins petite. Retenons ce principe, dont on trouvera de nombreux exemples, dans cet ouvrage en particulier: *une mesure qui satisfait aux bons axiomes du point de vue des mathématiciens, ne se prête pas en général aux applications pratiques.*

- L'idée de Cantor a été reprise par Minkowski pour les calculs de longueur de courbes: nous verrons cela dans le Chapitre 9. Et elle a donné l'idée à G. Bouligand de son *ordre de Cantor-Minkowski*, ou *dimension*, que nous définissons en § 5.

▶ Montrons que, si F est fermé, $L_C(F) = L(F)$. Il suffira de vérifier la formule suivante pour la longueur:

$$L(F) = \lim_{\epsilon \to 0} L(F(\epsilon)) \, .$$

Supposons que F n'est pas un ensemble fini. Dans le segment fondamental $[a,b]$, F est déterminé par la suite de ses contigus, que l'on suppose rangés par longueurs décroissantes:

$$c_1 \geq c_2 \geq \ldots \geq c_n \geq \ldots \, .$$

Soit $\epsilon > 0$. Appelons $n(\epsilon)$ l'entier n tel que

$$c_n \leq 2\epsilon < c_{n-1} \, .$$

La saucisse de Minkowski de F dépasse d'une longueur ϵ aux deux extrémités des contigus de rang $< n(\epsilon)$, et recouvre entièrement tous les contigus de rang $\geq n(\epsilon)$. En utilisant la propriété d'additivité de la longueur:

$$L(F(\epsilon)) = L(F) + 2\epsilon n(\epsilon) + \sum_{i=n(\epsilon)}^{\infty} c_i \, .$$

Soit η un nombre > 0 quelconque, aussi petit que l'on veut. Soit M un entier tel que $\sum_{M}^{\infty} c_i \leq \eta$. Choisissons ϵ tel que $M\epsilon \leq \eta$, et aussi, tel que $n(\epsilon) \geq M$. On obtient:

$$\epsilon n(\epsilon) = M\epsilon + (n(\epsilon) - M)\epsilon$$

$$\leq M\epsilon + \sum_{M}^{\infty} c_i \leq 2\eta \, .$$

Ceci prouve que $\epsilon n(\epsilon)$ tend vers 0. De plus, comme $\sum_{n(\epsilon)}^{\infty} c_i \leq \eta$, on trouve:

$$L(F) \leq L(F(\epsilon)) \leq L(F) + 5\eta \ .$$

Lorsque η tend vers 0, ϵ tend également vers 0, et on en déduit la limite voulue. ◀

Remarquons que cette démonstration pourrait remplacer celle de § 1 sur les recouvrements de F par intervalles dyadiques. Mieux encore, il était inutile en § 1 de supposer que F est de mesure nulle. En effet, comme les intervalles blancs de rang n sont tous inclus dans la saucisse $F(2^{-n})$, on a

$$L(F) \leq \omega_n 2^{-n} \leq L(F(2^{-n})) \ .$$

D'où le résultat général:

Si F est fermé,

$$L(F) = \lim_{n \to \infty} \omega_n 2^{-n} \ .$$

2.4 Occupation de l'espace et ordres de croissance

La longueur de la saucisse de Minkowski, $L(E(\epsilon))$, d'un ensemble E, est d'autant plus grande que l'ensemble occupe davantage d'espace, vu à la précision ϵ. Lorsque E est un ensemble fermé de mesure nulle, cette longueur tend vers 0 avec ϵ. Cependant, la vitesse de convergence vers 0 de cette fonction de ϵ peut constituer un indice de la "rareté" de l'ensemble. On peut ainsi définir un *degré d'occupation de l'espace* qualitatif, en comparant entre eux les ordres de croissance vers 0 des fonctions $L(E(\epsilon))$. Etant donné deux ensembles E_1, E_2 de mesure nulle:

> *L'ensemble E_1 aura un degré d'occupation de l'espace* **supérieur** *à celui de E_2, si $L(E_1(\epsilon))$ tend* **moins vite** *vers 0 que $L(E_2(\epsilon))$ lorsque ϵ tend vers 0.*

◇ Précisons, une fois pour toutes, comment l'on compare les convergences vers 0 de deux fonctions positives. Supposons que $f(x)$ et $g(x)$ sont définies sur un intervalle $]0, b]$, $b > 0$, ne prennent que des valeurs positives, et tendent toutes deux vers 0 lorsque x tend lui-même vers 0.

(i)   On dit que f tend vers 0 plus vite que g si

$$\lim_{x \to 0} \frac{f(x)}{g(x)} = 0 \ .$$

On dit aussi: l'ordre de croissance vers 0 de f est plus élevé que celui de g, et on écrit pour faire court:

$$f \succ g \ , \ \text{ou} \ g \prec f \ .$$

(ii) On dit que f et g sont équivalentes s'il existe deux constantes c_1 et c_2 telles que pour tout x,

$$0 < c_1 < \frac{f(x)}{g(x)} < c_2 \, .$$

On dit aussi: les fonctions f et g ont même ordre de croissance, et on utilise la notation

$$f \simeq g$$

pour symboliser cette relation d'équivalence.

(iii) Enfin, s'il existe une constante c telle que, pour tout x,

$$\frac{f(x)}{g(x)} \leq c \, ,$$

on écrit

$$f \succeq g \, , \ ou \ g \preceq f \, .$$

Par exemple, les deux fonctions x et $2x + 3x^2$ sont équivalentes au voisinage de 0, mais leur ordre de croissance est plus élevé que celui de $\sqrt{x}$. Lorsque α et β sont deux réels positifs, la relation $x^\alpha \succ x^\beta$ est vraie si, et seulement si, $\alpha > \beta$.

◊ Par extension, on peut aussi comparer les *ordres de croissance* de deux fonctions définies dans un voisinage de 0, sauf éventuellement en 0, qui sont de signe quelconque et ne tendent pas nécessairement vers 0. Il suffit d'examiner la limite, lorsque x tend vers 0, du rapport $|f(x)/g(x)|$. Par exemple, on écrit

$$f \succ g$$

si $\lim_{x \to 0} |f(x)/g(x)| = 0$, et ainsi de suite.

◊ Le même vocabulaire est employé pour comparer la croissance de deux fonctions lorsque x tend vers l'infini: l'ordre de croissance vers l'infini de f est plus élevé que celui de g si le rapport $|f(x)/g(x)|$ tend vers l'infini. Elles ont même ordre de croissance si le rapport $|f(x)/g(x)|$ reste compris entre deux bornes finies et non nulles pour tout x.

Exemples
- Si E est formé d'un nombre fini de points, $L(E(\epsilon))$ est équivalent à ϵ: ainsi, les ensembles finis ont tous un degré d'ocupation de l'espace équivalent.
- Un ensemble parfait symétrique, de rapport constant $a < 1/2$, est tel que

$$L(E(a^n)) \simeq (2a)^n \, ,$$

ou encore:

$$L(E(\epsilon)) \simeq \epsilon^{1-(\log 2/|\log a|)} \, .$$

Ceci tend vers 0 moins vite que ϵ. Le degré d'occupation de l'espace est donc supérieur à celui d'un ensemble fini. Il est d'autant plus grand, que a est plus grand: en effet, dans ce cas la suite des longueurs d'isolants converge moins vite

vers 0. De ce point de vue, le parfait symétrique de rapport 1/4 est plus rare que l'ensemble triadique de Cantor (a=1/3).
- Considérons l'ensemble E formé des points $1/n$, pour tout entier $n \geq 1$. Soit

$$c_n = \frac{1}{n} - \frac{1}{n+1} \simeq \frac{1}{n^2}.$$

Pour tout $\epsilon \simeq c_n$, on obtient

$$L(E(\epsilon)) \simeq n\epsilon + \frac{1}{n} \simeq \frac{1}{n},$$

et par conséquent

$$L(E(\epsilon)) \simeq \epsilon^{1/2}.$$

Le degré d'occupation de l'espace de cet ensemble est donc le même que celui de l'ensemble parfait symétrique de rapport 1/4.

2.5 Ordres de croissance et dimension

Est-il possible de *quantifier* la notion d'occupation de l'espace? La réponse est affirmative, à condition de disposer d'une hiérarchie bien déterminée des ordres de croissance. Chacun de ces ordres doit être comparable aux autres: plus élevé, moins élevé, équivalent. Or il n'est pas toujours possible de comparer les ordres de croissance de deux fonctions. En effet on peut facilement construire deux fonctions dont le rapport n'a aucune limite en 0, par exemple une limite supérieure égale à ∞ et une limite égale à 0. On est donc obligé de se restreindre à une famille de fonctions de référence toutes comparables entre elles. C'est ce qui donne lieu à la notion d'*échelle de fonctions*.

> Une **échelle de fonctions** au voisinage de 0 est une famille $\mathcal{F}$ de fonctions définies dans un voisinage de 0, sauf éventuellement en 0, telles que si f, g sont deux fonctions quelconques de cette famille:
> ou bien $f \simeq g$;
> ou bien $f \succ g$;
> ou bien $f \preceq g$.

Relativement à cette échelle, un *ordre de croissance* peut être défini par une sous-famille de fonctions toutes équivalentes entre elles. Plus généralement, un *ordre de croissance* est une **coupure** dans une échelle de fonctions donnée, c'est-à-dire une partition de cette échelle en deux familles disjointes $\mathcal{F}_1$ et $\mathcal{F}_2$, telles que toute fonction de $\mathcal{F}_1$ est d'ordre plus élevé que toute fonction de $\mathcal{F}_2$, et toute fonction de $\mathcal{F}_2$ est d'ordre moins élevé que toute fonction de $\mathcal{F}_1$ (en termes d'algèbre, on dit que l'ensemble des ordres de croissances est le complété de l'ensemble-quotient $\mathcal{F}/\simeq$, autrement dit l'ensemble de toutes les coupures définies à partir des classes d'équivalence de $\mathcal{F}$ par la relation $\simeq$).

Echelle de Hardy Prenons les fonctions de base x^α (α réel), $\exp x$, $\log x$, et considérons la famille $\mathcal{F}$ de toutes les fonctions construites à partir de celles-ci par des sommes finies ($(f+g)(x) = f(x) + g(x)$), des produits ($fg(x) = f(x)g(x)$), et des produits de composition ($(f \circ g)(x) = f(g(x))$). A part les fonctions périodiques, toutes les fonctions étudiées dans un cours classique d'Analyse s'y retrouvent. On peut montrer que toutes les fonctions de ce type qui sont définies au voisinage de 0 sont comparables. La démonstration n'en est d'ailleurs pas simple (Théorème de Hardy); elle revient à montrer que toutes ces fonctions possèdent une limite (éventuellement infinie) en 0. On obtient donc une échelle de fonctions au voisinage de 0 qui est très large. Elle est même trop large pour une quantification efficace de la notion d'*occupation de l'espace*. Pourtant, il est facile de trouver, à l'extérieur de $\mathcal{F}$, des fonctions non comparables à certaines fonctions de $\mathcal{F}$: par exemple, la fonction $\sin \frac{1}{x}$, qui n'est pas dans $\mathcal{F}$, n'est pas comparable à x.

Echelle logarithmique Voici une échelle de fonctions beaucoup moins riche, mais dans laquelle la comparaison entre ordres de croissance est beaucoup plus facile: c'est l'échelle à double indice

$$\mathcal{F} = \{ f_{\alpha,\beta,n}(x) = x^\alpha \left(\log_n \frac{1}{x} \right)^\beta, \quad \alpha \text{ réel} > 0, \quad n \text{ entier} \geq 0, \quad \beta \text{ réel} \}.$$

La notation $\log_n$ désigne le logarithme itéré: $\log_0(x) = 1$, $\log_1(x) = \log(x)$, $\log_2(x) = \log(\log(x))$, …; $\log_n(x) = \log(\log_{n-1}(x))$ est le logarithme itéré n fois.

Voici un exemple de *coupure* dans cette famille: $\mathcal{F}_1$ est composée de toutes les fonctions qui tendent vers 0 plus vite qu'une fonction quelconque du type $|\log x|^{-\beta}$, $\beta > 0$; et $\mathcal{F}_2$ est composée de toutes les fonctions qui tendent vers 0 moins vite qu'une fonction quelconque du type x^α, $\alpha > 0$. En effet il est impossible de trouver des fonctions de cette échelle dont la croissance soit comprise entre les deux (alors que ce serait possible dans l'échelle de Hardy: on y trouve, par exemple, la fonction $\exp(-(\log_2 \frac{1}{x})^2)$, qui se situe entre $\mathcal{F}_1$ et $\mathcal{F}_2$).

Cette famille peut se révéler utile dans certains cas d'analyse fine de courbes irrégulières, telles que la trajectoire du mouvement brownien. Celle qui suit, d'usage courant, est encore plus simple:

Echelle des fonctions puissance Elle se réduit à

$$\mathcal{F} = \{ f_\alpha(x) = x^\alpha, \quad \alpha > 0 \}.$$

La comparaison entre les fonctions de cette échelle est immédiate, puisque deux fonctions f_α et f_β sont équivalentes si et seulement si $\alpha = \beta$, et f_α tend vers 0 plus vite que f_β si et seulement si $\alpha > \beta$. Ainsi, il n'y a qu'un seul représentant dans chaque classe d'équivalence. De plus, l'ensemble des nombres réels est, par hypothèse, *complet* (c'est pour cela que l'on définit les irrationnels). Autrement dit, il se confond avec l'ensemble de ses coupures. Chaque ordre de croissance est donc confondu avec un nombre réel α.

Si l'on choisit cette échelle de référence, il existe un moyen très simple de calculer l'ordre de croissance d'une fonction quelconque, si cet ordre existe:

2.5 Ordres de croissance et dimension

La fonction $f(x)$ a l'ordre de croissance α au voisinage de 0 si

$$\lim_{x \to 0} \frac{\log f(x)}{\log x} = \alpha .$$

Par exemple, $x^{(ax+b)/(cx+d)}$ a l'ordre de croissance b/d en 0. La fonction

$$x^\alpha \left(\log_n \frac{1}{x} \right)^\beta$$

a l'ordre de croissance α, si α est non nul. On voit à quel point cette conception des ordres de croissance peut dépendre de l'échelle de fonctions utilisée. Ceci nous conduit tout droit à la définition d'une dimension *fractionnaire*, c'est-à-dire non entière. Le degré d'occupation de l'espace d'un ensemble linéaire E est d'autant plus grand, que l'ordre de croissance vers 0 de la quantité $L(E(\epsilon))$ est plus petit. Dans l'échelle des fonctions puissance, cet ordre de croissance est mesuré par la limite du rapport

$$\frac{\log L(E(\epsilon))}{\log \epsilon} .$$

On va donc définir la dimension fractionnaire à partir de l'ordre de croissance, en posant

dimension de E = $1 - $ (ordre de croissance de $L(E(\epsilon))$) ,

lorsque cet ordre de croissance existe. Cette dimension mesure bien, par un nombre réel, l'occupation de l'espace. Elle a reçu dans le passé diverses appellations. G. Bouligand, qui l'a définie en 1928, l'avait nommée *ordre de Cantor-Minkowski*, puisqu'elle tire son origine de la mesure initiée par Cantor. Elle s'est aussi appelée *dimension fractionnaire*, *densité logarithmique*, voire même *entropie* et *capacité*, et maintenant *dimension fractale*, quoiqu'il existe plusieurs concepts de dimension fractale. Ce pourrait être un *indice d'occupation de l'espace*. Nous l'appellerons dans cet ouvrage simplement **dimension**, tant qu'aucune confusion n'est possible, et nous la noterons Δ. Ainsi donc:

$$\boxed{\Delta(E) = \lim_{\epsilon \to 0} \left(1 - \frac{\log L(E(\epsilon))}{\log \epsilon} \right) \quad \text{est la } \textit{dimension} \text{ de } E,}$$

lorsque cette limite existe.

En utilisant des propriétés connues de limites (voir l'Annexe A), on peut aussi écrire $\Delta(E)$ comme un exposant critique:

$$\boxed{\Delta(E) = \inf \{ \alpha \text{ tel que } \epsilon^{\alpha-1} L(E(\epsilon)) \text{ tend vers } 0 \} .}$$

2.6 Formulations équivalentes de la dimension

Pour calculer aisément $\Delta(E)$, il est intéressant d'en connaître des définitions équivalentes, afin d'en utiliser l'une ou l'autre selon la façon dont le problème se pose.

Supposons que, pour tout ϵ, E puisse être recouvert par $N(\epsilon)$ intervalles de longueur ϵ, d'intérieurs disjoints, rencontrant tous E. Si E comporte une infinité de points, ce nombre va tendre vers l'infini lorsque ϵ tend vers 0. Quelle que soit la façon dont ces intervalles sont choisis par ailleurs, on trouve

$$\boxed{\Delta(E) = \lim_{\epsilon \to 0} \frac{\log N(\epsilon)}{|\log \epsilon|} \ .}$$

▶ En effet, étant disjoints, et inclus dans $E(\epsilon)$, ces intervalles vérifient

$$\epsilon N(\epsilon) \leq L(E(\epsilon)) \ .$$

Si on triple leur longueur d'autre part, on peut en recouvrir $E(\epsilon)$:

$$L(E(\epsilon)) \leq 3 \epsilon N(\epsilon) \ .$$

Ces deux inégalités suffisent pour que le rapport $\log N(\epsilon)/\log \epsilon$ ait même limite que $1 - (\log L(E(\epsilon))/\log \epsilon)$, d'où le résultat. ◀

Autrement dit,

La dimension fractale de E est l'ordre de croissance vers l'infini, quand ϵ tend vers 0, du nombre $N(\epsilon)$ d'intervalles nécessaires pour recouvrir E.

Il peut être plus commode, dans la formule précédente, de remplacer la variable continue ϵ par une suite discrète ϵ_n tendant vers 0. Voici à quelle condition:

LEMME *Pour toute suite (ϵ_n) de réels tendant vers 0, telle que le rapport*

$$\frac{\log \epsilon_n}{\log \epsilon_{n+1}}$$

tend vers 1, on a

$$\Delta(E) = \lim_{n \to \infty} \frac{\log N(\epsilon_n)}{|\log \epsilon_n|} \ .$$

Cette condition imposée à la suite ϵ_n indique qu'elle ne doit pas tendre trop vite vers 0.

▶ Pour prouver cela, encadrons une valeur quelconque de ϵ par deux valeurs de la suite:

$$\epsilon_{n+1} < \epsilon \leq \epsilon_n \ .$$

Chaque intervalle de longueur ϵ se trouve inclus dans au plus 2 intervalles de longueur ϵ_n. On en tire

$$N(\epsilon_n) \leq 2 N(\epsilon) \ .$$

De la même façon,
$$N(\epsilon) \leq 2\,N(\epsilon_{n+1})\,.$$

Ceci entraîne
$$\frac{\log N(\epsilon_n) - \log 2}{|\log \epsilon_{n+1}|} \leq \frac{\log N(\epsilon)}{|\log \epsilon|} \leq \frac{\log N(\epsilon_{n+1}) + \log 2}{|\log \epsilon_n|},$$

ou encore
$$\frac{\log \epsilon_n}{\log \epsilon_{n+1}}\left(\frac{\log N(\epsilon_n)}{|\log \epsilon_n|} - \frac{\log 2}{|\log \epsilon_n|}\right) \leq \frac{\log N(\epsilon)}{|\log \epsilon|}$$
$$\leq \frac{\log \epsilon_{n+1}}{\log \epsilon_n}\left(\frac{\log N(\epsilon_{n+1})}{|\log \epsilon_{n+1}|} + \frac{\log 2}{|\log \epsilon_{n+1}|}\right).$$

Lorsque $\epsilon \to 0$, la première inégalité donne $\limsup_n \log N(\epsilon_n)/|\log \epsilon_n| \leq \Delta$; et la deuxième, $\liminf_n \log N(\epsilon_n)/|\log \epsilon_n| \geq \Delta$. ◂

Recouvrements par intervalles dyadiques Soit un ensemble parfait F. Appelons $\omega_n = \omega_n(F)$ le nombre d'intervalles dyadiques fermés, de longueur 2^{-n}, dont l'intérieur contient un point de F. C'est le nombre de sommets de rang n dans l'arbre qui représente F. Comme la suite 2^{-n} vérifie bien la condition ci-dessus, on obtient

$$\boxed{\Delta(F) = \lim_{n \to +\infty} \frac{\log \omega_n(F)}{n \log 2}\,.}$$

Même formule pour un ensemble E quelconque, à condition de changer légèrement la définition de ω_n: il faut prendre le nombre total d'intervalles dyadiques fermés rencontrant E (donc, ayant un point de E à l'intérieur, ou aux extrémités). On peut aussi prendre des intervalles dyadiques semi–ouverts à droite; ou bien semi-ouverts à gauche. Ces variations ne changent rien à l'ordre de croissance de ω_n.

2.7 Exemples de calcul de dimension

- Si E est réduit à un point, $\Delta(E) = 0$.
- Si E est un intervalle, ou généralement si E est de longueur non nulle, $L(E(\epsilon)) \geq L(E)$ pour tout ϵ, donc $\Delta(E) = 1$: c'est la valeur maximale sur la droite.
- Supposons que E est formé de tous les points de la suite $(n^{-\beta})$, $n \geq 1$, où β est un paramètre > 0 fixé. On peut y ajouter le point $\{0\}$ si l'on veut un ensemble fermé. Soit $c_n = n^{-\beta} - (n+1)^{-\beta} \simeq n^{-\beta-1}$ les longueurs de contigus. Lorsque $c_{n+1} < 2\epsilon \leq c_n$,

$$L(E(\epsilon)) \simeq \text{longueur de } [0, (n+1)^{-\beta}] + 2n\epsilon$$
$$\simeq n^{-\beta}.$$

D'où l'on tire
$$\Delta(E) = 1 - \frac{\beta}{\beta+1} = \frac{1}{\beta+1}.$$

Pour la suite $(\frac{1}{n})$, $\Delta(E) = \frac{1}{2}$.

• Si E est un ensemble parfait symétrique, de rapport constant $a < 1/2$: E se trouve recouvert par 2^n intervalles de longueur a^n. Avec $N(a^n) = 2^n$, on obtient

$$\Delta(E) = \frac{\log 2}{|\log a|},$$

qui peut prendre toutes valeurs entre 0 et 1 (non compris). Pour un ensemble parfait symétrique général, défini par la suite (a_n) de ses longueurs d'isolants, nous avons $N(\epsilon) = 2^n$ pour $\epsilon = a_n$. Donc, si $a_n \le \epsilon < a_{n-1}$, on a $2^{n-1} \le N(\epsilon) \le 2^n$, et

$$\frac{n-1}{n} \frac{n \log 2}{|\log a_n|} \le \frac{\log N(\epsilon)}{|\log \epsilon|} \le \frac{n}{n-1} \frac{(n-1) \log 2}{|\log a_{n-1}|}.$$

La limite de $\log N(\epsilon)/|\log \epsilon|$ est la même que celle de $n \log 2/|\log a_n|$. Donc

$$\Delta(E) = \lim_{n \to \infty} \frac{n \log 2}{|\log a_n|},$$

si cette limite existe.

• Avec la formule
$$\Delta(E) = \lim \frac{\log \omega_n}{n \log 2},$$

on peut calculer la dimension des ensembles représentés par des arbres dans le Chap. 1, § 6: l'ensemble de la Figure 1.7 est un parfait symétrique, de rapport $1/4$, donc $\Delta(E) = 1/2$. Celui de la Figure 1.8, construit à partis d'un schéma initial de rang 2, est tel que

$$\omega_n \simeq x_0^n,$$

où x_0 est la plus grande racine du polynôme $x^2 - x - 1$, soit $x_0 = (1+\sqrt{5})/2$: on obtient

$$\Delta(E) = \frac{\log \frac{1+\sqrt{5}}{2}}{\log 2} = 0.694\ldots$$

D'une façon générale, si on se donne un schéma fini de rang k, et qu'on l'itère indéfiniment pour construire un arbre infini, représentant un ensemble parfait E, la dimension de E s'écrit

$$\Delta(E) = \frac{\log x_0}{\log 2},$$

où x_0 est la plus grande racine d'un polynôme de degré k, calculé à partir du schéma initial.

2.8 Quelques propriétés de la dimension

Nous voulons parler ici de propriétés générales, qui ne tiennent pas compte de la structure de l'ensemble E dont on étudie la dimension. La seule condition imposée à E est d'être *borné*: car la longueur $L(E(\epsilon))$ doit être finie. Supposons, tout d'abord, que $\Delta(E)$ existe, en tant que limite.

1. Δ est **monotone**: si E_1 est inclus dans E_2, alors
$$\Delta(E_1) \leq \Delta(E_2) .$$

2. Si $\overline{E}$ désigne la **fermeture** de l'ensemble E:
$$\Delta(\overline{E}) = \Delta(E) .$$

3. Δ est **stable**: étant donnés deux ensembles E_1 et E_2,
$$\Delta(E_1 \cup E_2) = \max\{\Delta(E_1), \Delta(E_2)\} .$$

4. *Pour tout E sur la droite,*
$$0 \leq \Delta(E) \leq 1 .$$

5. Δ est **invariante** *par une homothétie (multiplication par un nombre réel a), ainsi que par une translation (addition par un nombre b): si $T(E) = a E + b$ est une telle transformation de la droite,*
$$\Delta(T(E)) = \Delta(E) .$$

6. Δ est **invariante** *par un type plus général de transformations.*

▶ Voici la démonstration de ces propriétés:
  1. Cela vient de ce que $L(E_1(\epsilon)) \leq L(E_2(\epsilon))$, pour tout ϵ.
  2. Car les saucisses de Minkowski sont les mêmes pour E et $\overline{E}$.
  3. La monotonicité implique que
$$\Delta(E_1 \cup E_2) \geq \max\{\Delta(E_1), \Delta(E_2)\} .$$

D'autre part, si on prend un nombre $\alpha > \max\{\Delta(E_1), \Delta(E_2)\}$, l'inégalité
$$L((E_1 \cup E_2)(\epsilon)) \leq L(E_1(\epsilon)) + L(E_2(\epsilon))$$

entraîne que
$$\epsilon^{\alpha-1} L((E_1 \cup E_2)(\epsilon)) \longrightarrow 0 .$$

Donc $\alpha \geq \Delta(E_1 \cup E_2)$. D'où l'inégalité inverse:
$$\Delta(E_1 \cup E_2) \leq \max\{\Delta(E_1), \Delta(E_2)\} .$$

  4. L'ensemble E contient au moins un point, donc $L(E(\epsilon)) \geq 2\epsilon$, et $1 - (\log L(E(\epsilon))/\log \epsilon)$ est donc supérieur à $\log 2/\log \epsilon$, qui tend vers 0: d'où la première inégalité. La seconde vient de ce que E est borné: $E(1)$ l'est aussi, et pour tout $\epsilon \leq 1$,

$$L(E(\epsilon)) \leq L(E(1)) \, .$$

Ceci entraîne $\Delta(E) \leq 1$.

5. Il est assez clair que $L(E(\epsilon))$ ne varie pas au cours d'une translation. En ce qui concerne l'homothétie, toutes les longueurs sont multipliée par a, donc $L(T(E)(\epsilon)) = a\,L(E(\epsilon/a))$, qui a le même ordre de croissance vers 0 que $L(E(\epsilon))$.

6. On peut aisément étendre la propriété précédente d'invariance. En fait, la même égalité
$$\Delta(T(E)) = \Delta(E)$$
a lieu lorsque la fonction T est une application bijective de la droite sur elle–même qui est *dérivable* en tout point (si la fonction inverse T^{-1} est aussi dérivable, on appelle T un *difféomorphisme*). On peut encore généraliser, en supposant seulement qu'en tout point x, le rapport
$$\frac{\log(T(y) - T(z))}{\log(y - z)}$$
converge vers 1 lorsque y et z tendent tous deux vers x, $y \neq z$ (l'ensemble des fonctions T possédant cette propriété forme un groupe, dont la loi est le produit de composition ordinaire des fonctions). Ces fonctions laissent Δ invariante. ◀

2.9 Dimensions supérieure et inférieure

Nous avons supposé jusqu'ici que le rapport
$$\frac{\log L(E(\epsilon))}{\log \epsilon}$$
convergeait. S'il n'y a pas convergence, il y a plusieurs limites (ou même une infinité), comprises entre 0 et 1. On s'intéresse aux limites supérieure (la plus grande) et inférieure (la plus petite) (voir l'Annexe A). On en tire deux notions de dimension, en conservant la notation Δ pour la plus grande:

$$\Delta(E) = \limsup_{\epsilon \to 0} \left(1 - \frac{\log L(E(\epsilon))}{\log \epsilon}\right) \text{ est la } \textit{dimension supérieure} \text{ de } E$$
$$\delta(E) = \liminf_{\epsilon \to 0} \left(1 - \frac{\log L(E(\epsilon))}{\log \epsilon}\right) \text{ est la } \textit{dimension inférieure} \text{ de } E \, .$$

Il faut noter que si elles sont inégales, $L(E(\epsilon))$ ne possède aucun ordre de croissance défini lorsque ϵ tend vers 0. Néanmoins, chacune de ces dimensions correspond à une coupure dans l'échelle des fonctions x^α, car nous pouvons écrire de façon équivalente:

$$\Delta(E) = \inf \left\{ \alpha \text{ tel que } \lim_{\epsilon \to 0} \epsilon^{\alpha-1} L(E(\epsilon)) = 0 \right\},$$

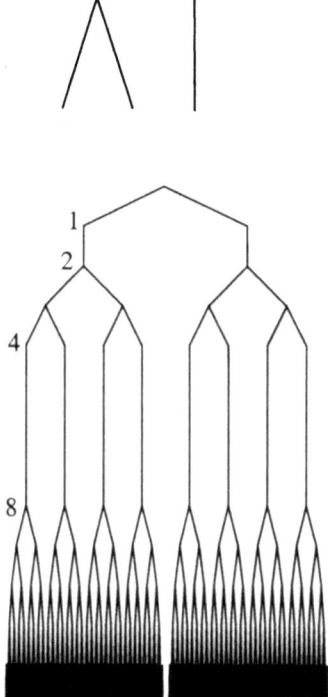

Fig. 2.1. *Cet arbre est construit en utilisant alternativement les deux schémas fondamentaux ci–dessus, l'alternance se faisant aux rangs 2^k. Ainsi: $\omega_{2^{2k}} = \omega_{2^{2k+1}} = 2^{(1+2^{2k+1})/3}$. On en déduit que*

$$\Delta(F) = \lim_{k \to \infty} \frac{(1+2^{2k+1})/3}{2^{2k}} = \frac{2}{3},$$

et

$$\delta(F) = \lim_{k \to \infty} \frac{(1+2^{2k+1})/3}{2^{2k+1}} = \frac{1}{3}.$$

tandis que
$$\delta(E) = \sup\{\alpha \text{ tel que } \lim_{\epsilon \to 0} \epsilon^{\alpha-1} L(E(\epsilon)) = +\infty\}.$$

Exemples La Figure 2.1 donne un exemple d'ensemble parfait tel que $\Delta(E) \neq \delta(E)$.

Autre exemple: les ensembles parfaits symétriques, définis par la suite (a_n) des longueurs d'isolants, telle que la suite $n/\log a_n$ ne converge pas. On obtient alors

$$\Delta(E) = \limsup \frac{n \log 2}{|\log a_n|}$$

$$\delta(E) = \liminf \frac{n \log 2}{|\log a_n|} \ .$$

◊ Les propriétés de Δ, vue comme dimension supérieure, sont exactement les mêmes que celles que nous avons passé en revue pour Δ lorsque Δ est une limite. En particulier, l'égalité

$$\Delta(E_1 \cup E_2) = \max\{\Delta(E_1), \Delta(E_2)\}$$

(stabilité) tient toujours: ceci est dû au fait que, si (a_n) et (b_n) sont deux suites bornées, la limite supérieure de la suite $(\max\{a_n, b_n\})$ est égale au maximum des deux nombres $\limsup a_n$ et $\limsup b_n$ (Annexe A). En revanche:

Attention! Les propriétés de Δ sont aussi vérifiées par δ, à l'exception de la stabilité: en effet, il est faux en général d'écrire

$$\liminf \max\{a_n, b_n\} = \max\{\liminf a_n, \liminf b_n\} \ .$$

Nous donnons, dans la Figure 2.2, un exemple d'ensembles parfaits sur la droite, tel que $\delta(E_1 \cup E_2) \neq \max\{\delta(E_1), \delta(E_2)\}$.

2.10 Références bibliographiques

Comme dans le Chap. 1, le lecteur retrouvera les passages cités de G. Cantor et de E. Borel dans les ouvrages [G. Cantor], [E. Borel 1] et [E. Borel 3]. L'essai de "hiérarchisation qualitative" des ensembles de mesure nulle est due à [M. Fréchet]. Simultanément, G. Choquet (dans une correspondance avec Fréchet) et [Z. Moszner] montrèrent que tout ensemble parfait de mesure nulle a le même ordre de raréfaction que le point.

La théorie des échelles de fonctions constitue une partie passionnante, mais oubliée, de l'Analyse Fonctionnelle. Le pionnier en fut [P. du Bois-Reymond], et un développement agréable et assez complet en fut écrit par [G.H. Hardy 1] en 1910. Une autre référence intéressante est le livre [E. Borel 2], qui utilise pour les ordres de croissance des notations empruntées à celles des ordres transfinis de Cantor. Cette idée, qui ne manque pas de sens, sera critiquée plus tard, bien à tort, par les techniciens de l'équipe [N. Bourbaki]. On trouvera, dans le dernier ouvrage cité, une démonstration correcte du théorème de Hardy, un peu confuse dans sa version originale.

La démarche adoptée dans ce chapitre pour introduire la notion de dimension est la démarche historique. Car aussi bien E. Borel que F. Hausdorff et G. Bouligand sont partis, explicitement ou non, de l'idée d'"échelle de fonctions" pour définir une dimension. De ce point de vue, la qualité de nombre réel n'est nullement intrinsèque à cette notion: c'est une conséquence de la simplicité de

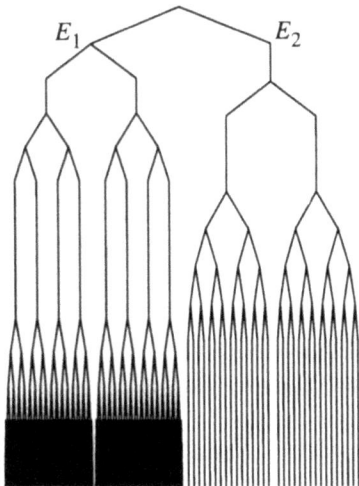

Fig. 2.2. *On reprend l'arbre de la Figure 2.1, construit cette fois sur $[0, 1/2]$: ce sera l'ensemble E_1. Sur $(1/2, 1]$, on place l'ensemble conjugué E_2, dans lequel on a repris les mêmes schémas fondamentaux, mais en les inversant: sur les rangs où les sommets de E_1 s'embranchent, ceux de E_2 ne s'embranchent pas, et inversement. Ces deux ensembles ont mêmes dimensions. En particulier: $\delta(E_1) = \delta(E_2) = \frac{1}{3}$. Cherchons le nombre de sommets de rang n de $E_1 \cup E_2$. Si $2^{2k} + 1 \leq n \leq 2^{2k+1} + 1$, il vaut: $\omega_n = 2^{(1+2^{2k+1})/3} + 2^{n-(4+2^{2k+1})/3}$. Le rapport $\log \omega_n / n \log 2$ est donc supérieur à*

$$\max\{\frac{(1+2^{2k+1})/3}{n}, \frac{n-(4+2^{2k+1})/3}{n}\}.$$

Ces deux termes deviennent égaux lorsque $n = (5 + 2^{2k+2})/3$: on en tire

$$\frac{\log \omega_n}{n \log 2} \geq \frac{(1+2^{2k+1})/3}{(5+2^{2k+2})/3} \to \frac{1}{2}.$$

On obtient la même évaluation pour $2^{2k-1} + 1 \leq n \leq 2^{2k} + 1$. Ainsi donc,

$$\delta(E_1 \cup E_2) = \frac{1}{2}.$$

l'échelle des fonctions puissance. De là provient l'usage généralisé de la fonction logarithme dans l'analyse fractale d'un ensemble.

Le premier "indice de raréfaction", ou "dimension fractionnaire", est la dimension de [F. Hausdorff] en 1919. Cet indice est très propre à l'analyse théorique des ensembles, mais il a l'inconvénient d'être pratiquement inaccessible aux évaluations numériques—sauf, justement, dans les cas où sa valeur coïncide avec l'ordre de Cantor–Minkowski de G. Bouligand. Voilà pourquoi nous nous attachons plutôt à l'étude de ce dernier indice. Sa définition paraît si simple et naturelle qu'on en retrouvera peut-être un jour des apparitions antérieures. En tous cas, ses réincarnations subséquentes seront nombreuses, et proviendront de voies diverses. On peut consulter [C. Tricot 2] pour un rapide historique. Cette dimension apparaît sous la forme d'une limite, tantôt supérieure, tantôt inférieure, selon l'utilisation souhaitée.

La première idée de l'ordre de Bouligand semble apparaître dans [G. Bouligand 1] (1925):

"En général, il y a donc lieu de considérer, non un nombre, mais un **ordre dimensionnel**, *en donnant au mot ordre le sens qu'il a également dans la locution* **ordre de croissance** *de M. Emile Borel."*

On reconnaît dans ce passage la relation entre dimensions et ordre de croissance des fonctions. Les articles les plus achevés de Bouligand datent de 1928 [G. Bouligand 3 et 4].

G. Bouligand ne considéra que le cas où sa dimension se présente comme une limite. Avec son style littéraire, il a été généralement accusé de manque de rigueur. On peut se demander maintenant si c'est un péché si grave, après un demi-siècle de dictature de la Logique mathématique, au détriment de la créativité. Il avait en tous cas bien cerné la notion de dimension, puisqu'il en donna plusieurs définitions métriques équivalentes, et qu'il sut la comparer, dans un petit livre peu connu [G. Bouligand 5], avec l'"exposant de similitude", qui deviendra plus tard (avec B. Mandelbrot) la "dimension de similitude". Voir aussi à ce sujet [G. Bouligand 2].

Les arbres dyadiques de ce chapitre proviennent de [C. Tricot 1]. Le lemme de § 6 se trouve dans [C. Tricot].

3 Intervalles contigus et dimension

3.1 Raréfaction logarithmique de Borel

Comme nous l'avons vu dans le Chapitre 1, un ensemble fermé F de la droite est nulle part dense s'il ne contient aucun intervalle. Dans son segment fondamental $[a, b]$, F est le complémentaire d'intervalles ouverts disjoints $\mathbf{C}_1$, $\mathbf{C}_2$, ..., $\mathbf{C}_n$, ..., les intervalles **contigus**. Il y en a une suite infinie, sauf si F lui-même est un ensemble fini, cas particulier que nous écartons. Si $L(\mathbf{C}_n) = c_n$, la mesure (longueur) de F vaut donc

$$L(F) = b - a - \sum_{n=1}^{\infty} c_n .$$

Supposons que cette mesure soit nulle. Supposons aussi que les $\mathbf{C}_n$ soient rangés de telle sorte que (c_n) forme une suite décroissante. Pour évaluer la "raréfaction" de F, voici comment procède E. Borel (1948): Une fois ôtés les contigus $\mathbf{C}_1$, ..., $\mathbf{C}_{n-1}$, il reste n intervalles fermés dans $[a, b]$ (dont certains peuvent être réduits à un point), qui recouvrent F. La moyenne arithmétique de leurs longueurs vaut

$$\frac{1}{n}(b - a - \sum_{i=1}^{n-1} c_i) = \frac{1}{n} \sum_{i=n}^{\infty} c_i .$$

Cette moyenne tend vers 0 lorsque n tend vers l'infini: plus sa convergence est rapide, plus l'ensemble F peut être considéré comme "rare". La *raréfaction logarithmique* de Borel est, de nouveau, un ordre de croissance: elle se définit comme

$$e_B = \lim_{n \to \infty} \frac{\log n}{|\log(\frac{1}{n} \sum_{i=n}^{\infty} c_i)|} ,$$

ce qui peut encore s'écrire

$$e_B = \lim_{n \to \infty} \frac{1}{1 + \frac{|\log \sum_{i=n}^{\infty} c_i|}{\log n}} .$$

Lorsqu'il n'y a pas convergence, on prend la limite supérieure, toujours égale à l'expression suivante:

$$e_B = \inf \left\{ \alpha \text{ tel que } n^{\frac{1}{\alpha}-1} \sum_{i=n}^{\infty} c_i \text{ tend vers } 0 \right\}.$$

Nous verrons qu'à la condition que F soit de mesure nulle, cet indice est en fait identique à la dimension $\Delta(F)$ de Bouligand! malgré la différence d'approche. De même de l'indice de la section suivante.

3.2 Indice de Besicovitch–Taylor

Avec les mêmes notations, partons du fait que, plus F est "rare", plus les C_n seront petits. Or la série $\sum c_n$ vaut $b - a$, elle est convergente. Pour mesurer la rapidité de cette convergence, on cherche son *exposant de convergence*, c'est-à-dire la valeur critique de α pour laquelle la série $\sum c_n^\alpha$ passe de la convergence à la divergence. L'*indice de Besicovitch–Taylor* (1954) est égal à cet exposant:

$$e_{BT} = \inf \left\{ \alpha \text{ tel que } \sum_{n=1}^{\infty} c_n^\alpha \text{ converge} \right\}.$$

3.3 Ordres de croissance équivalents

On peut trouver facilement d'autres ordres de croissance de la suite des longueurs (c_n) de contigus, qui peuvent, tout aussi bien, caractériser la "rareté" de l'ensemble fermé de mesure nulle F. Ils ont aussi leur intérêt, même s'ils ne sont pas des indices "historiques", comme e_B ou e_{BT}. On les retrouve dans certains arguments techniques, tels que ceux développés en § 4. De plus, il est bon, en pratique, de disposer d'un certain nombre de définitions d'indices, en vue de choisir celles qui se prêtent le mieux aux algorithmes numériques. Nous verrons, de toutes façons, qu'elles sont théoriquement toutes équivalentes.

L'indice le plus simple pour caractériser la convergence des c_n vers 0 s'écrit ainsi:

$$e = \limsup_{n \to \infty} \frac{\log n}{|\log c_n|}$$
$$= \inf \left\{ \alpha \text{ tel que } n\, c_n^\alpha \text{ tend vers } 0 \right\}.$$

On peut également créer un indice en relation directe avec la dimension de Bouligand–Minkowski, en cherchant la valeur de $L(F(\epsilon))$, lorsque $\epsilon \simeq c_n$: comme tous les contigus de rang $\geq n$ sont alors recouverts par la saucisse de Minkowski, la valeur $\sum_{i=n}^{\infty} c_i$ est une estimation de $L(F(\epsilon))$ par défaut. On peut, raisonnablement, considérer l'indice

$$e_{BM} = \lim_{n \to \infty} (1 - \frac{\log \sum_{i=n}^{\infty} c_i}{\log c_n})$$
$$= \inf \{\, \alpha \ \text{tel que}\ c_n^{\alpha-1} \sum_{i=n}^{\infty} c_i \ \text{tend vers}\ 0 \,\}\,.$$

Il est important de rappeler que la suite (c_n) est supposée décroissante, sauf pour e_{BT} où cela n'a, théoriquement, aucune importance. A cette condition, nous allons démontrer l'égalité de tous ces indices, ce qui est d'un grand intérêt, parce que cela prouve bien l'unicité de la notion de raréfaction, malgré la diversité des idées de départ. Cela montre aussi la justesse de l'idée de Borel quarante années auparavant — que la notion de raréfaction avait une relation directe avec la convergence des séries.

THÉORÈME *Soit (c_n) une suite décroissante, telle que $\sum c_n$ converge. On a toujours les égalités suivantes:*

$$e_B = e_{BT} = e_{BM} = e\,.$$

▶ Du fait que $\sum c_n$ converge, tous ces indices sont ≤ 1. L'indice e peut aussi bien s'écrire

$$e = \inf \{\, \alpha \ \text{tel que}\ n\, c_n^{\alpha} \ \text{reste bornée} \,\}$$

(Annexe A, § 4). De même pour e_B et e_{BM}. Ce genre de remarque permet d'alléger sensiblement les preuves.

a) Le fait que $e = e_{BT}$ est bien connu. On peut le démontrer ainsi: Si on suppose $e_{BT} < 1$, et si on prend un nombre α tel que $e_{BT} < \alpha < 1$, alors $\sum c_n^{\alpha}$ converge. On sait qu'il existe alors une certaine constante a telle que $c_n^{\alpha} \leq a/n$ pour tout n, ou encore $n\, c_n^{\alpha} \leq a$. Cela montre que $e \leq \alpha$. Donc $e \leq e_{BT}$.

Inversement, si $e < 1$, et $e < \alpha < \beta < 1$, alors $n\, c_n^{\alpha} \to 0$: à partir d'un certain rang, $c_n^{\alpha} \leq 1/n$. Donc $\sum c_n^{\beta}$ converge. Donc $e_{BT} \leq \beta$. Cela montre que $e_{BT} \leq e$.

b) Montrons que $e = e_B$. Supposons $e < 1$. Soit $e < \alpha < 1$. A partir d'un certain rang, $c_n \leq n^{-1/\alpha}$. En utilisant la relation entre une série et d'une intégrale, on en déduit que, pour une certaine constante a, $\sum_n^{\infty} c_i \leq a\, n^{1-1/\alpha}$. Donc $n^{1/\alpha - 1} \sum_n^{\infty} c_i$ est borné. Donc $e_B \leq \alpha$.

Inversement, $\sum_n^{\infty} c_i \leq n^{1-1/\alpha}$ entraîne que $n\, c_{2n} \leq n^{1-1/\alpha}$, à cause de la décroissance de la suite (c_n). Donc $c_{2n} \leq n^{-1/\alpha}$. Ou encore: $(2n)\, c_{2n}^{\alpha}$ reste borné. Donc $e \leq \alpha$. Cela montre l'égalité.

c) Montrons enfin que ces indices sont égaux à e_{BM}: l'inégalité $e \geq e_{BM}$ est simple, car si $e < \alpha < \beta < 1$, alors pour un n suffisamment grand, $c_n \leq n^{-1/\alpha}$. On en tire:

$$c_n^{\beta-1}\sum_{i=n}^{\infty} c_i \leq \sum_{i=n}^{\infty} c_i^{\beta} \leq \sum_{i=n}^{\infty} i^{-\beta/\alpha}.$$

Le membre de droite est une série convergente, qui tend vers 0 avec n. Donc $e_{BM} \leq \beta$.

L'inégalité inverse est un peu plus difficile, à cause de l'irrégularité possible de la convergence de (c_n) vers 0. Prenons un nombre $\alpha > e_{BM}$, et un autre nombre $0 < \gamma < 1$. Un théorème, dû à Dini, nous dit que, la série $\sum_1^{\infty} c_n$ étant convergente, cette autre série $\sum_1^{\infty} c_n (\sum_n^{\infty} c_i)^{-\gamma}$ converge également. Or, à partir d'un certain rang, $\sum_n^{\infty} c_i \leq c_n^{1-\alpha}$. On en déduit que la série

$$\sum_1^{\infty} c_n (c_n^{1-\alpha})^{-\gamma} = \sum_1^{\infty} c_n^{1-\gamma+\alpha\gamma}$$

converge: donc $e = e_{BT} \leq 1 - \gamma + \alpha\gamma$. En faisant tendre α vers e_{BM}, et γ vers 1, on obtient le résultat voulu. ◀

3.4 Les contigus et la dimension fractale

Nous en arrivons à une interprétation métrique de ces indices, qui ramène tout à une seule et même notion, la dimension:

THÉORÈME *Soit un fermé F, $\Delta(F) = \lim_{\epsilon \to 0}(1 - \log L(F(\epsilon))/\log \epsilon)$ sa dimension, et $e = \limsup_{n \to \infty}(\log n/|\log c_n|)$ l'ordre de croissance des longueurs de ses contigus. Si F est de mesure nulle:*

$$e = \Delta(F).$$

▶ La suite (c_n) étant, comme toujours, décroissante, on peut, pour tout ϵ, trouver un entier n assez grand pour que

$$c_n \leq 2\epsilon < c_{n-1}.$$

En utilisant la propriété d'additivité de la longueur, le calcul effectué dans le § 2.3 nous a donné

$$L(F(\epsilon)) = L(F) + 2\epsilon n + \sum_{i=n}^{\infty} c_i$$

$$= 2\epsilon n + \sum_{i=n}^{\infty} c_i,$$

puisque F est de mesure nulle. On obtient:

$$\epsilon^{\alpha-1} L(F(\epsilon)) = 2\epsilon^{\alpha} n + \epsilon^{\alpha-1} \sum_{i=n}^{\infty} c_i.$$

Ceci montre déjà que, si $\alpha > \Delta(F)$, alors $n c_n^{\alpha}$ tend vers 0, et donc $\alpha \geq e$: ainsi

$$e \leq \Delta(F).$$

3.4 Les contigus et la dimension fractale

Pour une inégalité dans l'autre sens, supposons, sans perdre de généralité, que $e < 1$, et prenons un α tel que $e < \alpha < 1$. L'égalité précédente peut se transformer en

$$\epsilon^{\alpha-1} L(F(\epsilon)) \leq 2^{1-\alpha} c_{n-1}^{\alpha} n + c_n^{\alpha-1} \sum_{i=n}^{\infty} c_i \ .$$

D'après la Section 3.3, $e = e_{BM}$, donc le terme de droite tend vers 0. Le terme de gauche également, ce qui donne $\alpha \geq \Delta(F)$. En conclusion,

$$e \geq \Delta(F) \ . \quad \blacktriangleleft$$

◊ Pour certains ensembles, on obtient par là une manière extrêmement rapide de trouver leur dimension: par exemple, si $E = \{n^{-\beta}\}$, où β est un paramètre > 0, on connaît la valeur de c_n: $c_n = n^{-\beta} - (n+1)^{-\beta} \simeq n^{-1-\beta}$, et donc

$$e = \frac{\log n}{|\log n^{-1-\beta}|} = \frac{1}{\beta + 1} \ :$$

C'est la valeur déjà trouvée (Chap. 2, § 7) de la dimension.

◊ Que peut-on dire de l'exposant e si F n'est pas de mesure nulle? La dimension est alors égale à 1, mais e peut encore prendre n'importe quelle valeur entre 0 et 1: une série convergente $\sum c_n$ étant donnée, on peut en effet toujours ranger une suite de contigus de longueur c_n à l'intérieur d'un intervalle de longueur supérieure à leur somme. Il n'y a donc aucune dépendance, dans ce cas, entre e et la dimension. En reprenant des calculs analogues aux précédents, on s'aperçoit que e peut être comparé à l'ordre de croissance vers 0 de la longueur $L(F(\epsilon) - F)$, c'est-à-dire, la longueur de la saucisse de Minkowski, de laquelle on a ôté tous les points de F. On peut appeler cela la *dimension extérieure* de F:

$$\Delta^{\text{Ext}}(F) = \lim_{\epsilon \to 0} (1 - \frac{\log L(F(\epsilon) - F)}{\log \epsilon}) \ .$$

Cet indice est évidemment identique à $\Delta(F)$ dans le cas de mesure nulle. On obtient le théorème, plus général, suivant:

$$\boxed{e = \Delta^{\text{Ext}}(F) \ .}$$

Cet indice mesure en quelque sorte, le degré de proximité de F par rapport à son complémentaire: il est d'autant plus grand que son voisinage occupe davantage de place, à l'extérieur. C'est le véritable *indice d'occupation de l'espace*. Nous le reprendrons plus loin, non plus sur la droite mais dans le plan, où son comportement est encore plus intéressant, dans l'étude des *dimensions latérales* d'une courbe (Chap. 18). Il est utile également dans celle des *surfaces poreuses* fractales, où les *pores* généralisent, dans le plan, les intervalles contigus de la droite.

3.5 Algorithmes pour le calcul de la dimension

Les ensembles fermés de mesure nulle ont un intérêt pratique en eux–mêmes. Par exemple, les ensembles parfaits symétriques (tel l'ensemble de Cantor) constituent d'excellents modèles mathématiques de ces ensembles de points dont la structure paraît la même à toutes les échelles (ensembles ayant une structure de *similitude interne*). Nous renvoyons le lecteur aux ouvrages de B. Mandelbrot pour de nombreuses applications. Ils se rencontrent aussi fréquemment comme *sections* d'une courbe irrégulière. Par exemple, les ensembles fermés n'ayant qu'un seul point d'accumulation peuvent être vus comme les intersections d'une spirale avec une droite passant par son centre. Les ensembles parfaits de mesure nulle peuvent être les ensembles de niveau d'un graphe de fonction continue nulle part dérivable (telles les fonctions de Weierstrass, ou browniennes). Lorsqu'il s'agit d'estimer la dimension fractale d'un tel ensemble F, on cherche toujours à calculer, pour chaque valeur ϵ d'une suite $\epsilon_1, \epsilon_2, \ldots, \epsilon_N$ décroissante, une quantité $Q(\epsilon)$, qui dépend d'une longueur (saucisse de Minkowski), ou d'un nombre d'intervalles, ou d'une série, etc.... Cette quantité doit être telle que, théoriquement, la limite du rapport

$$\frac{\log Q(\epsilon)}{|\log \epsilon|}$$

tend vers la dimension fractale $\Delta(F)$ lorsque ϵ tend vers 0. On en déduit que dans un repère cartésien, les points de coordonnées

$$(|\log \epsilon_n|, \log Q(\epsilon_n))$$

doivent se trouver sur une courbe de direction asymptotique $\Delta(F)$. L'ensemble de ces N points est appelé un *diagramme logarithmique*. On estime cette direction asymptotique par la direction générale du diagramme, c'est-à-dire par une droite des moindres carrés.

La valeur d'un algorithme dépend donc du choix de la quantité $Q(\epsilon)$ à estimer. Selon ce choix, le diagramme présentera plus ou moins d'irrégularités locales, et une concavité globale plus ou moins accusée: l'idéal étant, bien entendu, la ligne droite. Il est intéressant pour cela de connaître diverses définitions de $\Delta(F)$, et de tester les algorithmes correspondants sur des ensembles que l'on sait définir théoriquement, et dont on peut prédire la valeur exacte de la dimension. Donnons–en un exemple.

Exemple Prenons l'ensemble triadique de Cantor, complémentaire, dans l'intervalle $[0, 1]$, d'une famille de contigus (c_n) telle que

$$c_1 = 3^{-1}$$
$$c_2 = c_3 = 3^{-2}$$
$$\ldots$$
$$c_{2^k} = \ldots = c_{2^{k+1}-1} = 3^{-k-1}.$$

Mais avant tout calcul, faisons remarquer que cet ensemble est de ceux qui se prêtent le moins bien aux estimations de dimensions, à cause des répétitions

3.5 Algorithmes pour le calcul de la dimension

dans la suite (c_n). Sa construction contient une forme de périodicité qui se retrouve dans les diagrammes logarithmiques, et qui gêne les calculs. Les ensembles provenant de processus aléatoires, ou les ensembles de niveau dans les graphes de fonctions, donnent lieu en général à des résultats beaucoup plus satisfaisants. L'avantage de l'ensemble de Cantor, est justement qu'il permet de mieux départager les bonnes et les mauvaises méthodes.

L'exposant e Bien qu'elle soit la plus simple à mettre en œuvre, la méthode

$$\Delta(F) = e = \lim_{n \to \infty} \frac{\log n}{|\log c_n|}$$

est certainement la pire, à cause des "sauts" dans la suite des valeurs (c_n). Ici, la quantité qui tend vers 0 est c_n, et la quantité dénombrée est n. On forme donc le diagramme $(|\log c_n|, \log n)$, c'est-à-dire les points de coordonnées

$$((k+1)\log 3, \log n)$$

pour tout entier $k \geq 0$, et pour tout entier n tel que $2^k \leq n < 2^{k+1}$. On voit sur la Figure 3.1 que ce diagramme ne peut s'aligner sur une droite, même si sa direction asymptotique est bien égale à $\log 2/\log 3$.

La raréfaction logarithmique e_B La méthode

$$\Delta(F) = e_B = \lim_{n \to \infty} \frac{\log n}{|\log(\frac{1}{n} \sum_{i=n}^{\infty} c_i)|}$$

est bien meilleure, parce que la suite des valeurs de $\epsilon_n = \sum_{i=n}^{\infty} c_i/n$ varie de façon plus "continue" que c_n. Ici de nouveau, $Q(\epsilon_n) = n$.

Si $2^k \leq n < 2^{k+1}$, $\sum_{i=n}^{\infty} c_i = (2^{k+1} - n)3^{-k-1} + \sum_{i=k+1}^{\infty} 2^i 3^{-i-1} = 3^{-k-1}(2^{k+2} - n)$. On forme donc le diagramme

$$\left((k+1)\log 3 - \log(\frac{2^{k+2}}{n} - 1), \log n\right)$$

pour tout entier $k \geq 0$, et pour tout entier n tel que $2^k \leq n < 2^{k+1}$. Ce diagramme contient les points $(k \log 3, k \log 2)$, et il est mieux aligné que le précédent. Il présente cependant toujours une certaine périodicité, inévitable avec l'ensemble de Cantor.

La saucisse de Minkowski uni-dimensionnelle

$$\Delta(F) = \lim(1 - \frac{\log L(F(\epsilon))}{\log \epsilon}) = \frac{\log \frac{1}{\epsilon} L(F(\epsilon))}{|\log \epsilon|}$$

est probablement celle qui donne les résultats les plus précis, à cause de la continuité de ϵ et de $Q(\epsilon) = L(F(\epsilon))/\epsilon$. Cette quantité représente une estimation du nombre d'intervalles de longueur ϵ nécessaires pour recouvrir F. Rappelons que

$$L(F(\epsilon)) = 2n\epsilon + \sum_{i=n}^{\infty} c_i$$

42   3 Intervalles contigus et dimension

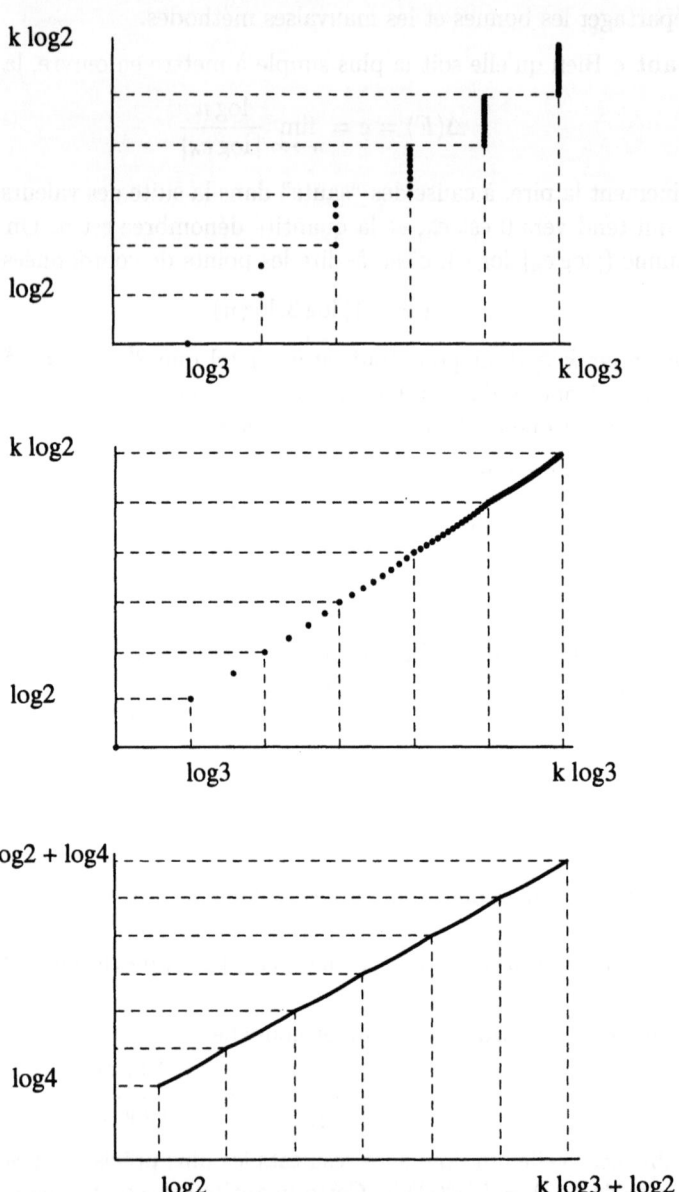

Fig. 3.1. *Trois diagrammes logarithmiques pour la dimension de l'ensemble triadique de Cantor: 1)* $(|\log c_n|, \log n)$, *2)* $(|\log(\sum_{i=n}^{\infty} c_i/n)|, \log n)$ *et finalement 3)* $(|\log \epsilon|, \log(L(F(\epsilon))/\epsilon))$. *Les directions asymptotiques sont respectivement* e, e_B, $\Delta(F)$: *elles sont toutes trois égales à* $\log 2/\log 3$.

pour tout ϵ tel que $c_n \leq 2\epsilon < c_{n-1}$. En posant $x = |\log \epsilon|$, le diagramme logarithmique est donc simplement le graphe de la fonction

$$y = k \log 2 + \log(2 + 3^{-k} e^x)$$

pour tout entier $k \geq 0$, et pour tout x tel que

$$k \log 3 + \log 2 < x \leq (k+1) \log 3 + \log 2 .$$

Ce diagramme contient les points $(k \log 3 + \log 2, k \log 2 + \log 4)$ (Fig. 3.1).

3.6 Références bibliographiques

Lorsqu'on impose une restriction sur le développement des nombres réels dans une base donnée, on obtient généralement un ensemble de mesure 0. C'est dans le cadre d'une telle étude qu'est apparue la raréfaction logarithmique, assez fortuitement, en 1948 [E. Borel 1 et 3].

Quelques années plus tard, [A.S. Besicovitch et S.J. Taylor] introduisent l'indice qui depuis porte leurs deux noms, en vue d'une majoration de la dimension de Hausdorff des ensembles fermés linéaires. Il est amusant de constater que, sans doute indépendamment de Borel, on retrouve précisément la raréfaction logarithmique dans ce même article, mais sous la forme d'une limite inférieure! On voit comme ces indices vont et viennent. Il ne faudrait pas en conclure à la multiplicité des notions; il s'agit plutôt d'une notion unique, sous des aspects très variés. Un bref historique de toute la question se trouve dans [C. Tricot 2], ainsi que la première démonstration connue de l'égalité $e_{BT} = e_B$ (1981!).

On peut, finalement, trouver une grande quantité de formulations différentes pour l'exposant de convergence d'une série à termes positifs; il y a dans [C. Tricot 4] un traitement assez général de ce problème. Voir aussi l'article de [J.B. Wilker], antérieur.

L'égalité $e_{BT} = \Delta(F)$ a été démontrée pour la première fois par [J. Hawkes]. Il a donc fallu attendre aussi tard que 1974 pour réaliser que les deux approches: recouvrements d'un ensemble par intervalles d'égale longueur, et formation de la suite des intervalles complémentaires (que nous appelons ici "contigus", après A. Denjoy), se caractérisent par le même nombre dimensionnel.

La notion de "dimension extérieure" est encore plus intéressante en dimensions 2 ou 3: voir [C. Grebogi & al.], et [Tricot 5] pour la relation avec les intervalles contigus.

4 Qu'est–ce qu'une courbe?

4.1 Quelques types d'ensembles du plan

L'étude topologique sur la droite commence, nous l'avons vu, par les intervalles, et elle crée de nouveaux ensembles, de plus en plus sophistiqués, à l'aide des opérations fondamentales de réunion, intersection, complémentation. Telle est du moins la démarche *constructive* de définition des ensembles.

Dans le plan, il faut, de la même façon, partir d'ensembles de base, qui ont des formes simples telles que le disque ou le carré. L'intervalle $[x - \epsilon, x + \epsilon]$, utilisé sur la droite, est remplacé par la **boule** $B_\epsilon(x)$, de centre x, de rayon ϵ: c'est l'ensemble des points du plan dont la distance à x est au plus égale à ϵ. Elle peut avoir différentes formes géométriques selon la notion de distance utilisée. Nous nous en tiendrons ici à la distance euclidienne, où la boule a la forme d'un disque. On retrouve alors les même caractérisations d'ensembles ouverts et fermés que sur la droite:

> *Un ensemble* **ouvert** V *est tel que tout point de* V *est le centre d'une boule (même très petite) incluse dans* V.
>
> *Un ensemble* **fermé** F *est tel que la limite de toute suite convergente de points de* F *appartient aussi à* F.

En particulier, $B_\epsilon(x)$ est un ensemble fermé, alors que l'ensemble des points à distance *strictement inférieure* à ϵ de x est une boule ouverte, l'intérieur de $B_\epsilon(x)$. Les ensembles fermés sont complémentaires des ensembles ouverts, et inversement. Nous reviendrons sur les ensembles fermés dans le Chap. 5, à l'occasion de la distance de Hausdorff. Mais une remarque importante s'impose dès maintenant: si l'on pouvait espérer se faire une idée nette de la structure des ensembles ouverts et fermés sur la droite, ceci est tout à fait impossible dans le plan. Les types topologiques sont en effet infiniment plus variés. En ce qui concerne le calcul de la mesure de Borel dans le plan, qui ne s'appelle plus longueur, mais *aire*, voici comment l'on procède en général pour les ensembles fermés:

Si E est un carré, son aire $\mathcal{A}(E)$ est égale au carré des longueurs de ses côtés.

Sinon, on quadrille le plan par des carrés de côté ϵ, et on compte le nombre $\omega_\epsilon(E)$ de ces carrés qui contiennent un point de E. Cet ensemble se trouve ainsi recouvert par une surface d'aire totale $\epsilon^2 \omega_\epsilon(E)$. En effectuant des quadrillages de plus en plus fins, on obtient finalement l'aire de E sous la forme

$$\mathcal{A}(E) = \lim_{\epsilon \to 0} \epsilon^2 \, \omega_\epsilon(E) \, .$$

On retrouve de cette manière l'aire du rectangle, égale au produit de ses côtés, ou celle du disque de rayon r, qui est πr^2. Les aires des autres ensembles du plan s'en déduisent, comme sur la droite, par réunions et complémentations.

Etant donné la variété de structure des ensembles fermés, nous prenons le parti, dans cet ouvrage, de nous restreindre à un type d'ensembles bien déterminé, propre à la modélisation mathématique: les *courbes*. Nous précisons même davantage, en travaillant sur des *courbes simples*.

4.2 Vitesses, trajectoires

On peut décrire une **courbe** comme la trajectoire d'un objet (non identifié) dans le plan ou dans l'espace. A chaque temps t correspond une position $\gamma(t)$. L'ensemble de toutes ces positions constitue la trajectoire. Dans les cas observables, le mouvement passe continuement d'un point à un autre, il ne comporte pas de *saut*. La courbe qui en résulte est alors *continue*. Si la vitesse est finie, elle est de **longueur** finie: on mesure cette longueur par le temps mis à parcourir la courbe, multiplié par la vitesse, lorsque la vitesse est constante. Ou sinon, par une intégrale de la vitesse par rapport au temps. Ceci est une approche classique. Dans une autre partie de cet ouvrage nous envisagerons des courbes dont toutes les parties sont de longueur infinie, quoique bornées; pour garder la même comparaison on est alors obligé de parler de vitesse infinie. Cette deuxième approche, l'approche *fractale*, ne provient nullement d'une généralisation abusive et gratuite d'idées anciennes: elle s'inspire tout autant de l'expérience, en s'imposant comme la plus proche de la réalité dans certains types de modèles (trajectoire du mouvement brownien, contour d'agrégats, profils de signaux, ...). A chaque problème sa modélisation: il n'existe pas de géométrie universelle. Le modèle fractal apparaît à l'analyse comme tout aussi naturel que l'autre, mais il est bien plus récent, pour deux raisons peut-être: la finesse des nouveaux moyens techniques d'investigation de la nature, qui nous oblige, comme elle l'a fait déjà en sciences physiques, à revoir nos conceptions fondées sur l'expérience visuelle des choses. Et puis, car en tout il faut un initiateur, les travaux de Benoît Mandelbrot, qui a découvert l'énorme potentiel d'applications que pouvaient cacher certaines théories mathématiques anciennes et assez mal connues. En réalité ces deux types de modèles sont sous-tendus, justifiés, par une notion commune: celle de *mesure*, qui revient, dans le cas d'une trajectoire, à la *mesure du temps*. Nous allons, dans cette partie (Chap. 4 à 9), ne considérer que le cas de longueur finie, en indiquant les principales méthodes de mesure imaginées jusqu'à nos jours, problème historique, apparemment inépuisable, et d'un grand intérêt en soi. Nous verrons par la suite que la plupart de ces idées pourront servir à l'étude mathématique d'une courbe fractale, moyennant l'utilisation d'ordres de croissance, tout comme dans le Chap. 2. Il est donc intéressant de s'habituer aux méthodes classiques avant d'aborder l'autre géométrie.

4.3 La définition d'une courbe

Pour définir une courbe avec précision, il nous faut une variable t, le *paramètre* (c'est le temps, dans le cas du mouvement sur une trajectoire), et la fonction γ qui, à chaque valeur t fait correspondre la position $\gamma(t)$. Ces données constituent une *paramétrisation* de la courbe. La courbe elle-même (trajectoire) est l'ensemble des points $\gamma(t)$, on la note Γ. Comme l'objet non identifié peut parcourir la même trajectoire à des vitesses différentes, il existe une infinité de paramétrisations possibles de la même courbe Γ.

On peut trouver d'autres types de définition de courbe: par exemple, les définitions algébriques: une courbe est un ensemble de points (x,y) du plan vérifiant une équation de la forme

$$F(x,y) = 0.$$

Ou encore, les définitions géométriques dans l'espace: une courbe est l'intersection de deux surfaces (ainsi, deux sphères sécantes définissent un cercle). Elles sont moins générales, et de toutes façons moins sûres, puisque le résultat peut aussi bien consister en plusieurs courbes distinctes, un ensemble réduit à un point, ou même l'ensemble vide. On n'est vraiment certain d'avoir ainsi défini une courbe que si l'on sait établir une correspondance entre l'ensemble en question et un intervalle de nombres réels, c'est-à-dire, justement, une paramétrisation de la courbe.

On appelle **courbe** Γ *l'image, dans le plan ou dans l'espace, d'un intervalle $[a,b]$ de nombres réels, par une application continue γ.*

Les points $A = \gamma(a)$ et $B = \gamma(b)$ sont les extrémités de Γ (Fig. 4.1). Un **sous-arc**, ou simplement **arc**, de Γ, est l'image par l'application γ d'un sous-intervalle $[c,d]$ de $[a,b]$. Si ses extrémités sont les points $C = \gamma(c)$ et $D = \gamma(d)$, nous noterons cet arc $C \frown D$.

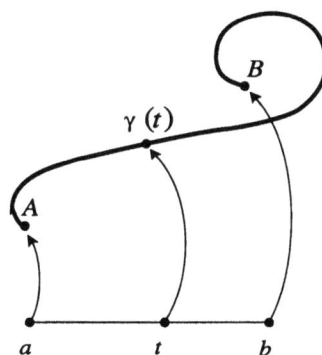

Fig. 4.1. *La courbe $A \frown B$ est paramétrée par le temps, au moyen d'une application γ, qui fait correspondre la position A au temps a, la position $\gamma(t)$ au temps t.*

Le point x de Γ est appelé *point double* s'il existe exactement deux valeurs du temps t_1 et t_2 telles que $\gamma(t_1) = \gamma(t_2) = x$: la trajectoire revient à une ancienne position. Lorsqu'il existe au moins deux telles valeurs du temps, x est un *point multiple*. S'il n'existe aucun point multiple sur Γ, l'application γ est une *bijection* de $[a,b]$ dans Γ: à des temps distincts correspondent des positions distinctes. La courbe Γ est appelée **courbe simple**, ou encore, *arc de Jordan*. On pourra aussi considérer des courbes dites "fermées", telles que $\gamma(a) = \gamma(b)$. Dans ce cas, Γ est plutôt l'image d'un cercle par une application bijective.

Cas particulier Etant donnée une fonction d'une variable $z(t)$, définie sur un intervalle $[a,b]$, on appelle *graphe* de z l'ensemble des couples $(t, z(t))$ dans le plan muni d'un repère cartésien. Si z est continue, ce graphe est une courbe, naturellement paramétrée par l'abcisse t. La fonction γ est celle qui, à tout t dans $[a,b]$, associe le point de coordonnées

$$\begin{cases} x_1(t) = t \\ x_2(t) = z(t) \end{cases}$$

Autre cas particulier Les *courbes polygonales*, formées d'un nombre fini de segments de droites, dont les extrémités sont les *sommets* de la courbe. Ce sont, au fond, les seules courbes dont on puisse calculer la longueur sans problème, puisqu'il suffit d'additionner celle des segments! Une règle graduée suffit. Rien d'étonnant à ce que l'on ait d'abord cherché l'approximation de n'importe quelle courbe par des courbes polygonales.

4.4 Références bibliographiques

L'idée d'approximer une courbe par des lignes polygonales *inscrites* (dont les sommets appartiennent à la courbe) remonte au moins à Archimède. Il semble qu'elle n'ait pas été vraiment formalisée, en termes modernes du moins, avant [G. Peano 1], continué par L. Scheeffer, et [C. Jordan]. Peano propose de définir la longueur comme une limite supérieure des courbes polygonales inscrites, et Jordan montre qu'il y a toujours convergence, lorsque les côtés de ces courbes inscrites tendent vers 0. En vue d'une généralisation au calcul des aires de surfaces, [H. Lebesgue 1] (thèse de doctorat, 1902) préfère définir la longueur comme une limite inférieure: celle de toutes les courbes polygonales dont la "distance" à la courbe tend vers 0.

Bien entendu, toutes ces définitions reviennent au même, avec l'inconvénient pour celle de Lebesgue d'être *non constructive*: c'est, comme pour sa définition d'intégrale, la rançon de sa généralité.

Ces recherches, appliquées aux courbes paramétrées, ont conduit Jordan à la notion de *variation bornée* d'une fonction; déjà la notion de longueur commence à échapper à la Géométrie, pour rentrer dans l'Analyse. On trouvera des comptes-rendus intéressants de l'époque dans la thèse de Lebesgue, et les travaux de

[W.H. et G. Young], ou [E.W. Hobson]. Dans un style plus moderne, voir [J.C. et H. Burkill], ou [M.J. Pelling].

On peut généraliser les courbes de diverses façons. Si l'on s'intéresse à la longueur, on peut considérer les "ensembles Y", ou "rectifiables", dans un sens large (voir les références du Chap. 7). Si l'on s'intéresse aux propriétés topologiques, on introduit la notion de "continuum". Notons que la définition de courbe paramétrée donnée dans ce chapitre, comme image d'un intervalle par une application continue, peut paraître trop générale: [G. Peano 2] a construit une application continue, définie sur un intervalle, dont l'ensemble des points image est un carré tout entier (Fig. 14.7). En ce sens, un carré est une courbe. Il s'agit donc d'une définition géométriquement peu significative. Voilà pourquoi, dans cette Partie II, nous préférons nous restreindre aux courbes simples.

5 Courbes polygonales et longueur

5.1 La rectifiabilité

Est-il justifié de prendre pour estimation de la longueur d'une courbe Γ, celle des *courbes polygonales* qui constituent une approximation de Γ? Oui, à condition qu'autour de chaque point de Γ, un petit arc puisse être confondu avec un segment, autrement dit qu'en chaque point, Γ admette une droite tangente. Ou, du moins, en presque chaque point. La courbe est alors dite *rectifiable*. Toutes les courbes ne sont pas rectifiables: certaines ne possèdent de tangentes en aucun point, ce sont, par opposition, les courbes *fractales*. Dans le premier cas, la notion de rectifiabilité est associée à l'idée de *longueur finie*, au moins localement. Dans le deuxième cas, la notion de courbe fractale est associée à l'idée de *longueur infinie*. Il nous faut donner plus de précisions sur toutes ces notions, en particulier sur le mot "approximation". Nous allons commencer par pénétrer plus avant dans la métrique des courbes: la première idée importante est celle de *distance*.

5.2 Distance de Hausdorff

Considérons deux populations E_1 et E_2 disséminées sur un même territoire. La distance entre deux personnes est simplement la longueur à parcourir pour aller de l'une à l'autre. La distance d'une personne x de E_1 à toute la population E_2, c'est la distance entre x et la personne la plus rapprochée de E_2:

$$\mathrm{dist}(x, E_2) = \inf_{y \in E_2} \mathrm{dist}(x, y) \ .$$

Mais on peut aussi parler de la distance entre les deux populations elles-mêmes: c'est un coefficient qui détermine à quel point elles sont amalgamées l'une à l'autre. Elle est, par exemple, inférieure à 1km si toute personne de E_1 est voisine d'une personne de E_2 dans un rayon de 1km, et réciproquement. Elle est supérieure à 1km s'il existe au moins une personne, de l'une des deux populations, qui se trouve isolée de l'autre population dans un rayon de 1km. Formellement, il faut donc prendre la plus grande distance possible entre un habitant de E_1 et l'ensemble de la population E_2, soit

$$\sup_{x \in E_1} \mathrm{dist}(x, E_2) \ ,$$

et de même entre les habitants de E_2 et l'ensemble de la population E_1:

$$\sup_{x \in E_2} \text{dist}(x, E_1) ,$$

enfin le plus grand de ces deux nombres donne la *distance de Hausdorff* entre E_1 et E_2:

$$\text{dist}(E_1, E_2) = \max \left\{ \sup_{x \in E_1} \text{dist}(x, E_2), \sup_{x \in E_2} \text{dist}(x, E_1) \right\} .$$

Appliquons cette définition aux ensembles de points (sur la droite, dans le plan ou dans l'espace), en spécifiant à l'avance que nous n'envisageons que des ensembles *bornés*, de façon que cette distance ne puisse prendre que des valeurs finies:

Application aux ensembles fermés

• Si un point x appartient à un ensemble E, $\text{dist}(x, E) = 0$.

• Il en est de même si x, sans appartenir à E, est la limite d'une suite de points de E: par exemple la distance du nombre 1 à l'intervalle ouvert $]0,1[$ est nulle; la distance du nombre 0 à l'ensemble de toutes les fractions de la forme $\frac{1}{n}$, pour tout entier n, est nulle. Le point x appartient alors à la *fermeture* de E. D'où cette autre définition de la fermeture:

• La **fermeture** d'un ensemble E (de la droite, du plan, ...) est l'ensemble de tous les points à distance nulle de E. On la note $\overline{E}$. Un ensemble **fermé** est un ensemble qui est égal à sa fermeture.

• Donc *un point appartient à un ensemble fermé, si et seulement si, il se trouve à distance nulle de celui-ci.*

• On a pour tout ensemble E:

$$\text{dist}(E, \overline{E}) = 0.$$

Autrement dit, un ensemble est indiscernable de sa fermeture, au sens de la distance de Hausdorff. D'une façon générale, pour tous ensembles E_1 et E_2,

$$\text{dist}(E_1, E_2) = \text{dist}(\overline{E_1}, \overline{E_2}) .$$

• $\text{dist}(E_1, E_2) = 0$ si et seulement si $\overline{E_1} = \overline{E_2}$. En particulier, deux ensembles fermés à distance nulle, sont nécessairement identiques.

Relation avec la saucisse de Minkowski. Pour caractériser la notion de distance de Hausdorff, on peut aussi reprendre la notion de *saucisse de Minkowski*, telle qu'introduite dans le Chap. 2, § 3. La saucisse de Minkowski d'un ensemble E est l'ensemble

$$E(\epsilon) = \bigcup_{x \in E} B_\epsilon(x) .$$

Par conséquent,
$$\sup_{x \in E_1} \text{dist}(x, E_2) \leq \epsilon \iff E_1 \subset E_2(\epsilon) .$$

On peut donc définir la distance de Hausdorff (Fig. 5.1) comme

$$\text{dist}(E_1, E_2) = \inf \{ \epsilon \text{ tel que } E_1 \subset E_2(\epsilon) \text{ et } E_2 \subset E_1(\epsilon) \} .$$

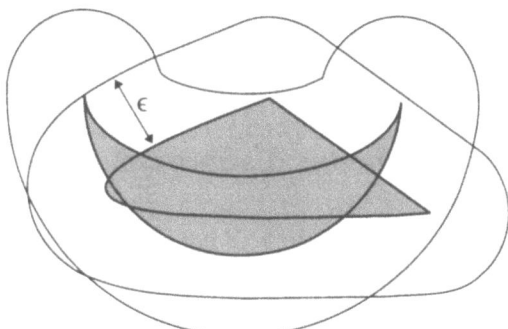

Fig. 5.1. *La distance de Hausdorff entre deux ensembles E_1 et E_2 est la plus petite des valeurs ϵ telles que E_1 est inclus dans l'ϵ-saucisse de E_2, et E_2 dans l'ϵ-saucisse de E_1.*

Justification du mot "distance" En principe, une application $f(x,y)$ qui, à tout couple (x, y), associe un nombre réel positif, doit posséder trois propriétés pour pouvoir être appelée *distance*:

(i) $f(x, y) = 0 \iff x = y$;
(ii) $f(x, y) = f(y, x)$;
(iii) $f(x, z) \leq f(x, y) + f(y, z)$ (inégalité triangulaire) .

On va montrer que la distance de Hausdorff $\text{dist}(E_1, E_2)$ les possède effectivement toutes les trois, à condition de ne considérer que des distances entre ensembles *fermés* et *bornés*: de tels ensembles sont appelés **compacts**.

▶ Nous avons vu que, si E_1 et E_2 sont compacts, leur distance est non nulle si, et seulement si, ils sont distincts. De plus, la définition de cette distance est évidemment symétrique en E_1, E_2. Donc (i) et (ii) sont vérifiées. Il reste à prouver l'inégalité triangulaire:

Prenons trois ensembles compacts E_1, E_2, E_3, et un nombre ϵ, tel que $\epsilon > \text{dist}(E_1, E_2) + \text{dist}(E_2, E_3)$. Il suffira de montrer que $\epsilon \geq \text{dist}(E_1, E_3)$. On peut décomposer ϵ en $\epsilon_1 + \epsilon_2$, où $\epsilon_1 > \text{dist}(E_1, E_2)$, et $\epsilon_2 > \text{dist}(E_2, E_3)$. On en tire:

$$E_1 \subset E_2(\epsilon_1), \ E_2 \subset E_1(\epsilon_1), \ E_2 \subset E_3(\epsilon_2), \ E_3 \subset E_2(\epsilon_2) .$$

Les deuxième et troisième inclusions impliquent celles-ci:

$$E_2(\epsilon_2) \subset E_1(\epsilon_1 + \epsilon_2), \ E_2(\epsilon_1) \subset E_3(\epsilon_1 + \epsilon_2).$$

En conséquence, $E_1 \subset E_3(\epsilon_1 + \epsilon_2)$, et $E_3 \subset E_1(\epsilon_1 + \epsilon_2)$. Autrement dit, dist$(E_1, E_3) \le \epsilon_1 + \epsilon_2$. ◂

◊ Cette distance permet de déterminer dans quelle mesure deux ensembles donnés peuvent être "confondus". En particulier, elle peut mesurer l'écart entre une courbe et une courbe polygonale d'approximation. Il est raisonnable de penser que si **P** est une courbe polygonale de mêmes extrémités que Γ, et dont les sommets appartiennent à Γ, la distance entre **P** et Γ sera d'autant plus faible que la longueur des segments de **P** sera plus petite. Mais ceci demande vérification.

5.3 Courbes polygonales d'approximation

Il existe un ordre sur une courbe, imposé par la paramétrisation. On peut définir des courbes formées de segments, dont les sommets appartiennent à Γ, en suivant l'ordre établi sur Γ:

> *Etant donné une courbe Γ, paramétrée par l'application $\gamma(t)$ qui prend ses valeurs sur l'intervalle $[a, b]$, et $K+1$ valeurs du temps $t_1 = a < t_2 < \ldots < t_{K+1} = b$, on appelle* **courbe polygonale d'approximation** *de Γ la courbe* **P** *formée des K segments d'extrémités $\gamma(t_i)$, $\gamma(t_{i+1})$, pour $i = 1$, $\ldots$, K.*

◊ Même si Γ est simple, une courbe d'approximation de Γ peut comporter des points multiples.

Ce sont ces courbes, dont on peut toujours calculer la longueur, qui servent à définir la longueur de la courbe Γ. Tout d'abord, on note $\mathbf{S}_i$ le segment de **P** d'extrémités $\gamma(t_i)$ et $\gamma(t_{i+1})$. Sa longueur est $L(\mathbf{S}) = \text{dist}(\gamma(t_i), \gamma(t_{i+1}))$. On note aussi Γ_i l'arc de Γ dont la corde est $\mathbf{S}_i$:

$$\Gamma_i = \gamma([t_i, t_{i+1}]) = \gamma(t_i)\frown\gamma(t_{i+1}).$$

Deux paramètres caractéristiques de **P** seront utiles:

$s(\mathbf{P}) = \max\{L(\mathbf{S}_i)\}$, la longueur maximale des segments de **P**;

$\rho(\mathbf{P}) = \max\{\text{dist}(\Gamma_i, \mathbf{S}_i)\}$ qui indique, à l'aide des distances de Hausdorff, la précision de l'approximation de Γ par **P**.

Le résultat suivant montre que la précision est d'autant meilleure que la longueur des segments de **P** est plus petite:

THÉORÈME *Soit Γ une courbe simple. Avec les notations précédentes: Pour tout $\epsilon > 0$ il existe η tel que*

$$s(\mathbf{P}) \le \eta \Longrightarrow \rho(\mathbf{P}) \le \epsilon.$$

5.3 Courbes polygonales d'approximation

Ce qui peut se traduire ainsi: plus les segments de la courbe polygonale d'approximation sont petits, moins ils sont discernables, au sens de la distance de Hausdorff, des arcs de Γ qu'ils sous-tendent.

◊ L'inégalité $\rho(\mathbf{P}) \leq \epsilon$ entraîne celle-ci:

$$\text{dist}(\Gamma, \mathbf{P}) \leq \epsilon.$$

Donc si une suite $(\mathbf{P}_n)$ de courbes polygonales d'approximation est telle que $s(\mathbf{P}_n) \to 0$, les distances de Hausdorff $\text{dist}(\Gamma, \mathbf{P}_n)$ tendent vers 0.

Pour la démonstration du théorème, nous utiliserons le lemme suivant:

Si (A_n) est une suite convergente de points de Γ, de limite A^*, et si a_n et a^* sont les valeurs du paramètre pour lesquelles $\gamma(a_n) = A_n$ et $\gamma(a^*) = A^*$, alors la suite (a_n) converge vers a^*.

▶ Car sinon, on pourrait extraire de la suite (a_n) une sous-suite (a_{n_k}) convergeant vers une limite $b^* \neq a^*$. Ce qui impliquerait, par continuité de γ, que $\text{dist}(A_{n_k}, A^*)$ tend vers $\text{dist}(\gamma(b^*), A^*)$, qui est non nul puisque γ est une bijection. C'est contraire à l'hypothèse. ◀

Ce résultat implique que la fonction inverse γ^{-1}, celle qui, à toute position A sur Γ, associe le temps correspondant $\gamma^{-1}(A)$, est continue: on dit alors de γ que c'est une *bijection bi-continue*, ou encore, un *homéomorphisme*.

▶ Démontrons le théorème. Comme les ensembles $[a, b]$ et Γ sont fermés, et bornés, donc *compacts*, les applications γ et γ^{-1} sont toutes deux *uniformément continues*. Soit un $\epsilon > 0$ quelconque.

L'application γ est uniformément continue: il existe un ζ tel que

$$|t' - t''| \leq \zeta \implies \text{dist}(\gamma(t'), \gamma(t'')) \leq \epsilon.$$

Fixons une telle valeur ζ.

L'application γ^{-1} est uniformément continue: il existe un η tel que, pour toute paire x, y de points de Γ,

$$\text{dist}(x, y) \leq \eta \implies |\gamma^{-1}(x) - \gamma^{-1}(y)| \leq \zeta.$$

Prenons une courbe polygonale d'approximation $\mathbf{P}$ de Γ. Soit $t_1 = a$, t_2, ..., $t_{K+1} = b$ les valeurs du temps dont les images par γ sont les sommets de $\mathbf{P}$. Si $s(\mathbf{P}) \leq \eta$, on a $t_{i+1} - t_i \leq \zeta$ pour tout $i = 1, \ldots, K$. Donc pour tout $t \in [t_i, t_{i+1}]$, $\text{dist}(\gamma(t), \gamma(t_i)) \leq \epsilon$. On en déduit que Γ_i et $\mathbf{S}_i$ sont tous deux dans la boule $B_\epsilon(\gamma(t_i))$. Donc $\text{dist}(\Gamma_i, \mathbf{S}_i) \leq \epsilon$. ◀

◊ Remarquons que la seule hypothèse faite sur Γ est qu'il s'agit d'une courbe simple: le théorème est indépendant de la notion de longueur — on ne définit d'ailleurs la longueur que dans la section suivante.

5.4 La longueur d'une courbe

La longueur d'un segment $\mathbf{S}$ est $L(\mathbf{S})$. Celle d'une courbe polygonale $\mathbf{P}$, c'est, évidemment, la somme des longueurs de ses segments. On va la noter $L(\mathbf{P})$. La **longueur** d'une courbe quelconque Γ doit être au moins aussi grande que celle de n'importe laquelle de ses approximations polygonales. Par définition,

$$L(\Gamma) = \sup L(\mathbf{P})$$

où la borne supérieure est prise sur toutes les courbes polygonales d'approximation $\mathbf{P}$. Mais cette définition n'est pas constructive. L'usage courant veut que $L(\Gamma)$ soit obtenue comme la limite de n'importe quelle suite de longueurs $L(\mathbf{P}_n)$, lorsque $s(\mathbf{P}_n)$ tend vers 0. Pour vérifier cela, il suffira de d'établir le résultat suivant:

THÉORÈME *Soit Γ une courbe simple. Soit*

$$l_\epsilon = \inf_{s(\mathbf{P}) \leq \epsilon} L(\mathbf{P}) \,.$$

Alors $L(\Gamma) = \lim_{\epsilon \to 0} l_\epsilon$.

▶ La valeur l_ϵ est une fonction croissante de ϵ, bornée supérieurement par $L(\Gamma)$. On se donne une courbe polygonale d'approximation $\mathbf{P}$ quelconque, et $\eta > 0$. On va montrer qu'il existe ϵ tel que pour toute courbe polygonale $\mathbf{Q}$, $s(\mathbf{Q}) \leq \epsilon$, on a

$$L(\mathbf{P}) \leq L(\mathbf{Q}) + \eta \,.$$

Cela prouvera que $L(\mathbf{P}) \leq \lim l_\epsilon$.

Soit K le nombre de segments de $\mathbf{P}$, et ϵ_0 la longueur du plus petit segment. Soit $\epsilon < \epsilon_0/3$. D'après le théorème de la section précédente, ϵ peut être choisi de telle sorte que

$$s(\mathbf{Q}) \leq \epsilon \implies \rho(\mathbf{Q}) < \min\{\epsilon_0/3, \eta/2K\} \,.$$

Soit $\mathbf{Q}$ une telle courbe d'approximation, et $\mathbf{S}$ un segment de $\mathbf{Q}$, d'extrémités C et D. Deux points I et J quelconques de l'arc $C^\frown D$ de Γ vérifient

$$\operatorname{dist}(I,J) \leq \operatorname{dist}(I,\mathbf{S}) + \operatorname{dist}(J,\mathbf{S}) + L(\mathbf{S}) \,,$$

où chaque terme de cette somme est inférieur à $\epsilon_0/3$. Donc $\operatorname{dist}(I,J) < \epsilon_0$: L'arc $C^\frown D$ ne peut contenir deux sommets consécutifs de $\mathbf{P}$.

Si $C^\frown D$ contient un sommet I de $\mathbf{P}$, appelons $\mathbf{S}_1$ et $\mathbf{S}_2$ les segments CI et ID. Nous voyons que, quel que soit le cas de figure,

$$L(\mathbf{S}_1) + L(\mathbf{S}_2) \leq L(\mathbf{S}) + 2\,\rho(\mathbf{Q}) \,.$$

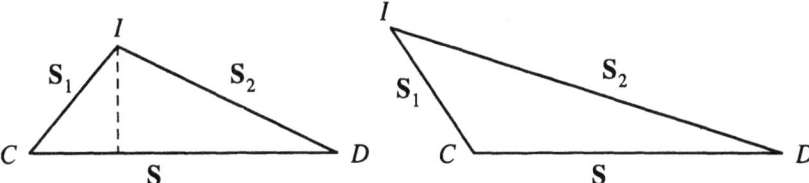

Fig. 5.2. *Deux cas de figure pour l'inégalité* $L(\mathbf{S}_1) + L(\mathbf{S}_2) \leq L(\mathbf{S}) + 2\operatorname{dist}(I, \mathbf{S})$.

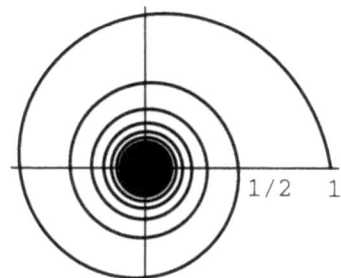

Fig. 5.3. *Une courbe localement de longueur finie, sauf en 0, et de longueur totale infinie.*

Donc en réunissant, dans l'ordre imposé par Γ, les sommets de $\mathbf{P}$ et de $\mathbf{Q}$, on obtient une nouvelle courbe polygonale $\mathbf{Q}'$ plus longue que $\mathbf{P}$ et $\mathbf{Q}$, et qui vérifie

$$L(\mathbf{Q}') \leq L(\mathbf{Q}) + 2\,K\,\rho(\mathbf{Q})\ .$$

Donc $L(\mathbf{P}) \leq L(\mathbf{Q}) + \eta$. ◀

◊ Remarquons que la longueur $L(\Gamma)$ ainsi déterminée peut encore être infinie, même si la courbe est par ailleurs très régulière:

Exemple Soit la spirale définie en coordonnées polaires (ρ, θ) par

$$\begin{cases} \rho(t) = t \\ \theta(t) = \dfrac{2\pi}{t} \end{cases} \quad 0 < t \leq 1\ .$$

On peut ajouter à cette courbe l'origine O (correspondant au paramètre $t = 0$) pour obtenir un ensemble fermé. La courbe s'enroule lentement autour de O (Fig. 5.3). Chaque spire $\mathbf{S}_k$ correspondant aux valeurs

$$\frac{1}{(k+1)} \leq t \leq \frac{1}{k}$$

du paramètre est de longueur finie, mais plus grande que $\frac{1}{k}$ (en effet, cette longueur est certainement plus grande que la distance de O au point $\gamma(\frac{1}{k})$, qui vaut $\frac{1}{k}$). Comme la série $\sum \frac{1}{k}$ diverge, la courbe totale est de longueur infinie. On peut dire qu'elle est *localement de longueur finie*, partout sauf en O.

Comment obtiendrait-on, dans ce dernier exemple, la longueur exacte de chaque spire? L'approche d'une courbe par une suite de polygones, pour satisfaisante qu'elle soit du point de vue géométrique, ne l'est guère en pratique. Nous trouverons dans les chapitres suivants d'autres définitions de la longueur, équivalentes à celle-ci, mais certainement mieux adaptées au calcul.

5.5 Deux notions distinctes

Nous avons parlé de distance, qui est une notion *métrique*, et de longueur, qui est une notion de *mesure*. Ce sont là deux idées bien distinctes, et qui même servent de base à deux théories mathématiques distinctes. C'est pourquoi il n'existe pas de résultats généraux et simples pour faire un lien entre les deux. Comme toujours dans ce cas les *contre-exemples* abondent. Ainsi on s'est servi de la distance de Hausdorff pour définir une mesure de longueur: on a pris des suites de courbes polygonales $\mathbf{P}_n$ tels que $\lim \operatorname{dist}(\mathbf{P}_n, \Gamma) = 0$. Mais il a fallu assortir ces suites d'une condition supplémentaire: les extrémités des $\mathbf{P}_n$ sont les mêmes que celles de Γ, et les sommets des $\mathbf{P}_n$ sont sur Γ. Si ces conditions, ou de semblables, n'étaient pas vérifiées, il serait impossible de définir une longueur pour Γ. On peut même énoncer la proposition suivante:

Soit Γ une courbe, et $\Gamma_1, \Gamma_2, \ldots$ une suite de courbes. Si

$$\operatorname{dist}(\Gamma_n, \Gamma) \to 0,$$

cela n'entraîne pas que

$$L(\Gamma_n) \to L(\Gamma).$$

Contre-exemple En reprenant la spirale de la section précédente, on construit des sous-spirales Γ_n en prenant le paramètre t entre 0 et $\frac{1}{n}$. La distance de l'ensemble Γ_n à l'ensemble réduit au point $\{O\}$ est égale à $\frac{1}{n}$. Donc la suite des courbes Γ_n tend vers le point O, courbe limite de longueur 0. Cependant la longueur de chaque Γ_n est infinie.

Autre contre-exemple Il vaut la peine de décrire un contre-exemple historique, à la mode à la fin du siècle dernier, par lequel on prétendait montrer que $2 = 1$. Lebesgue s'y intéressa tout particulièrement, et en tira la proposition que l'on vient d'énoncer. On prend un triangle équilatéral ABC de côté 1. Soit $\mathbf{P}_1$ la courbe formée des segments AC et BC. Elle est de longueur 2. La courbe polygonale $\mathbf{P}_2$ de sommets $ADEFB$ (notations de la Figure 5.4), passant par les milieux des côtés de ABC, est aussi de longueur 2. En répétant la même opération dans chaque triangle équilatéral ADE et EFB, on obtient au total une nouvelle courbe polygonale $\mathbf{P}_3$ de longueur 2, et ainsi de suite. Les courbes $\mathbf{P}_n$ obtenues sont toutes de longueur 2, et convergent (au sens de la distance de Hausdorff) vers le côté AB du triangle initial, lequel côté a pour longueur 1.

Le seul résultat général qui relie *distance* et *longueur* est un résultat partiel, vrai pour toute suite de courbes:

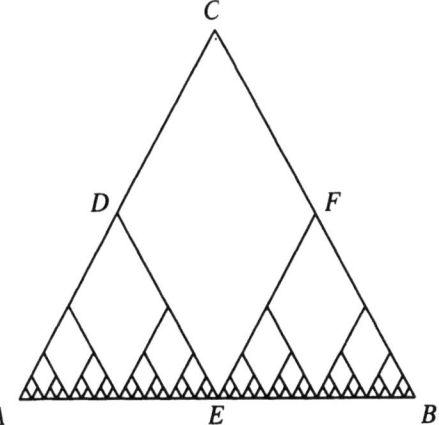

Fig. 5.4. *Construction d'une suite de courbes polygonales* $\mathbf{P}_1 = ACB$, $\mathbf{P}_2 = ADEFB$, ..., *toutes de longueur 2. Cette suite converge, au sens de la distance de Hausdorff, vers le segment AB, de longueur 1. Les sommets des courbes* $\mathbf{P}_n$ *n'appartiennent pas tous à AB. Les côtés de* $\mathbf{P}_n$ *forment même un angle constant* $(\pi/3)$ *avec AB. C'est la raison pour laquelle il n'y a pas convergence de* $L(\mathbf{P}_n)$ *vers* $L(AB)$.

THÉORÈME $\text{dist}(\Gamma_n, \Gamma) \to 0 \Longrightarrow L(\Gamma) \leq \liminf L(\Gamma_n)$.

Ici $\liminf$ désigne la plus petite limite de la suite $(L(\Gamma_n))$ (pour plus de précisions sur la limite inférieure, voir l'Annexe A). On ne suppose donc pas que cette suite converge.

▶ Il suffira de montrer que, $\epsilon > 0$ étant donné, on peut toujours trouver un entier N assez grand pour que

$$n \geq N \Longrightarrow L(\Gamma_n) \geq L(\Gamma) - \epsilon.$$

Prenons un polygone d'approximation $\mathbf{P}$ de Γ, dont les sommets $A_1 = A, A_2, \ldots, A_{K+1} = B$ sont sur Γ. Soit $\rho_n = \text{dist}(\Gamma_n, \Gamma)$. On peut toujours prendre un n assez grand pour que les boules de centre A_i, de rayon ρ_n, soient disjointes. Chacune de ces boules contient un point B_i^n de la courbe Γ_n. La longueur du segment $B_i^n B_{i+1}^n$ est au moins égale à $L(A_i A_{i+1}) - 2\rho_n$. Comme il y a K tels segments, on obtient

$$L(\Gamma_n) \geq L(\mathbf{P}) - 2K\rho_n.$$

On peut toujours choisir un polygone $\mathbf{P}$ assez proche de Γ pour que, dès que n est suffisamment grand, on obtienne l'inégalité cherchée. ◀

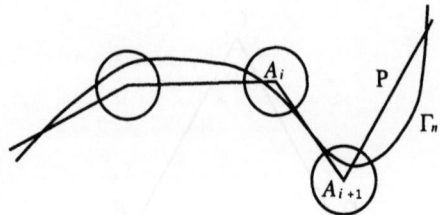

Fig. 5.5. *Approximation du polygone* **P** *par l'une des courbes de la suite convergente* (Γ_n).

5.6 Mesure de longueur par le compas

Un cas particulier de la méthode des courbes polygonales consiste à faire des pas égaux le long de la courbe Γ: on se fixe une valeur du pas ϵ, on commence au point $A_1 = A$, on cherche avec le compas le point suivant A_2 sur Γ à distance ϵ de A_1, et ainsi de suite. Afin d'éviter toute ambiguïté dans cette construction, il faut bien spécifier que l'on va dans le sens du paramètre t croissant, c'est-à-dire dans le sens du mouvement sur la courbe. De plus il peut y avoir à chaque pas plusieurs choix possibles pour le point suivant: on peut, par exemple, choisir systématiquement le point correspondant à la valeur minimum du paramètre. On s'arrête lorsqu'on est arrivé à un point A_N à distance inférieure à ϵ de l'autre extrémité B de Γ.

Fig. 5.6. *On parcourt une courbe en faisant des pas égaux: si la longueur des pas tend vers 0, la distance parcourue tend vers la longueur de la courbe.*

Le résultat est un polygone $\mathbf{P}_\epsilon$ de sommets $A, A_2, \ldots, A_N, B$. Posons $N = N(\epsilon)$. La longueur de **P** s'évalue par

$$\epsilon(N(\epsilon) - 1) \leq L(\mathbf{P}) \leq \epsilon N(\epsilon).$$

On en déduit la longueur de Γ:

$$L(\Gamma) = \lim_{\epsilon \to 0} \epsilon N(\epsilon) = \sup_\epsilon \epsilon N(\epsilon).$$

◊ C'est ainsi que l'on a depuis toujours (depuis qu'il y a des géomètres) défini la longueur du cercle: comme la limite des longueurs d'une suite de polygones *réguliers* (de segments égaux), inscrits dans le cercle, dont la longueur des segments tend vers 0.

◊ Ceci est un moyen, le plus élémentaire, de tracer des côtes géographiques par exemple, lorsqu'elles sont assez *lisses* pour que le modèle par une courbe de longueur finie soit raisonnable. Néanmoins, si ces côtes sont définies par une suite de points digitalisés, que l'on peut numéroter de 1 à K, il est sans doute plus naturel de se fixer un entier $k \ll K$, et de prendre pour A_1 le k-ième point après l'origine, pour A_2 le $2k$-ième point et ainsi de suite jusqu'au plus grand entier N tel que kN est inférieur à K. Plus k est petit relativement à K, meilleure est l'approximation obtenue. Cette méthode a l'avantage sur celle du compas de tenir mieux compte des irrégularités locales de la courbe: les sommets sont éloignés dans les parties plates, resserrés dans les parties irrégulières, etc.... En termes de paramétrisation, ceci revient à supposer que Γ est parcourue à vitesse constante, et que les points digitalisés correspondent à des positions successives repérées à intervalles de temps égaux. Le polygone d'approximation est donc construit avec des pas égaux *temporels* cette fois-ci, et non plus *spatiaux* comme dans la méthode du compas. Mais cette méthode, comme celle du compas, néglige les "points caractéristiques" de la courbe. En cartographie, une bonne courbe polygonale a ces points pour sommets. On pourra trouver des méthodes un peu plus sophistiquées dans le Chapitre 16, qui s'appliquent certainement mieux aux courbes fractales.

5.7 Références bibliographiques

La notion de *distance de Hausdorff* se trouve pour ainsi dire sous-jacente dans les raisonnements les plus anciens sur les limites d'ensembles. Son grand mérite est, justement, de préciser l'idée de convergence d'une suite d'ensembles compacts (fermés, bornés), autrement dit, de faire de l'ensemble de tous les compacts un espace métrique. On s'en sert en particulier pour montrer l'existence d'attracteurs dans un système de contractions. Ses propriétés principales sont décrites dans la plupart des manuels de Topologie.

L'exemple 5.4 du triangle équilatéral, où une suite d'arcs polygonaux de longueur 2 converge vers un segment de longueur 1, était considéré comme un fait paradoxal du temps de [H. Lebesgue 2]:

> *"Quand j'étais écolier, maîtres et élèves étaient satisfaits du raisonnement par passage à la limite. Pourtant ce raisonnement cessa de me satisfaire quand des camarades m'apprirent, vers ma quinzième année, que dans un triangle un côté est égal à la somme des deux autres, et que $\pi = 2$."*

L'étude des limites de courbes polygonales est historiquement inséparable de celle des courbes rectifiables; nous renvoyons le lecteur aux références du Chap. 4. En ce qui concerne la méthode particulière des approximations polygonales par pas égaux (§ 6), elle sera réutilisée par [L. Richardson], puis [B. Mandelbrot 1 et 2], pour l'étude des courbes irrégulières.

6 Courbes paramétrées, support d'une mesure

6.1 Paramétrisation par longueur d'arc

Nous avons défini la longueur d'une courbe simple Γ, grâce à des courbes polygonales d'approximation. C'est en quelque sorte la mesure totale de Γ. Elle est indépendante de la paramétrisation initiale γ, par laquelle on a défini la courbe. Supposons cette mesure finie. On sait aussi calculer la longueur de n'importe quel arc de Γ. Ceci permet de définir une paramétrisation très spéciale de la courbe, dite *par longueur d'arc*, qui peut être différente de γ:

Soient A, B les extrémités de Γ. A chaque valeur t positive, inférieure à $L(\Gamma)$, on fait correspondre le point $\gamma^*(t)$ de la courbe qui est tel que l'arc $A\frown\gamma^*(t)$ est précisément de longueur t. L'application $\gamma^* : [0, L(\Gamma)] \longrightarrow \Gamma$ est bijective. L'image de 0 est le point A, l'image de $L(\Gamma)$ est le point B. Tout se passe comme si la courbe Γ était la trajectoire d'un objet se déplaçant à vitesse constante, l'unité de temps étant ajustée de façon que la valeur de cette vitesse soit égale à 1. La longueur de n'importe quel arc de Γ n'est rien d'autre alors que le temps passé à parcourir Γ. La *mesure* de n'importe quelle partie de Γ est exactement le *temps* passé dans cette partie au cours du mouvement.

La paramétrisation par longueurs d'arcs est définie par l'égalité

$$L(\gamma^*([0,t])) = t \ .$$

Nous avons là une façon directe d'effectuer le *transport* de la *mesure* de la droite sur la courbe. Sur la droite, il s'agit de la notion de mesure de Borel, que nous avons appelé simplement "longueur". On la retrouve identiquement sur la courbe, grâce à la définition de "longueur" d'un arc. Par exemple, on dira qu'une partie de Γ est de mesure nulle si, pour tout ϵ, on peut la recouvrir par des arcs dont la somme totale des longueurs est inférieure à ϵ. Ceci nous permettra, plus loin dans ce chapitre, de parler de propriété vraie **presque partout** sur Γ: c'est une propriété vraie en tout point de Γ, sauf éventuellement sur un ensemble de longueur nulle.

◊ On peut choisir deux origines du mouvement, puisque la courbe a deux extrémités. Autrement dit, il existe deux versions de la paramétrisation par longueurs d'arc, selon le sens du parcours. Mais ceci n'affecte pas la mesure sur Γ: elle reste identique dans les deux cas, puisque la longueur d'arc n'en dépend pas.

6.2 Mesure image

Mais une courbe n'est pas toujours définie par longueurs d'arc. Une paramétrisation est en général imposée par la nature de la définition. D'ailleurs, si le fait de calculer une longueur de courbe est en soi un problème, c'est justement lorsque la courbe n'est pas donnée par longueurs d'arc. En fait toute paramétrisation γ implique une *mesure* sur Γ, mais cette mesure n'est pas toujours directement liée à la longueur comme dans le cas précédent. Quelle que soit la courbe Γ, de longueur finie ou non, voici comment on définit la mesure image transportée sur Γ par l'application γ:

Supposons que γ soit une application définie sur $[a,b]$, , les extrémités de Γ étant $\gamma(a) = A, \gamma(b) = B$. La mesure totale de Γ est $b - a$. La mesure de l'arc $A\frown\gamma(t)$ est égale à $t - a$. D'une façon générale

*La mesure de toute partie de la trajectoire Γ est le **temps** passé dans cette partie au cours du mouvement.*

La donnée d'une paramétrisation de Γ est donc équivalente à la donnée d'une mesure sur Γ. Autrement dit, *définir correctement une courbe, c'est la même chose que définir une mesure sur cette courbe.*

Peut-on toujours établir une relation entre *mesure image* et *longueur*, c'est-à-dire, au fond, entre *temps* et *distance parcourue* ? Lorsque la vitesse sur la trajectoire est constante, comme dans la section 1, la correspondance est immédiate: la longueur de tout arc de Γ est proportionnelle au temps de parcours dans cet arc. Mais on peut trouver des mouvements beaucoup plus irréguliers. En particulier, l'image par γ d'un ensemble (temporel) E de mesure nulle dans $[a,b]$ peut être un sous-ensemble (spatial) $\gamma(E)$ de Γ de longueur non nulle. Comme si, à certains instants de E, le mouvement admettait soudain une accélération infinie. La section suivante envisage les cas les plus réguliers. Ensuite nous donnerons des exemples de mouvements irréguliers.

6.3 La longueur, par la vitesse instantanée

Soit O une origine fixe, dans l'espace où est tracée la courbe. Quelque soit le système de coordonnées, la position du point $\gamma(t)$ est repérée par le vecteur $\overrightarrow{O\gamma(t)}$. Sa *vitesse vectorielle*, qui donne la direction du mouvement, par la dérivée

$$\mathbf{v}(t) = \lim_{h \to 0} \frac{1}{h} \overrightarrow{\gamma(t)\gamma(t+h)},$$

si cette limite existe (en particulier, si au point $\gamma(t_0)$ la trajectoire forme un angle, $\mathbf{v}(t)$ n'existe pas en t_0). Enfin, sa *vitesse instantanée* (celle que l'on mesure sur le compteur de vitesse) est la longueur de $\mathbf{v}(t)$, ce que l'on note

$$v(t) = \lim_{h \to 0} \frac{1}{h} \mathrm{dist}(\gamma(t), \gamma(t+h)) .$$

Donc si dl désigne la distance $\text{dist}(\gamma(t), \gamma(t+dt))$ parcourue durant le temps dt, la vitesse $v(t)$ sera la limite de dl/dt lorsque dt tend vers 0, et la longueur totale de Γ sera la somme de dl, c'est-à-dire l'intégrale de $v(t)$ par rapport au temps. Ce raisonnement est valable pour les types classiques de trajectoires et de mouvements, ceux où $v(t)$ est définie et continue pour tout t. C'est en particulier le cas lorsqu'en tout temps il existe une accélération finie. On peut même généraliser un peu, en disant:

Si $v(t)$ existe sur l'intervalle $[a,b]$, et si le rapport dl/dt est borné par un nombre fini, indépendamment de t et de dt, la longueur de la courbe paramétrée par γ sur $[a,b]$ est donnée par l'intégrale

$$\boxed{L(\Gamma) = \int_a^b v(t)\,dt\,.}$$

Lorsque γ paramétrise Γ par longueurs d'arc, la formule ci-dessus se réduit à

$$L(\Gamma) = \int_0^{L(\Gamma)} 1\,dt\,.$$

Dans un repère cartésien, où le point $\gamma(t)$ a pour coordonnées $x_1(t)$ et $x_2(t)$, la vitesse vectorielle, si elle existe, a pour composantes $x_1'(t)$ et $x_2'(t)$. L'intégrale de la vitesse instantanée s'écrit

$$L(\Gamma) = \int_a^b \sqrt{x_1'(t)^2 + x_2'(t)^2}\,dt\,.$$

Mentionnons que, si nous supposons seulement l'existence de $v(t)$ *presque partout* sur l'intervalle $[a,b]$, la formule ci-dessus peut être fausse: l'intégrale de $v(t)$ sur son domaine de définition peut être différente de la longueur de la courbe. Nous en donnons un exemple en § 4 ("escalier du diable"). Auparavant, voyons des exemples où cette définition de la longueur est applicable:

Le cercle La paramétrisation du cercle de centre O, de rayon R, dans le plan muni d'une base orthonormée $\{\mathbf{i}, \mathbf{j}\}$, s'écrit

$$\overrightarrow{O\gamma(t)} = R\cos t\,\mathbf{i} + R\sin t\,\mathbf{j}\,,\quad 0 \le t \le 2\pi\,.$$

C'est un exemple de trajectoire avec "vitesse" constante: la longueur totale du cercle est $2\pi R$, et la longueur de toute partie E du cercle vaut R fois le temps passé dans E.

La spirale Dans le Chap. 5, § 4, on a évoqué la spirale, définie en coordonnées polaires par

$$\begin{cases} \rho(t) = t \\ \theta(t) = \dfrac{2\pi}{t} \end{cases} \quad 0 < t \le 1\,.$$

Chacune de ses spires $\mathbf{S}_k$ est obtenue lorsque le paramètre parcourt l'intervalle

$$\left[\frac{1}{k+1}, \frac{1}{k}\right].$$

Nous avons dit que $\mathbf{S}_k$ est de longueur finie, mais supérieure à $\frac{1}{(k+1)}$. Calculons cette longueur:

▶ Dans la base orthonormée $\{\mathbf{i}, \mathbf{j}\}$, la paramétrisation s'écrit

$$\overrightarrow{O\gamma(t)} = t\cos\frac{2\pi}{t}\mathbf{i} + t\sin\frac{2\pi}{t}\mathbf{j}.$$

En dérivant chaque composante:

$$\mathbf{v}(t) = \left(\cos\frac{2\pi}{t} + \frac{2\pi}{t}\sin\frac{2\pi}{t}\right)\mathbf{i} + \left(\sin\frac{2\pi}{t} - \frac{2\pi}{t}\cos\frac{2\pi}{t}\right)\mathbf{j}.$$

On en déduit que

$$v(t) = \sqrt{1 + \frac{4\pi^2}{t^2}}.$$

D'où le résultat:

$$L(\mathbf{S}_k) = \int_{1/(k+1)}^{1/k} \sqrt{1 + \frac{4\pi^2}{t^2}}\,dt. \quad \blacktriangleleft$$

6.4 L'escalier du diable

Nous allons décrire une courbe de longueur finie, où cependant la formule de la longueur par une intégrale de la vitesse n'est pas applicable. Ce sera le graphe d'une fonction continue $z(t)$, définie sur l'intervalle $[0, 1]$, qui croît de 0 à 1, mais qui est constante sur chaque contigu de l'ensemble de Cantor F (voir le Chap. 1, § 4 et 5).

Rappelons que, construit dans $[0, 1]$, F a un contigu $\mathbf{C}(1)$ de longueur 1/3, deux contigus $\mathbf{C}(1, 0)$ et $\mathbf{C}(1, 1)$ de longueur 1/9, ..., 2^n contigus de longueur 3^{-n-1} qui se notent $\mathbf{C}(1, i_1, \ldots, i_n)$ ($i_j = 0$ ou 1), et ainsi de suite. Ce sont des intervalles ouverts et disjoints. On attribue à z la valeur 1/2 sur $\mathbf{C}(1)$, 1/4 sur $\mathbf{C}(1, 0)$, 3/4 sur $\mathbf{C}(1, 1)$, etc...: la correspondance entre la numérotation du contigu et la valeur que prend z sur ce contigu, est déterminée par la correspondance entre les deux arbres dyadiques de la Fig. 6.1.

La valeur de z sur $\mathbf{C}(1, i_1, \ldots, i_n)$, est

$$2^{-n-1} + \sum_{j=1}^{n} 2^{-j} i_j.$$

Une fois définie sur les contigus, donc sur le complémentaire de F, la fonction z est complétée "par continuité" sur F, de façon que son ensemble de définition soit l'intervalle $[0, 1]$ tout entier. On peut donner la valeur de $z(t)$ sur tout point t

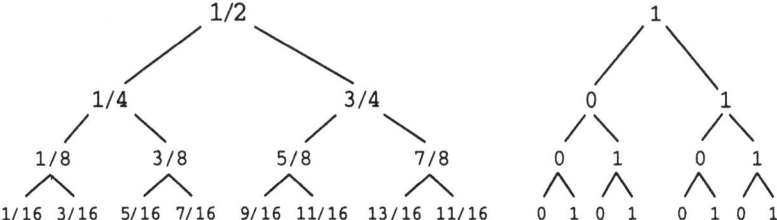

Fig. 6.1. *Chaque contigu de l'ensemble de Cantor est symbolisé par un sommet de l'arbre de droite. Sur l'arbre de gauche, le sommet de même situation donne la valeur prise sur ce contigu par la fonction z, dont le graphe est l'escalier du diable.*

de F: un tel point, comme on a vu, est déterminé par une suite infinie $(i_n)_{n\geq 1}$, de 0 et de 1, de telle sorte que t soit la limite de la suite des contigus $\mathbf{C}(1, i_1)$, $\mathbf{C}(1, i_1, i_2)$, ...: on trouve, par continuité,

$$z(t) = \sum_{n=1}^{\infty} 2^{-n} i_n \ .$$

Le graphe de $z(t)$ C'est l'ensemble des points du plan de coordonnées $(t, z(t))$. C'est une courbe Γ, représentée sur la Figure 6.2. Comme, nous l'avons vu, l'ensemble de Cantor est de longueur nulle, cette fonction est *constante presque partout*, et cependant elle est continue, et elle croît, de 0 à 1. Ses points d'accroissement sont les points de F. En ces points elle n'admet pas de dérivée. Partout ailleurs sa dérivée est nulle.

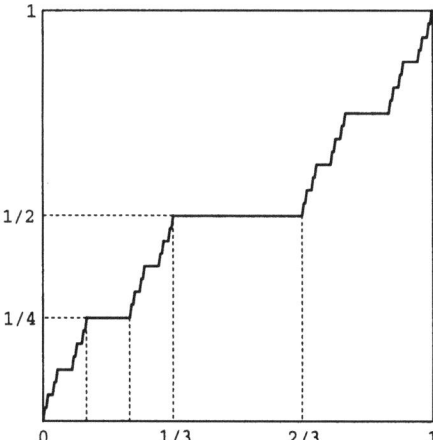

Fig. 6.2. *L'escalier du diable.*

Paramétrisation Cette courbe est naturellement paramétrée par la fonction $\gamma(t) = (t, z(t))$. Son vecteur vitesse n'est pas défini sur l'ensemble de Cantor. Sur le complémentaire il vaut $\mathbf{v}(t) = \mathbf{i} + z'(t)\mathbf{j} = \mathbf{i}$, dont la longueur vaut 1. La vitesse est donc définie *presque partout* sur $[0,1]$, mais non *partout*. L'intégrale

$$\int_{[0,1]-F} v(t)\,dt$$

est égale à 1. Remarquons que ce résultat n'est nullement égal à la longueur de Γ ! La formule reliant la vitesse à la longueur n'est plus vraie en effet, lorsque la vitesse comporte trop d'irrégularités.

Longueur de Γ : L'ensemble F peut être recouvert, pour tout n, par une réunion F_n de 2^n isolants, chacun de longueur 3^{-n}. On peut approcher la fonction z par une fonction z_n, dont la dérivée vaut $(3/2)^n$ sur l'ensemble F_n, et 0 sur le complémentaire $[0,1] - F_n$. Le graphe de z_n est une courbe polygonale $\mathbf{P}_n$ dont les sommets appartiennent à Γ (Fig. 6.3).

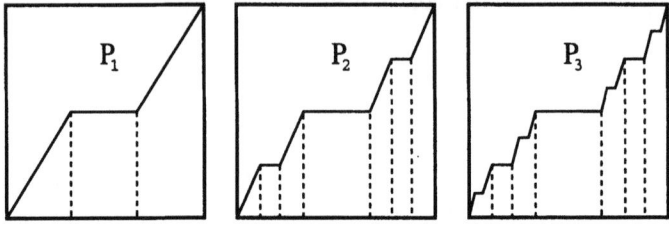

Fig. 6.3. *On peut aussi construire l'escalier du diable comme une suite de courbes polygonales: la n-ième comporte, entre ses parties horizontales, 2^n segments égaux de pente $(3/2)^n$.*

Parmi les segments dont se compose $\mathbf{P}_n$, ceux qui ne sont pas déjà inclus dans Γ ont une longueur de l'ordre de 3^{-n}, qui tend vers 0. On sait qu'alors la longueur de $\mathbf{P}_n$ tend vers celle de Γ. Or $L(\mathbf{P}_n)$ vaut

$$\int_{F_n} \sqrt{1+(3/2)^{2n}}\,dt + \int_{[0,1]-F_n} dt = (2/3)^n\sqrt{1+(3/2)^{2n}} + (1-(2/3)^n),$$

qui tend vers 2 lorsque n tend vers l'infini. On en conclut que

$$L(\Gamma) = 2\ .$$

C'est aussi la longueur d'un chemin de $(0,0)$ à $(1,1)$ passant par les côtés du carré.

Irrégularité de la mesure L'image par γ de l'ensemble $[0,1] - F$, réunion des contigus de l'ensemble de Cantor, c'est la réunion de toutes les parties horizontales du graphe Γ. Sa longueur totale est égale à 1. Or la longueur totale de Γ est 2. Par conséquent, l'image par γ de F lui-même est égale à 1. Nous avons là un exemple de transport de la mesure de Borel de l'intervalle $[0,1]$ en une mesure image sur une courbe Γ, qui est irrégulier, en ce sens que l'image d'un ensemble de mesure nulle est de mesure non nulle. C'est une preuve de plus du fait que toutes les paramétrisations ne peuvent servir à calculer des longueurs.

Exercice Comment pourrait-on construire la paramétrisation par longueur d'arc de Γ? Lorsque l'on projette cette courbe sur l'axe Ot perpendiculairement à la 1e bissectrice, l'ensemble des points projetés est l'intervalle $[0, 2]$ de Ot. Les parties horizontales de Γ se projettent, en conservant leur longueur, sur les contigus d'un ensemble parfait symétrique construit dans $[0, 2]$. Cet ensemble, qui a des contigus de même taille que l'ensemble de Cantor F, est un parfait nulle part dense, de longueur 1.

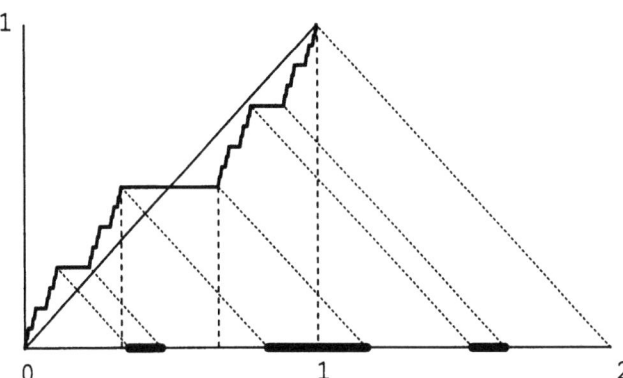

Fig. 6.4. *Paramétrisation par longueurs d'arcs de l'escalier du diable. La longueur totale est égale à 2.*

Inversement, la projection de $[0, 2]$ sur Γ, perpendiculairement à la 1e bissectrice, constitue la paramétrisation de Γ par longueurs d'arc. Si x_0 est un point de Γ, la longueur de l'arc $O\frown x_0$ vaut t_0, où t_0 est la projection de x_0 sur $[0, 2]$. La longueur d'un sous-ensemble quelconque de Γ est aussi celle de sa projection sur $[0, 2]$.

Variations sur l'escalier du diable L'escalier du diable peut servir d'exemple de paramétrisation d'une courbe Γ avec laquelle il est impossible d'établir une relation directe entre la mesure du temps et la mesure de longueur sur Γ. En particulier, l'image du sous-ensemble temporel F est de longueur 1 sur Γ, comme si le mouvement atteignait une pointe de vitesse infinie en chaque valeur du temps appartenant à l'ensemble de Cantor! On pourrait objecter que ce type de comportement est essentiellement dû à la trajectoire, dont la géométrie compliquée affecte la régularité du mouvement. Mais il n'en est rien. On peut décrire des mouvements tout ausi irréguliers sur des trajectoires rectilignes. En voici un exemple:

Dans le plan muni d'un repère cartésien (Ot, Oz), on prend l'intervalle de temps $[0, 1]$ sur l'axe Ot, et on considère l'ensemble de Cantor, que l'on appelle F_1, dans cet intervalle. Puis, sur l'axe Oz, on prend aussi l'intervalle $[0, 1]$: c'est la trajectoire, et on considère dans cet intervalle un ensemble parfait symétrique F_2, défini par la suite des longueurs d'isolants

$$a_n = 2^{-n}b + 3^{-n}(1-b),$$

où b est un paramètre, $0 \le b < 1$. La relation $2\,a_{n+1} < a_n$, nécessaire pour qu'un tel ensemble existe, est vérifiée. La mesure (longueur) de F_2 est égale à $\lim_n 2^n\, a_n = b$. Lorsque $b = 0$, l'ensemble F_2 est identique à F_1.

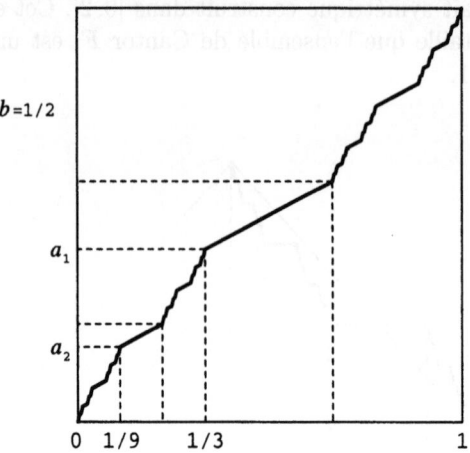

Fig. 6.5. *Un escalier intermédiaire, entre celui du diable et la diagonale du carré. Il est obtenu par une correspondance entre deux parfaits symétriques de rapports différents, sur chacun des axes.*

On construit maintenant une application γ définie sur $[0,1]$, à valeurs dans $[0,1]$, de façon que l'image de F_1 soit exactement F_2. On peut s'y prendre très simplement, en commençant par définir γ linéairement sur les contigus de F_1: si $]c, d[$ est un contigu de F_1, il lui correspond un, et un seul, contigu $]c', d'[$ de F_2, correspondant à la même suite $1, i_1, \ldots, i_n$ de 0 et de 1 (Fig. 6.1). Pour tout t dans $]c, d[$, on pose

$$\gamma(t) = \frac{1}{d-c}\left[(d-t)\,c' + (t-c)\,d'\right].$$

Ensuite, l'application γ est prolongée à $[0,1]$ tout entier par continuité. On peut voir ci-contre le graphe de γ: c'est un escalier du diable, mais un peu plus glissant que l'autre. La pente de chaque partie linéaire de ce graphe (les "marches" de l'escalier) est égale à $1 - b$.

Mais rappelons que la courbe Γ considérée ici, c'est le segment de longueur 1 sur l'axe Oz, et non le graphe de γ. Comme γ est strictement croissante, elle est bijective, et elle constitue une paramétrisation de Γ. La vitesse du mouvement est constante sur chaque contigu de F_1. L'image par γ de l'ensemble F_1, de longueur nulle, est égale à l'ensemble F_2, de longueur b. Nous avons là un exemple de comportement irrégulier de la vitesse, mais sur une trajectoire rectiligne. La vitesse est infinie en toute valeur du temps appartenant à l'ensemble de Cantor.

Mentionnons que la longueur du graphe **G** de γ peut être calculée de la même façon que celle de l'escalier du diable: on trouve

$$L(\mathbf{G}) = b + \sqrt{1 + (1-b)^2}\,.$$

C'est aussi la longueur d'un chemin d'extrémités $(0,0)$ et $(1,1)$, formé d'un segment de pente $1-b$, et d'un segment vertical. Lorsque b tend vers 1, **G** tend vers l'escalier du diable et $L(\mathbf{G})$ tend vers 2. Lorsque b tend vers 0, la fonction γ devient la fonction *identité*, puisqu'alors F_2 devient égal à F_1. Le graphe **G** devient la diagonale du carré unité, de longueur $\sqrt{2}$.

6.5 La longueur, par la vitesse moyenne locale

Même si la vitesse instantanée n'est pas définie sur la courbe Γ, il est possible d'obtenir une formule intégrale pour la vitesse, en utilisant la *vitesse moyenne locale*. Pour cela, on mesure la distance parcourue

$$\mathrm{dist}(\gamma(t-\tau), \gamma(t+\tau))$$

durant un temps 2τ. Pour prévoir les effets de bord, voici comment on définit la fonction de deux variables $d(t, \tau)$, pour tout t dans $[a, b]$, et pour tout τ dans $[0, (b-a)/2]$:

$$d(t,\tau) = \begin{cases} \mathrm{dist}(\gamma(a), \gamma(a+2\tau)), & \text{si } t-\tau \leq a; \\ \mathrm{dist}(\gamma(t-\tau), \gamma(t+\tau)), & \text{si } a \leq t-\tau < t+\tau \leq b; \\ \mathrm{dist}(\gamma(b-2\tau), \gamma(b)), & \text{si } b \leq t+\tau. \end{cases}$$

On estime alors la vitesse locale au temps t par le rapport $d(t,\tau)/2\tau$. La moyenne de la distance parcourue durant le temps 2τ est estimée par:

$$\bar{d}_\tau = \frac{1}{b-a} \int_a^b d(t,\tau)\, dt \, .$$

Si on divise par 2τ, pour obtenir la vitesse locale moyenne, et si on multiplie par $b-a$, le temps total, on obtient une estimation de la longueur de la courbe. On va démontrer en effet, sans aucune hypothèse supplémentaire sur la courbe simple Γ, le résultat suivant:

$$\boxed{L(\Gamma) = (b-a) \lim_{\tau \to 0} \frac{\bar{d}_\tau}{2\tau} \, .}$$

▶ On va supposer que Γ est de longueur finie: le cas infini se traite avec des arguments tout à fait semblables.
  Pour simplifier les notations, prenons $a=0$, $b=1$.
  Soit un réel $\epsilon > 0$. En reprenant les notations et résultats de §5.3, on sait qu'il existe un réel η tel que

$$\rho(\mathbf{P}) \leq \eta \implies L(\Gamma) - L(\mathbf{P}) \leq \epsilon \, .$$

La fonction γ est uniformément continue sur $[0,1]$: il existe donc un réel τ_0 tel que
$$\tau \leq \tau_0 \implies d(t,\tau) \leq \eta \text{ pour tout } t.$$
Par conséquent, si $\tau \leq \tau_0$, toute courbe polygonale $\mathbf{P}$, dont les sommets sont les images des temps $t_1 = 0, \ldots, t_i, \ldots, t_{K+1} = 1$, tels que $t_{i+1} - t_i \leq \tau$ pour tout i, vérifie l'inégalité
$$L(\Gamma) - L(\mathbf{P}) \leq \epsilon.$$
L'idée du reste de la démonstration est la suivante: on va construire des courbes polygonales d'approximation de Γ, la longueur de chacune étant une somme de Riemann, permettant un calcul approché de l'intégrale $\int_0^1 d(t,\tau)\,dt$.

On se fixe une valeur $\tau \leq \tau(\epsilon)$. On appelle $\mathbf{P}_0$ la courbe polygonale correspondant au découpage suivant de $[0,1]$:
$$t_1 = 0,\, t_2 = 2\tau, \ldots, t_i = 2(i-1)\tau, \ldots, t_{K_0} = 2(K_0 - 1)\tau,\, t_{K_0+1} = 1,$$
où K_0 est le plus grand entier tel que $2(K_0 - 1)\tau < 1$. D'après ce qui précède,
$$L(\Gamma) - L(\mathbf{P}_0) \leq \epsilon.$$
Soit un entier N quelconque: construisons $N - 1$ autres courbes polygonales correspondant à d'autres découpages de $[0,1]$ en intervalles de longueur 2τ (sauf éventuellement le premier et le dernier). Pour tout entier n, $1 \leq n \leq N$, la courbe polygonale $\mathbf{P}_n$ correspond au découpage
$$t_1 = 0,\, t_2 = \frac{2n\tau}{N}, \ldots, t_i = \frac{2n\tau}{N} + 2(i-2)\tau,$$
$$\ldots, t_{K_n} = \frac{2n\tau}{N} + 2(K_n - 2)\tau,\, t_{K_n+1} = 1,$$
où K_n est le plus grand entier tel que $(2n\tau/N) + 2(K_n - 2)\tau < 1$. Comme $\mathbf{P}_N = \mathbf{P}_0$, on obtient au total N courbes polygonales $\mathbf{P}_0, \ldots, \mathbf{P}_{N-1}$, dont chacune vérifie l'inégalité
$$0 < L(\Gamma) - L(\mathbf{P}_n) \leq \epsilon.$$
En prenant la moyenne de leurs longueurs:
$$0 < L(\Gamma) - \frac{1}{N} \sum_{n=0}^{N-1} L(\mathbf{P}_n) \leq \epsilon.$$
Nous allons évaluer cette moyenne d'une autre façon, et montrer qu'elle est en relation avec $\bar{d}_\tau$. En effet, la somme de toutes les longueurs $L(\mathbf{P}_n)$ peut s'écrire
$$\sum_{n=0}^{N-1} \sum_{i=1}^{K_n - 2} \mathrm{dist}(\gamma(\frac{2n\tau}{N} + 2(i-1)\tau), \gamma(\frac{2n\tau}{N} + 2i\tau)) + h(\tau),$$
où $h(\tau)$ est la somme des longueurs de segments situés aux extrémités des $\mathbf{P}_n$: c'est un nombre inférieur à $2N\eta$. Convenablement réarrangée, la double somme ci-dessus n'est rien d'autre qu'une somme de valeurs du type $d(s_k, \tau)$, où la

suite (s_k) décompose $[0,1]$ en intervalles de longueur $2\tau/N$. En la multipliant par $2\tau/N$, cette dernière somme constitue une approximation de Riemann de l'intégrale de $d(t,\tau)$, d'autant meilleure que N est plus grand. En fin de compte,

$$\lim_{N\to\infty} \frac{2\tau}{N} \sum_{k=0}^{N} d(s_k,\tau) = \int_0^1 d(t,\tau)\,dt = \bar{d}_\tau\,.$$

On peut donc trouver un entier N_0 tel que

$$N \geq N_0 \implies \frac{1}{N}\sum_{n=0}^{N-1} L(\mathbf{P}_n) - \epsilon \leq \frac{\bar{d}_\tau}{2\tau} \leq \frac{1}{N}\sum_{n=0}^{N-1} L(\mathbf{P}_n) + 2\eta + \epsilon\,.$$

Et en remplaçant la moyenne des longueurs de $\mathbf{P}_n$ par la longueur de Γ:

$$L(\Gamma) - 2\epsilon \leq \frac{\bar{d}_\tau}{2\tau} \leq L(\Gamma) + 2\eta + \epsilon\,.$$

On fait alors tendre τ vers 0, puis ϵ vers 0, ce qui entraîne que η tend vers 0, pour obtenir la limite cherchée:

$$\lim_{\tau\to 0} \frac{\bar{d}_\tau}{2\tau} = L(\Gamma)\,. \quad \blacktriangleleft$$

◊ Si la vitesse instantanée existe à l'instant t, elle s'écrit

$$v(t) = \lim_{\tau\to 0} \frac{d(t,\tau)}{2\tau}\,.$$

On a obtenu une formule intégrale pour la longueur, qui revient à ceci:

$$L(\Gamma) = \lim_{\tau\to 0} \frac{\int_a^b d(t,\tau)\,dt}{2\tau}\,.$$

On en déduit qu'il est possible d'écrire la longueur comme l'intégrale de la vitesse, c'est-à-dire

$$L(\Gamma) = \int_a^b v(t)\,dt\,,$$

à condition de pouvoir échanger la limite et l'intégrale. La fonction $v(t)$ doit vérifier certaines hypothèse pour cela. D'abord, il faut qu'elle existe partout sur $[a,b]$ (ou tout au moins, que l'ensemble des points où la limite n'existe pas soit fini). Ensuite, il faut certaines conditions de régularité, telles que

la fonction $v(t)$ est continue sur $[a,b]$,

ou bien

le rapport $d(t,\tau)/\tau$ est borné sur $[a,b]$, indépendamment de t et de τ.

L'échange limite — intégrale est alors possible (par une simple application du théorème de convergence dominée de Lebesgue).

◊ La formule

$$L(\Gamma) = (b-a) \lim_{\tau \to 0} \frac{\bar{d}_\tau}{2\tau}$$

a l'avantage d'être générale. Elle en possède un autre, et c'est la raison pour laquelle nous l'introduisons: c'est qu'on peut l'associer à une formule qui permet de caractériser les courbes fractales (Chap. 11, § 4).

6.6 Références bibliographiques

Nous ne donnons pas de référence sur la relation entre la longueur et l'intégrale de la vitesse: c'est sans doute le plus vieux problème de Géométrie Différentielle, telle que l'ont introduite Newton et Leibniz.

L'escalier du diable, graphe de la fonction de répartition d'une mesure de probabilité établie sur l'ensemble de Cantor, a été trouvé peu après Cantor: voir à ce sujet [E.W. Hobson], et [E. Hille & J.D. Tamarkin].

Dans la Section 5, nous échangeons les opérations de limite et d'intégrale: ceci, plus général que la méthode classique par la vitesse, constitue une sorte de préparation à l'étude des courbes non rectifiables.

7 Géométrie locale des courbes rectifiables

7.1 Tangente, cône, enveloppes convexes

Toute courbe Γ considérée dans ce chapitre est *simple* (sans point double). La paramétrisation $\gamma : [a, b] \longrightarrow \Gamma$ est une application bijective.

Nous reprenons cette idée qu'une courbe *rectifiable en un point*, c'est une courbe *assimilable à un segment de droite en ce point*. Comment peut-on donner à cette idée une forme plus rigoureuse? En fait, de bien des manières. La notion de *tangente* a pu paraître une réponse suffisante dans les cas où la courbe admet une dérivée — malheureusement cette notion disparaît totalement dans le domaine fractal. Nous sommes obligés de faire preuve de plus d'imagination et de repenser nos procédés géométriques d'analyse de la courbe, afin de trouver des concepts plus aisément généralisables, en ce sens plus universels.

Choisissons un point x_0 d'une courbe Γ. Nous allons proposer, à titre d'exemples, quatre propriétés $\mathcal{P}1$ à $\mathcal{P}4$ que peut vérifier Γ au voisinage de ce point, donc *localement*, et qui, chacune, pourrait servir à caractériser la notion de rectifiabilité. Nous allons voir, c'est l'objet de ce chapitre, que

- *Deux seulement de ces quatre propriétés sont équivalentes en x_0;*
- *Lorsque la courbe est de longueur finie, elles sont toutes les quatre vraies presque partout.*

Voici les propriétés en question :

Tangente Soit x un point quelconque de Γ, et $T(x_0, x)$ la droite qui passe par x_0 et x. Lorsque x tend vers x_0, on dit que cette droite tend vers une limite $T(x_0)$ si le vecteur directeur

$$\frac{\overrightarrow{x_0 x}}{\text{dist}(x_0, x)},$$

de longueur 1, tend vers un vecteur fixe. Dans ce cas, $T(x_0)$ est la *tangente* à la courbe en x_0. La première propriété s'énonce ainsi:

($\mathcal{P}1$) *Il existe une tangente $T(x_0)$ en x_0.*

Cône local Soit un nombre $\epsilon > 0$. Lorsque la courbe est "aplatie" au voisinage de x_0, on peut inclure l'ensemble des points de Γ à distance inférieure à ϵ de x_0 dans un cône, de sommet x_0, d'angle au sommet θ. La courbe est d'autant plus aplatie en ce point que l'angle peut être choisi plus petit (Fig. 7.2). Appelons $\theta_\epsilon(x_0)$ l'angle minimum (lorsqu'un tel cône n'existe pas, on peut toujours

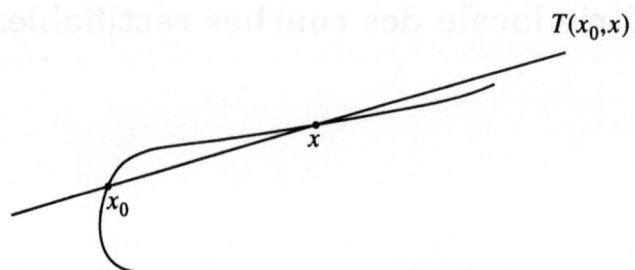

Fig. 7.1. *La limite de la corde $T(x_0,x)$ est la tangente en x_0.*

poser $\theta_\epsilon(x_0) = \pi$, afin de définir la fonction θ_ϵ en tout point de Γ). Lorsque ϵ diminue, la valeur de $\theta_\epsilon(x_0)$ diminue également. Elle admet donc une limite lorsque ϵ tend vers 0. La deuxième propriété de rectifiabilité s'énonce ainsi:

($\mathcal{P}2$) *La limite de $\theta_\epsilon(x_0)$ est nulle lorsque ϵ tend vers 0.*

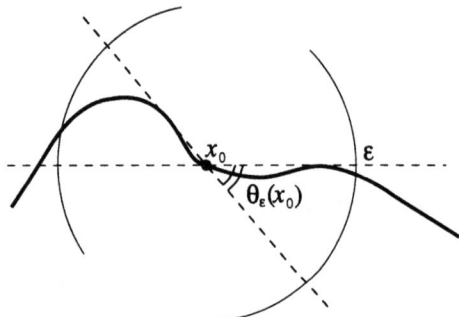

Fig. 7.2. *Dans le voisinage $B_\epsilon(x_0)$, la courbe est entièrement incluse dans un cône de sommet x_0, d'angle $\theta_\epsilon(x_0)$.*

Longueur locale Si Γ est constituée d'un segment de droite au voisinage de x_0, l'arc de courbe $x_0\frown x$ est un segment et sa longueur est égale à la distance de x_0 à x. Pour une courbe quelconque, le fait que ces deux grandeurs soient équivalentes à la limite traduit un comportement rectiligne de Γ :

($\mathcal{P}3$) *La limite du rapport $\dfrac{L(x_0\frown x)}{\mathrm{dist}(x_0,x)}$ est égale à 1 lorsque x tend vers x_0.*

Enveloppe convexe locale On considère l'enveloppe convexe $\mathcal{K}(x_0\frown x)$ du sous-arc $x_0\frown x$ de Γ (pour des précisions concernant l'enveloppe convexe d'un ensemble, voir l'Annexe C). Son aire $\mathcal{A}(\mathcal{K}(x_0\frown x))$ est non nulle, sauf si $x_0\frown x$ est un segment. La distance de x_0 à x étant fixée, cette aire sera d'autant plus petite que l'arc sera plus rectiligne; et d'autant plus grande, qu'il aura un aspect plus chaotique (Fig. 7.3). En fait, il faut comparer l'aire au carré d'une longueur. On définit la condition suivante:

($\mathcal{P}4$) *La limite du rapport $\dfrac{\mathcal{A}(\mathcal{K}(x_0\frown x))}{\mathrm{dist}(x_0,x)^2}$ est égale à 0 lorsque x tend vers x_0.*

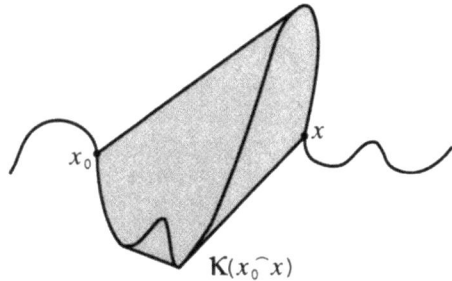

Fig. 7.3. *L'enveloppe convexe de l'arc $x_0 \frown x$ est aplatie au voisinage de x_0 lorsque la courbe est rectifiable en ce point.*

Voici tout ce que l'on peut dire des relations qui existent entre ces quatre propriétés, au point x_0:

$$\mathcal{P}1 \Longleftrightarrow \mathcal{P}2 \quad \text{et} \quad \mathcal{P}3 \Longrightarrow \mathcal{P}4 \ .$$

Aucune autre relation n'est vraie en général: $\mathcal{P}1$ n'entraîne ni $\mathcal{P}3$ ni $\mathcal{P}4$, $\mathcal{P}4$ n'entraîne ni $\mathcal{P}1$ ni $\mathcal{P}3$, $\mathcal{P}3$ n'entraîne pas $\mathcal{P}1$.

Nous allons d'abord donner une preuve des deux premiers résultats. Puis nous donnerons trois contre-exemples qui prouvent les non-implications. Enfin, nous démontrerons en § 4 et § 5 le résultat global suivant:

THÉORÈME *Si la courbe est de longueur finie, les propriétés $\mathcal{P}1$, $\mathcal{P}2$, $\mathcal{P}3$, $\mathcal{P}4$ sont toutes vraies* **presque partout** *sur cette courbe.*

C'est un théorème important, le type même de tous les résultats globaux que l'on peut démontrer en théorie géométrique de la mesure. Ceux-ci sont toujours vrais *à un ensemble de mesure nulle près*: dans le cas qui nous occupe, la *mesure* est celle de la *longueur*.

7.2 Relations entre propriétés locales

▶ Montrons que $\mathcal{P}1$ et $\mathcal{P}2$ sont équivalentes. On fixe un point x_0, et on note $\theta_\epsilon(x_0) = \theta_\epsilon$ pour faire court.
(i) Supposons $\mathcal{P}1$ vérifiée: en x_0 il existe une tangente à Γ. Autrement dit, pour tout angle ϕ positif, il existe un ϵ tel que

$$\operatorname{dist}(x_0, x) \leq \epsilon \Longrightarrow \angle(T(x_0, x), T(x_0)) \leq \phi \ .$$

Toute corde $T(x_0, x)$ est alors incluse dans le cône de sommet x_0, d'angle 2ϕ: l'angle θ_ϵ est inférieur à 2ϕ. Comme ϕ est aussi petit que l'on veut, cela prouve que $\mathcal{P}2$ est vérifiée.

7 Géométrie locale des courbes rectifiables

(*ii*)   Inversement, supposons que $\mathcal{P}2$ est vraie en x_0. Appelons D_ϵ l'axe du cône $\mathcal{C}_\epsilon$ de sommet x_0, d'angle θ_ϵ. Si ϵ' est plus petit que ϵ, $\mathcal{C}_{\epsilon'}$ est inclus dans $\mathcal{C}_\epsilon$. Donc

$$\epsilon' < \epsilon \Longrightarrow \angle(D_\epsilon, D_{\epsilon'}) \leq \theta_\epsilon .$$

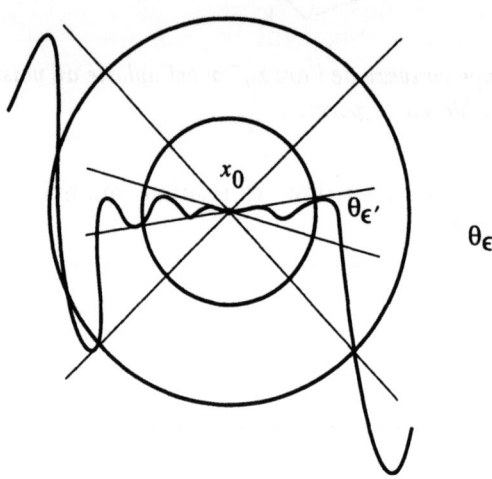

Fig. 7.4. *Le cône $\mathcal{C}_\epsilon$, d'angle minimal θ_ϵ, contient tous les points de Γ à distance $\leq \epsilon$ de x_0. Il contient aussi le cône $\mathcal{C}_{\epsilon'}$ pour tout $\epsilon' < \epsilon$.*

Ceci prouve que, lorsque ϵ tend vers 0, la droite D_ϵ tend vers une droite fixe D_0. Or

$$\operatorname{dist}(x_0, x) \leq \epsilon \Longrightarrow \angle(T(x_0, x), D_\epsilon) \leq \theta_\epsilon .$$

Lorsque ϵ tend vers 0, la corde $T(x_0, x)$ tend vers la droite D_0. Celle-ci est donc tangente à la courbe en x_0. ◀

▶ Montrons que $\mathcal{P}3$ entraîne $\mathcal{P}4$. On s'appuie sur le résultat suivant, concernant les enveloppes convexes de courbes, dont on donne la justification dans l'Annexe C (§ 7):

$$\mathcal{A}(\mathcal{K}(x_0 \frown x)) \leq L(x_0 \frown x)^{3/2} \sqrt{L(x_0 \frown x) - \operatorname{dist}(x_0, x)} .$$

On en tire immédiatement:

$$\frac{\mathcal{A}(\mathcal{K}(x_0 \frown x))}{\operatorname{dist}(x_0, x)^2} \leq \left(\frac{L(x_0 \frown x)}{\operatorname{dist}(x_0, x)}\right)^{3/2} \sqrt{\frac{L(x_0 \frown x)}{\operatorname{dist}(x_0, x)} - 1} .$$

Comme le rapport $L(x_0 \frown x)/\operatorname{dist}(x_0, x)$ tend vers 1, les deux membres de cette inégalité tendent vers 0. ◀

7.3 Contre-exemples

Les contre–exemples qui vont suivre sont tous du même type: le graphe Γ d'une fonction $z(t)$, construite à partir de la fonction cosinus, dont on fait varier l'amplitude et la fréquence. Le point x_0 considéré est l'origine des axes O. La courbe est, naturellement, paramétrée par l'abcisse t, toujours prise entre 0 et 1. Par là même, O se trouve être une extrémité de Γ, donc un point topologiquement particulier de Γ. Mais il suffirait de la compléter à gauche, dans la région des abcisses négatives, pour faire de O un point quelconque de la courbe.

- **$\mathcal{P}1$ n'entraîne ni $\mathcal{P}3$ ni $\mathcal{P}4$** Soit la fonction $z(t)$ définie par

$$\begin{cases} z(0) = 0; \\ z(t) = t^\alpha + t^\beta \left(1 + \cos \tfrac{1}{t}\right) & \text{si } 0 < t \leq 1, \end{cases}$$

où α, β sont deux constantes, $0 < \beta < \alpha < 1$.

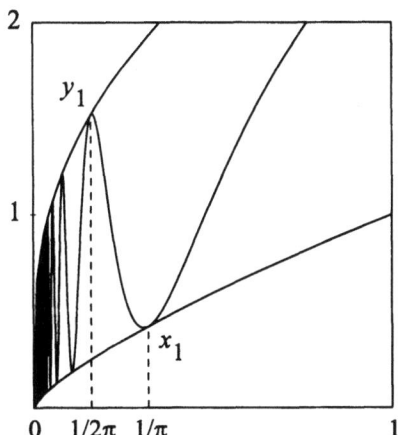

Fig. 7.5. *Graphe de la fonction $z(t) = t^{3/4} + t^{1/4}\left(1 + \cos \tfrac{1}{t}\right)$. Cette courbe est comprise entre les graphes de $t^{3/4}$ et $t^{3/4} + 2\,t^{1/4}$.*

Comme $\mathcal{P}3$ entraîne $\mathcal{P}4$, il nous suffira de montrer que le graphe Γ de z vérifie $\mathcal{P}1$ en 0, mais non $\mathcal{P}4$: $\mathcal{P}3$ ne sera donc pas non plus vérifiée en O.

▶ Comme le graphe Γ de z est compris entre les graphes des fonctions t^α et $t^\alpha + 2t^\beta$, dont la pente est infinie à l'origine, on en déduit que Γ admet une tangente en O, qui est l'axe Oz. Ainsi $\mathcal{P}1$ est vraie en O.

Soit x_k, y_k les points de Γ d'abcisses $1/(2k-1)\pi$ et $1/2k\pi$ respectivement: l'enveloppe convexe de l'arc $O\frown x_k$ de la courbe contient le triangle $Ox_k y_k$, dont l'aire est égale à

$$\frac{1}{2}\left| \frac{z(1/2k\pi)}{(2k-1)\pi} - \frac{z(1/(2k-1)\pi)}{2k\pi} \right|.$$

Lorsque k tend vers l'infini, x_k tend vers 0, et cette aire est équivalente à $k^{-1-\beta}$. D'autre part, $\mathrm{dist}(O, x_k)$ est équivalent à $k^{-\alpha}$. On en déduit que le rapport

$$\frac{\mathcal{A}(\mathcal{K}(O^\frown x_k))}{\text{dist}(O, x_k)^2}$$

possède un ordre de croissance au moins égal à celui de $k^{2\alpha-1-\beta}$, qui tend vers l'infini lorsque
$$2\alpha > 1 + \beta :$$
on peut à cet effet choisir $\alpha = 3/4, \beta = 1/4$. Dans ce cas la courbe ne possède pas la propriété $\mathcal{P}4$ en O. ◂

• $\mathcal{P}4$ **n'entraîne pas** $\mathcal{P}3$ Considérons la fonction z, telle que $z(0) = 0$, et pour tout $t > 0$:
$$z(t) = t^2 \cos \frac{1}{t^2}.$$

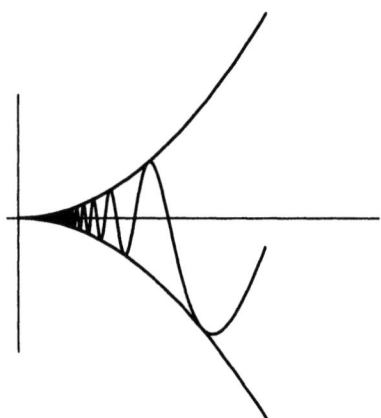

Fig. 7.6. *Graphe de la fonction* $z(t) = t^2 \cos \frac{1}{t^2}$.

▶ On va montrer que le graphe Γ vérifie $\mathcal{P}4$ sans vérifier $\mathcal{P}3$, au point 0. Pour tout point x de la courbe, de coordonnées $(t, z(t))$, l'aire de l'enveloppe convexe de l'arc $O^\frown x$ est inférieure à celle du triangle de sommets O, (t, t^2), $(t, -t^2)$, qui vaut t^3. Comme $\text{dist}(O, x) \geq t$, on en tire:
$$\frac{\mathcal{A}(\mathcal{K}(O^\frown x))}{\text{dist}(O, x)^2} \leq t.$$

D'où la propriété $\mathcal{P}4$ en O.

D'autre part, la longueur de la partie de Γ correspondant à des abcisses comprises entre les valeurs $1/\sqrt{2k\pi}$ et $1/\sqrt{2(k+1)\pi}$, est plus grande que $z(1/\sqrt{2k\pi}) = 1/2k\pi$. La somme de ces longueurs, pour k allant d'un entier quelconque n jusqu'à l'infini, diverge comme la série harmonique. Donc tout arc $O^\frown x$ de Γ est de longueur infinie. Donc Γ ne possède pas la propriété $\mathcal{P}3$ au point O. ◂

• $\mathcal{P}3$ **n'entraîne pas** $\mathcal{P}1$ Comme $\mathcal{P}3$ entraîne $\mathcal{P}4$, nous prouvons par la même occasion que $\mathcal{P}4$ n'entraîne pas $\mathcal{P}1$. Voici donc notre dernier contre–exemple.

On considère la fonction z, telle que $z(0) = 0$, et pour tout $t, 0 < t \leq 1$:

$$z(t) = t \cos \theta(t) ,$$

où la fonction θ possède les propriétés suivantes:
- $\lim_{t \to 0} \theta(t) = +\infty$.
- θ est dérivable sur $]0,1]$, de dérivée θ'.
- $\lim_{t \to 0} t \, \theta'(t) = 0$.

Pour exemple, on peut donner la fonction

$$\theta(t) = \log \log \frac{2}{t} ,$$

dont la dérivée est

$$\theta' = \frac{1}{t \log(t/2)} .$$

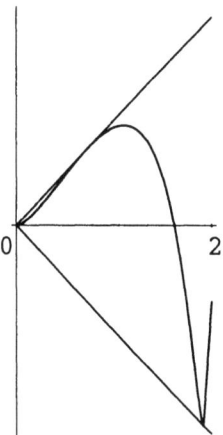

Fig. 7.7. *Graphe de la fonction* $z(t) = t \cos(\log \log(2/t))$.

Comme θ tend vers l'infini lorsque t tend vers 0, il existe une suite de valeurs de t, tendant vers 0, pour lesquelles $z(t) = t$, et une suite de valeurs pour lesquelles $z(t) = -t$. Ceci suffit à prouver qu'il n'existe aucune tangente en O. Il nous reste donc à vérifier la propriété $\mathcal{P}3$, à savoir que, si x désigne le point $(t, z(t))$ de la courbe, le rapport

$$\frac{L(O^\frown x)}{\operatorname{dist}(O, x)}$$

tend vers 1 lorsque t tend vers 0.
▶ On évalue $L(O^\frown x)$ par l'intégrale:

$$f(t) = \int_0^t \sqrt{1 + z'(s)^2} \, ds ,$$

tandis que $\text{dist}(O, x)$ vaut
$$g(t) = t\sqrt{1 + \cos^2 \theta(t)}\ .$$
Ces deux fonctions sont dérivables pour tout $t > 0$, et leur dérivée vaut
$$f'(t) = \sqrt{1 + z'(t)^2}$$
$$g'(t) = \sqrt{1 + \cos^2 \theta} - t\,\theta'\,\frac{\cos\theta\,\sin\theta}{\sqrt{1 + \cos^2 \theta}}\ .$$
Comme $t\,\theta'$ tend vers 0 avec t, ces dérivées peuvent se mettre sous la forme suivante:
$$f'(t) = \sqrt{1 + \cos^2 \theta} + \epsilon_1(t)$$
$$g'(t) = \sqrt{1 + \cos^2 \theta} + \epsilon_2(t)\ ,$$
où les fonctions $\epsilon_1(t)$ et $\epsilon_2(t)$ tendent vers 0. Comme $f(0) = g(0) = 0$, on peut appliquer la règle de l'Hospital et écrire:
$$\lim_{t\to 0}\frac{f(t)}{g(t)} = \lim_{t\to 0}\frac{f'(t)}{g'(t)} = \lim_{t\to 0}\frac{\sqrt{1 + \cos^2 \theta} + \epsilon_1(t)}{\sqrt{1 + \cos^2 \theta} + \epsilon_2(t)} = 1\ .\quad \blacktriangleleft$$

7.4 Tangente presque partout

Rappelons la propriété $\mathcal{P}2$: en chaque point x de Γ nous construisons pour chaque $\epsilon > 0$ un cône local, de sommet x, d'angle minimal $\theta_\epsilon = \theta_\epsilon(x)$. La valeur de cet angle décroît, donc elle admet une limite $\theta(x)$ lorsque ϵ tend vers 0. Il y a une tangente à Γ en x si et seulement si $\theta(x)$ est nul. Nous allons montrer le résultat suivant:

THÉORÈME *Si la courbe Γ est de longueur finie, la propriété $\mathcal{P}1$ (ou $\mathcal{P}2$) est vraie presque partout sur Γ.*

Presque partout, c'est-à-dire, pour tout x, sauf pour un sous-ensemble de Γ de longueur nulle. Un argument du type Vitali est nécessaire pour la démonstration.

▶ Un recouvrement de Vitali (voir l'Annexe B) de Γ par des arcs de cette courbe, est une famille $\mathcal{F}$ d'arcs, telle que tout point de Γ appartient à une suite d'arcs de $\mathcal{F}$ dont la longueur tend vers 0. Cette notion s'étend aux sous-ensembles de Γ.

Soit E un sous-ensemble de Γ, et $\mathcal{R}$ un recouvrement de Vitali de E, par des sous-arcs fermés. Pour tout $\epsilon > 0$, on peut tirer de $\mathcal{R}$ une famille finie d'arcs disjoints $J_1, J_2, \ldots, J_n$, tels que
$$L(E) - \sum_{i=1}^{n} L(J_i) \le \epsilon\ .$$

Nous voulons montrer que l'ensemble des x pour lesquels $\theta(x) \ne 0$ est de longueur nulle. Il nous suffit de choisir n'importe quelle valeur d'angle $\phi < \pi/2$, et en notant $E(\phi)$ l'ensemble des x pour lesquels $\theta(x) \ge 2\,\phi$, de montrer que
$$L(E(\phi)) = 0.$$

7.4 Tangente presque partout

Supposons cet ensemble non vide. Soit A et B les extrémités de Γ, et D la droite passant par A et B.

Démontrons tout d'abord l'inégalité

$$L(E(\phi)) \leq \frac{L(\Gamma) - \text{dist}(A, B)}{1 - \cos \phi}.$$

Soit $\epsilon > 0$. Si x est un point de $E(\phi)$, on peut toujours trouver deux points y et z de Γ, tels que les longueurs des arcs $x\frown y$ et $x\frown z$ sont inférieures à ϵ, et que

$$\angle(xy, xz) \geq 2\phi.$$

Au moins l'un des deux segments xy ou xz, disons xy, forme avec D un angle $\geq \phi$. Appelons $J_\epsilon(x)$ l'arc $x\frown y$ de Γ. La projection orthogonale de cet arc sur D est donc un segment de longueur au plus égale à $L(J_\epsilon(x)) \cos \phi$.

Comme chaque $J_\epsilon(x)$ est de longueur $\leq \epsilon$, et contient x, la famille de tous les arcs $J_\epsilon(x)$, pour tous les x de $E(\phi)$, et pour toutes les valeurs non nulles de ϵ, constitue un recouvrement de Vitali de $E(\phi)$ sur Γ. On peut donc en extraire, pour tout ϵ, une famille finie $J_1, J_2, \ldots, J_n$, telle que

$$L(E(\phi)) \leq \sum_{i=1}^{n} L(J_i) + \epsilon.$$

Ces arcs ne recouvrent pas tout Γ: comme leur nombre est fini, l'ensemble complémentaire est formé d'arcs que nous notons $J_{n+1}, \ldots, J_k$, où $k = 2n - 1$, $2n$ ou $2n + 1$. La projection de tous ces arcs sur D recouvre le segment AB: on en tire

$$\text{dist}(A, B) \leq \sum_{i=1}^{k} L(\text{ projection de } J_i)$$

$$\leq \cos \phi \sum_{i=1}^{n} L(J_i) + \sum_{i=n+1}^{k} L(J_i)$$

$$= \cos \phi \sum_{i=1}^{n} L(J_i) + L(\Gamma) - \sum_{i=1}^{n} L(J_i).$$

Par conséquent,

$$L(E(\phi)) \leq \sum_{i=1}^{n} L(J_i) + \epsilon \leq \frac{L(\Gamma) - \text{dist}(A, B)}{1 - \cos \phi} + \epsilon.$$

Ceci étant vrai pour tout ϵ, il suffit de faire tendre ϵ vers 0 pour obtenir l'inégalité cherchée.

Prenons maintenant une courbe polygonale **P** d'extrémités A et B et de sommets sur Γ. Chacun de ses segments **S** est la corde d'un arc **C** de Γ. On peut appliquer à **C** le raisonnement précédent, de façon à obtenir

$$L(E(\phi) \cap \mathbf{C}) \leq \frac{L(\mathbf{C}) - L(\mathbf{S})}{1 - \cos \phi}.$$

En sommant cette inégalité sur tous les **C**, ou trouve finalement

$$L(E(\phi)) \leq \frac{L(\varGamma) - L(\mathbf{P})}{1 - \cos \phi}.$$

Or on peut toujours prendre **P** aussi proche de $\varGamma$ que l'on veut, de façon à rendre le membre de droite aussi petit que l'on veut. Donc $L(E(\phi)) = 0$. ◀

7.5 Longueur locale, presque partout

Il nous reste à vérifier que toute courbe $\varGamma$ de longueur finie possède presque partout la propriété $\mathcal{P}3$, à savoir:

$$\lim_{x \to x_0} \frac{L(x_0 \frown x)}{\operatorname{dist}(x_0, x)} = 1.$$

Autrement dit, presque partout la longueur de l'arc local $x_0 \frown x$ est équivalente à la distance entre ses extrémités. Comme cette propriété entraîne $\mathcal{P}4$ en tout point, celle-ci sera aussi vraie presque partout. On achève donc dans cette section la démonstration du Théorème énoncé en début de chapitre.

▶ Comme la précédente, cette preuve fait appel à Vitali. On appelle $r(x_0)$ la limite supérieure (éventuellement infinie) du rapport $L(x_0 \frown x)/\operatorname{dist}(x_0, x)$, lorsque x tend vers x_0. Comme la longueur d'une courbe est plus grande que la distance entre ses extrémités, cette limite est au moins égal à 1. Nous voulons montrer que l'ensemble des points de $\varGamma$ où elle est strictement plus grande que 1 est de longueur nulle. En notant, pour tout $h > 0$, E_h l'ensemble de tous les points x_0 de $\varGamma$ pour lesquels $r(x_0) > 1 + h$, il suffira de montrer que

$$L(E_h) = 0,$$

si cet ensemble est non vide.

Soit $\epsilon > 0$. Pour tout point x_0 de E_h, on peut trouver un point x de $\varGamma$ tel que

$$(1 + h) \operatorname{dist}(x_0, x) \leq L(x_0 \frown x) \leq \epsilon.$$

Notons $J_\epsilon(x_0)$ l'arc $x_0 \frown x$. La famille formée de tous ces arcs, pour tout x_0 dans E_h, et pour tout $\epsilon > 0$, est un recouvrement de Vitali de E_h. On peut donc, pour chaque valeur de ϵ, en tirer une famille finie d'arcs $J_1, J_2, \ldots, J_n$, telle que

$$L(E_h) \leq \sum_{i=1}^{n} L(J_i) + \epsilon.$$

Le complémentaire de ces arcs dans $\varGamma$ consiste en la réunion de $J_{n+1}, \ldots, J_k$. Quitte à les diviser en petits arcs, on peut les supposer de longueur inférieure à ϵ. Appelons $\mathbf{S}_i$ le segment de mêmes extrémités que J_i, et **P** la courbe polygonale formée des segments $\mathbf{S}_i$, pour $i = 1, \ldots, k$. Pour tout i, $L(\mathbf{S}_i) \leq \epsilon$. De plus,

$$L(\mathbf{P}) \le \sum_{i=1}^{n} L(\mathbf{S}_i) + \sum_{i=n+1}^{k} L(J_i)$$
$$\le \frac{1}{1+h} \sum_{i=1}^{n} L(J_i) + L(\Gamma) - \sum_{i=1}^{n} L(J_i)$$
$$\le L(\Gamma) - \frac{h}{1+h} \sum_{i=1}^{n} L(J_i).$$

On en tire une estimation de la longueur de E_h:

$$L(E_h) \le \sum_{i=1}^{n} L(J_i) + \epsilon \le \frac{1+h}{h}\left(L(\Gamma) - L(\mathbf{P})\right) + \epsilon.$$

Lorsqu'on fait tendre ϵ vers 0, la longueur de **P**, formé de segments de longueur inférieure à ϵ, tend vers $L(\Gamma)$ comme on l'a vu au Chap. 5. On en déduit l'égalité cherchée: $L(E_h) = 0$. ◄

7.6 Retour sur la rectifiabilité

Si l'on consulte le dictionnaire, on verra qu'une courbe **rectifiable**, c'est une courbe de **longueur finie**. Nous venons de donner un aperçu de toutes les propriétés géométriques dont jouit une telle courbe, lorsqu'elle est simple, c'est-à-dire lorsque c'est un arc de Jordan. Peut–être vaudrait-il mieux ne pas fixer, pour l'éternité, une notion aussi riche par une définition aussi restrictive.

Par exemple, tous les points de la spirale $\theta = 2\pi/\rho$, sauf l'origine, admettent une tangente. Cependant cette courbe est de longueur infinie globalement. Elle est *localement rectifiable partout*, sauf en O.

On peut aussi considérer des courbes plus générales. On peut considérer les courbes qui admettent un nombre fini de *points doubles*, points où la trajectoire se recoupe elle–même, puisque de telles courbes peuvent se décomposer en une réunion finie de courbes simples. On dira alors qu'elles sont *rectifiables* si chacune de ces courbes simples est de longueur finie. On peut même appeler *rectifiable* toute réunion finie ou dénombrable de courbes simples, à condition que la somme de leurs longueurs soit finie.

Ce qu'on entend quelquefois par *rectifiable* en théorie géométrique de la mesure, c'est un ensemble qui se trouve presque entièrement inclus dans une réunion, finie ou dénombrable, de courbes simples, de longueur totale finie. Besicovitch appelait ces ensembles des *ensembles-Y*, par référence sans doute à la structure géométrique de la Fig. 7.8. Presque entièrement, dans le sens où la partie de l'ensemble non incluse doit être de mesure nulle. La difficulté ici vient de ce que cette partie n'est pas toujours incluse dans une courbe simple; que signifie "longueur" dans ce cas? d'où la nécessité de généraliser la notion de *longueur*, en celle de *mesure en dimension 1*, utilisable sur des ensembles de n'importe quel

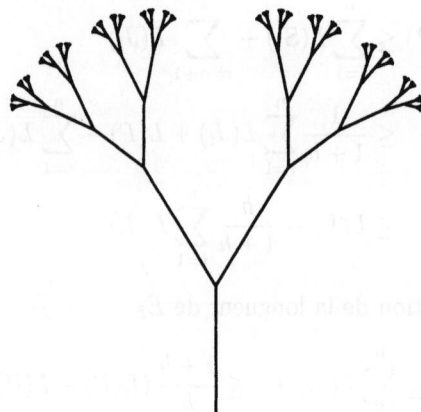

Fig. 7.8. *Cet arbre* Y *est formé d'une infinité dénombrable de segments, dont la somme totale des longueurs est finie. Si* Y *est considéré comme un ensemble fermé, il faut y ajouter, au sommet de l'arbre, le "feuillage", c'est-à-dire les points limites de suites de segments: c'est un ensemble de points totalement discontinu, et de longueur nulle, au sens de la 1–mesure de Hausdorff. Au total,* Y *est de 1–mesure finie, donc rectifiable.*

type topologique. C'est dire tout l'intérêt théorique de ces mesures inventées par Carathéodory, et développées plus tard par Hausdorff.

Enfin, on généralise non seulement le support, mais aussi la mesure: la rectifiabilité devient une notion relative à une mesure donnée. S'il s'agit par exemple de l'*aire* d'une surface, on parle de surfaces 2–rectifiables, etc.... Le mot *rectifiable* est alors souvent remplacé par *régulier*.

7.7 Références bibliographiques

Le théorème sur l'existence de tangentes presque partout est dû à [H. Lebesgue 1] (1903). Le raisonnement de Lebesgue revient à trouver des propriétés caractéristiques des fonctions à variation bornée. Nous en donnons dans ce chapitre une démonstration plus géométrique, par les cônes locaux, due à [A.S. Besicovitch 2].

On a vu qu'une courbe de longueur finie était localement rectifiable (dans quelque sens que l'on prenne ce mot), partout, sauf sur un sous–ensemble de mesure nulle: il est intéressant de savoir que ce sous–ensemble peut être non dénombrable, et même, dense dans la courbe: voir [Y. Dupain, T. Kamae, M. Mendes France].

L'étude de la rectifiabilité constitue tout un chapitre de la Théorie Géométrique de la Mesure. A.S. Besicovitch avait commencé, sur le sujet des ensembles "réguliers" et "irréguliers", un livre qui est resté inachevé, par sa disparition subite. On peut le regretter d'autant plus, que les articles de Besicovitch, pleins d'idées intéressantes, se présentent souvent sous un aspect assez hermétique.

Après un début de classement de ses notes par R.O. Davies, on peut admettre que le principal de l'œuvre de Besicovitch se trouve condensée dans le livre de [K. Falconer].

Il faut également citer l'école américaine, rivale pour ainsi dire, et l'un de ses chefs de file: [H. Federer]. Le livre de Federer a été longtemps considéré comme une manière de somme théologique, à la fois infaillible et complète du sujet. Sans doute cet effet dépassa-t-il les intentions de l'auteur. Notons cependant l'influence nocive, en sciences, d'ouvrages dont l'autorité décourage le lecteur de sortir de sentiers archi-rebattus.

Dans cette théorie, qui prend le double point de vue de la mesure et de la géométrie, et qui essaie de les concilier, certains résultats ont une preuve étonnament compliquée. Le fait d'avoir mis ces preuves au point fait honneur, incontestablement, à l'esprit humain. Dans l'intérêt de l'avancement de la science, peut-être ne valent-elles pas la somme des énergies qu'on y a mis. La technicité finit par l'emporter sur la recherche des idées nouvelles.

8 La longueur, par des intersections de droites

8.1 Intersections, projections

La méthode de calcul d'une longueur que nous abordons dans ce chapitre, est de nature essentiellement différente des méthodes précédentes. Comme l'a montré Steinhaus (1930), elle présente un double intérêt théorique et pratique. On considère l'intersection de la courbe par des droites *aléatoires*. Cette intersection, si elle est non vide, est généralement réduite à un nombre fini de points. Le comptage de ces points nous donne une estimation de la longueur. Nous verrons qu'il est également possible de formuler cette méthode en termes de *projections*. Cette idée a donné lieu à la définition de la *mesure intégrale-géométrique*, dont le développement constitue une branche importante de la théorie géométrique de la mesure.

Nous avons parlé de droites aléatoires: pour comprendre la méthodologie qu'il faut employer, commençons par rappeler le plus ancien problème de Géométrie Intégrale.

L'aiguille de Buffon Traçons sur un plan des droites parallèles équidistantes. On appelle ϵ la distance de deux droites successives. Sur ce plan, on "jette au hasard" une "aiguille" de longueur l inférieure à ϵ. On sait calculer la probabilité pour que l'aiguille rencontre l'une de ces droites: elle vaut

$$p = \frac{2l}{\pi \epsilon}.$$

Avec une fréquence de rencontre obtenue par un grand nombre d'expériences manuelles, Buffon a pu tirer de ce résultat une valeur approximative du nombre π. Nous prendrons plutôt ce problème à l'envers: en supposant π connu, nous déduirons de la formule ci-dessus une mesure de longueur, en l'occurence celle de l. Nous allons démontrer cette formule, mais en commençant par élargir un peu le problème. Ce n'est plus un segment que nous allons "jeter" sur des droites, c'est une droite "aléatoire" que nous allons jeter sur un segment. Ou sur n'importe quelle courbe. Et tout d'abord, définissons une mesure sur les ensembles de droites, afin de pouvoir dire exactement ce que nous entendons par *droite aléatoire*.

8.2 Mesure de familles de droites

Dualité Soit un axe du plan, muni d'une origine O, et une droite **D** ne passant pas par l'origine. Soit H le pied de la perpendiculaire abaissée de O sur **D**. Les coordonnées polaires de H sont (ρ, θ). Pour raison de simplification des formules on prend l'angle θ entre 0 et π. Donc ρ peut prendre toutes valeurs réelles: ρ est compté positivement si H est situé au-dessus de l'axe, ou bien sur l'axe, à droite de O; et négativement, si H est situé au-dessous de l'axe, ou bien sur l'axe, à gauche de O. Ce point H détermine de façon unique la droite **D**, et inversement. On détermine ainsi une **dualité** droites–points. Pour marquer cette dualité, on notera souvent la droite $\mathbf{D}(\rho, \theta)$.

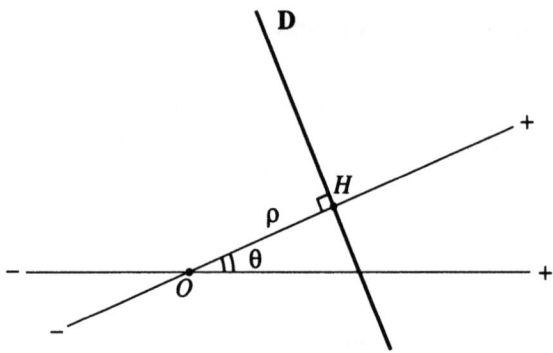

Fig. 8.1. *Les coordonnées polaires (ρ, θ) du point H déterminent la position de la droite **D**. Dans un repère cartésien de même origine, celle-ci a pour équation $x \cos\theta + y \sin\theta - \rho = 0$. Ici $0 \leq \theta < \pi$, et ρ peut prendre toute valeur réelle.*

Probabilité Il y a bien des manières de faire intervenir la notion de hasard dans la position d'une droite. Supposons qu'elle coupe le disque unité $B_1(O)$. On peut décider que les deux coordonnées ρ et θ du point H sont des variables aléatoires indépendantes, suivant des lois uniformes, l'une sur $[-1, 1]$, l'autre sur $[0, \pi]$. La fonction de densité est alors constante. Pour tout ensemble E inclus dans $B_1(O)$, la probabilité que H tombe sur E est égale à $(1/2\pi) \int_E d\rho\, d\theta$. Mais pour une étude plus générale, nous préférons éviter l'hypothèse préalable que nos droites coupent le disque $B_1(0)$, ou n'importe quel ensemble borné fixé à l'avance: dans ce cas, il vaut mieux parler en termes de *mesure*, plutôt que de *probabilité*.

Mesure En s'inspirant de ce qui précède, voici comment définir une mesure μ sur les familles de droites:

Pour toutes valeurs ρ_0, θ_0, on attribue la mesure $d\rho\, d\theta$ à la famille des droites $\mathbf{D}(\rho, \theta)$ telles que $\rho_0 \leq \rho \leq \rho_0 + d\rho$, $\theta_0 \leq \theta \leq \theta_0 + d\theta$.

Cette mesure, que nous allons appeler μ, correspond à la *mesure produit* de la mesure de Borel sur la droite où sont prises les valeurs de ρ, et de la mesure de Borel sur l'intervalle $[0, \pi]$ où sont prises les valeurs de θ. Nous utiliserons la même notation μ pour la mesure d'un ensemble de droites et pour celle de l'ensemble de points dual.

Mesure $\mu(E)$ Lorsque E est un ensemble de points quelconque, sa μ–mesure vaut donc
$$\mu(E) = \int_E d\rho \, d\theta \, .$$
Cette mesure est distincte de l'*aire*, autrement dite *mesure de Borel* dans le plan. Celle-ci est définie par l'intégrale
$$\mathcal{A}(E) = \int_E \rho \, d\rho \, d\theta \, .$$
Par exemple, les surfaces hachurées de la Fig. 8.2 ont toutes même mesure μ. Mais elles sont d'aires différentes.

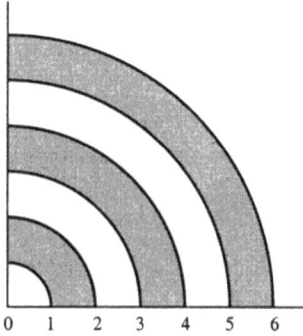

Fig. 8.2. *Les surfaces hachurées ont même mesure $\mu(E) = \int_E d\rho \, d\theta = \pi/2$, mais non même aire $\int_E \rho \, d\rho \, d\theta$.*

Mesure $\mu(\mathcal{D})$ La valeur de μ sur une famille de droites quelconque est égale à celle de l'ensemble dual:

Soit $\mathcal{D}$ un ensemble de droites: sa mesure $\mu(\mathcal{D})$ est égale à l'intégrale
$$\int_E d\rho \, d\theta \, ,$$
où E désigne l'ensemble de tous les pieds de perpendiculaires abaissées de O sur les droites de $\mathcal{D}$.

Sa propriété la plus importante est la suivante: elle reste indépendante de l'axe, et de l'origine, choisis. Ainsi donc, $\mu(\mathcal{D})$ reste invariante si on effectue une translation, une rotation ou une symétrie sur $\mathcal{D}$. Ceci se vérifie par un simple changement de variables.

$\Diamond$ En coordonnées cartésiennes, l'aire est l'intégrale de l'élément d'aire $dx_1 \, dx_2$. La mesure μ doit donc s'écrire dans ce système
$$\mu(E) = \int_E \frac{1}{\sqrt{x_1^2 + x_2^2}} \, dx_1 \, dx_2 \, .$$

◇ Retenons que

- Lorsqu'on fait subir à un ensemble de droites une translation, une rotation, ou une symétrie, sa mesure μ ne change pas.
- La mesure μ de l'ensemble dual E ne change donc pas non plus, mais sa structure géométrique peut, elle, changer complètement.

On peut observer ce changement dans l'exemple suivant:

Exemple Soit $\mathbf{C}$ le cercle de centre O, de rayon r. Prenons pour $\mathcal{D}$ l'ensemble des droites qui coupent $\mathbf{C}$. Une droite appartient à $\mathcal{D}$ si et seulement si le pied H de la perpendiculaire abaissée de O appartient au disque $B_r(O) = E$. La mesure de E vaut $\pi \int_{-r}^{r} d\rho = 2\pi r$, valeur égale au périmètre de $\mathbf{C}$. Soit maintenant $\mathbf{C}'$ un cercle, de rayon r, dont le centre n'est pas en O. L'ensemble des droites qui coupent $\mathbf{C}'$ est $\mathcal{D}'$. Comme $\mathcal{D}'$ est simplement obtenu de $\mathcal{D}$ par une translation, il a même mesure $2\pi r$. Donc aussi, l'ensemble dual E'. On l'a représenté sur la Fig. 8.3. Ce n'est plus un disque.

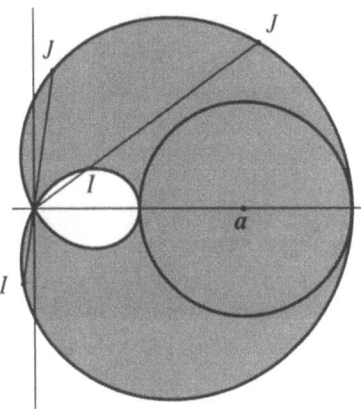

Fig. 8.3. *Représentation de l'ensemble dual de la famille des droites coupant le cercle de rayon r, centre $(a, 0)$, $a > r$. Toute droite issue de l'origine coupe cet ensemble selon un segment IJ de longueur $2r$. Sa frontière est une cardioïde.*

▶ On peut vérifier directement que E' est de mesure $2\pi r$, sachant que pour toute valeur de θ, l'intersection de E' avec la droite passant par O, faisant avec l'axe l'angle θ, est un segment IJ de longueur $2r$. En fait, si l'on suppose que le centre de $\mathbf{C}'$ a pour coordonnées polaires $\rho = a$ et $\theta = 0$, I parcourt la courbe paramétrée $\rho = a\cos\theta - r$, et J parcourt la courbe $\rho = a\cos\theta + r$, $0 \leq \theta \leq \pi$. ◀

◇ Il existe tout de même une relation entre la mesure μ et l'aire: ces deux mesures sont nulles sur les mêmes ensembles.

Soit E un ensemble borné:

$$\mu(E) = 0 \iff \mathcal{A}(E) = 0 \, .$$

▶ Si E est borné, il est inclus dans une boule $B_K(O)$. Soit $0 < \epsilon < K$. Tout point de coordonnées (ρ, θ) de $E - B_\epsilon(O)$ est tel que

$$\epsilon \leq \rho \leq K .$$

Donc

$$\int_E d\rho\, d\theta - 2\pi\epsilon \leq \int_{E-B_\epsilon(O)} d\rho\, d\theta \leq \frac{1}{\epsilon} \int_E \rho\, d\rho\, d\theta \leq \frac{K}{\epsilon} \int_E d\rho\, d\theta .$$

Comme ϵ est arbitrairement petit, les deux intégrales $\int_E d\rho\, d\theta$ et $\int_E \rho\, d\rho\, \theta$ s'annulent pour les mêmes ensembles E. ◀

8.3 Famille des droites coupant un ensemble

On s'intéresse plus particulièrement aux familles de droites qui coupent un ensemble de points donné. Nous avons vu en § 2 l'exemple de droites coupant un cercle. Soit **T** un ensemble de points, $\mathcal{D}(\mathbf{T})$ la famille de toutes les droites coupant **T**, et enfin $E_\mathbf{T}$ l'ensemble dual. Nous allons donner un moyen simple de calculer la mesure $\mu(\mathcal{D}(\mathbf{T}))$.

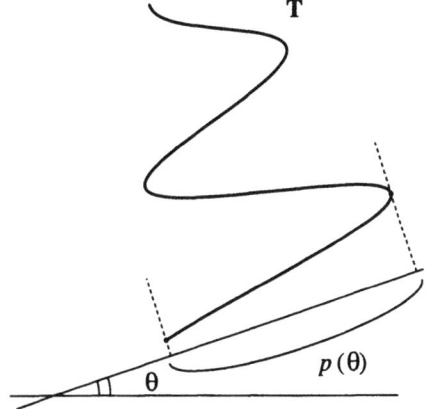

Fig. 8.4. *Projection d'un ensemble* **T** *(ici, une courbe), sur une droite d'angle* θ.

Soit **D** une droite passant par l'origine. Un point H de $E_\mathbf{T}$ appartient à **D**, si et seulement si, par H, il passe une droite orthogonale à **D** qui coupe **T**: donc si, et seulement si, H est la projection orthogonale sur **D** d'un point de **T**. Ainsi donc, l'intersection $E_\mathbf{T} \cap \mathbf{D}$ n'est rien d'autre que la projection orthogonale de **T** sur **D**. Elle dépend d'une seule variable: l'angle θ que fait la droite **D** avec l'axe de référence. Notons $p(\theta)$ la mesure (longueur) de cette projection:

$$p(\theta) = \int_{E_\mathbf{T} \cap \mathbf{D}} d\rho .$$

On obtient donc la mesure de E_T en faisant l'intégrale de $p(\theta)$ par rapport à θ. D'où le résultat:

La mesure de la famille $\mathcal{D}(\mathbf{T})$ des droites qui coupent un ensemble donné $\mathbf{T}$, est égale à

$$\mu(\mathcal{D}(\mathbf{T})) = \int_0^\pi p(\theta)\, d\theta ,$$

où $p(\theta)$ est la mesure de la projection orthogonale de $\mathbf{T}$ sur une droite d'angle θ.

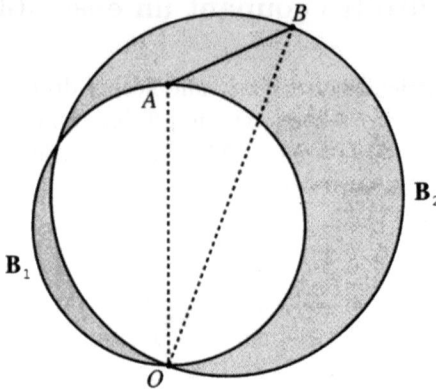

Fig. 8.5. *Ensemble dual de la famille des droites coupant un segment AB. Sa frontière est formée de deux cercles. Sa μ–mesure vaut $2\,\mathrm{dist}(A,B)$.*

Exemple Si $\mathbf{T}$ est un cercle, ou un disque, de rayon r, sa projection dans n'importe quelle direction a pour longueur $2r$, et $\mu(\mathcal{D}(\mathbf{T}))$ vaut donc $2\pi r$.

Exemple Si $\mathbf{T}$ est un segment de longueur l, placé sur l'axe, sa projection sur une droite faisant l'angle θ avec l'axe a pour longueur $l|\cos\theta|$: donc $\mu(\mathcal{D}(\mathbf{T}))$ vaut $l\int_0^\pi |\cos\theta|\, d\theta = 2l$. Ce résultat ne doit pas dépendre de la position de $\mathbf{T}$. Nous avons illustré dans la Fig. 8.5 un cas où la droite support du segment $\mathbf{T} = AB$ ne passe pas par 0. L'ensemble dual E_T est alors égal à

$$E_T = (\mathbf{B}_1 \cup \mathbf{B}_2) - (\mathbf{B}_1 \cap \mathbf{B}_2)$$

où $\mathbf{B}_1$ et $\mathbf{B}_2$ sont les disques de diamètre OA et OB.

8.4 Cas des ensembles convexes

On trouvera de plus amples renseignements sur les ensembles convexes en Annexe C. Nous rappelons simplement la propriété caractéristique suivante:

Pour toute droite **D** *coupant l'ensemble convexe K, l'intersection* $K \cap \mathbf{D}$ *est un segment.*

Ceci implique un résultat très intéressant sur la mesure de la famille $\mathcal{D}(K)$ des droites coupant K: elle est précisément égale au périmètre, ou longueur de la frontière, de K.

$$\mu(\mathcal{D}(K)) = L(\partial K).$$

◊ Nous avons effectivement vérifié cette formule sur le disque de rayon r: car $\mu(\mathcal{D}(K)) = 2\pi r$. Et sur le segment de longueur l, considéré comme un ensemble convexe limite, de périmètre $2l = \mu(\mathcal{D}(K))$.

▶ a) Démontrons cette formule en premier lieu dans le cas où la frontière $\partial K = \mathbf{P}$ est une courbe polygonale, formée de N segments $\mathbf{S}_1, \ldots, \mathbf{S}_N$. La mesure de la famille des droites passant par un point donné est nulle. La mesure de la famille des droites passant par l'un des N sommets de **P** est nulle également. Il s'ensuit que la famille des droites qui rencontrent **P** en un point seulement est μ-négligeable: en effet ces droites sont des "droites de support" de K, et leur point de contact est l'un des N sommets de **P**. D'autre part, à cause de la convexité, il n'existe pas de droite coupant **P** en un nombre fini de points ≥ 3. Enfin, l'ensemble de droites coupant **P** en une infinité de points est réduit aux N droites supportant les segments de **P**: il est encore μ-négligeable. Il s'ensuit que $\mathcal{D}(K)$ a même mesure que $\mathcal{D}_2$, famille des droites coupant **P** en exactement 2 points. Une telle droite rencontre deux segments distincts de **P**. Donc, si l'on appelle $\mathcal{D}(\mathbf{S}_i)$ la famille des droites coupant $\mathbf{S}_i$, on obtient

$$\sum_{i=1}^{N} \mu(\mathcal{D}(\mathbf{S}_i)) = 2\,\mu(\mathcal{D}(K)).$$

Or, nous avons calculé que $\mu(\mathcal{D}(\mathbf{S}_i))$ vaut $2\,L(\mathbf{S}_i)$: on en tire

$$\sum_{i=1}^{N} L(\mathbf{S}_i) = \mu(\mathcal{D}(K)),$$

qui est le résultat cherché.

b) Prenons maintenant un ensemble convexe K quelconque. En prenant des sommets sur ∂K, on peut construire une suite $\mathbf{P}_n$ de courbes polygonales convexes tels que

$$\operatorname{dist}(\mathbf{P}_n, \partial K) \to 0, \text{ et } L(\mathbf{P}_n) \to L(\partial K).$$

Prenons une droite d'angle θ, et notons $p_n(\theta)$ la longueur de la projection orthogonale de $\mathbf{P}_n$, et $p(\theta)$ celle de ∂K, sur cette droite: on a $p_n(\theta) \to p(\theta)$. Comme les fonctions $p_n(\theta)$ sont bornées (la borne supérieure est le diamètre de K), on peut déduire du théorème de convergence dominée de Lebesgue que

$$\int_0^\pi p_n(\theta)\, d\theta \to \int_0^\pi p(\theta)\, d\theta .$$

Or le membre de gauche vaut $L(\mathbf{P}_n)$, qui tend vers $L(\partial K)$: on obtient

$$L(\partial K) = \int_0^\pi p(\theta)\, d\theta .$$

C'est, aussi, la valeur de $\mu(\mathcal{D}(K))$. ◂

◊ De ce résultat, on en déduit un autre, valable pour toutes les courbes Γ, d'enveloppe convexe $\mathcal{K}(\Gamma)$: c'est

$$\boxed{\mu(\mathcal{D}(\Gamma)) = L(\partial \mathcal{K}(\Gamma)) .}$$

La mesure de la famille des droites coupant Γ est égale au périmètre de l'enveloppe convexe.

▶ En effet, une droite coupe Γ, si et seulement si, elle coupe $\mathcal{K}(\Gamma)$. Et la mesure de $\mathcal{D}(\mathcal{K}(\Gamma))$ est égale au périmètre. ◂

◊ Voici un autre corollaire, que nous utiliserons dans la section suivante:

Considérons une courbe Γ d'extrémités A et B. Soit $\mathcal{H}$ la famille des droites qui coupent Γ sans couper le segment AB. On a toujours

$$\mu(\mathcal{H}) \le L(\Gamma) - \text{dist}(A, B) .$$

▶ Si $\mathcal{D}(\Gamma)$ désigne la famille des droites qui coupent Γ, $\mu(\mathcal{D}(\Gamma)) = \mu(\mathcal{D}(\mathcal{K}(\Gamma)))$ est égale au périmètre de $\mathcal{K}(\Gamma)$, puisque c'est un ensemble convexe. D'après un résultat de l'Annexe C § 6, ce périmètre est au plus égal à $\text{dist}(A, B) + L(\Gamma)$. D'où

$$\mu(\mathcal{D}(\Gamma)) \le \text{dist}(A, B) + L(\Gamma) .$$

D'autre part, $\mathcal{D}(\Gamma)$ contient la famille $\mathcal{D}(AB)$ des droites coupant le segment AB. Cette famille a pour mesure $2\,\text{dist}(A, B)$. Comme $\mathcal{D}(\Gamma)$ est la réunion des deux familles disjointes $\mathcal{D}(AB)$ et $\mathcal{H}$, on obtient

$$\mu(\mathcal{H}) + 2\,\text{dist}(A, B) \le \text{dist}(A, B) + L(\Gamma) ,$$

ce qui démontre l'inégalité cherchée. ◂

8.5 La longueur, par les droites sécantes

Nous pouvons maintenant calculer la longueur de n'importe quelle courbe simple:
THÉORÈME *Soit une courbe Γ. Nous partageons la famille $\mathcal{D}(\Gamma)$ des droites du plan qui coupent Γ en la réunion $\mathcal{D}_1 \cup \mathcal{D}_2 \cup \ldots \cup \mathcal{D}_k \cup \ldots$, où $\mathcal{D}_k$ est la famille des droites coupant Γ en exactement k points. Alors*

$$L(\Gamma) = \frac{1}{2} \sum_{k=0}^{\infty} k\,\mu(\mathcal{D}_k) \;.$$

◇ On remarque que ce résultat est bien une généralisation du cas des courbes convexes. En effet, si Γ est la frontière d'un ensemble convexe, la famille des droites coupant Γ en un point, ou en plus de trois points, est μ-négligeable. On obtient donc $\mu(\mathcal{D}(\Gamma)) = \mu(\mathcal{D}_2)$. D'après la Section 4, la longueur vaut

$$L(\Gamma) = \mu(\mathcal{D}_2) \;,$$

ce qui est un cas particulier de la formule ci-dessus.

▶ a) Comme dans le cas convexe, on commence par montrer cette formule pour les courbes polygonales.

Soit **P** une courbe polygonale formée de N segments. Une droite ne peut couper **P** en plus de N points, à moins d'être le support de l'un de ces segments, cas négligeable au regard de la mesure μ. Donc $\mu(\mathcal{D}_k) = 0$ si k est plus grand que N.

Soit $\mathbf{S}_i$, $i = 1, \ldots, N$, les segments de **P**, et $\mathcal{E}_i = \mathcal{D}(\mathbf{S}_i)$ la famille des droites qui coupent $\mathbf{S}_i$. Nous savons que $L(\mathbf{S}_i) = \mu(\mathcal{E}_i)/2$. Donc

$$L(\mathbf{P}) = \frac{1}{2} \sum_{i=1}^{N} \mu(\mathcal{E}_i) \;.$$

Dans cette somme, une droite qui coupe **P** en un point seulement est comptée une fois. Une droite qui coupe **P** en deux points, appartenant aux segments $\mathbf{S}_i$ et $\mathbf{S}_j$, est comptée deux fois, dans $\mu(\mathcal{E}_i)$ et dans $\mu(\mathcal{E}_j)$. Une droite qui coupe **P** en k points est comptée k fois. On en tire:

$$\sum_{i=1}^{N} \mu(\mathcal{E}_i) = \sum_{k=1}^{N} k\,\mu(\mathcal{D}_k) \;.$$

On peut vouloir raisonner plus algébriquement, en faisant intervenir les *fonctions indicatrices*. Si E est un ensemble quelconque, la fonction indicatrice de E, notée 1_E, est définie par

$$1_E(x) = \begin{cases} 1 & \text{si } x \text{ appartient à } E \\ 0 & \text{dans le cas contraire.} \end{cases}$$

Pour toute mesure μ, on peut écrire $\mu(E)$ comme une intégrale de cette fonction:

$$\mu(E) = \int 1_E \, d\mu \, .$$

On peut utiliser ces notions sur les ensembles de droites: par additivité de l'intégrale,

$$\sum_{i=1}^{N} \mu(\mathcal{E}_i) = \int \sum_{i=1}^{N} 1_{\mathcal{E}_i} \, d\mu \, .$$

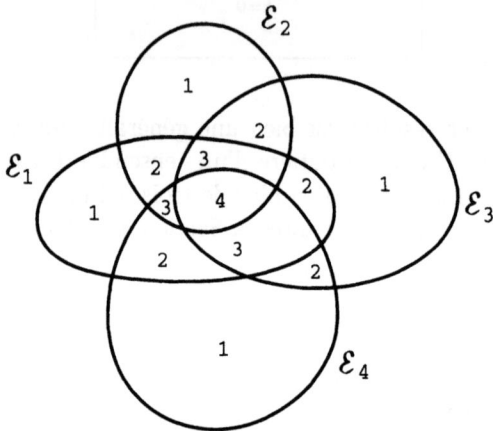

Fig. 8.6. *Valeurs prises par la fonction indicatrice* $\sum_{i=1}^{4} 1_{\mathcal{E}_i}$.

Or $\sum_{i=1}^{N} 1_{\mathcal{E}_i}$ est la fonction qui, à chaque droite **D** du plan, associe la valeur 0 si **D** ne coupe pas **P**; la valeur 1 si **D** coupe **P** en un point, donc si **D** appartient à $\mathcal{D}_1$; la valeur k si **D** coupe **P** en k points, donc si **D** appartient à $\mathcal{D}_k$. Son intégrale se ramène à

$$\sum_{i=1}^{N} \mu(\mathcal{E}_i) = \sum_{k=1}^{N} k \, \mu(\mathcal{D}_k) \, .$$

Ainsi donc le théorème est vrai pour les courbes polygonales.

b) Lorsque Γ est une courbe quelconque, elle est limite d'une suite de polygones d'approximation $\mathbf{P}_n$. Le résultat cherché n'en découle pas immédiatement: le passage à la limite ne peut être considéré comme une évidence.

On va utiliser les notations suivantes:

- $\mathcal{D}_k$ *est l'ensemble des droites qui coupent* Γ *en* k *points exactement.*
- $\mathcal{F}_k$, *celui des droites qui coupent* Γ *en un nombre fini de points, au moins égal à* k.
- $\mathcal{D}_{n,k}$, *celui des droites qui coupent* $\mathbf{P}_n$ *en* k *points exactement.*
- $\mathcal{F}_{n,k}$, *celui des droites qui coupent* $\mathbf{P}_n$ *en un nombre fini de points, au moins égal à* k.

b1) Comme $\mathcal{F}_k = \mathcal{D}_k \cup \mathcal{D}_{k+1} \cup \cdots$, réunion d'ensembles disjoints, on a

$$\sum k\,\mu(\mathcal{D}_k) = \sum \mu(\mathcal{F}_k)\,,$$

et de même

$$\sum k\,\mu(\mathcal{D}_{n,k}) = \sum \mu(\mathcal{F}_{n,k})\,.$$

Lorsque n tend vers l'infini, $2L(\mathbf{P}_n)$ tend vers $2L(\Gamma)$. D'autre part, comme les sommets de $\mathbf{P}_n$ sont sur Γ, toute droite coupant $\mathbf{P}_n$ en k points coupe Γ en au moins k points: d'où $\mathcal{F}_{n,k} \subset \mathcal{F}_k$, et

$$\mu(\mathcal{F}_{n,k}) \leq \mu(\mathcal{F}_k)\,.$$

Comme la somme sur k du membre de gauche est égal à $2L(\mathbf{P}_n)$, ceci entraîne l'inégalité

$$2L(\mathbf{P}_n) \leq \sum \mu(\mathcal{F}_k)\,.$$

Et en faisant tendre n vers l'infini:

$$2L(\Gamma) \leq \sum \mu(\mathcal{F}_k)\,.$$

b2) Pour l'inégalité inverse, supposons que $L(\Gamma)$ est fini. On va utiliser un résultat de la section précédente:

Soit un segment AB de $\mathbf{P}_n$, qui est la corde d'un arc $A\frown B$ de Γ. La mesure de l'ensemble des droites coupant $A\frown B$ sans couper AB est inférieure à $L(A\frown B) - \mathrm{dist}(A,B)$.

Et en additionnant sur tous les segments de $\mathbf{P}_n$:

Appelons $\mathcal{H}_n$ l'ensemble des droites $\mathbf{D}$ pour lesquelles il existe un segment AB de $\mathbf{P}_n$ tel que $\mathbf{D}$ coupe $A\frown B$ sans couper AB. La mesure de $\mathcal{H}_n$ est inférieure à $L(\Gamma) - L(\mathbf{P}_n)$.

Soit ϵ_n la longueur maximum des segments de $\mathbf{P}_n$. Nous pouvons admettre que ϵ_n tend vers 0. Considérons une droite $\mathbf{D}$, qui coupe Γ en exactement k points. A chaque point x de l'intersection, correspond un segment $\mathbf{S}_n(x)$ de $\mathbf{P}_n$, qui est la corde de l'arc $\Gamma_n(x)$ de Γ contenant x (si x est un sommet de $\mathbf{P}_n$, il faut choisir entre deux arcs possibles). Dès que $2\epsilon_n$ est inférieur à la plus petite distance entre deux points de l'intersection, les segments $\mathbf{S}_n(x)$ sont distincts. Ceci se produit donc pour tout n supérieur à un entier $N(\mathbf{D})$ dépendant de $\mathbf{D}$.

Pour tout entier p, appelons $\mathcal{G}_p$ la famille des droites rencontrant Γ, pour lesquelles $N(\mathbf{D}) \leq p$. On a

$$\mathcal{G}_p \subset \mathcal{G}_{p+1}\,,$$

et la réunion de toutes les familles $\mathcal{G}_p$ est l'ensemble des droites coupant Γ en un nombre fini de points.

Fixons l'entier p, où p est suffisamment grand pour que $\mathcal{G}_p$ soit non vide. Soit n plus grand que p. Soit $\mathbf{D}$ une droite de $\mathcal{G}_p$, coupant Γ selon k points. Si x est l'un de ces points, x est le seul point d'intersection sur l'arc $\Gamma_n(x)$. On en déduit que, si $\mathbf{D}$ n'appartient pas à $\mathcal{H}_n$, c'est-à-dire si pour tout x cette droite coupe aussi $\mathbf{S}_n(x)$, elle coupe $\mathbf{P}_n$ selon exactement k points. Donc pour tout k,

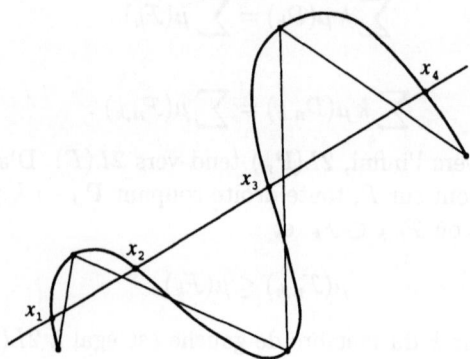

Fig. 8.7. *Si la courbe polygonale* $\mathbf{P}_n$, *dont les sommets sont sur* Γ, *est formée de segments assez petits, le nombre de points de l'intersection* $\mathbf{D} \cap \Gamma$ *est égale à celui de l'intersection* $\mathbf{D} \cap \mathbf{P}_n$.

$$n \geq p \Longrightarrow \mathcal{D}_k \cap \mathcal{G}_p \subset \mathcal{D}_{n,k} \cup \mathcal{H}_n \;.$$

On en tire:

$$n \geq p \Longrightarrow \mu(\mathcal{D}_k \cap \mathcal{G}_p) \leq \mu(\mathcal{D}_{n,k}) + L(\Gamma) - L(\mathbf{P}_n) \;.$$

Fixons maintenant un entier N: il vient

$$\sum_{k=1}^N k\,\mu(\mathcal{D}_k \cap \mathcal{G}_p) \leq \sum_{k=1}^N k\,\mu(\mathcal{D}_{n,k}) + \frac{N(N+1)}{2}\,(L(\Gamma) - L(\mathbf{P}_n)) \;,$$

où $\sum_{k=1}^N k\,\mu(\mathcal{D}_{n,k})$ est inférieure à $2L(\mathbf{P}_n)$, donc à $2L(\Gamma)$. Finalement

$$\sum_{k=1}^N k\,\mu(\mathcal{D}_k \cap \mathcal{G}_p) \leq 2L(\Gamma) + \frac{N(N+1)}{2}\,(L(\Gamma) - L(\mathbf{P}_n)) \;.$$

Lorsque n tend vers l'infini, le membre de droite tend vers $2L(\Gamma)$. Lorsque p tend vers l'infini, la suite des ensembles $\mathcal{D}_k \cap \mathcal{G}_p$ croît vers $\mathcal{D}_k$, qui est de mesure finie, donc la suite des mesures $\mu(\mathcal{D}_k \cap \mathcal{G}_p)$ tend vers $\mu(\mathcal{D}_k)$. Le membre de gauche des inégalités ci–dessus tend alors vers $\sum_{k=1}^N k\,\mu(\mathcal{D}_k)$, inférieur à $2L(\Gamma)$. Enfin, en faisant tendre N vers l'infini, on obtient l'inégalité cherchée:

$$\sum_{k=1}^\infty k\,\mu(\mathcal{D}_k) \leq 2L(\Gamma) \;,$$

qui termine la démonstration. ◀

◊ Le théorème est vrai aussi pour une courbe fermée, considérée comme limite de courbes simples.

8.6 La longueur, par les projections

On peut présenter le même résultat autrement, en généralisant à une courbe quelconque Γ ce qui a déjà été fait dans la section 4 pour les frontières des ensembles convexes. Notons $\mathbf{D}(\rho,\theta)$ la droite du plan dont le point H, pied de la perpendiculaire abaissée de O sur la droite, a pour coordonnées polaires ρ et θ. Nous allons définir une fonction à valeurs entières $N_\Gamma(\rho,\theta)$ de la façon suivante:

$$N_\Gamma(\rho,\theta) = \text{nombre de points dans l'intersection } \Gamma \cap \mathbf{D}(\rho,\theta) \ .$$

Ou encore:

$N_\Gamma(\rho,\theta)$ *est le nombre de points de* Γ *qui se projettent sur le même point* (ρ,θ), *orthogonalement à la direction* θ.

On peut appeler ce nombre la **multiplicité** de la projection.

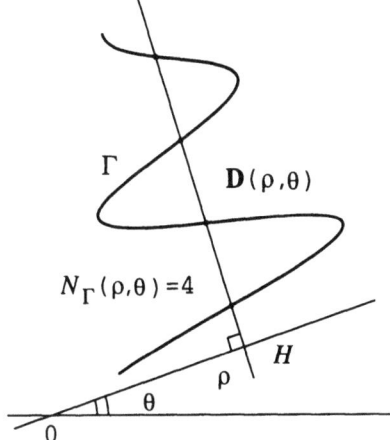

Fig. 8.8. *La droite, définie par les coordonnées polaires* (ρ,θ) *du point H, coupe Γ en 4 points.*

Si l'on considère l'ensemble de tous les points (ρ,θ) tels que $N_\Gamma(\rho,\theta)$ est égal à un entier donné k, cet ensemble est précisément l'ensemble dual de $\mathcal{D}_k$, c'est-à-dire l'ensemble de tous les pieds de perpendiculaires abaissées de O sur les droites de $\mathcal{D}_k$. Appelons-le E_k. L'intégrale

$$\int_{E_k} d\rho\, d\theta$$

est égale à la mesure $\mu(\mathcal{D}_k)$. Et si l'on intègre la fonction $N_\Gamma(\rho,\theta)$:

$$\int_{E_k} N_\Gamma(\rho,\theta)\, d\rho\, d\theta = k\,\mu(\mathcal{D}_k) \ .$$

Nous allons maintenant admettre que la mesure de l'ensemble des droites coupant Γ en une infinité de points est de mesure nulle, si Γ est de longueur finie.

Ceci entraîne que l'ensemble des points (ρ, θ) où $N_\Gamma(\rho, \theta)$ est non nul, a pour mesure la somme des mesures $\mu(\mathcal{D}_k)$. En effectuant cette somme, l'égalité précédente devient

$$\int_0^\pi \int_{-\infty}^{+\infty} N_\Gamma(\rho, \theta)\, d\rho\, d\theta = \sum_0^\infty k\, \mu(\mathcal{D}_k)\,.$$

D'où finalement:

$$\boxed{L(\Gamma) = \frac{1}{2} \int_0^\pi \int_{-\infty}^{+\infty} N_\Gamma(\rho, \theta)\, d\rho\, d\theta\,.}$$

Interprétons ces intégrales:

- $\int_{-\infty}^{+\infty} N_\Gamma(\rho, \theta)\, d\rho$ *est la mesure de la projection de Γ sur une droite d'angle θ, chaque point de la projection étant compté avec sa multiplicité;*
- $\frac{1}{\pi} \int_{-\infty}^{+\infty} \int_0^\pi N_\Gamma(\rho, \theta)\, d\rho\, d\theta$ *désigne la moyenne de cette projection par rapport à θ.*

On obtient donc la longueur en multipliant cette moyenne par $\pi/2$.

La longueur de la courbe est proportionnelle à la valeur moyenne sur θ de la mesure de la projection de Γ sur une droite de direction θ, cette mesure étant effectuée en comptant chaque point de la projection avec sa multiplicité.

Cas particulier Dans le cas où Γ est un ensemble convexe, la fonction N_Γ prend la valeur 2 pour presque toutes les droites coupant Γ. Si $p(\theta)$ est la longueur de la projection de Γ sur une droite de direction θ, on trouve

$$\int_{-\infty}^{+\infty} N_\Gamma(\rho, \theta)\, d\rho = 2\, p(\theta)\,.$$

Donc en accord avec § 4:

$$L(\Gamma) = \int_0^\pi p(\theta)\, d\theta\,.$$

8.7 Application: calcul pratique de la longueur

Prenons une feuille transparente, sur laquelle sont tracées des lignes parallèles équidistantes. Soit ϵ cette distance. On place cette feuille sur la courbe Γ dont on veut calculer la longueur, de façon que la direction des lignes forme l'angle $\theta + \frac{\pi}{2}$ avec un axe de référence. On compte le nombre $M(\epsilon, \theta)$ de points d'intersection de Γ avec ces lignes parallèles: la quantité $\epsilon\, M(\epsilon, \theta)$ est une approximation de la mesure de la projection de Γ où chaque point est compté avec sa multiplicité, soit

$$\epsilon\, M(\epsilon, \theta) \simeq \int_{-\infty}^{+\infty} N_\Gamma(\rho, \theta)\, d\rho\,.$$

8.7 Application: calcul pratique de la longueur

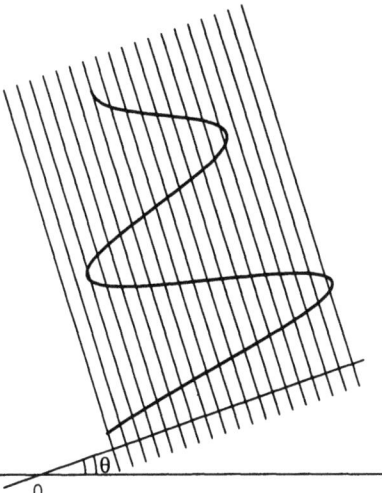

Fig. 8.9. *Lorsqu'on fait varier l'angle θ, la moyenne du nombre total des points d'intersection du réseau de droites par la courbe donne une estimation de sa longueur.*

On choisit maintenant un entier K, et une suite de valeurs d'angles $\theta = 0, \frac{\pi}{K}, 2\frac{\pi}{K}, \cdots, (K-1)\frac{\pi}{K}$. La quantité

$$\frac{\epsilon}{K} \sum_{i=0}^{K-1} M(\epsilon, i\frac{\pi}{K})$$

constitue une moyenne de la précédente. A la suite des considérations de la section 6, nous pouvons dire que la quantité

$$\frac{\pi\epsilon}{2K} \sum_{i=0}^{K-1} M(\epsilon, i\frac{\pi}{K})$$

est une approximation de la longueur de Γ, d'autant meilleure que K est plus grand et ϵ plus petit. Steinhaus a le premier proposé cette méthode avec succès sur des courbes géographiques, ou sur des courbes vues dans un microscope muni d'un micromètre. On peut la rendre encore plus performante en calculant avec exactitude l'intégrale

$$\int_{-\infty}^{+\infty} N_\Gamma(\rho, \theta)\, d\rho\, .$$

Il suffit pour cela de décomposer, pour chaque valeur de θ, la courbe en une réunion d'arcs Γ_i, tels que chaque droite perpendiculaire à la direction θ rencontre Γ_i en un point au plus (Fig. 8.10). Cette intégrale est alors la somme des longueurs de projection de tous ces arcs. Appelons-la $L(\theta)$. Si $\hat{L}$ désigne cette nouvelle approximation de la courbe, c'est-à-dire

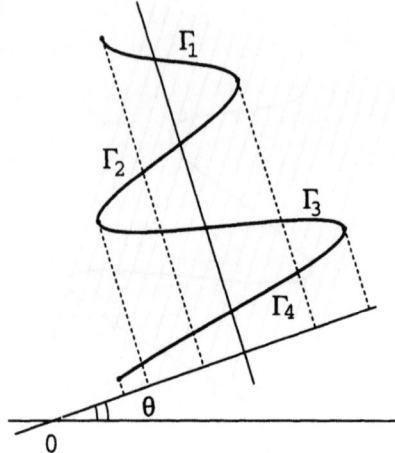

Fig. 8.10. *La courbe Γ est divisée en 4 arcs, tels que toute droite perpendiculaire à la direction θ rencontre chacun d'eux en un point au plus.*

$$\hat{L} = \frac{\pi}{2K} \sum_{i=0}^{K-1} L(\theta) ,$$

il est possible d'estimer l'erreur faite en remplaçant $L(\Gamma)$ par $\hat{L}$, lorsque K est un entier pair: elle est donné par les inégalités

$$\frac{\pi}{K} \cos(\frac{\pi}{K}) \left(\sin(\frac{\pi}{K}) \right)^{-1} \leq \frac{\hat{L}}{L(\Gamma)} \leq \frac{\pi}{K} \left(\sin(\frac{\pi}{K}) \right)^{-1} .$$

L'erreur relative $(\hat{L} - L(\Gamma))/L(\Gamma)$ est donc de l'ordre de $\pi^2/6K^2$.

8.8 La longueur, par les intersections aléatoires

De cette mesure des familles de droites dans le plan, on peut passer directement aux probabilités en bornant le champ des "expériences". Si $\mathcal{E}$ et $\mathcal{F}$ sont deux familles de droites, telles que $\mu(\mathcal{F})$ est fini et non nul, on peut donner la probabilité pour une droite d'appartenir à $\mathcal{E}$, sachant qu'elle est dans $\mathcal{F}$: c'est

$$\frac{\mu(\mathcal{E} \cap \mathcal{F})}{\mu(\mathcal{F})} .$$

Pour appliquer cela aux calculs des longueurs, admettons que la courbe Γ se trouve à l'intérieur d'un cercle de rayon 1. La famille $\mathcal{F}$ de toutes les droites coupant ce cercle a pour mesure 2π. Si $\mathcal{D}_k$ désigne comme d'habitude la famille des droites coupant Γ en exactement k points, on obtient donc que

8.8 La longueur, par les intersections aléatoires

La probabilité qu'une droite aléatoire, à distance inférieure à 1 du centre, coupe Γ en exactement k points, est égale à

$$p_k = \frac{\mu(\mathcal{D}_k)}{2\pi} \ .$$

Les résultats de la section 5 nous donnent

$$L(\Gamma) = \pi \sum k \, p_k \ .$$

Ce qu'on interprète ainsi:

La longueur d'une courbe est proportionnelle à l'espérance mathématique du nombre de points d'intersection avec une droite aléatoire.

La constante de proportion est égale à $\frac{1}{2}\mu(\mathcal{F})$, elle varie donc selon le domaine choisi. Si par exemple, $\mathcal{F}$ est l'ensemble des droites qui rencontrent un carré de côté a dans lequel se trouve inscrite la courbe Γ: ce carré est un ensemble convexe, dont le périmètre $4a$ est égal à la mesure de $\mathcal{F}$. Dans ce cas, la constante vaut $2a$.

◇ On peut trouver cette loi de l'espérance mathématique sans utiliser le théorème de la section précédente:

• Considérons un segment **S** de longueur l inclus dans un cercle de rayon 1. La mesure de la famille des droites qui coupent **S** vaut $2l$. Celle des droites qui coupent le cercle vaut 2π. La probabilité qu'une droite coupant le cercle rencontre **S** est $\frac{l}{\pi}$. Mis à part le cas où la droite est support de **S**, cas négligeable, **D** coupe **S** en 0 ou 1 point. Le nombre X de points d'intersection est donc une variable de Bernoulli, d'espérance $\mathrm{E}(X) = \frac{l}{\pi}$. On obtient

$$L(\mathbf{S}) = \pi \, \mathrm{E}(X) \ .$$

• Si **P** est une courbe polygonale comportant N segments $\mathbf{S}_1, \ldots, \mathbf{S}_N$, le nombre X de points d'intersection est une somme $X_1 + \cdots + X_N$ de N variables de Bernouilli: d'où

$$L(\mathbf{P}) = \sum_{i=1}^{N} L(\mathbf{S}_i) = \pi \sum_{i=1}^{N} \mathrm{E}(X_i) = \pi \, \mathrm{E}(X) \ .$$

• Si Γ est une courbe quelconque, limite d'une suite $\mathbf{P}_n$ de polygones d'approximation, il faut démontrer que le nombre X de points d'intersection d'une droite aléatoire avec Γ est la limite (au sens de la convergence en probabilité) du nombre $X^{(n)}$ de points d'intersection avec $\mathbf{P}_n$. On retrouve alors

$$L(\Gamma) = \pi \, \mathrm{E}(X) \ .$$

8.9 L'aiguille de Buffon

Reprenons cette aiguille, ou segment S, de longueur l, jeté au hasard sur un plan où s'alignent des droites parallèles équidistantes, à distance $\epsilon \geq l$. L'évènement: S *rencontre l'une de ces droites*, est le même que celui-ci: *étant donné que* S *se trouve dans un cercle de rayon* $\epsilon/2$, *une droite aléatoire, coupant ce cercle, rencontre* S.

En effet, dans le premier cas l'observateur se trouve placé dans une position fixe par rapport aux droites et c'est S dont la position est aléatoire. Dans le second cas, l'observateur a une position fixe par rapport à S, et les droites parallèles ont une position aléatoire: l'une d'entre elles rencontre nécessairement le cercle de rayon $\epsilon/2$. Quelle que soit la façon de poser le problème, la probabilité de rencontre est la même. Comme la mesure de la famille de droites coupant S vaut $2l$, et celle de la famille de droites coupant le cercle vaut $\pi\epsilon$, cette probabilité est égale à

$$\frac{2l}{\pi\epsilon}.$$

C'est le résultat annoncé en début de chapitre.

8.10 Références bibliographiques

Le domaine des Probabilités Géométriques est extrêmement instructif, et malheureusement fort mal représenté dans les programmes universitaires. L'une des meilleures références est le livre de [L. Santaló]. Pour un rapide historique sur la longueur, citons un passage de [H. Steinhaus 3]:

> Dès 1812, P. Laplace suggéra que des méthodes de probabilité fussent utilisées à la mesure des longueurs. Ce défi fut relevé en 1868 par [M. Crofton], qui définit la mesure des familles de droites dans le plan. La découverte de Crofton ne suscita point tout l'intérêt qu'elle méritait. Cependant ses méthodes furent employées dans le domaine des probabilité géométriques, et [E. Czuber] leur consacra un ouvrage entier. [R. Deltheil] publia en 1926 une monographie dans la collection dirigée par Borel; ses "Probabilités géométriques" sont fondées sur le travail d'Elie Cartan concernant le principe de dualité; le point de vue propre à la Géométrie Différentielle y est conservé tout au long. Notons que dans cette succession, aucun auteur ne semble tout à fait conscient de sa dette envers son prédécesseur immédiat. Une grande partie de ces travaux appartient en fait au Calcul Intégral, comme le fait remarquer Crofton lui-même dans son premier article:'... L'application de ces méthodes est étendue à la démonstration de nouveaux résultats de Calcul Intégral.' [W. Blaschke] et ses collaborateurs ont tiré de nombreuses conséquences de l'idée de départ de Crofton. Dans son livre Integralgeometrie, Blaschke cite les noms de H. Lebesgue et [J. Favard] (1932) comme les premiers à proposer une définition de longueur d'arc à partir du principe de Crofton — une courte

note [H. Steinhaus 1] sur ce sujet, publiée en 1930 par l'auteur de cet article, semble donc être passée inaperçue.

Transférée à l'ensemble dual, la probabilité associée aux familles de droites, définie par Crofton, deviendra ensuite la *mesure de Deltheil*.

Ce passage d'un article de Steinhaus mérite d'être complété. Nous avons vu en effet, en reprenant les notations de ce chapitre (§ 6), que les deux formules

$$\frac{1}{2}\sum_{1}^{\infty} k\,\mu(\mathcal{D}_k)$$

$$\frac{1}{2}\int_{-\infty}^{+\infty}\int_0^{\pi} N_\Gamma(\rho,\theta)\,d\rho\,d\theta$$

définissent toutes deux la longueur d'une courbe, de façon équivalente, et que le passage de l'une à l'autre est très simple: Lebesgue le fait remarquer en 1912 [H. Lebesgue 1]. Mais il cite également [A. Cauchy], qui avait, en fait, déjà trouvé la deuxième de ces formules:

Dans un Mémoire lithographié en 1832, j'ai donné les propositions suivantes:

THÉORÈME p désignant l'angle polaire que forme une droite OO' tracée à volonté dans un plan avec un axe fixe; S le système d'une ou de plusieurs longueurs mesurées sur une ou plusieurs lignes droites ou courbes, fermées ou non fermées; A la somme des projections absolues des divers éléments de S sur la droite OO', et π le rapport de la circonférence au diamètre, on aura $S = \frac{1}{4}\int_{-\pi}^{\pi} A\,dp$ . . . .

Cet énoncé est assez clair, une fois admis que Cauchy note par le même symbole l'ensemble et sa mesure, que "la somme des projections" signifie "la mesure de la projection, chaque point projeté étant compté avec sa multiplicité", et qu'en faisant l'intégrale de $-\pi$ à π plutôt que de 0 à π, on doit diviser le résultat par 4 plutôt que par 2. On remarque que Cauchy prévoyait d'utiliser ce résultat à des ensembles plus généraux que des arcs simples. Appliquée à des ensembles quelconques, la formule en question sera appelée "longueur de Favard" dans [L. Santaló], et "longueur de Steinhaus" dans [S. Sherman]. Plus tard, ce sera la "mesure intégrale-géométrique"; elle est étudiée en particulier dans [S. Sherman] et [H. Federer], en comparaison avec la mesure de Hausdorff.

Le mérite de Steinhaus est d'en avoir étendu le champ d'applications, et d'avoir calculé l'erreur relative $\hat{L}/L$ [H. Steinhaus 2]. D'autres calculs d'erreurs, utilisant des estimateurs sans biais, se trouvent dans [P.A.P. Moran].

Il est rare de trouver une démonstration complète pour relier la longueur aux formules ci-dessus; on en trouvera une autre que celle de § 5, d'un point de vue plus analytique, dans [S. Sherman].

9 La longueur, par l'aire des boules centrées

9.1 Saucisse de Minkowski

Pour définir la distance de Hausdorff, nous avons utilisé dans le Chapitre 5 la notion de ϵ-*saucisse de Minkowski* d'un ensemble E du plan, qui est la réunion de toutes les boules centrées en E :

$$E(\epsilon) = \bigcup_{x \in E} B_\epsilon(x) \ .$$

C'est l'ensemble de tous les points du plan situés à distance $\leq \epsilon$ de E. L'aire de la saucisse est notée $\mathcal{A}(E(\epsilon))$. C'est une fonction continue de ϵ, et aussi de E (Annexe B).

Relativement à son diamètre, une courbe est d'autant plus chaotique, que l'aire de cet ensemble est plus grande.

◊ Le **diamètre** d'un ensemble E est la plus grande distance entre deux de ses points :

$$\text{diam}(E) = \sup_{x,y \in E} \text{dist}(x,y) \ .$$

Le diamètre de E est toujours égal à celui de l'enveloppe convexe $\mathcal{K}(E)$ (Annexe C).

Pour une courbe Γ, le diamètre est égal à la plus grande longueur d'une corde de Γ. Si Γ est un segment, de longueur l, $\mathcal{A}(\Gamma(\epsilon))$ vaut $2l\epsilon + \pi\epsilon^2$. Cette valeur est la plus petite aire que puisse avoir la saucisse de Minkowski d'une courbe de diamètre l. On peut en effet montrer que

Pour toute courbe Γ, $\mathcal{A}(\Gamma(\epsilon)) \geq 2\,\text{diam}(\Gamma)\,\epsilon + \pi\epsilon^2$.

▶ Soit une courbe quelconque Γ, et A, B deux points de Γ qui vérifient l'égalité $\text{dist}(A,B) = \text{diam}(\Gamma)$. Toute droite coupant le segment AB perpendiculairement, coupe $\Gamma(\epsilon)$, et l'intersection comprend un segment de longueur au moins égale à 2ϵ. On en déduit que la partie de $\Gamma(\epsilon)$ qui se projette orthogonalement sur AB, a une aire au moins égale à $2\epsilon\,\text{diam}(\Gamma)$. D'autre part, elle comporte au moins un demi-disque à chaque extrémité, centré en A et B, disjoint de la partie précédente (Fig. 9.1). D'où l'inégalité cherchée. ◀

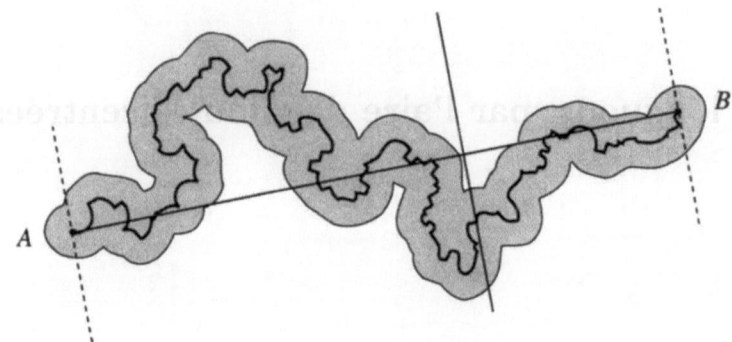

Fig. 9.1. *L'aire de l'ε-saucisse de Minkowski d'une courbe Γ passant par deux points A et B, est supérieure à $2\,\epsilon\,\mathrm{dist}(A,B) + \pi\,\epsilon^2$.*

Pour un segment de longueur l, le rapport

$$\frac{\mathcal{A}(\Gamma(\epsilon))}{2\epsilon}$$

tend vers l lorsque ϵ tend vers 0. Il est très intéressant d'observer que ce résultat se généralise aux courbes:

THÉORÈME *Soit Γ une courbe simple, de longueur finie: sa longueur est donnée par*

$$L(\Gamma) = \lim_{\epsilon \to 0} \frac{\mathcal{A}(\Gamma(\epsilon))}{2\,\epsilon}\ .$$

Nous consacrons la section suivante à la démonstration de ce résultat.

9.2 La longueur, par l'aire d'une saucisse

Cette démonstration se fait par deux inégalités.

a) La première

$$L(\Gamma) \leq \liminf_{\epsilon \to 0} \frac{\mathcal{A}(\Gamma(\epsilon))}{2\,\epsilon}$$

se justifie très simplement à l'aide du résultat suivant:

$$\mathcal{A}(\Gamma(\epsilon)) \leq 2\,\epsilon\,L(\Gamma) + \pi\,\epsilon^2\ ,$$

vrai pour tout ϵ.

▶ On montre cela d'abord sur les courbes polygonales, par récurrence sur le nombre de segments. Le résultat est vrai pour un segment. Supposons-le vrai pour les courbes comportant n segments. Soit $\mathbf{P}_{n+1}$ une courbe comportant $n+1$ segments $\mathbf{S}_1, ..., \mathbf{S}_{n+1}$, et $\mathbf{P}_n$ celle formée des n premiers segments. Par hypothèse

$$\mathcal{A}(\mathbf{P}_n(\epsilon)) \leq 2\,\epsilon \sum_{i=1}^{n} L(\mathbf{S}_i) + \pi\,\epsilon^2\ .$$

Si A désigne l'extrémité de $\mathbf{P}_n$ commune à $\mathbf{S}_{n+1}$, la saucisse $\mathbf{S}_{n+1}(\epsilon)$ recouvre la boule $B_\epsilon(A)$, donc

$$\mathcal{A}(\mathbf{P}_{n+1}(\epsilon)) \leq \mathcal{A}(\mathbf{P}_n(\epsilon)) + \mathcal{A}(\mathbf{S}_{n+1}(\epsilon)) - \pi\,\epsilon^2\ .$$

En utilisant l'inégalité précédente et en remplaçant $\mathcal{A}(\mathbf{S}_{n+1}(\epsilon))$ par $2\,\epsilon\, L(\mathbf{S}_{n+1}) + \pi\,\epsilon^2$, on obtient

$$\mathcal{A}(\mathbf{P}_{n+1}(\epsilon)) \leq 2\,\epsilon \sum_{i=1}^{n+1} L(\mathbf{S}_i) + \pi\,\epsilon^2 = 2\,\epsilon\, L(\mathbf{P}_{n+1}) + \pi\,\epsilon^2\ .$$

Cette relation étant vérifiée pour les courbes polygonales, on peut considérer une courbe quelconque Γ, et une suite Γ_n de courbes polygonales d'approximation: Pour tout n,

$$\mathcal{A}(\Gamma_n(\epsilon)) \leq 2\,\epsilon\, L(\Gamma_n) + \pi\,\epsilon^2\ .$$

Lorsque n tend vers l'infini, $\mathcal{A}(\Gamma_n(\epsilon))$ tend vers $\mathcal{A}(\Gamma(\epsilon))$ par continuité de cette fonction par rapport à Γ, et $L(\Gamma_n)$ tend vers $L(\Gamma)$. ◂

b) Pour l'inégalité inverse

$$L(\Gamma) \geq \limsup_{\epsilon \to 0} \frac{\mathcal{A}(\Gamma(\epsilon))}{2\,\epsilon}\ ,$$

on va se servir des propriétés *vraies localement presque partout* des courbes de longueur finie, déjà décrites dans le Chap. 7. On fera un calcul approximatif de l'aire $\mathcal{A}(\Gamma(\epsilon))$, en pavant $\Gamma(\epsilon))$ par des rectangles. On va profiter du fait qu'ils sont à peu près alignés dans le voisinage des points où il existe une tangente.

On se fixe un réel $a > 1$, et une mesure d'angle θ, $0 < \theta \leq \pi/4$. En se reportant aux notations du Chap. 7, nous pouvons dire que, presque partout sur Γ, $\lim_{r \to 0} \theta_r(x) = 0$, et $\lim_{y \to x} L(x\frown y)/\mathrm{dist}(x,y) = 1$. On en déduit que si E_r désigne l'ensemble

$$E_r = \Big\{ x \in \Gamma\ :\ (i)\ \theta_{2r}(x) \leq \theta$$
$$(ii)\ \mathrm{dist}(x,y) \leq r \Rightarrow L(x\frown y) \leq a\,\mathrm{dist}(x,y) \Big\}\ ,$$

la longueur $L(E_r)$ tend vers $L(\Gamma)$ lorsque r tend vers 0.

▶ On cherche le plus grand entier N, tel qu'il existe un polygone $\mathbf{P}$ ayant ses sommets sur Γ et comportant N segments de longueur r. On admettra, pour alléger les calculs, que $\mathbf{P}$ et Γ ont mêmes extrémités (sinon, une correction, sans importance sur le résultat final, s'impose). Soit $\mathbf{S}_1, \mathbf{S}_2, \ldots, \mathbf{S}_N$, ces segments, et $\Gamma_1, \Gamma_2, \ldots, \Gamma_N$ les arcs de Γ correspondants. Les extrémités de $\mathbf{S}_i$ (et de Γ_i) sont x_i et x_{i+1}. On suppose ces points énumérés sur Γ dans le sens de la paramétrisation. Tout point de Γ_i est à distance inférieure à r de $\mathbf{S}_i$. Les Γ_i sont partagés en deux classes: les Γ_i^*, qui contiennent un point de E_r, et les Γ_i^{**}, qui n'en contiennent pas. Soit M le nombre d'arcs de la première classe. D'après (ii), ils sont de longueur inférieure à $a\,r$. Comme ils recouvrent E_r, le nombre M est

au moins égal à $L(E_r)/a\,r$. Remarquons également, d'après (i), que, pour ce type d'arc:
$$\mathrm{dist}(\varGamma_i^*, \mathbf{S}_i^*) \leq r\,\theta\ .$$

On construit de part et d'autre de $\mathbf{S}_i$ deux carrés de côté r, ce qui forme au total un rectangle C_i de dimensions $r \times 2\,r$.

Posons $\epsilon = r(1-\theta)$. Soit y un point de $\varGamma(\epsilon)$. Envisageons deux cas:

1. Il existe un arc $\varGamma_i^{**}$ tel que $\mathrm{dist}(y, \varGamma_i^{**}) \leq \epsilon$. Alors, y se trouve dans la boule $B_{r+\epsilon}(x_i)$. Il y a $N-M$ tels arcs.

2. Il n'en existe pas. Alors, le point y se trouve à une distance inférieure à ϵ d'un arc $\varGamma_i^*$. Soit z la projection orthogonale de y sur la droite support de $\mathbf{S}_i^*$. Il y a diverses possibilités:

- Ou bien z se trouve dans $\mathbf{S}_i^*$. Alors y se trouve dans C_i.
- Ou bien z se trouve à l'extérieur de $\mathbf{S}_i^*$, où $i \neq 1$, $i \neq N$. Supposons par exemple que z se trouve du côté de x_{i+1}. L'hypothèse 2 implique que l'arc $\varGamma_{i+1}$ est nécessairement de la première classe: $\varGamma_{i+1} = \varGamma_{i+1}^*$. L'angle $\angle(\mathbf{S}_i^*, \mathbf{S}_{i+1}^*)$ est de mesure $\alpha \leq 2\theta$. Le point y appartient, soit à C_{i+1}, soit au secteur circulaire de rayon r, d'angle α, situé entre les rectangles C_i et C_{i+1} (voir la Fig. 9.2). L'aire $\mathcal{A}_i$ de ce secteur est inférieure à celle de l'intersection $C_i \cap C_{i+1}$. On en tire:
$$\mathcal{A}(C_i \cup C_{i+1}) + \mathcal{A}_i \leq \mathcal{A}(C_i) + \mathcal{A}(C_{i+1})\ .$$

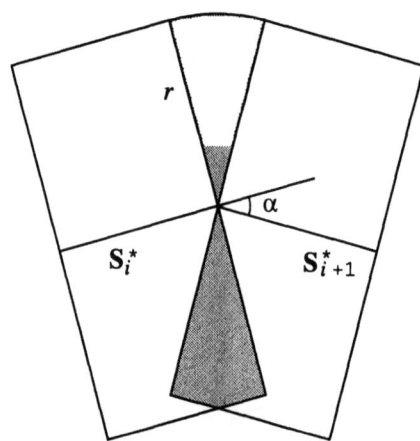

Fig. 9.2. *L'aire du secteur circulaire situé entre les deux carrés supérieurs est plus petite que l'aire de l'intersection entre les deux carrés inférieurs.*

- Il ne reste plus qu'un seul cas: celui où $i=1$, ou bien $i=N$. Alors y se trouve à une distance inférieure à $r+\epsilon$ de l'une des extrémités de $\varGamma$.

En rassemblant tous ces cas, nous trouvons finalement
$$\mathcal{A}(\varGamma(\epsilon)) \leq \sum_{\mathbf{S}_i^*} \mathcal{A}(C_i) + \pi(N-M+2)(r+\epsilon)^2$$
$$= 2\,M\,r^2 + \pi(N-M+2)(r+\epsilon)^2\ .$$

Comme $L(E_r)/a \leq Mr \leq Nr \leq L(\Gamma)$, on trouve

$$\frac{\mathcal{A}(\Gamma(\epsilon))}{2\epsilon} \leq \frac{1}{1-\theta} L(\Gamma) + \pi \frac{(2-\theta)^2}{1-\theta} \left(L(\Gamma) - \frac{1}{a} L(E_r) + 2r \right) .$$

En faisant tendre ϵ, donc aussi r, vers 0:

$$\limsup \frac{\mathcal{A}(\Gamma(\epsilon))}{2\epsilon} \leq \left(\frac{1}{1-\theta} + \pi \frac{(2-\theta)^2}{1-\theta} \left(1 - \frac{1}{a} \right) \right) L(\Gamma) .$$

Comme θ est aussi petit, et a aussi proche de 1, que l'on veut, on obtient

$$\limsup_{\epsilon \to 0} \frac{\mathcal{A}(\Gamma(\epsilon))}{2\epsilon} \leq L(\Gamma) ,$$

ce qui termine la démonstration. ◀

◊ On peut également montrer que, si le rapport $\mathcal{A}(\Gamma(\epsilon))/2\epsilon$ ne converge pas lorsque ϵ tend vers 0, il tend vers $+\infty$: on dit alors que Γ est de longueur infinie (Chap. 10).

9.3 Convergence de l'algorithme des saucisses

Il est assez long de calculer l'aire de la surface $\Gamma(\epsilon)$. Le plus simple est d'en obtenir une approximation en recouvrant la saucisse de carrés (pixels sur un écran). En principe, la formule

$$L(\Gamma) = \lim_{\epsilon \to 0} \frac{\mathcal{A}(\Gamma(\epsilon))}{2\epsilon}$$

peut alors servir à calculer $L(\Gamma)$, comme limite d'une suite. Cependant il est nécessaire de prendre certaines précautions numériques. La convergence de la suite en question peut être lente. De plus, on observe souvent une concavité de la suite des valeurs $\mathcal{A}(\Gamma(\epsilon))$ qui nuit à l'évaluation de la limite.

◊ Lorsque Γ est un segment:

$$\mathcal{A}(\Gamma(\epsilon)) = 2\epsilon L(\Gamma) + \pi \epsilon^2 .$$

L'erreur faite en remplaçant $L(\Gamma)$ par le rapport $\mathcal{A}(\Gamma(\epsilon))/2\epsilon$ est linéaire (proportionnelle à ϵ).

◊ Lorsque Γ est une courbe polygonale, il en va de même: si par exemple elle est composée de deux segments formant entre eux l'angle obtus $\pi - 2\theta$, comme sur la figure ci-contre, on obtient

$$\mathcal{A}(\Gamma(\epsilon)) = 2\epsilon L(\Gamma) + (\pi + 2\theta - \tan \theta) \epsilon^2 ,$$

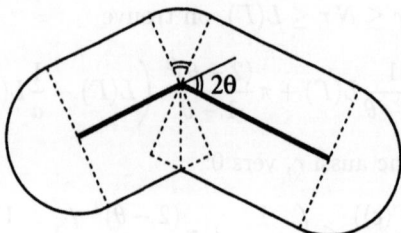

Fig. 9.3. *Calcul de l'aire de $\Gamma(\epsilon)$, lorsque Γ est composée de deux segments.*

pour tout ϵ suffisamment petit. Avec un plus grand nombre de segments, l'erreur faite sur l'évaluation de $L(\Gamma)$ reste linéaire.

On peut corriger systématiquement cette erreur en observant que la limite du rapport $\mathcal{A}(\Gamma(\epsilon))/2\epsilon$ est égale à la pente de la fonction $\mathcal{A}(\Gamma(\epsilon))$ en 0. On peut donc prendre deux valeurs successives ϵ_1 et ϵ_2, construire la parabole passant par les points de coordonnées $(0,0)$, $(2\epsilon_1, \mathcal{A}(\Gamma(\epsilon_1)))$, et $(2\epsilon_2, \mathcal{A}(\Gamma(\epsilon_2)))$, et estimer $L(\Gamma)$ par la pente à l'origine de cette parabole. Ce qui revient à calculer

$$L(\Gamma) \simeq \frac{1}{\epsilon_1 - \epsilon_2} \left[\epsilon_1 \frac{\mathcal{A}(\Gamma(\epsilon_2))}{2\epsilon_2} - \epsilon_2 \frac{\mathcal{A}(\Gamma(\epsilon_1))}{2\epsilon_1} \right] .$$

Cette formule donne un résultat exact pour toutes les courbes Γ telles que

$$\mathcal{A}(\Gamma(\epsilon)) = 2\epsilon\, L(\Gamma) + C\, \epsilon^2 ,$$

donc en particulier pour toutes les courbes polygonales, ou bien encore, pour toutes les courbes fermées convexes.

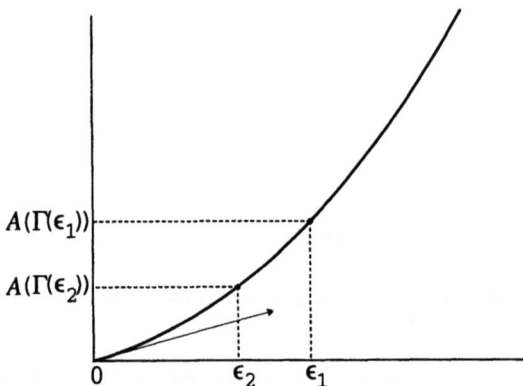

Fig. 9.4. *La longueur de Γ est la pente de la fonction $\mathcal{A}(\Gamma(\epsilon))$ à l'origine.*

9.4 Réduction des boules à des segments parallèles

Quel rapport direct peut-il y avoir entre la méthode de ce chapitre, celle de la saucisse de Minkowski, et la méthode de Steinhaus du chapitre précédent, par des intersections de droites?

Rappelons (Chap. 8, § 6) que celle-ci s'écrit

$$L(\Gamma) = \frac{1}{2} \int_{-\infty}^{+\infty} \int_0^{\pi} N_\Gamma(\rho, \theta) \, d\rho \, d\theta ,$$

où $N_\Gamma(\rho, \theta)$ est le nombre de points communs à la courbe Γ et à la droite $\mathbf{D}(\rho, \theta)$ (Fig. 8.8).

On ne tient pas compte dans cette formule de la disposition réciproque des $N_\Gamma(\rho, \theta)$ points sur $\mathbf{D}(\rho, \theta)$. Il semblerait plus réaliste, cependant, de confondre deux points très *rapprochés*, et de ne compter que les points d'intersection *isolés*, dans un sens à déterminer. Pour établir un seuil critique qui permette de distinguer entre *isolé* et *rapproché*, on peut fixer un $\epsilon > 0$, et appeler *isolé* un point à distance supérieure à ϵ des autres points.

Nouvelle formule limite pour la longueur Donc considérons la réunion de tous les segments de $\mathbf{D}(\rho, \theta)$, de longueur ϵ, qui sont centrés en l'un des $N_\Gamma(\rho, \theta)$ points de l'intersection. C'est une saucisse uni-dimensionnelle (Chap. 2, § 3), construite autour de $\Gamma \cap \mathbf{D}(\rho, \theta)$, sur la droite $\mathbf{D}(\rho, \theta)$. Appelons $L_\Gamma(\rho, \theta, \epsilon)$ sa longueur. Dans cette mesure de longueur, ce ne sont plus les points qui comptent, mais leur voisinage. S'ils sont tous distants les uns des autres de plus de 2ϵ, alors $L_\Gamma(\rho, \theta, \epsilon)$ atteint son maximum, qui vaut $2\epsilon N_\Gamma(\rho, \theta)$. La fonction $L_\Gamma(\rho, \theta, \epsilon)/2\epsilon$ croît lorsque ϵ tend vers 0, et

$$\lim_{\epsilon \to 0} \frac{L_\Gamma(\rho, \theta, \epsilon)}{2\epsilon} = N_\Gamma(\rho, \theta) .$$

En échangeant la limite et les intégrales, on obtient

$$L(\Gamma) = \lim_{\epsilon \to 0} \frac{1}{4\epsilon} \int_0^{\pi} \int_{-\infty}^{+\infty} L_\Gamma(\rho, \theta, \epsilon) \, d\rho \, d\theta .$$

Interprétation géométrique : Les variables θ et ϵ étant fixées, l'intégrale $\int_{-\infty}^{+\infty} L_\Gamma(\rho, \theta, \epsilon) \, d\rho$ n'est rien d'autre que l'aire de l'ensemble $\Gamma(\theta, \epsilon)$ formé de la réunion de tous les segments de longueur 2ϵ, centrés sur Γ, et formant l'angle $\theta + \pi/2$ avec l'axe de référence. C'est aussi la surface balayée par Γ lorsqu'on la déplace de la longueur 2ϵ dans la direction $\theta + \pi/2$.

L'ensemble $\Gamma(\theta, \epsilon)$ est toujours inclus dans la saucisse de Minkowski $\Gamma(\epsilon)$ faite de boules centrées. De plus,

$$\bigcup_{0 \leq \theta \leq \pi} \Gamma(\theta, \epsilon) = \Gamma(\epsilon) :$$

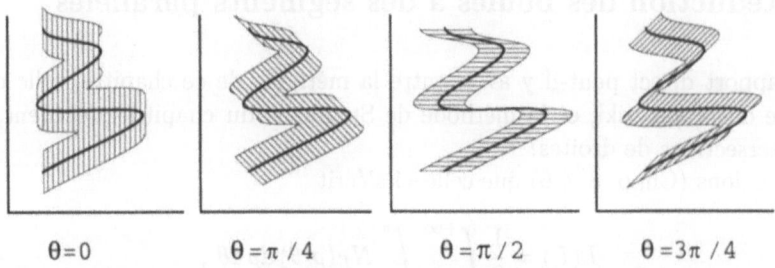

Fig. 9.5. *Formation d'ε-saucisses par des éléments de recouvrement plats, avec diverses orientations.*

en effet, en faisant varier l'orientation des segments on recouvre toutes les boules. La moyenne des aires $\mathcal{A}(\Gamma(\theta,\epsilon))$, lorsqu'on fait varier θ, vaut

$$\frac{1}{\pi}\int_0^\pi \int_{-\infty}^{+\infty} L_\Gamma(\rho,\theta,\epsilon)\,d\rho\,d\theta\ .$$

La formule de la longueur par la saucisse de Minkowski

$$L(\Gamma) = \lim_{\epsilon\to 0}\frac{\mathcal{A}(\Gamma(\epsilon))}{2\epsilon}$$

nous permet d'estimer cette moyenne: c'est

$$\frac{2}{\pi}\mathcal{A}(\Gamma(\epsilon))\ .$$

Pour obtenir une approximation de l'aire $\mathcal{A}(\Gamma(\epsilon))$, on peut faire la moyenne, sur θ, des aires de saucisses $\Gamma(\theta,\epsilon)$, formées de segments d'orientation $\theta + \pi/2$, et multiplier cette moyenne par $\pi/2$.

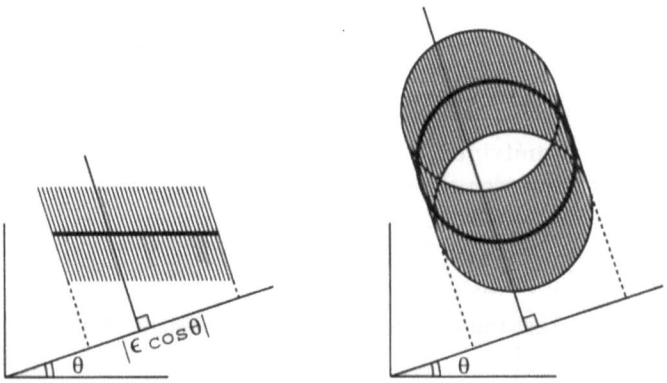

Fig. 9.6. *La surface $\Gamma(\theta,\epsilon)$ dans le cas du segment de longueur l, et du cercle.*

C'est ainsi qu'à l'aide des éléments structurants plats, on peut passer de la méthode des intersections à celle de la saucisse de Minkowski.

Cas du segment Si Γ est un segment de longueur l, l'aire $\mathcal{A}(\Gamma(\theta,\epsilon))$ vaut $2l\epsilon|\cos\theta|$, dont la moyenne sur θ est égale à $4l\epsilon/\pi$. En multipliant par $\pi/2$, on obtient $2l\epsilon$, qui est en effet équivalent à $\mathcal{A}(\Gamma(\epsilon))$ lorsque ϵ tend vers 0.

Cas du cercle L'aire balayée par un cercle de diamètre D effectuant un mouvement de translation de 2ϵ dans une direction quelconque peut s'écrire $4D\epsilon + g(\epsilon)$, où $g(\epsilon)$ est de l'ordre de ϵ^3, donc négligeable. En multipliant $4D\epsilon$ par $\pi/2$, on obtient $2\pi D\epsilon$, c'est-à-dire exactement $\mathcal{A}(\Gamma(\epsilon))$.

9.5 Références bibliographiques

Nous avons déjà rencontré la saucisse $P(\epsilon)$, dans un contexte général, avec G. Cantor, en 1884 (Chap. 2, § 4). En ce qui concerne les courbes, cette notion paraît antérieure. H. Lebesgue l'attribue à C.W. Borchardt en 1854. La longueur de Γ, calculée par la limite du rapport $\mathcal{A}(\Gamma(\epsilon))/2\epsilon$, est même appelée par Lebesgue la "longueur de Borchardt–Minkowski". Mais il nous a été impossible de retrouver un article de Borchardt sur cette question. Celui de [H. Minkowski] date de 1901, et, sans preuves formelles, il en tire certaines généralisations: dans un espace à trois dimensions, par exemple, la "saucisse" devient un volume; on évalue la longueur d'une courbe Γ par $\mathcal{V}(\Gamma(\epsilon))/\pi\epsilon^2$, et l'aire d'une surface S par $\mathcal{V}(S(\epsilon))/2\epsilon$.

Dans le cas d'une courbe convexe, on peut calculer exactement l'aire de la saucisse de Minkowski: voir, par exemple, [L. Santaló, Chap.1].

L'argument de récurrence pour l'inégalité $\mathcal{A}(\Gamma(\epsilon)) \leq 2\epsilon L(\Gamma) + \pi\epsilon^2$ se trouve dans [S. Dubuc & M. Zaoui].

On peut trouver une analyse des variations de la fonction $\mathcal{A}(P(\epsilon))$, pour un ensemble P quelconque, dans [H. Fast].

10 Courbes de longueur infinie

10.1 Qu'est-ce que la longueur infinie?

Nous considérons maintenant les courbes simples, bornées, auxquelles il n'est pas possible d'attribuer une longueur. Ces courbes peuvent être *localement rectifiables* — comme certaines spirales — ou bien fractales, donc rectifiables nulle part. Des exemples de ces deux catégories de courbes seront donnés en § 2. Les outils d'analyses de telles courbes ne sont évidemment plus les mêmes que dans le cas rectifiable. On ne pourra plus parler de *tangente* ni de *longueur*, mais plutôt, de *taille locale* et de *dimension*.

Un point commun essentiel à toutes ces courbes est le suivant: elles ne sont vraiment définies que par une paramétrisation. Une courbe Γ est l'image d'un intervalle $[a, b]$ (l'intervalle *temporel*) par une application continue $\gamma(t)$, injective (pour que Γ soit une courbe simple), à valeurs dans le plan (pour une courbe plane; mais cette définition est valable aussi pour les courbes dans un espace à trois dimensions ou plus). La variable t qui parcourt $[a, b]$ étant considérée comme le *temps*, $\gamma(t)$ est la position à l'instant t, et Γ est la *trajectoire*. Lorsque Γ, entièrement parcourue dans le temps fini $b - a$, est de longueur infinie, la vitesse du mouvement le long de Γ est nécessairement non bornée, et infinie en certains points. Il vaut donc mieux ne plus parler de *vitesse*. Cette notion est remplacée par celle de *mesure* sur Γ, mesure induite par la paramétrisation. Nous rappelons (Chap. 6, § 2) que

> *La mesure de toute partie de la trajectoire Γ est le* **temps** *passé dans cette partie au cours du mouvement.*

Cette remarque est importante pour bien poser le problème; elle l'est encore plus dans les applications, lorsqu'il s'agit de calculer des coefficients caractéristiques de la courbe. A toute trajectoire correspond une infinité de manières de la parcourir, donc une infinité de paramétrisations possibles: les meilleures sont celles qui se prêtent le mieux à la caractérisation de la courbe.

Il y a plusieurs façons de déterminer si une courbe est de longueur infinie:

• Etant donnés $K + 1$ réels $t_1 = a < t_2 < \ldots < t_{K+1} = b$, on appelle *courbe polygonale d'approximation* de Γ la courbe $\mathbf{P}$ formée de K segments d'extrémités $\gamma(t_i), \gamma(t_{i+1})$, $i = 1, \ldots, K$ (Chap. 5, § 3). Soit une suite (ϵ_n) tendant vers 0. On peut toujours construire une suite $(\mathbf{P}_n)$ de telles courbes, de façon que pour tout n, la plus grande longueur de segment de $\mathbf{P}_n$ soit inférieure à ϵ_n. Nous savons qu'alors, la distance de Hausdorff $\text{dist}(\Gamma, \mathbf{P}_n)$ tend vers 0. On dira que

Γ *est de longueur infinie si la longueur* $L(\mathbf{P}_n)$ *tend vers l'infini,*
ou, ce qui revient au même,
$$\sup_n L(\mathbf{P}_n) = +\infty \ .$$
Cette définition ne dépend pas de la suite particulière $(\mathbf{P}_n)$ choisie.

• On peut aussi utiliser la paramétrisation de Γ: on a défini (Chap. 6, § 5) une fonction distance $d(t,\tau)$ comme

$$d(t,\tau) = \begin{cases} \text{dist}(\gamma(a), \gamma(a+2\tau)), & \text{si } t-\tau \leq a; \\ \text{dist}(\gamma(t-\tau), \gamma(t+\tau)), & \text{si } a \leq t-\tau < t+\tau \leq b; \\ \text{dist}(\gamma(b-2\tau), \gamma(b)), & \text{si } b \leq t+\tau. \end{cases}$$

La moyenne sur le temps de cette fonction vaut

$$\bar{d}_\tau = \frac{1}{b-a} \int_a^b d(t,\tau)\, dt \ :$$

Cette intégrale est toujours finie. La fonction $\bar{d}_\tau/2\tau$, évaluation de la vitesse moyenne, tend vers $L(\Gamma)/(b-a)$ dans le cas d'une longueur finie. Sinon:

Γ *est de longueur infinie si* $\bar{d}_\tau/\tau$ *tend vers l'infini lorsque* τ *tend vers 0.*

• Une troisième caractérisation est possible grâce à la saucisse de Minkowski, définie (Chap. 9, § 1) par

$$\Gamma(\epsilon) = \bigcup_{x \in \Gamma} B_\epsilon(x) \ ,$$

réunion des boules de rayon ϵ, centrées en Γ. Son aire est $\mathcal{A}(\Gamma(\epsilon))$, et le rapport $\mathcal{A}(\Gamma(\epsilon))/2\epsilon$ tend vers $L(\Gamma)$ dans le cas de longueur finie. Sinon:

Γ *est de longueur infinie si* $\mathcal{A}(\Gamma(\epsilon))/\epsilon$ *tend vers l'infini lorsque* ϵ *tend vers 0.*

◇ La première de ces caractérisations a une utilité logique, mais les deux autres sont en fait plus intéressantes, car elles permettent de classer entre elles les courbes de longueur infinie: on va utiliser l'*ordre de croissance* vers 0 des fonctions $\bar{d}_\tau$ ou $\mathcal{A}(\Gamma(\epsilon))$. La fonction $\mathcal{A}(\Gamma(\epsilon))$ a l'avantage de ne pas dépendre de la paramétrisation de la courbe: nous la retrouverons tout naturellement dans la définition générale de dimension (§ 3). La fonction $\bar{d}_\tau$, qui dépend de la paramétrisation, se révèle plus utile dans une véritable analyse de courbe. Cependant, dans les calculs effectifs de dimension, on préfèrera prendre une moyenne sur le diamètre des sous-arcs $\gamma(t-\tau)\frown\gamma(t+\tau)$ plutôt que sur la distance entre leurs extrémités (Chap. 11, § 4).

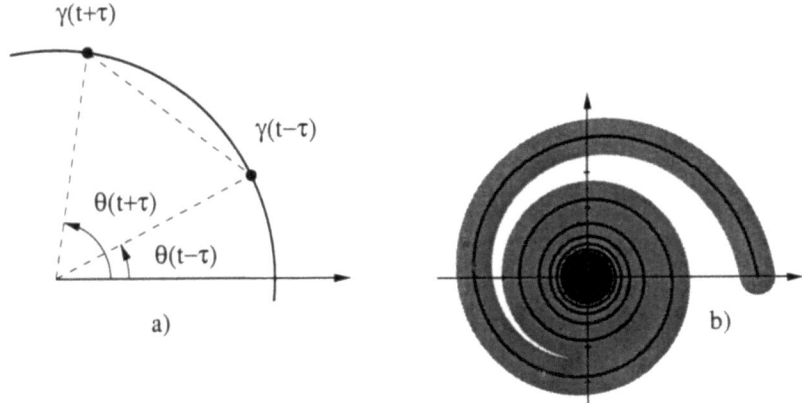

Fig. 10.1. *En a), calcul de $d(t,\tau) = \mathrm{dist}(\gamma(t-\tau), \gamma(t+\tau))$ sur une spirale; en b), saucisse de Minkowski d'une spirale, composée, à la manière d'une comète, d'un noyau central et d'une queue.*

10.2 Deux exemples

1 . On a déjà rencontré (Chap. 5, § 4) la spirale

$$\begin{cases} \rho(t) = t \\ \theta(t) = \dfrac{2\pi}{t} \end{cases} \quad 0 < t \leq 1 \ .$$

Chacune de ses spires $\mathbf{S}_k$, correspondant aux valeurs du paramètre

$$\frac{1}{k+1} \leq t \leq \frac{1}{k} ,$$

est de longueur équivalente (lorsque k tend vers l'infini) à $1/k$, terme général d'une série divergente. La longueur de la courbe totale est donc infinie. Selon la paramétrisation, la vitesse, finie en tout point, est non bornée au voisinage de 0. La fonction $d(t,\tau)$ a le même ordre de grandeur que $\rho(t)[\frac{2\pi}{t-\tau} - \frac{2\pi}{t+\tau}] \simeq \tau/t$ lorsque $t \geq \tau$ (Fig. 10.1). On en déduit que $\bar{d}_\tau \simeq \tau |\log \tau|$. Le rapport $d(t,\tau)/\tau$ tend bien vers l'infini, selon une croissance logarithmique. Si l'on estime $\mathcal{A}(\Gamma(\epsilon))$, on trouvera

$$\mathcal{A}(\Gamma(\epsilon)) \simeq \epsilon |\log \epsilon| ,$$

et le rapport $\mathcal{A}(\Gamma(\epsilon))/\epsilon$ possède également un ordre de croissance logarithmique.

2 . La courbe Γ que nous allons décrire se construit à l'aide de ses polygones d'approximation.

Etant donné un segment orienté **S**, et un angle ϕ, $0 \leq \phi \leq \pi/2$, appelons $\mathcal{T}_\phi$ l'opération qui consiste à remplacer **S** par la courbe polygonale $\mathcal{T}_\phi(\mathbf{S})$, de mêmes extrémités que **S**, constituée de quatre segments égaux formant avec **S** les angles

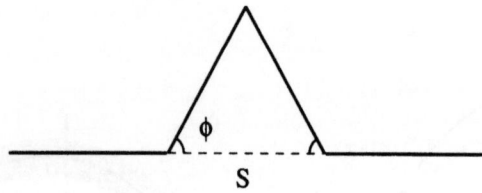

Fig. 10.2. *Le segment* **S** *est remplacé par la courbe polygonale* $\mathcal{T}_\phi(\mathbf{S})$ *de mêmes extrémités, formée de quatre segments égaux.*

0, ϕ, $-\phi$ et 0 respectivement (Fig. 10.2). La longueur de chacun de ces segments est donc $L(\mathbf{S})/2(1+\cos\phi)$.

On se donne une suite d'angles (ϕ_k), et l'on part d'un segment initial $\mathbf{P}_0$ de longueur 1. On forme la courbe polygonale $\mathbf{P}_1 = \mathcal{T}_{\phi_1}(\mathbf{P}_0)$. On pratique sur chacun de ses quatre segments l'opération $\mathcal{T}_{\phi_2}$: ceci donne au total une courbe polygonale $\mathbf{P}_2$ faite de 16 segments, et ainsi de suite: $\mathbf{P}_k$ est obtenue à partir de $\mathbf{P}_{k-1}$ en remplaçant chacun de ses segments au moyen de l'opération $\mathcal{T}_{\phi_k}$. Cette courbe $\mathbf{P}_k$ est faite de 4^k segments, tous de longueur

$$l_k = 2^{-k} \prod_{i=1}^{k} \frac{1}{1+\cos\phi_i} \, .$$

Lorsque k augmente indéfiniment, les courbes $\mathbf{P}_k$, de longueur $L(\mathbf{P}_k) = 4^k l_k$, convergent vers une courbe Γ au sens de la distance de Hausdorff. La longueur $L(\Gamma) = \lim L(\mathbf{P}_k)$ peut être finie ou infinie selon le choix de la suite (ϕ_k): si, par exemple, $\phi_k = 0$ pour tout k, alors $\mathbf{P}_k = \mathbf{P}_0$, et Γ est égale au segment $\mathbf{P}_0$. Si ϕ_k tend vers 0 très rapidement, les irrégularités locales de Γ sont faibles, et la courbe est rectifiable. Si ϕ_k ne tend pas vers 0, Γ est de longueur infinie: il s'agit alors d'une courbe fractale (Chap. 11). Lorsque ϕ_k est constante, Γ présente une structure de *similitude interne* (Chap. 14). Divers exemples sont décrits dans la Fig. 10.3.

10.3 Dimension

La dimension, sur la droite, permet de classer entre eux les ensembles de mesure nulle (Chap. 2, § 5). On étend ce concept au plan, de façon à classer entre elles les courbes, ou même entre eux tous les ensembles bornés du plan. On commence par évaluer l'ϵ–saucisse de Minkowski de E, l'ensemble des points situés à distance inférieure à ϵ de E:

$$E(\epsilon) = \bigcup_{x \in E} B_\epsilon(x) \, ,$$

qui est un domaine d'aire positive dans le plan. Cette aire, $\mathcal{A}(E(\epsilon))$, est une fonction de ϵ, d'autant plus grande que l'ensemble occupe davantage d'espace,

10.3 Dimension   123

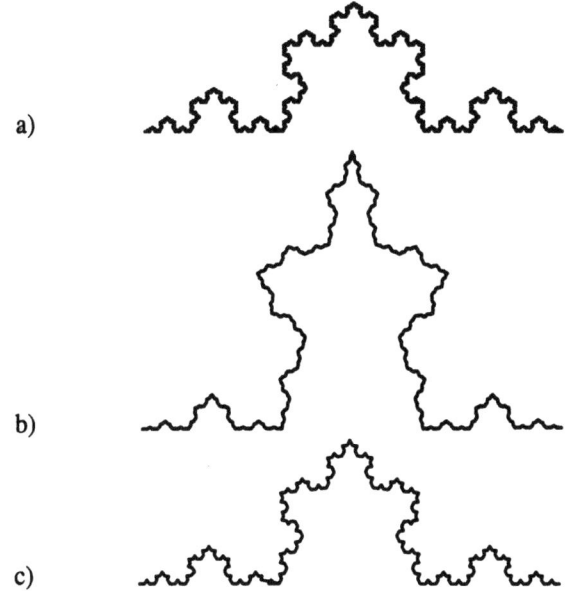

Fig. 10.3. *Tracé de la courbe Γ, obtenue par une suite d'opérations T_{ϕ_k}, dans les trois cas suivants:*

a) $\phi_k = \pi/3$, ce qui donne $L(\mathbf{P}_k) = (4/3)^k$;

b) $\phi_k = \arccos(2 \log(k+1)/\log(k+2) - 1) \ : \ L(\mathbf{P}_k) = \log(k+2)/\log 2$;

c) $\phi_k = \arccos(2 \exp(-1/(k+1)^2) - 1) \ : \ L(\mathbf{P}_k) \simeq 1$.

La courbe est de longueur infinie dans les cas a) et b), et finie dans le cas c), où il existe donc une tangente presque partout.

à l'échelle ϵ. L'ordre de croissance vers 0 de la fonction $\mathcal{A}(E(\epsilon))$ est la limite, si celle-ci existe, du rapport

$$\frac{\log \mathcal{A}(E(\epsilon))}{\log \epsilon}$$

lorsque ϵ tend vers 0. Cette limite est nulle dans le cas d'un ensemble E d'aire non nulle; elle vaut 2 si E est réduit à un point, puisqu'alors, $\mathcal{A}(E(\epsilon)) = \pi\epsilon^2$. On définit la **dimension** de E par

dimension de E = 2 − (ordre de croissance de $\mathcal{A}(E(\epsilon)))$,

lorsque cet ordre de croissance existe. Dans le cas où il n'y a pas de limite, on doit définir deux dimensions:

$$\Delta(E) = \limsup_{\epsilon \to 0} \left(2 - \frac{\log \mathcal{A}(E(\epsilon))}{\log \epsilon}\right) \text{ est la } \textit{dimension supérieure} \text{ de } E$$

$$\delta(E) = \liminf_{\epsilon \to 0} \left(2 - \frac{\log \mathcal{A}(E(\epsilon))}{\log \epsilon}\right) \text{ est la } \textit{dimension inférieure} \text{ de } E \, .$$

On retrouve pour ces indices les mêmes propriétés que sur la droite, ou de semblables:

1. Δ est **monotone**: si E_1 est inclus dans E_2, alors

$$\Delta(E_1) \leq \Delta(E_2) \, .$$

2. Si $\overline{E}$ désigne la **fermeture** de l'ensemble E:

$$\Delta(\overline{E}) = \Delta(E) \, .$$

3. Δ est **stable**: étant donnés deux ensembles E_1 et E_2,

$$\Delta(E_1 \cup E_2) = \max\{\Delta(E_1), \Delta(E_2)\} \, .$$

4. Pour tout E dans le plan,

$$0 \leq \Delta(E) \leq 2 \, .$$

5. Δ est invariante par certaines transformations T du plan:

$$\Delta(T(E)) = \Delta(E) \, .$$

Parmi ces transformations, on note
– les similitudes, composées de translation, rotation, symétrie, homothétie de rapport non nul (Chap. 14);
– les applications affines, qui, dans un repère cartésien, peuvent s'écrire sous forme matricielle

$$T(x) = Ax + B \, ,$$

où B est un vecteur et A une matrice de déterminant non nul;
– et plus généralement encore, toutes les applications bijectives du plan dans lui-même, telles que, pour tout x, le rapport

$$\frac{\log(\text{dist}(T(y), T(z)))}{\log(\text{dist}(y, z))}$$

converge vers 1 lorsque y et z tendent tous deux vers x, $y \neq z$.

La dimension inférieure δ possède également ces propriétés, sauf celle de stabilité: on peut voir en § 4 un exemple de la réunion de deux courbes, pour laquelle δ est non stable.

Notons enfin que Δ peut s'écrire sous la forme d'un exposant critique:

$$\Delta(E) = \inf\{\alpha \text{ tel que } \epsilon^{\alpha-2}\mathcal{A}(E(\epsilon)) \text{ tend vers } 0\}.$$

10.4 Quelques exemples de dimension de courbes.

- Si Γ est une courbe de longueur finie, l'aire $\mathcal{A}(\Gamma(\epsilon))$ est équivalente à ϵ, dont l'ordre de croissance vaut 1: ainsi $\Delta(\Gamma) = 1$.
- Quelle que soit la courbe Γ, nous savons (Chap. 9, § 1) que

$$\mathcal{A}(\Gamma(\epsilon)) \geq 2\epsilon \operatorname{diam} \Gamma,$$

ce qui donne un ordre de croissance au plus égal à 1. Donc

$$1 \leq \Delta(\Gamma) \leq 2.$$

- Pour la spirale

$$\begin{cases} \rho(t) = t \\ \theta(t) = \dfrac{2\pi}{t} \end{cases} \quad 0 < t \leq 1,$$

qui est de longueur infinie (§ 2), l'aire $\mathcal{A}(\Gamma(\epsilon))$ est équivalente à $\epsilon|\log\epsilon|$, dont l'ordre de croissance est la limite de $\log(\epsilon|\log\epsilon|)/\log\epsilon$ lorsque ϵ tend vers 0: cette limite vaut 1. Donc $\Delta(\Gamma) = 1$. Ainsi la dimension Δ ne permet pas de distinguer entre cette courbe, et toutes les courbes de longueur finie. L'échelle des fonctions puissance, utilisée pour définir Δ, manque de précision en quelque sorte. Avec une échelle plus fine, telle que l'échelle logarithmique à double indice (Chap. 2, § 5)

$$\mathcal{F} = \left\{ f_{\alpha,\beta}(x) = x^\alpha \left(\log_n \frac{1}{x}\right)^\beta, \quad \alpha > 0, \ n \text{ entier} \geq 0, \ \beta \text{ réel}\right\}$$

on pourrait distinguer: la spirale serait caractérisée par les trois valeurs $\alpha = 1$, $\beta = 1$, $n = 1$, tandis que les courbes de longueur finie correspondent à $\alpha = 1$, $\beta = 0$, $n = 0$.

- La spirale

$$\begin{cases} \rho(t) = t^\alpha \\ \theta(t) = \dfrac{2\pi}{t} \end{cases} \quad 0 < t \leq 1$$

où α est un réel, $0 < \alpha < 1$, s'enroule moins vite autour de l'origine que la précédente, et occupe donc davantage d'espace: on peut s'attendre à ce que sa dimension soit supérieure. Effectivement,

$$\Delta(\Gamma) = \frac{2}{\alpha + 1}.$$

▶ Cette courbe coupe l'axe de référence aux points de coordonnées polaires $(\rho, \theta) = (k^{-\alpha}, 2k\pi)$. La k-ième spire, $\mathbf{S}_k$, correspondant aux valeurs du paramètre $1/(k+1) \leq t \leq 1/k$, a donc une longueur de l'ordre de $k^{-\alpha}$, et $\text{dist}(\mathbf{S}_k, \mathbf{S}_{k+1}) \simeq k^{-\alpha-1}$. Donc si $\epsilon = k^{-\alpha-1}$, la saucisse $\Gamma(\epsilon)$ se trouve composée

(i) d'un "noyau" de diamètre équivalent à $k^{-\alpha} = \epsilon^{\alpha/(\alpha+1)}$, d'aire équivalente à $\epsilon^{2\alpha/(\alpha+1)}$;

(ii) et d'une "queue" d'aire équivalente à $\epsilon k^{1-\alpha} = \epsilon^{2\alpha/(\alpha+1)}$.

Ainsi, noyau et queue sont du même ordre, et

$$\Delta(\Gamma) = \delta(\Gamma) = 2 - \frac{2\alpha}{\alpha+1} = \frac{2}{\alpha+1} \cdot \quad \blacktriangleleft$$

Lorsque $\alpha \to 1$, la dimension tend vers 1. Lorsque $\alpha \to 0$, elle tend vers 2, sans jamais l'atteindre avec ce type particulier de spirale: pour obtenir $\Delta(\Gamma) = 2$, il faudrait une fonction $\rho(t)$ qui tend vers 0 moins vite que toutes les fonctions puissance, telle $\rho(t) = 1/|\log t|$.

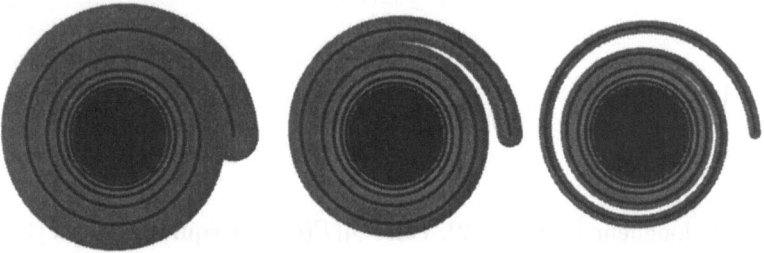

Fig. 10.4. *Saucisse de Minkowski de la spirale $\rho(t) = \sqrt{2\pi/t}$, pour différentes valeurs de ϵ. Le noyau et la queue sont d'aires équivalentes. La dimension vaut $4/3$.*

• On peut analyser de même le graphe Γ de la fonction

$$z(t) = \begin{cases} t^\alpha \cos t^{-\beta} & \text{si } 0 < t \leq 1; \\ 0 & \text{si } t = 0, \end{cases}$$

où $0 < \alpha < \beta$. On trouve

$$\Delta(\Gamma) = \delta(\Gamma) = 2 - \frac{\alpha+1}{\beta+1} \cdot$$

• On peut aussi construire des spirales dont les dimensions inférieures et supérieures sont différentes.

On se donne d'abord une suite (t_n), $t_0 = 1$, strictement décroissante, telle que $1/t_n$ est entier, et tendant vers 0 assez vite pour que

$$\lim_n (\log t_n / \log t_{n+1}) = 0.$$

Par exemple, $t_n = 2^{1-(n+1)^n}$ ferait l'affaire.

10.4 Quelques exemples de dimension de courbes.   127

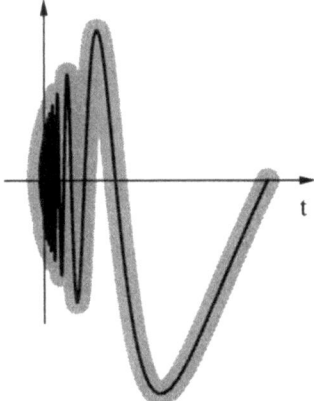

Fig. 10.5. *Saucisse de Minkowski du graphe de la fonction $z(t) = \sqrt{t}\cos\frac{1}{t}$. La dimension vaut $5/4$.*

Etant donné la spirale Γ, définie par

$$\begin{cases} \rho(t) = t^\alpha \\ \theta(t) = \dfrac{2\pi}{t} \end{cases} \quad 0 < t \leq 1 \ ,$$

on appelle Γ_n la partie de Γ qui correspond aux valeurs du paramètre $t_{n+1} \leq t < t_n$, et $\mathbf{S}_n$ le segment de mêmes extrémités que Γ_n: ce sont les points de coordonnées polaires $(t_n^\alpha, 0)$ et $(t_{n+1}^\alpha, 0)$.

On peut obtenir de nouvelles spirales en remplaçant Γ_n par $\mathbf{S}_n$ pour certaines valeurs de n. On en définit deux:

$$\Gamma^* = \Gamma_0 \cup \mathbf{S}_1 \cup \Gamma_2 \cup \mathbf{S}_3 \cup \ldots \cup \Gamma_{2n} \cup \mathbf{S}_{2n+1} \cup \ldots ,$$
$$\Gamma^{**} = \mathbf{S}_0 \cup \Gamma_1 \cup \mathbf{S}_2 \cup \Gamma_3 \cup \ldots \cup \mathbf{S}_{2n} \cup \Gamma_{2n+1} \cup \ldots .$$

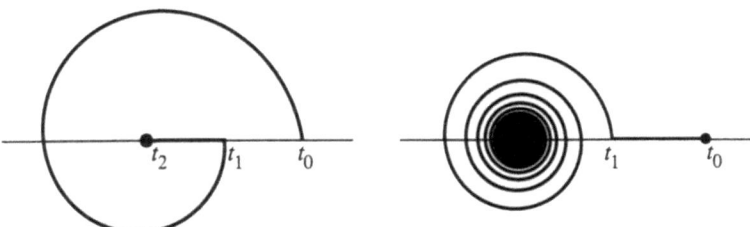

Fig. 10.6. *Les deux spirales Γ^* et Γ^{**}, dans la limite de la précision possible! Les deux schémas spirale – segment alternent ainsi tout au long de la construction de ces deux courbes.*

Dans l'estimation de l'aire de la saucisse $\Gamma^*(\epsilon)$, c'est tantôt la partie segment, tantôt la partie spirale qui l'emporte, selon l'ordre de grandeur de ϵ. De même pour Γ^{**}, avec les valeurs alternatives de ϵ. Le calcul donne

$$\delta(\Gamma^*) = \delta(\Gamma^{**}) = 1 \,,\ \Delta(\Gamma^*) = \Delta(\Gamma^{**}) = \frac{2}{\alpha+1}\,.$$

- La réunion $\Gamma^* \cup \Gamma^{**}$ des deux spirales précédentes est précisément égale à la réunion de la spirale Γ et du segment d'extrémités $(0,0)$ et $(1,0)$. On en conclut que

$$\delta(\Gamma^* \cup \Gamma^{**}) = \Delta(\Gamma^* \cup \Gamma^{**}) = \frac{2}{\alpha+1}\,.$$

Ceci constitue un exemple de la non-stabilité de l'indice δ: le δ de cette réunion de courbes est strictement supérieur à celui des deux composantes.

10.5 Recouvrements classiques: boules et boîtes.

Diverses formulations de la dimension ont été présentées dans le Chap. 2, § 6, pour les ensembles bornés de la droite. On les reprend au cours de cette section, dans le contexte du plan. Soit E un ensemble borné du plan. Il n'est pas toujours simple d'évaluer l'aire d'un ensemble du type $E(\epsilon)$, qui est une réunion de disques. D'autres figures géométriques peuvent être utilisées pour former des recouvrements de E, tout en se prêtant mieux aux calculs d'aires.

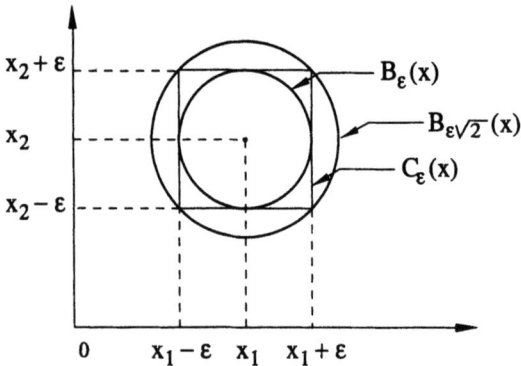

Fig. 10.7. *Les inclusions*

$$B_\epsilon(x) \subset C_\epsilon(x) \subset B_{\epsilon\sqrt{2}}(x)$$

prouvent l'équivalence de la distance euclidienne et de la distance d_∞.

Boîtes centrées Admettons que le plan soit muni de deux axes orthogonaux, ce qui permet à chaque point x d'associer ses coordonnées (x_1, x_2). On peut remplacer la distance usuelle (euclidienne) par la suivante:

$$d_\infty(x,y) = \max\{|x_1 - y_1|, |x_2 - y_2|\}\,,$$

qui est également une distance au sens mathématique du terme (Annexe B § 2). L'ensemble

10.5 Recouvrements classiques: boules et boîtes.

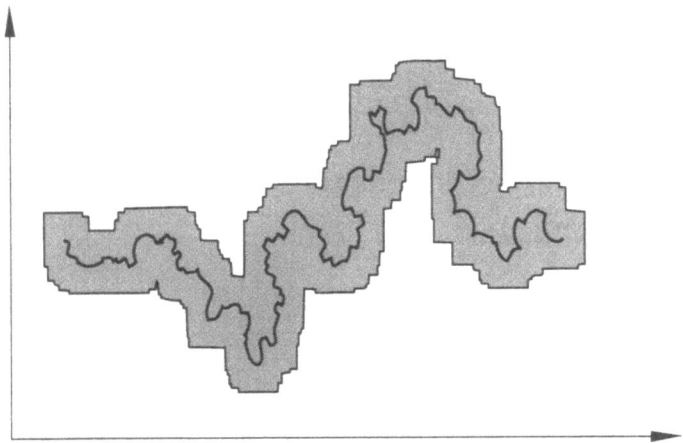

Fig. 10.8. *La réunion de toutes les boîtes de côté 2ϵ centrées sur Γ constitue une approximation de la saucisse de Minkowski de E.*

$$C_\epsilon(x) = \{\, y \text{ tel que } d_\infty(x,y) \leq \epsilon \,\}$$

n'a plus la forme d'un disque, mais d'un carré de côtés parallèles aux axes, que l'on appelle souvent *boîte*. On peut recouvrir E d'une *saucisse de Minkowski carrée*, en formant la réunion $\cup_{x\in E} C_\epsilon(x)$. Les inégalités

$$\mathcal{A}(E(\epsilon)) \leq \mathcal{A}(\cup_{x\in E} C_\epsilon(x)) \leq \mathcal{A}(E(\sqrt{2}\epsilon))$$

(Fig. 10.7), prouvent que les deux fonctions $\mathcal{A}(E(\epsilon))$ et $\mathcal{A}(\cup_{x\in E} C_\epsilon(x))$ sont du même ordre de grandeur: la dimension de E peut aussi s'écrire

$$\Delta(E) = \limsup_{\epsilon \to 0}(2 - \frac{\log \mathcal{A}(\cup_{x\in E} C_\epsilon(x))}{\log \epsilon}) \,.$$

Boîtes disjointes Effectuons un quadrillage, ou pavage, du plan par des carrés de côté ϵ. On peut, pour fixer les idées, admettre que ces carrés sont fermés (ils contiennent leur frontière). De ce fait, deux carrés distincts ne sont pas toujours disjoints; mais s'ils ne sont pas disjoints, ils sont **adjacents**, c'est-à-dire que seules leurs frontières se touchent (leurs intérieurs sont disjoints). Appelons (Chap. 4, § 1) $\omega_\epsilon(E)$ le nombre de ces carrés qui rencontrent l'ensemble E. Ce nombre tend vers l'infini lorsque ϵ tend vers 0, à condition que E contienne une infinité de points. Son ordre de croissance vers l'infini est en fait égal à sa dimension:

$$\Delta(E) = \limsup_{\epsilon \to 0} \frac{\log \omega_\epsilon(E)}{|\log \epsilon|} \;.$$

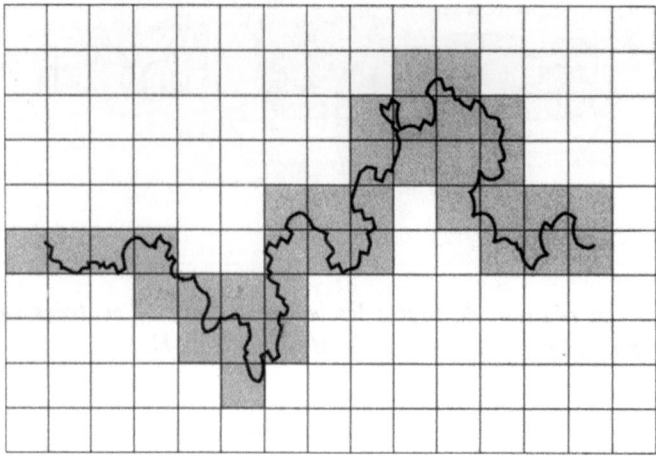

Fig. 10.9. *La réunion de toutes les boîtes, rencontrant E, d'un pavage de côté ϵ, constitue une approximation de la saucisse de Minkowski de E.*

▶ Il suffit d'observer que tout carré C de côté ϵ contenant un point x, est inclus dans la boule $B_{\epsilon\sqrt{2}}(x)$, laquelle est elle–même incluse dans au plus 16 boîtes du réseau. On en tire:
$$\epsilon^2 \, \omega_\epsilon(E) \leq \mathcal{A}(E(\epsilon\sqrt{2})) \leq 16\,\epsilon^2 \, \omega_\epsilon(E) \;.$$
Les fonctions $\mathcal{A}(E(\epsilon))$ et $\epsilon^2 \, \omega_\epsilon(E)$ sont donc équivalentes, et
$$\Delta(E) = \limsup_{\epsilon \to 0}(2 - \frac{\log(\epsilon^2 \, \omega_\epsilon(E))}{\log \epsilon}) = \limsup_{\epsilon \to 0} \frac{\log \omega_\epsilon(E)}{|\log \epsilon|} \;. \;\blacktriangleleft$$

Certaines variantes de cette formule utilisent des suites discrètes de valeurs de ϵ (même démonstration que dans le Chap. 2, § 6):

Pour toute suite (ϵ_n) de réels tendant vers 0, telle que le rapport
$$\frac{\log \epsilon_n}{\log \epsilon_{n+1}}$$
tend vers 1, on a
$$\Delta(E) = \limsup_{n \to \infty} \frac{\log \omega_{\epsilon_n}}{|\log \epsilon_n|} \;.$$

En particulier, les **boîtes dyadiques** d'ordre n sont des carrés du type $[j\,2^{-n}, (j+1)2^{-n}] \times [k\,2^{-n}, (k+1)2^{-n}]$, où j et k sont des entiers. Chaque boîte d'ordre n contient exactement 4 boîtes d'ordre $n+1$. La dimension

10.5 Recouvrements classiques: boules et boîtes. 131

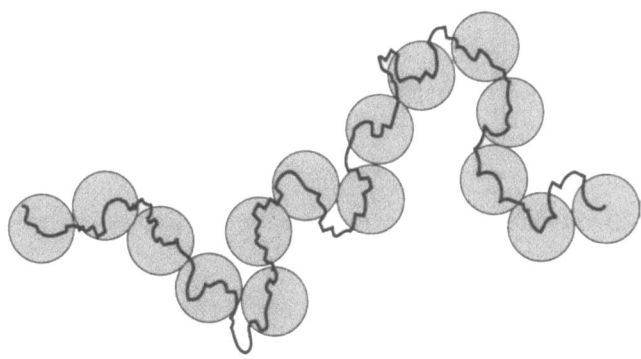

Fig. 10.10. *La réunion d'un nombre maximum de disques, disjoints ou adjacents, centrés sur E, de rayon ϵ, constitue une approximation de la saucisse de Minkowski de E.*

$$\Delta(E) = \limsup_{n \to \infty} \frac{\log \omega_{2^{-n}}}{n \log 2}$$

est parfois appelée *dimension de boîte*: mais il s'agit toujours de la même dimension.

Maximum de boules disjointes On peut aussi remplacer la saucisse de Minkowski par des boules disjointes. Appelons $M_\epsilon(E)$ le nombre maximum de points situés dans E, dont les distances réciproques sont supérieures à 2ϵ. Les disques $B_\epsilon(x)$, centrés en ces points particulier, sont donc disjoints ou adjacents. On peut écrire:

$$\boxed{\Delta(E) = \limsup_{\epsilon \to 0} \frac{\log M_\epsilon(E)}{|\log \epsilon|} \ .}$$

▶ Comme les disques en question sont disjoints, et inclus dans $E(\epsilon)$, on trouve

$$\pi \epsilon^2 \, M_\epsilon(E) \leq \mathcal{A}(E(\epsilon)) \ .$$

D'autre part, comme $M_\epsilon(E)$ est maximum, tout point de E est à distance $\leq \epsilon$ de l'un d'eux, donc tout point de $E(\epsilon)$ est à distance $\leq 2\epsilon$ de l'un d'eux. Si l'on multiplie le rayon de ces disques par trois, on recouvre $E(\epsilon)$. Ce qui donne:

$$\mathcal{A}(E(\epsilon)) \leq 9 \, \pi \, \epsilon^2 \, M_\epsilon(E) \ .$$

Les fonctions $\mathcal{A}(E(\epsilon))$ et $\epsilon^2 \, M_\epsilon(E)$ sont donc équivalentes lorsque ϵ tend vers 0. ◀

Minimum de boules recouvrantes Appelons $N_\epsilon(E)$ le nombre minimum de disques $B_\epsilon(x)$, centrés en E, et qui recouvrent E. On peut écrire:

$$\Delta(E) = \limsup_{\epsilon \to 0} \frac{\log N_\epsilon(E)}{|\log \epsilon|} .$$

▶ Comme E est inclus dans la réunion de ces disques, on recouvre $E(\epsilon)$ en multipliant leur rayon par 2:

$$\mathcal{A}(E(\epsilon)) \le 4\pi \epsilon^2 N_\epsilon(E) .$$

D'autre part, E peut être recouvert par $M_\epsilon(E)$ boules de rayon 2ϵ, ou encore par $M_{\epsilon/2}(E)$ boules de rayon ϵ. Ceci montre que $N_\epsilon(E) \le M_{\epsilon/2}(E)$, et donc

$$\frac{\pi}{4} \epsilon^2 N_\epsilon(E) \le \frac{\pi}{4} \epsilon^2 M_{\epsilon/2}(E) \le \mathcal{A}(E(\frac{\epsilon}{2})) \le \mathcal{A}(E(\epsilon)) .$$

Les fonctions $\mathcal{A}(E(\epsilon))$ et $\epsilon^2 N_\epsilon(E)$ sont équivalentes lorsque ϵ tend vers 0. ◀

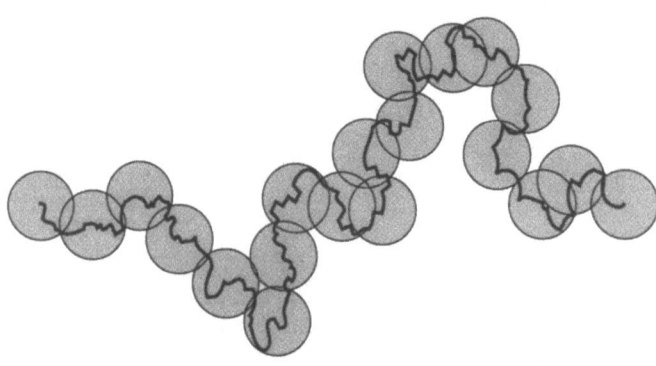

Fig. 10.11. *La réunion d'un nombre minimum de disques, centrés sur E, de rayon ϵ, et recouvrant E, constitue une approximation de la saucisse de Minkowski de E.*

10.6 Recouvrements par des figures quelconques

On peut vouloir recouvrir E par d'autres figures que des disques ou des carrés. D'une façon générale, appelons **domaine** un ensemble fermé **D** dont la frontière $\partial \mathbf{D}$ est une courbe fermée simple (homéomorphe au cercle). Lorsqu'on recouvre E

10.6 Recouvrements par des figures quelconques

par des domaines de forme quelconques, on crée une *saucisse généralisée*: la forme même de ces domaines importe peu, seuls comptent leurs tailles relatives, et leur aplatissement, ce que l'on va traduire par une relation entre **diamètre** et **diamètre intérieur**. La notion de diamètre a été rencontrée dans le Chap. 9, § 1: c'est la plus grande distance entre deux points de l'ensemble. D'autre part,

*Le **diamètre intérieur** de **D** est le plus grand diamètre que puisse avoir un disque inclus dans **D**:*

$$\operatorname{diam int}(\mathbf{D}) = \sup\{\, r \text{ tel que pour un certain } x,\ B_{r/2}(x) \subset \mathbf{D}\,\}\,.$$

On retrouve cette notion à propos de la *largeur* d'un ensemble convexe (Annexe C, § 3).

Pour tout $\epsilon > 0$, recouvrons chaque point x de E par un domaine $\mathbf{D}_\epsilon(x)$, de diamètre $\leq \epsilon$. Si $x \neq y$, les domaines $\mathbf{D}_\epsilon(x)$ et $\mathbf{D}_\epsilon(y)$ peuvent être distincts (cas des boules $B_\epsilon(x)$ centrées en E, ou des carrés $C_\epsilon(x)$ centrés en E), ou bien identiques (cas des boîtes d'un pavage, lorsque x et y sont dans la même boîte). On ne les suppose pas de même forme. La réunion $\cup_{x \in E} \mathbf{D}_\epsilon(x)$ forme une saucisse recouvrant E. Peut-on utiliser son aire pour un calcul de dimension? Voici une condition suffisante:

THÉORÈME *Pour tout ϵ, soit*

$$d_\epsilon = \inf_{x \in E} \operatorname{diam int}(\mathbf{D}_\epsilon(x))\,.$$

Si $\lim_{\epsilon \to 0} \log d_\epsilon / \log \epsilon = 1$, alors

$$\Delta(E) = \limsup_{\epsilon \to 0} (2 - \frac{\log \mathcal{A}(\cup_{x \in E} \mathbf{D}_\epsilon(x))}{\log \epsilon})\,.$$

◇ Comme on a toujours

$$d_\epsilon \leq \operatorname{diam int}(\mathbf{D}_\epsilon(x)) \leq \operatorname{diam}(\mathbf{D}_\epsilon(x)) \leq \epsilon\,,$$

la condition du théorème implique que

$$\text{pour tout } x \text{ dans } E,\ \frac{\log \operatorname{diam}(\mathbf{D}_\epsilon(x))}{\log \operatorname{diam int}(\mathbf{D}_\epsilon(x))} \longrightarrow 1\ :$$

Les domaines $\mathbf{D}_\epsilon(x)$ ne sont pas trop aplatis. Et aussi

$$\text{pour tous } x,\, y \text{ dans } E,\ \frac{\log \operatorname{diam}(\mathbf{D}_\epsilon(x))}{\log \operatorname{diam}(\mathbf{D}_\epsilon(y))} \longrightarrow 1\ :$$

Pour un ϵ donné, les domaines $\mathbf{D}_\epsilon(x)$ sont de taille comparable.

◇ La condition du théorème est remplie si, pour chaque ϵ, tous les domaines $\mathbf{D}_\epsilon(x)$, $x \in E$, sont de même forme (ils se déduisent les uns des autres par des *déplacements*: translation, rotation, symétrie), et d'aire non nulle.

▶ Tout d'abord, $\mathcal{A}(\cup_{x \in E} \mathbf{D}_\epsilon(x)) \leq \mathcal{A}(E(\epsilon))$. On remarque ensuite que tout domaine $\mathbf{D}_\epsilon(x)$ contient un disque de rayon $d_\epsilon/2$. Soit $y(x)$ son centre. Comme

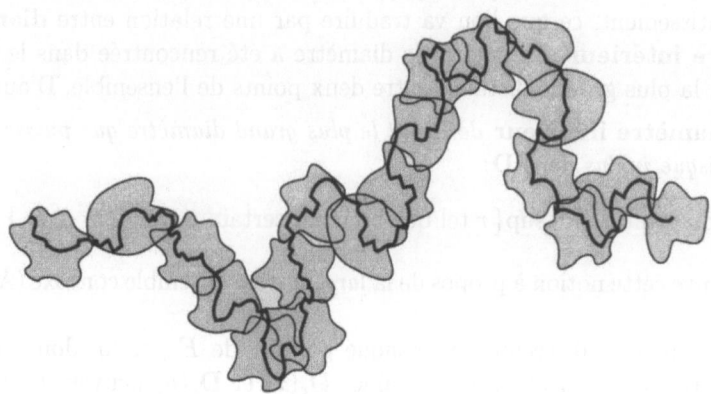

Fig. 10.12. *Recouvrement de E par des domaines de forme quelconque, mais de tailles et de largeurs comparables.*

$\mathrm{dist}(x, y(x)) \leq \epsilon$, on a $B_\epsilon(x) \subset B_{2\epsilon}(y(x))$. Appelons F l'ensemble de tous ces points $y(x)$, pour $x \in E$: On obtient $\mathcal{A}(E(\epsilon)) \leq \mathcal{A}(\cup_{y \in F} B_{2\epsilon}(y))$. On utilise ensuite un lemme technique dont la preuve se trouve dans l'Annexe B:

LEMME *Pour tout E, pour tous $\eta \geq \epsilon > 0$,*

$$\mathcal{A}(E(\eta)) \leq (\frac{\eta}{\epsilon})^2 \mathcal{A}(E(\epsilon)) \ .$$

Appliquons-le à l'ensemble F:

$$\mathcal{A}(\bigcup_{y \in F} B_{2\epsilon}(y)) \leq (\frac{4\epsilon}{d_\epsilon})^2 \mathcal{A}(\bigcup_{y \in F} B_{d_\epsilon/2}(y)) \ .$$

Comme $B_{d_\epsilon/2}(y(x)) \subset \mathbf{D}_\epsilon(x)$, on obtient

$$\mathcal{A}(\bigcup_{y \in F} B_{d_\epsilon/2}(y(x))) \leq \mathcal{A}(\bigcup_{x \in E} \mathbf{D}_\epsilon(x)) \ .$$

D'où les inégalités suivantes, pour $\epsilon < 1$:

$$\frac{\log \mathcal{A}(E(\epsilon))}{\log \epsilon} \leq \frac{\log \mathcal{A}(\cup_{x \in E} \mathbf{D}_\epsilon(x))}{\log \epsilon} \leq \frac{\log \mathcal{A}(E(\epsilon))}{\log \epsilon} + \frac{\log(d_\epsilon/4\epsilon)^2}{\log \epsilon} \ .$$

Comme

$$\frac{\log(d_\epsilon/4\epsilon)^2}{\log \epsilon} = 2(\frac{\log d_\epsilon}{\log \epsilon} - 1 - \frac{\log 4}{\log \epsilon})$$

tend vers 0, les fonctions $\mathcal{A}(E(\epsilon))$ et $\mathcal{A}(\cup_{x \in E} \mathbf{D}_\epsilon(x))$ ont le même ordre de grandeur lorsque ϵ tend vers 0. ◄

10.7 Recouvrements de courbes par des croix

Dans les sections qui précèdent, les domaines dont on recouvre l'ensemble E ont une aire non nulle, et même, équivalente au carré de leur diamètre. Dans le cas particulier des courbes, on peut prendre plus de liberté: on va créer des éléments de recouvrement d'aire nulle! En l'occurrence, ils seront formés de deux segments, mais la réunion de ces éléments, tout le long de la courbe, crée, par la continuité de celle-ci, une "saucisse" d'aire non nulle. Nous utiliserons ce type de recouvrement dans les chapitres 12 et 15. Voici comment l'on procède:

Le plan étant muni de deux axes orthogonaux Ox_1 et Ox_2, on se donne deux valeurs d'angles $\theta_1 \neq \theta_2$ dans l'intervalle $[0, \pi]$. Pour tout $\epsilon > 0$, et pour tout x du plan, on appelle $X_\epsilon(x)$ la croix formée des deux segments de longueur 2ϵ, centrés en x, et portés par les droites qui forment l'angle θ_1 et θ_2 avec l'axe Ox_2.

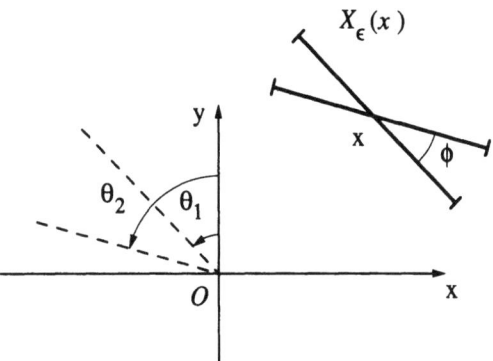

Fig. 10.13. *La croix $X_\epsilon(x)$ est formée de deux segments de longueur $2\,\epsilon$, centrés en x, d'orientation θ_1 et θ_2.*

Soit une courbe Γ, et
$$X_\epsilon = \bigcup_{x \in \Gamma} X_\epsilon(x)$$
la réunion de toutes les croix centrées sur Γ: on va démontrer que X_ϵ est d'aire non nulle, et même, équivalente à celle de la saucisse de Minkowski. Ceci démontrera la formule

$$\Delta(E) = \limsup_{\epsilon \to 0} (2 - \frac{\log \mathcal{A}(X_\epsilon)}{\log \epsilon}) .$$

▶ Comme $X_\epsilon(x) \subset B_\epsilon(x)$ pour tout x, on obtient immédiatement
$$\mathcal{A}(X_\epsilon) \leq \mathcal{A}(\Gamma(\epsilon)) .$$

Cherchons une inégalité dans l'autre sens. Appelons ϕ l'angle aigu que forment les deux branches de la croix $X_\epsilon(x)$. Soit x_0 un point fixé de Γ. On construit un

136   10 Courbes de longueur infinie

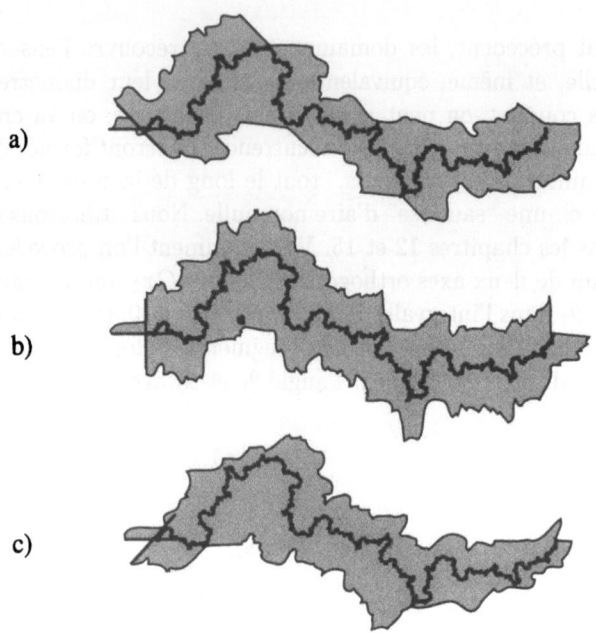

Fig. 10.14. *La surface X_ϵ, pour différentes valeurs de θ_1 et de θ_2: a) $\theta_1 = \pi/2$, $\theta_2 = \pi/4$; b) $\theta_1 = \pi/2$, $\theta_2 = 0$; c) $\theta_1 = \pi/2$, $\theta_2 = 3\pi/4$.*

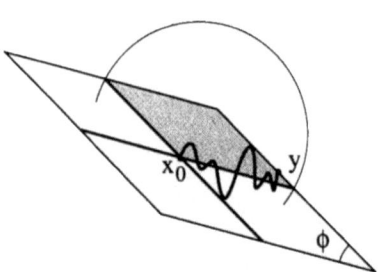

Fig. 10.15. *Lorsque x parcourt l'arc $x_0\frown y$, les croix $X_\epsilon(x)$ recouvrent un losange de côté ϵ. Son intersection avec le disque $B_\epsilon(x_0)$, est, dans tous les cas, d'aire $\geq \frac{1}{2}\phi\epsilon^2$.*

losange $L_\epsilon(x_0)$ centré en x_0, dont les côtés égaux à 2ϵ sont parallèles aux branches de la croix.

Si ϵ est suffisammment petit, on peut toujours trouver sur le bord de ce losange un point y de Γ, tel que l'arc $x_0\frown y$ de Γ est entièrement inclus dans $L_\epsilon(x_0)$ (Fig. 10.15). Lorsque x parcourt l'arc $x_0\frown y$, les croix $X_\epsilon(x)$ recouvrent au moins l'un des quatre losanges égaux, de côté ϵ, dont la réunion forme $L_\epsilon(x_0)$. Ce losange recouvert ayant pour angle au sommet l'angle ϕ, son intersection avec le disque $B_\epsilon(x_0)$ est, dans tous les cas, un domaine d'aire $\geq \frac{1}{2}\phi\epsilon^2$.

On sait qu'il existe $M_\epsilon(\Gamma)$ boules d'intérieurs disjoints, centrées sur Γ, de rayon ϵ (§ 5). La construction précédente, appliquée à tous les points x_0 centres de ces boules, permet de construire $M_\epsilon(\Gamma)$ domaines disjoints: donc

$$\frac{1}{2}\phi\,\epsilon^2 M_\epsilon(\Gamma) \leq \mathcal{A}(X_\epsilon) \; .$$

D'autre part, nous avons déjà utilisé l'inégalité

$$\mathcal{A}(\Gamma(\epsilon)) \leq 9\,\pi\,\epsilon^2\,M_\epsilon(\Gamma)$$

(§ 5). Ce qui donne:

$$\frac{\phi}{18\pi}\mathcal{A}(\Gamma(\epsilon)) \leq \mathcal{A}(X_\epsilon) \; .$$

En conclusion,

$$\frac{\phi}{18\pi}\mathcal{A}(\Gamma(\epsilon)) \leq \mathcal{A}(X_\epsilon) \leq \mathcal{A}(\Gamma(\epsilon)) \; .$$

Les deux aires sont bien équivalentes. La constante $\phi/18\pi$ n'est certainement pas la meilleure possible: on pourrait la rendre plus proche de 1 en raffinant la démonstration. Sa valeur maximale est obtenue pour $\phi = \pi/2$, cas où les croix $X_\epsilon(x)$ ont des branches perpendiculaires: c'est alors en effet que la saucisse X_ϵ paraît le mieux "remplir" la saucisse de Minkowski $\Gamma(\epsilon)$. ◀

◊ Ce résultat n'est pas vrai seulement pour les courbes simples: il l'est, d'une façon générale, pour tout ensemble E *connexe par arcs*, c'est-à-dire tel que toute paire de points de E est réunie par une courbe entièrement inclue dans E. La démonstration est la même.

10.8 Références bibliographiques

La dimension définie à l'aide de recouvrements par une saucisse de Minkowski, ou par des boîtes, dans le plan ou dans l'espace, apparaît pour la première fois, semble-t-il, dans les articles de G. Bouligand (1928): les principales références sont citées en fin du Chap. 2. Cette dimension fut redécouverte de nombreuses fois par la suite: citons, en particulier, [L. Pontrjagin & L. Schnirelmann], sous la forme $\liminf \log N(\epsilon)/|\log\epsilon|$, avec l'appellation "ordre métrique"; et [A.N. Kolmogorov & V.M. Tihomirov], sous la forme $\limsup \log M(\epsilon)/|\log\epsilon|$, avec l'appellation "dimension métrique".

On trouvera une étude plus générale des dimensions de spirales dans la référence [Y. Dupain, M. Mendès France, C. Tricot].

Cette notion de *dimension fractionnaire*, ou *dimension fractale*, est introduite dans ce chapitre indépendamment de la notion d'*ensemble fractal*. C'est, en effet, un outil d'analyse qui peut être utilisé sur toute la classe des ensembles compacts nulle part denses (ne contenant aucun ouvert). Cependant, ses applications les plus intéressantes sont certainement dans le domaine des fractales (Chap. 11).

11 Courbes fractales

11.1 Qu'est-ce qu'une courbe fractale?

Lorsqu'on examine une courbe expérimentale, donnée par un nombre fini de points, telle que côte géographique, profil de surface, frontière d'agrégat, ..., on est obligé de choisir au préalable le type de modèle mathématique auquel on veut l'associer. On retrouve là un problème général, celui du passage entre l'ensemble des données numériques, de type **discret**, et le modèle abstrait, presque toujours de type **continu**, parce qu'il est plus significatif et permet d'utiliser les théorèmes de limite. Ce passage se fait grâce à un procédé d'**interpolation** plus ou moins explicite entre les données. Si l'on a, par exemple, de bonnes raisons d'envisager un modèle de courbe de longueur finie, il faut imaginer une interpolation du genre rectifiable entre les données: les points successifs sont reliés par des segments, ou par des fonctions de spline, de façon que la courbe théorique admette une tangente presque partout. Nous savons que ce type de modèle ne peut suffire, et que dans d'autres cas, il est préférable de choisir un modèle de longueur infinie. Il existe deux principales familles de courbes de longueur infinie: celles qui sont *localement rectifiables*, telles les spirales (Chap. 10, § 2, exemple 1); et celles qui ne sont *rectifiables nulle part*, dont tout sous-arc est de longueur infinie (Chap. 10, § 2, exemple 2), et qui peuvent alors être appelées *fractales*. Un autre genre d'interpolation s'impose dans ce cas. On construit, entre les données numériques, un arc (supposé invisible à l'échelle de l'acquisition des données) dont la structure géométrique, en l'absence de toute autre information, est la même que celle de la courbe toute entière, ou au moins, de la courbe au voisinage du point considéré.

Au fond, la décision de choisir tel ou tel modèle de courbe reste subjective, laissée au goût, ou à la science, de l'expérimentateur. Il est d'autant plus important que celui-ci connaisse bien les modèles qu'il emploie, et les critères qui les caractérisent. C'est pourquoi, avant tout essai de mesure, est-il bon de connaître une caractérisation au moins *qualitative* d'une courbe fractale. Nous proposons la suivante, très proche de la vision immédiate:

> *Les courbes fractales sont caractérisées par deux propriétés.*
> *Elles sont*
> *i) Non rectifiables*
> *ii) Homogènes.*

Courbes non rectifiables Différentes interprétations du mot "rectifiable" ont été passées en revue dans le Chap. 7, § 1. On peut prendre ce mot au sens, global, de *longueur finie*; on peut le prendre au sens, local, de l'une des propriétés $\mathcal{P}1$ à $\mathcal{P}4$. On peut donc dire, globalement, qu'une courbe est non rectifiable si elle est de longueur infinie (Chap. 10). Ou bien, localement, si elle vérifie les propriétés opposées aux $\mathcal{P}i$. De plus, elle sera "nulle part rectifiable" si elle n'est rectifiable, localement, en aucun point; cette notion est plus particulièrement étudiée en § 2.

Courbes homogènes Le mot "homogène" signifie, selon le dictionnaire, "dont la structure est la même en tout point". Voilà pourquoi on dit d'une courbe fractale que "chacune de ses parties est semblable au tout". C'est, au fond, l'interprétation des mots "même structure", ou "semblable", qui fait la diversité des définitions de courbes fractales.

Pour donner leur sens exact aux mots, il faut alors employer des méthodes *quantitatives*. Il faut définir un ou plusieurs paramètres, ou encore une famille de courbes–test, qui permettent d'établir des relations d'équivalence entre les structures. Ce type de définition est nécessairement restrictif: une famille de paramètres, une courbe de référence, ne pourront jamais donner une description exacte de l'objet étudié.

a) Dans cet ordre d'idées, une première méthode, de type plutôt statistique, consiste à définir des paramètres de façon géométrique ou analytique, et à appeler "semblables" des structures sur lesquelles ces paramètres prennent des valeurs égales, ou du même ordre de grandeur.

• Si par exemple on prend la **dimension** (fractale) comme paramètre caractéristique, on dira qu'une courbe est homogène si chaque sous–arc possède une dimension égale à celle de la courbe toute entière — ou encore, si la dimension locale reste constante en chaque point (Chap. 19). Elle est, de plus, fractale si cette valeur de dimension est strictement supérieure à 1, car alors sa longueur est infinie, et elle est non rectifiable.

• Il est, en fait, préférable de choisir des paramètres plus directement mesurables, car cela donne lieu à des applications plus diversifiées. Nous utiliserons couramment le **diamètre** comme paramètre caractéristique d'une courbe (Chap. 11 à 16), ou, plus généralement, tout paramètre associé à la notion de **taille** (décrite en § 3). Dans un premier temps, deux courbes seront donc considérées comme semblables si elles ont même taille. C'est en utilisant ce critère que l'on donne la définition d'une courbe fractale en § 4. Dans un deuxième temps, cette notion sera complétée par celle de **déviation** (Chap. 15, § 2). Deux courbes seront alors semblables si elles ont même taille, et même déviation. On en tirera des conséquences intéressantes sur la valeur de la dimension (Chap. 16).

b) Une deuxième méthode est très en faveur chez les mathématiciens, et consiste à traduire "structures semblables" par: structures pouvant s'appliquer l'une sur l'autre au moyen de transformations du plan bien déterminées. Selon les transformations choisies, on trouve ainsi: la famille des courbes ayant une structure de *similitude interne* (Chap. 14), ou celle des courbes ayant une structure d'*affinité interne*, ou d'autres encore, plus générales (voir quelques exemples moins classiques dans les Fig. 16.2, 16.3, 16.4). Cette méthode est plus restrictive que la précédente; elle permet en revanche de construire de bons modèles, dont on connaît bien la structure, et dont l'utilité, de type pédagogique, est incontestable.

11.2 Une courbe fractale est nulle part rectifiable

Comme une courbe fractale Γ est à la fois non rectifiable et homogène, cette propriété de non–rectifiabilité doit être vraie partout sur Γ, donc sur tout sous-arc de la courbe. Une telle courbe sera dite "nulle part rectifiable". On reprend les propriétés $\mathcal{P}1$ à $\mathcal{P}4$ du Chap. 7, § 1 (rectifiabilité locale), on les transforme en des propriétés opposées (non–rectifiabilité locale), et on les exprime ensuite partout sur Γ (rectifiabilité nulle part). Cette méthode permet d'aboutir à la caractérisation suivante:

> On dira que Γ est **nulle part rectifiable** si elle possède l'une ou l'autre de ces trois propriétés :
>
> *Q1.* Tout sous-arc de Γ, non réduit à un seul point, est de longueur infinie.
>
> *Q2.* En tout point x_0 de Γ, l'angle $\theta_\epsilon(x_0)$ ne tend pas vers 0, autrement dit:
> $$\limsup_{\epsilon \to 0} \theta_\epsilon(x_0) > 0 \ .$$
>
> *Q3.* En tout point x_0 de Γ, le rapport $\mathcal{A}(\mathcal{K}(x_0\frown x))/(\operatorname{diam}(x_0\frown x))^2$ ne tend pas vers 0, autrement dit:
> $$\limsup_{\epsilon \to 0} \frac{\mathcal{A}(\mathcal{K}(x_0\frown x))}{\operatorname{diam}(x_0\frown x)^2} > 0 \ .$$

Commentaire : $Q1$ provient de $\mathcal{P}3$. Mais il n'était pas possible de prendre l'opposée directe de $\mathcal{P}3$, car on ne peut utiliser la grandeur $L(x_0\frown x)$, éventuellement infinie. On a donc simplement remplacé (non $\mathcal{P}3$) par $L(x_0\frown x) = +\infty$ pour tous x_0, x.

$Q2$ provient directement de (non $\mathcal{P}2$).

$Q3$ provient de (non $\mathcal{P}4$), mais on a remplacé $\operatorname{dist}(x_0, x)$ par le diamètre de l'arc $x_0\frown x$. Choisir la distance ou le diamètre n'a pas d'importance dans le cas des courbes rectifiables, où le rapport $\operatorname{diam}(x_0\frown x)/\operatorname{dist}(x_0, x)$ tend vers 1 presque partout. Mais dans le cas des courbes fractales, la fonction $\operatorname{dist}(x_0, x)$ peut avoir un comportement très irrégulier lorsque x tend vers x_0. Il est plus commode d'utiliser le diamètre, qui a l'avantage d'être une fonction d'arc croissante:

> Pour tout point y de $x_0\frown x$, $\operatorname{diam}(x_0\frown y) \leq \operatorname{diam}(x_0\frown x)$.

Cette propriété permet au diamètre de bien caractériser la taille d'un arc.

◊ Le diamètre d'une courbe est égal au diamètre de son enveloppe convexe. L'aire de celle-ci est équivalente au produit de son diamètre par sa largeur (Annexe C, § 4). Donc $\mathcal{Q}3$ peut aussi s'écrire

$$\text{Pour tout point } x_0 \text{ de } \Gamma, \ \limsup_{\epsilon \to 0} \frac{\text{Largeur}(\mathcal{K}(x_0 \frown x))}{\text{diam}(x_0 \frown x)} > 0 .$$

Cela traduit bien le fait que la courbe Γ ne s'aplatit pas au voisinage d'un de ses points: elle garde une structure *perturbée* (par rapport à la ligne droite), à toutes les échelles.

Relations entre les propriétés $\mathcal{Q}i$ Voici les relations qui existent entre ces propriétés, pour toute courbe Γ:

$$\boxed{\mathcal{Q}3 \Longrightarrow \mathcal{Q}2 \Longrightarrow \mathcal{Q}1 .}$$

▶ a) Supposons $\mathcal{Q}3$ vérifiée sur une courbe Γ. Pour chaque $x_0 \in \Gamma$, il existe un réel h non nul, et un point x_n de Γ, à distance $\leq 1/n$ de x_0, tels que

$$\mathcal{A}(\mathcal{K}(x_0 \frown x)) \geq h \left(\text{diam}(x_0 \frown x)\right)^2 .$$

Soit $\epsilon_n = \inf\{ r \text{ tel que } x_0 \frown x_n \subset B_r(x_0) \}$ la plus grande distance d'un point de $x_0 \frown x_n$ à x_0. La suite ϵ_n tend vers 0. L'angle $\theta_{\epsilon_n}(x_0)$ appartient à l'intervalle $[0, \pi]$. Si cet angle est différent de π, $x_0 \frown x$ est entièrement inclus dans un demi-cône de sommet x_0, d'angle $\theta_{\epsilon_n}(x_0)$.

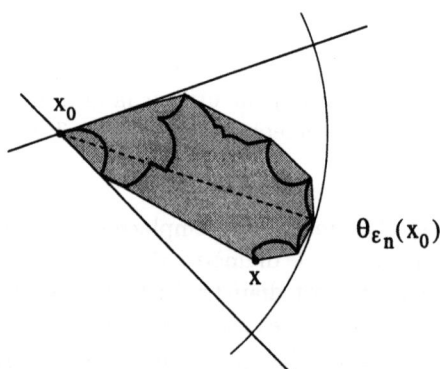

Fig. 11.1. *L'enveloppe convexe $\mathcal{K}(x_0 \frown x)$ est incluse dans un demi-cône d'angle $\theta_{\epsilon_n}(x_0)$.*

L'enveloppe convexe $\mathcal{K}(x_0 \frown x_n)$ est donc incluse dans un secteur circulaire de $B_{\epsilon_n}(x_0)$ (Fig. 11.1), d'aire $\frac{1}{2}\theta_{\epsilon_n}(x_0)\epsilon^2$. Si $\theta_{\epsilon_n}(x_0) = \pi$, $\mathcal{K}(x_0 \frown x)$ est incluse dans $B_{\epsilon_n}(x_0)$, d'aire $\pi \epsilon_n^2$.

On en tire dans les deux cas:
$$\theta_{\epsilon_n}(x_0)\epsilon_n^2 \geq h\epsilon_n^2,$$
donc
$$\theta_{\epsilon_n}(x_0) \geq h.$$

Comme h est non nul, on peut conclure que $\theta_\epsilon(x_0)$ ne tend pas vers 0 lorsque ϵ tend vers 0. Ainsi *Q3* entraîne *Q2*.

b) *Q2* entraîne *Q1*: car si *Q1* n'était pas vérifié, il existerait un arc Γ^* de Γ de longueur finie. Presque partout sur Γ^* on aura donc $\lim_{\epsilon \to 0} \theta_\epsilon(x_0) = 0$ (Chap. 7, § 4). Ceci contredit *Q2*. ◀

11.3 Diamètre, taille

En accord avec la méthodologie décrite en § 1, nous allons chercher une caractérisation des courbes fractales en employant un paramètre géométrique très simple: le **diamètre**:
$$\mathrm{diam}\,(E) = \sup\{\,\mathrm{dist}(x,y)\,,\text{ où } x, y \in E\,\}.$$

Cependant, s'il est simple à définir, il ne l'est pas toujours à évaluer, et il est bon de définir d'autres grandeurs, qui sont toutes du même ordre, et que nous regroupons sous la notion générale de **taille**.

*On appelle **taille** une fonction d'ensembles, généralement notée* taille(E), *qui vérifie les trois conditions suivantes:*

1. taille(E) *est équivalente au diamètre: il existe deux constantes c_1 et $c_2 > 0$, telles que, pour tout ensemble borné E:*
$$c_2\,\mathrm{diam}\,(E) \leq \mathrm{taille}(E) \leq c_1\,\mathrm{diam}\,(E).$$

2. taille(E) *est croissante:*
$$E_1 \subset E_2 \Longrightarrow \mathrm{taille}(E_1) \leq \mathrm{taille}(E_2).$$

3. taille(E) *est continue par rapport à la distance de Hausdorff:*
$$\lim_{n \to \infty} \mathrm{dist}(E_n, E) = 0 \Longrightarrow \lim_{n \to \infty} \mathrm{taille}(E_n) = \mathrm{taille}(E).$$

Un exemple, évident, de fonction de taille, est le diamètre lui-même. Mais on peut, selon le cas, en utiliser d'autres.

• Si le plan est muni de deux axes orthogonaux Ox_1 et Ox_2, on peut associer à tout E le plus petit rectangle de côtés parallèles aux axes qui contient E: appelons-le *rectangle circonscrit à E*. On peut alors poser

$$\mathrm{taille}(E) = \text{longueur du rectangle circonscrit à } E.$$

C'est bien une grandeur équivalente au diamètre, avec $c_1 = 1$ et $c_2 = 1/\sqrt{2}$. Ou encore

$$\text{taille}(E) = \text{périmètre du rectangle circonscrit à } E ,$$

avec $c_1 = 2\sqrt{2}$ et $c_2 = 2$.

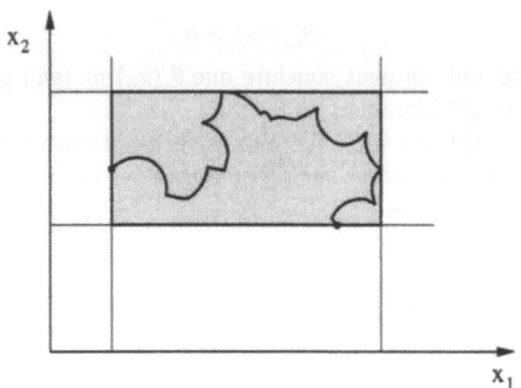

Fig. 11.2. *Le plus petit rectangle de côtés parallèles aux axes contenant une courbe donnée: sa longueur est équivalente au diamètre de la courbe.*

• Le rectangle circonscrit est un ensemble convexe. On peut utiliser aussi l'enveloppe convexe de E, et poser

$$\text{taille}(E) = L(\partial \mathcal{K}(E))$$

(Annexe C): c'est la longueur de la frontière de l'enveloppe convexe. Cette grandeur est équivalente au diamètre, avec $c_1 = \pi$ et $c_2 = 2$.

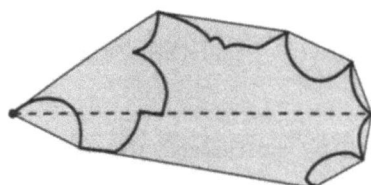

Fig. 11.3. *Enveloppe convexe d'une courbe. Son périmètre est équivalent au diamètre de la courbe.*

• Notons $C(E)$ le cercle circonscrit à E (plus petit cercle contenant E). Son diamètre n'est pas toujours égal à celui de E, comme on peut voir dans le cas d'un triangle équilatéral. Cependant, comme $C(E)$ est également le cercle circonscrit à $\mathcal{K}(E)$, son diamètre est une grandeur équivalente à $\text{diam}(E)$ (Annexe C). On peut écrire

$$\text{taille}(E) = \text{diam}(C(E)) ,$$

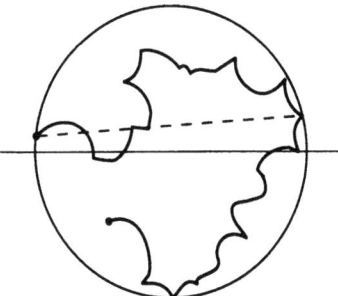

Fig. 11.4. *Cercle circonscrit à une courbe. Son diamètre est une grandeur équivalente au diamètre de la courbe.*

avec $c_1 = 2/\sqrt{3}$ et $c_2 = 1$.

◊ On a pu remarquer l'étroit rapport qui existe entre cette section et la section 2 de l'Annexe C, consacrée au diamètre d'un ensemble convexe: dans chaque cas, la taille de E est égale à celle de son enveloppe convexe $\mathcal{K}(E)$.

11.4 Caractérisation d'une courbe fractale

Admettons qu'une fonction de taille (diamètre, ou autre) ait été choisie. Soit Γ une courbe paramétrée, image par l'application continue γ de l'intervalle $[a,b]$. Ce qu'on appelle *arc local*, autour d'un point $\gamma(t)$ quelconque de Γ, est l'image d'un intervalle $[t-\tau, t+\tau]$: elle dépend de τ, demi-largeur de la *fenêtre* d'observation (Fig. 11.5).

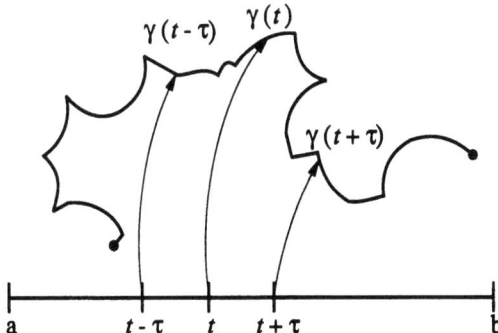

Fig. 11.5. *L'arc local $\gamma(t-\tau)\frown\gamma(t+\tau)$ construit autour du point $\gamma(t)$ est l'image par la paramétrisation γ de la fenêtre temporelle $[t-\tau, t+\tau]$.*

Nous pouvons définir, grâce à cette paramétrisation, une *fonction de taille locale*, tout à fait analogue à la fonction de distance locale définie en (Chap. 6, § 5 et Chap. 10, § 1). Elle est construite de façon à être continue sur tout l'intervalle

$[a, b]$, et à ne pas subir de variations importantes aux bords (au voisinage de a et de b), en vue des applications numériques. Donc, pour tout t dans $[a, b]$, et pour tout τ dans $]0, (b-a)/2]$, on pose

$$T(t,\tau) = \begin{cases} \text{taille}(\gamma(a)\frown\gamma(a+2\tau)), & \text{si } t - \tau \leq a; \\ \text{taille}(\gamma(t-\tau)\frown\gamma(t+\tau)), & \text{si } a \leq t - \tau < t + \tau \leq b; \\ \text{taille}(\gamma(b-2\tau)\frown\gamma(b)), & \text{si } b \leq t + \tau. \end{cases}$$

La fonction
$$\overline{T}_\tau = \frac{1}{b-a}\int_a^b T(t,\tau)\,dt$$

est une "taille moyenne locale", et le rapport $\overline{T}_\tau/2\tau$ est une évaluation de la vitesse moyenne locale, la variable t étant considérée comme un temps.

Lorsque la courbe est de longueur finie, ce rapport tend vers une limite finie qui vaut $L(\Gamma)/(b-a)$. Lorsque la courbe est de longueur infinie, $\overline{T}_\tau/\tau$ tend vers l'infini quand τ tend vers 0. D'où la caractérisation suivante:

*On dira que Γ est **fractale** si*
(Q4) Le rapport
$$\frac{T(t,\tau)}{\tau}$$
tend vers l'infini lorsque τ tend vers 0, uniformément par rapport à t.

La propriété $Q4$ peut aussi s'exprimer ainsi:

Pour tout réel A, aussi grand que l'on veut, on peut trouver $\tau_0 > 0$ tel que, pour tout $\tau \leq \tau_0$, et pour tout $t \in [a, b]$,
$$T(t,\tau) \geq A\tau\,.$$

En effet, ceci indique que la moyenne de $T(t,\tau)$, sur n'importe quel sous-intervalle de $[a, b]$, tend vers l'infini, donc que tout sous-arc de Γ est de longueur infinie: en ce sens, Γ est rectifiable nulle part. Et puis, lorsque $\tau \leq \tau_0$, tous les arcs de mesure 2τ vérifient la même inégalité

$$\text{taille}(\gamma(t-\tau)\frown\gamma(t+\tau)) \geq A\tau\,:$$

en ce sens, la courbe Γ est homogène.

◊ On voit qu'il s'agit là d'une définition très large d'une courbe fractale. On pourrait la restreindre un peu, en suivant le même ordre d'idées, en supposant qu'il existe une fonction $f(\tau)$, et deux constantes c_1, c_2 positives, telles que

$$\lim_{\tau\to 0}\frac{f(\tau)}{\tau} = +\infty\,,$$

et pour tout $t \in [a, b]$,
$$c_2 f(\tau) \leq T(t,\tau) \leq c_1 f(\tau)\,.$$

Ceci permet, en effet, de dire que les arcs de même mesure ont tous des tailles équivalentes.

◊ Un avantage de ce type de caractérisation des courbes fractales, c'est qu'il nous conduira tout naturellement à des algorithmes pour le calcul de la dimension (Chap. 12 à 16).

12 Graphes de fonctions

12.1 Courbes paramétrées par l'abcisse

Un ensemble de données numériques se présente souvent sous la forme de points situés dans un plan repéré par deux axes perpendiculaire, de façon que deux points distincts aient deux abcisses distinctes: c'est le cas de tous les *signaux temporels*, mais il y a bien d'autres exemples: profils de surface rugueuse, distance d'un point fixe à une courbe paramétrée, ou à un mouvement brownien sur la droite. Nous allons considérer une telle courbe du plan comme le graphe d'une fonction continue $z(t)$, définie sur l'intervalle $[a, b]$. Elle est alors naturellement paramétrée par l'abcisse t, et la paramétrisation est la fonction $\gamma(t)$ qui, à toute valeur de t, fait correspondre le point $(t, z(t))$ du plan. Nous supposons la continuité dans ce modèle: si ce n'était pas vraisemblable dans un cas donné, il faudrait créer un autre modèle, avec sauts, ce qui n'est pas l'objet de ce chapitre.

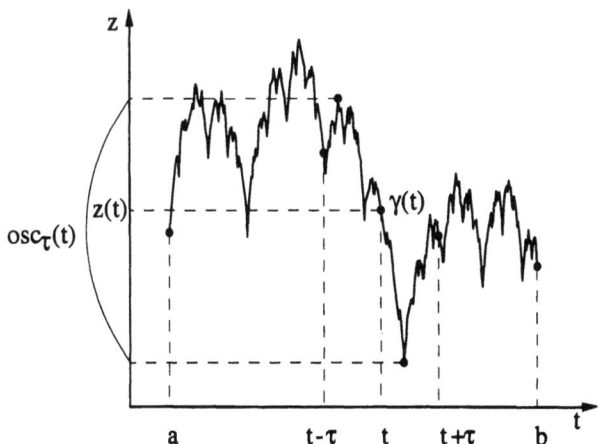

Fig. 12.1. *La courbe Γ est le graphe d'une fonction continue $z(t)$. La paramétrisation γ est la fonction qui, à tout t, fait correspondre le point $(t, z(t))$ du plan. L'arc local $\gamma(t-\tau)^\frown\gamma(t+\tau)$ a pour projection sur Ot l'intervalle $[t-\tau, t+\tau]$, et pour projection sur Oz l'intervalle $[\inf_{|t-t'|\leq\tau} z(t'), \sup_{|t-t'|\leq\tau} z(t')]$.*

Pour ce type particulier de courbe paramétrée, ce que nous appelons *arc local* $\gamma(t-\tau)\frown\gamma(t+\tau)$ est simplement la partie du graphe qui correspond aux abcisses prises dans l'intervalle $[t-\tau, t+\tau]$.

◊ Lorsque l'abcisse t représente le temps, la courbe Γ est une trajectoire. Dans le cas de longueur finie, la fonction $z(t)$ est presque partout dérivable, et il existe donc, presque partout, une vitesse instantanée $v(t) = \sqrt{1 + z'(t)^2}$. La longueur est obtenue par

$$L(\Gamma) = \int_a^b \sqrt{1 + z'(t)^2}\, dt$$

(Chap. 6, § 3). La vitesse est d'autant plus grande que l'oscillation de z en t est plus forte. Dans le cas de longueur infinie, la notion de dérivée disparaît, et ce sont les oscillations locales elles-mêmes qu'il faut mesurer.

◊ Pour bien définir l'oscillation en tout point de $[a,b]$, il faut évidemment donner une valeur à $z(t-\tau)$ lorsque $t-\tau < a$; et à $z(t+\tau)$ lorsque $t+\tau > b$. Nous allons donc supposer dans toute la suite que la fonction z est définie sur un intervalle $[a-\tau_0, b+\tau_0]$, où $\tau_0 > 0$. Nous prendrons des valeurs de τ inférieures à τ_0.

12.2 Taille des arcs locaux

La Fig. 12.1 montre comment l'arc local, image de l'intervalle $[t-\tau, t+\tau]$, se trouve inscrit dans un rectangle, de base 2τ. La hauteur de ce rectangle est noté $\mathrm{osc}_\tau(t)$, ou $\mathrm{osc}_\tau(z)(t)$ si une confusion est à craindre. On l'appelle la τ-**oscillation** de la fonction z en t:

$$\mathrm{osc}_\tau(t) = \sup_{|t-t'|\leq\tau} z(t') - \inf_{|t-t'|\leq\tau} z(t')$$

$$= \sup\{\, z(t') - z(t'')\, ,\ \text{où } t' \text{ et } t'' \text{ appartiennent à } [t-\tau, t+\tau]\,\}\ .$$

Il est commode de mesurer la *taille* de l'arc local par la longueur de ce rectangle (Chap. 11, § 3):

$$T(t,\tau) = \max\{\, 2\tau,\, \mathrm{osc}_\tau(t)\,\}\ .$$

En reprenant la caractérisation $(Q4)$ d'une courbe fractale (Chap. 11, § 4), on peut donc écrire

Le graphe Γ est fractal si

$$\frac{\mathrm{osc}_\tau(t)}{\tau} \longrightarrow_{\tau \to 0} +\infty\ ,$$

uniformément par rapport à t.

Ainsi donc, pour un graphe fractal, les rectangles circonscrits $2\tau \times \mathrm{osc}_\tau(t)$ deviennent de plus en plus hauts et étroits à mesure que la précision τ de l'observation diminue. En pratique, une imprimante suffisamment précise ne pourra tracer une telle courbe que par une succession de traits verticaux. Ce phénomène est lié au fait que la fonction continue $z(t)$ est nulle part dérivable.

12.3 Variation d'une fonction

La τ-variation de $z(t)$ sur $[a,b]$ est l'intégrale des oscillations. On la note $\text{Var}_\tau(z)$, ou Var_τ lorsqu'aucune confusion n'est à craindre. Ainsi

$$\text{Var}_\tau = (b-a)\overline{\text{osc}}_\tau$$
$$= \int_a^b \text{osc}_\tau(t)\, dt\ .$$

Cette quantité est évidemment reliée à la taille locale moyenne $\overline{T}_\tau$ (Chap. 11, § 4). La relation n'est pas directe cependant, lorsque pour certaines valeurs de t, $\text{osc}_\tau(t) < 2\,\tau$: la taille de l'arc local est alors $2\,\tau$, et non $\text{osc}_\tau(t)$. En ces points, le graphe de Γ adopte un profil plat, à la précision τ. Lorsque ce phénomène se produit partout, il est possible d'obtenir l'inégalité $\text{Var}_\tau < (b-a)\overline{T}_\tau$. Mais néanmoins ces deux fonctions sont toujours équivalentes:

Si la fonction $z(t)$ n'est pas constante,

$$\boxed{\text{Var}_\tau \simeq \overline{T}_\tau\ .}$$

▶ Des inégalités
$$\text{osc}_\tau(t) \leq T(t,\tau) \leq \text{osc}_\tau(t) + 2\,\tau\ ,$$
on peut déduire par intégration:
$$\text{Var}_\tau \leq (b-a)\overline{T}_\tau \leq \text{Var}_\tau + 2\,\tau\,(b-a)\ .$$

Si $z(t)$ est non constante, notons $c = \sup_{t\in[a,b]} z(t) - \inf_{t\in[a,b]} z(t)$ l'oscillation totale de $z(t)$ sur $[a,b]$: l'inégalité $\text{Var}_\tau \geq c\tau$ est toujours vraie (on en trouve une démonstration géométrique un peu plus loin dans cette section). Alors

$$\text{Var}_\tau \leq (b-a)\overline{T}_\tau \leq (2\,\frac{b-a}{c} + 1)\text{Var}_\tau\ . \quad ◀$$

On en déduit en particulier que pour les courbes de longueur infinie, les rapports Var_τ/τ et $\overline{T}_\tau/\tau$ ont le même ordre de croissance vers $+\infty$ lorsque τ tend vers 0. Nous verrons que cet ordre de croissance se relie directement à la dimension fractale de Γ (§ 4). Nous préférons utiliser la fonction Var_τ parce qu'elle est d'une analyse plus simple. En voici quelques propriétés.

Géométrie de Var_τ On a noté (Chap. 9, § 4) $\Gamma(\tau,\pi/2)$ la surface balayée par Γ lorsqu'on la déplace horizontalement de $+\tau$, et de $-\tau$; c'est aussi la réunion de tous les segments horizontaux centrés en Γ, de longueur 2τ. L'intervalle $[a,b]$ étant le domaine de définition de $z(t)$, on tronque cette surface à gauche de la droite $t = a$, et à droite de $t = b$, de façon à n'en garder que les points d'abcisse comprise entre a et b. Soit U_τ la surface ainsi obtenue (Fig. 12.2):

$U_\tau = \{ (t_1, t_2)$ tel que

(i) $a \leq t_1 \leq b$

(ii) il existe $t_0 \in [a, b]$ tel que $|t_1 - t_0| \leq \tau$ et $t_2 = z(t_0)\ \}$.

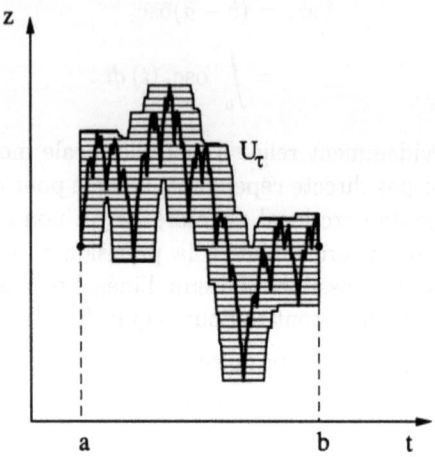

Fig. 12.2. *Pour former la surface U_τ, on fait la réunion de tous les segments horizontaux de longueur 2τ, centrés en Γ, et on tronque à gauche et à droite, pour ne garder que les points d'abcisse comprise entre a et b.*

Cette surface U_τ constitue une saucisse autour de Γ. Son aire est précisément égale à la τ-variation de $z(t)$:

$$\text{Var}_\tau = \mathcal{A}(U_\tau) .$$

▶ Si (t, z) est un point quelconque de U_τ, il existe t_0 dans $[a, b]$ tel que $|t - t_0| \leq \tau$, et $z = z(t_0)$. On en déduit que U_τ est la réunion de segments verticaux (non nécessairement centrés sur Γ!) d'abcisse $t \in [a, b]$, et de longueur $\text{osc}_\tau(t)$. En intégrant ces longueurs sur la variable t, on obtient l'aire de la surface: donc $\mathcal{A}(U_\tau) = \int_a^b \text{osc}_\tau(t)\, dt$. ◀

◊ Si $z(t)$ est non constante, notons $c = \sup_{t \in [a,b]} z(t) - \inf_{t \in [a,b]} z(t)$ l'oscillation totale de $z(t)$ sur $[a, b]$. Les sections horizontales de U_τ sont toutes de longueur $\geq \tau$, dès que $\tau \leq b - a$. En intégrant, cette fois, la longueur de ces sections horizontales, sur l'intervalle $[\inf_{t \in [a,b]} z(t), \sup_{t \in [a,b]} z(t)]$, on obtient l'aire de U_τ. D'où
$$\text{Var}_\tau = \mathcal{A}(U_\tau) \geq c\tau .$$

Propriétés analytiques de Var_τ

1. *Pour toute fonction continue $z(t)$, on a* $\text{Var}_\tau(z) \geq 0$, *et*

$$\text{Var}_\tau(z) = 0 \iff \text{osc}_\tau(t) = 0 \text{ pour tout } t$$
$$\iff z(t) \text{ est une fonction constante } .$$

2. *Pour toutes constantes* $c_1, c_2,$

$$\text{Var}_\tau(c_1 z + c_2) = |c_1| \text{Var}_\tau(z) .$$

3. *Pour toute paire de fonctions* z_1, z_2 *définies sur le même intervalle,*

$$\text{Var}_\tau(z_1) - \text{Var}_\tau(z_2) \leq \text{Var}_\tau(z_1 + z_2) \leq \text{Var}_\tau(z_1) + \text{Var}_\tau(z_2) .$$

▶
1. Immédiat, parce que l'intégrale d'une fonction continue ≥ 0 est nulle, si et seulement si la fonction est nulle.
2. Il suffit de vérifier que $\text{Var}_\tau(c\,z) = c\,\text{Var}_\tau(z)$ si $c \geq 0$, $\text{Var}_\tau(-z) = \text{Var}_\tau(z)$, et $\text{Var}_\tau(z + c) = \text{Var}_\tau(z)$.
3. Il faut démontrer tout d'abord les inégalités

$$\inf_{|t-t'|\leq\tau} z_1(t') + \inf_{|t-t'|\leq\tau} z_2(t') \leq \inf_{|t-t'|\leq\tau}(z_1+z_2)(t')$$
$$\leq \sup_{|t-t'|\leq\tau}(z_1+z_2)(t') \leq \sup_{|t-t'|\leq\tau} z_1(t') + \sup_{|t-t'|\leq\tau} z_2(t'),$$

qui entraînent, avec des notations évidentes, les suivantes, pour tout t:

$$\text{osc}_\tau(z_1 + z_2) \leq \text{osc}_\tau(z_1) + \text{osc}_\tau(z_2) .$$

Ceci, par intégration, prouve l'une des inégalités cherchées:

$$\text{Var}_\tau(z_1 + z_2)(t) \leq \text{Var}_\tau(z_1)(t) + \text{Var}_\tau(z_2)(t) .$$

On s'en sert pour démontrer l'autre inégalité:

$$\text{Var}_\tau(z_1) = \text{Var}_\tau(z_1 + z_2 - z_2) \leq \text{Var}_\tau(z_1 + z_2) + \text{Var}_\tau(-z_2)$$
$$= \text{Var}_\tau(z_1 + z_2) + \text{Var}_\tau(z_2) . \quad ◀$$

◇ On peut déduire de ces propriétés que, pour tout τ, $\text{Var}_\tau(z)$ est une **norme** sur l'ensemble des fonctions continues, de moyenne nulle, définies sur le même intervalle $[a,b]$. On peut en voir davantage sur les normes en § 6.

12.4 Dimension fractale d'un graphe

Si $z(t)$ est une fonction constante sur son intervalle de définition $[a,b]$, $\text{Var}_\tau(z) = 0$ pour tout τ. Sinon, $\text{Var}_\tau(z)$ est une quantité non nulle, qui tend vers 0 avec un ordre de croissance directement relié à la dimension du graphe:

THÉORÈME *Soit $z(t)$ une fonction continue, non constante, et Γ son graphe: on a*

$$\Delta(\Gamma) = \limsup_{\tau \to 0}(2 - \frac{\log \text{Var}_\tau(z)}{\log \tau}) \ .$$

En particulier, si z est dérivable sur $[a,b]$, $\text{Var}_\tau \simeq \tau$, et la limite ci-dessus vaut 1; ce qui correspond bien à la dimension d'une courbe de longueur finie.

▶ Pour démontrer ce théorème, reprenons les domaines de recouvrement $X_\tau(x)$ en forme de croix (Chap. 10, § 7), où $x = (t, z(t))$ parcourt Γ. On prend $\theta_1 = \pi/2$, $\theta_2 = 0$, de façon que les branches de la croix soient parallèles aux axes de coordonnées. La réunion

$$X_\tau = \bigcup_{x \in \Gamma} X_\tau(x)$$

forme une saucisse qui est en fait la réunion de deux saucisses, l'une formée de segments horizontaux de longueur 2τ, notée $\Gamma(\pi/2, \tau)$; l'autre formée de segments verticaux de longueur 2τ, notée $\Gamma(0, \tau)$ (Chap. 9, § 4). Donc

$$\mathcal{A}(\Gamma(\pi/2, \tau)) \leq \mathcal{A}(X_\tau) \leq \mathcal{A}(\Gamma(\pi/2, \tau)) + \mathcal{A}(\Gamma(0, \tau)) \ .$$

L'aire $\mathcal{A}(\Gamma(0, \tau))$ se calcule en faisant l'intégrale sur $[a,b]$ des longueurs de sections verticales: les branches étant de longueur 2τ, on obtient $\mathcal{A}(\Gamma(0,\tau)) = 2(b-a)\tau$.

Si on tronque la surface $\Gamma(\pi/2, \tau)$ à gauche de $t = a$, et à droite de $t = b$, elle devient égale à la surface U_τ (§ 3). En posant $c = \sup_{t \in [a,b]} z(t) - \inf_{t \in [a,b]} z(t)$, qui est non nul car $z(t)$ n'est pas constante, et en rappelant que $\mathcal{A}(U_\tau) = \text{Var}_\tau$, on peut écrire

$$\text{Var}_\tau \leq \mathcal{A}(\Gamma(\pi/2, \tau)) \leq \text{Var}_\tau + 2c\tau \ .$$

Enfin, $c\tau \leq \text{Var}_\tau$. En rassemblant les résultats obtenus,

$$\text{Var}_\tau \leq \mathcal{A}(X_\tau) \leq \text{Var}_\tau + 2(c + b - a)\tau$$
$$\leq (3 + 2\frac{b-a}{c})\text{Var}_\tau \ .$$

Ainsi donc,

$$\limsup_{\tau \to 0}(2 - \frac{\log \text{Var}_\tau(z)}{\log \tau}) = \limsup_{\tau \to 0}(2 - \frac{\log \mathcal{A}(X_\tau)}{\log \tau}) \ .$$

Nous savons que le membre de droite de cette égalité vaut $\Delta(\Gamma)$. ◀

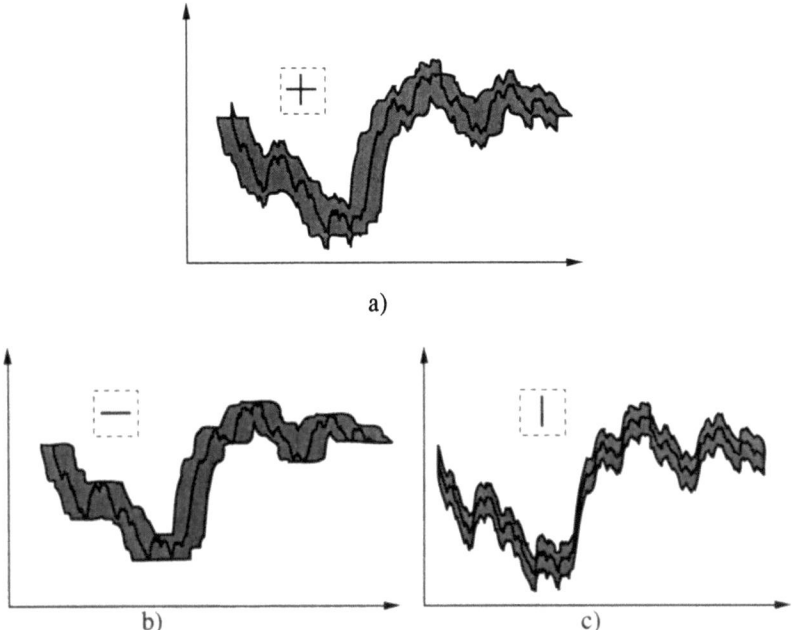

Fig. 12.3. *La surface X_τ en a), formée de croix dont le centre parcourt Γ, est la réunion de la surface $\Gamma(\pi/2, \tau)$ en b), formée de segments horizontaux, et de la surface $\Gamma(0, \tau)$ en c), formée de segments verticaux.*

◊ Soit z_1 et z_2 deux fonctions continues sur $[a, b]$, de graphes respectifs Γ_1 et Γ_2, et Γ le graphe de $z_1 + z_2$. L'inégalité

$$\mathrm{Var}_\tau(z_1 + z_2) \leq \mathrm{Var}_\tau(z_1) + \mathrm{Var}_\tau(z_2) \,,$$

démontrée en § 3, permet de dire que l'ordre de croissance vers 0 de $z_1 + z_2$ est supérieur au maximum de ceux de z_1 et de z_2, et donc:

$$\Delta(\Gamma) \leq \max\{\, \Delta(\Gamma_1), \Delta(\Gamma_2) \,\} \,.$$

Une inégalité dans l'autre sens est plus difficile à obtenir, car les oscillations des fonctions z_1 et z_2 pourraient s'annuler en faisant la somme de ces fonctions. Dans le cas où $\Delta(\Gamma_1) \geq \delta(\Gamma_1) > \Delta(\Gamma_2)$, alors $\mathrm{Var}_\tau(z_2)$ est négligeable devant $\mathrm{Var}_\tau(z_1)$: l'inégalité

$$\mathrm{Var}_\tau(z_1 + z_2) \geq \mathrm{Var}_\tau(z_1) - \mathrm{Var}_\tau(z_2)$$

(§ 3) donne alors $\Delta(\Gamma) = \Delta(\Gamma_1)$. En règle générale,

> *On ne change pas la dimension d'un graphe si l'on ajoute à la fonction une autre fonction dont la dimension de graphe est strictement inférieure.*

Notons toutefois que, si $\Delta(\Gamma_1) = \Delta(\Gamma_2)$, *dans la plupart des cas* on obtiendra tout de même l'égalité $\Delta(\Gamma) = \Delta(\Gamma_1)$, parce que les fonctions z_1 et z_2 sont *indépendantes*, et que leurs oscillations ne sont pas directement opposées les unes aux autres. Il resterait à définir exactement cette notion d'indépendance.

12.5 Exposant de Hölder

Si une fonction $z(t)$ est dérivable en t, le rapport $\operatorname{osc}_\tau(t)/2\tau$ tend vers $z'(t)$ lorsque τ tend vers 0, et le graphe Γ de z peut, au voisinage du point $(t, z(t))$, être confondu avec la tangente. En revanche, si la limite supérieure de $\operatorname{osc}_\tau(t)/\tau$ est infinie, il n'y a pas de dérivée en t. Pour mesurer l'irrégularité de Γ à cet endroit, on définit un "exposant de Hölder" H, tel que $0 < H \leq 1$:

Hölder *La fonction $z(t)$ est holderienne d'exposant H en t s'il existe une constante c telle que pour tout t',*

$$|z(t) - z(t')| \leq c\,|t - t'|^H\ .$$

En termes d'oscillation, cette condition s'écrit de manière équivalente:

Hölder *La fonction $z(t)$ est holderienne d'exposant H en t, $0 < H \leq 1$, s'il existe une constante c telle que pour tout τ,*

$$\operatorname{osc}_\tau(t) \leq c\,\tau^H\ .$$

▶ En effet, $\operatorname{osc}_\tau(t) \leq c\,\tau^H$ implique évidemment que $|z(t) - z(t')| \leq c\,|t - t'|^H$. Inversement, supposons que $|z(t) - z(t')| \leq c\,|t - t'|^H$ pour tout t'. Soit t_1 tel que $|t - t_1| \leq \tau$, et $z(t_1) = \sup_{|t-t'|\leq \tau} z(t')$. Soit t_2 tel que $|t - t_2| \leq \tau$, et $z(t_2) = \inf_{|t-t'|\leq \tau} z(t')$. On a

$$\begin{aligned}\operatorname{osc}_\tau(t) &= z(t_1) - z(t_2)\\ &= z(t_1) - z(t) + z(t) - z(t_2) \leq 2\,c\,\tau^H\ .\end{aligned}$$ ◀

◇ Cette condition de Hölder indique qu'au voisinage du point $(t, z(t))$, la graphe de Γ se trouve inscrit à l'intérieur des deux courbes d'équation

$$z(t') = \pm c\,|t - t'|^H\ .$$

◇ Dans les cas typiques de courbes fractales, ce coefficient de Hölder est le même en tout t. Si, de plus, la constante c ne dépend pas de t ($z(t)$ est holderienne uniformément), on obtient par intégration sur le domaine de définition $[a, b]$:

$$\operatorname{Var}_\tau \lesssim c\,\tau^H\ ,$$

et donc le résultat suivant sur la dimension (§ 4):

$$\boxed{\Delta(\Gamma) \leq 2 - H\ .}$$

Transformer cette inégalité en égalité demande une condition sur l'oscillation dans le sens contraire: ce sera la condition "Hölder inverse".

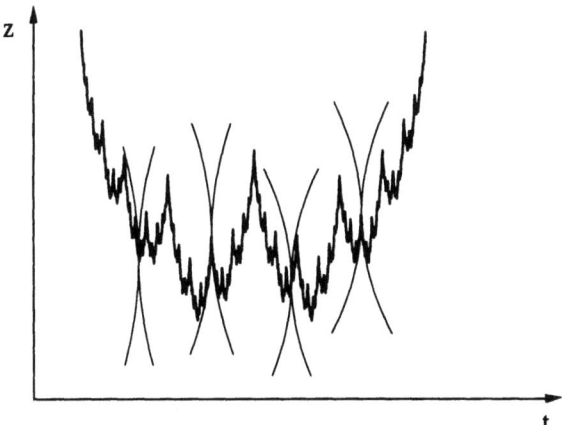

Fig. 12.4. *Graphe de la fonction continue $z(t) = \sum_0^\infty 2^{-n/2} \cos(2^n t)$, qui est holderienne d'exposant $1/2$ pour tout t (Chapitre 13). Au voisinage de t, le graphe oscille à l'intérieur d'une enveloppe formée des deux paraboles du type $z(t') = \pm c\sqrt{|t - t'|}$.*

Hölder inverse *La fonction $z(t)$ est inversement holderienne d'exposant H en t s'il existe une constante $c > 0$ telle que pour tout τ,*

$$\mathrm{osc}_\tau(t) \geq c\tau^H .$$

D'où le résultat sur la dimension:

S'il existe deux constantes H et $c > 0$, telles que $\mathrm{osc}_\tau(t) \geq c\tau^H$ pour tout t, alors

$$\boxed{\Delta(\Gamma) \geq 2 - H .}$$

Les conditions **Hölder** et **Hölder inverse** sont opposées, mais non contradictoires. Beaucoup de modèles mathématiques connus: fonctions de Knopp, de Weierstrass, ..., possèdent en tout t les deux propriétés à la fois, pour la même valeur de H. Ce sont des fonctions à la géométrie locale bien déterminée, et telles que $\Delta(\Gamma) = 2 - H$. Notons néanmoins que la condition **Hölder inverse** est souvent difficile à vérifier. Nous présentons dans le chapitre suivant un cas facile, celui de la fonction de Knopp. Mais nous verrons aussi que pour d'autres modèles, la dimension fractale peut s'évaluer à de moindres frais.

◊ Même si l'exposant de Hölder H est constant le long de la courbe, il peut arriver que la constante c varie avec t, d'une façon telle que le résultat sur Var_τ, obtenu par intégration, ne soit plus exact. L'égalité $\Delta(\Gamma) = 2 - H$ n'est plus assurée. D'autres notions de dimension plus sophistiquées (dimension d'empilement) doivent alors entrer en jeu.

12.6 Autres fonctions d'irrégularité

Dans la section § 3 c'est la variation $\text{Var}_\tau(z)$ qui a servi à mesurer l'irrégularité de la fonction z, à l'échelle τ. On pourrait se servir d'autres fonctions, plus connues, utilisant des différences entre les valeurs de z. Par exemple, la **fonction de structure** s'écrit

$$\int_a^b (z(t+\tau) - z(t-\tau))^2 \, dt \, .$$

Mais celle-ci sert surtout à détecter l'éventuelle périodicité de z. Lorsque z est périodique, de période T_0, la fonction de structure s'annule pour $\tau = T_0/2$. Elle n'est donc pas vraiment destinée à des mesures d'irrégularité. On lui préfèrera la suivante:

$$\sqrt{\int_a^b \int_{-\tau}^{\tau} (z(t+s) - z(t))^2 \, ds \, dt}$$

écart-type des valeurs de la *fonction différence* à deux variables $z(t) - z(t')$, lorsque $|t - t'| \leq \tau$. Plus généralement, pour tout paramètre $\alpha \geq 1$, on peut mesurer l'*irrégularité locale* de z au point t par la quantité

$$\left(\frac{1}{2\tau} \int_{-\tau}^{\tau} |z(t+s) - z(t)|^\alpha \, ds \right)^{1/\alpha},$$

où toutes les valeurs de z dans l'intervalle $[t-\tau, t+\tau]$ rentrent en compte. Cette valeur dépend de t, on peut en faire une moyenne sur $[a, b]$ pour obtenir une estimation de l'*irrégularité globale*, en posant pour tout $\beta \geq 1$:

$$S_\tau^{(\alpha, \beta)}(z) = \left(\frac{1}{b-a} \int_a^b \left(\frac{1}{2\tau} \int_{-\tau}^{\tau} |z(t+s) - z(t)|^\alpha \, ds \right)^{\beta/\alpha} \right)^{1/\beta}.$$

Dans ces formules, on a utilisé les normes N^α et N^β sur lesquelles il faut peut-être donner quelques précisions.

Normes de fonctions réelles Une norme $N(f)$ est une valeur réelle positive associée à la fonction f, prise dans une classe de fonctions donnée. Elle doit avoir les trois propriétés suivantes:

(i) $f(x) = 0 \iff f = 0$;
(ii) $N(\lambda f) = |\lambda| N(f)$ pour tout réel λ ;
(iii) $N(f_1 + f_2) \leq N(f_1) + N(f_2)$.

On peut comparer avec la notion de norme du plan étudiée dans l'Annexe C. L'exemple le plus connu est celui des normes N^α, $\alpha \geq 1$:

$$N^\alpha(f) = \left(\frac{1}{b-a} \int_a^b |f(t)|^\alpha \, dt \right)^{1/\alpha}.$$

Ce sont des normes dans la famille des fonctions continues sur $[a,b]$. En particulier la moyenne géométrique de f est une norme, la norme N^1. Il est clair que $N^\alpha(f)$ dépend en général du paramètre α. Si on se donne une fonction continue f de borne supérieure $\|f\|$ sur $[a,b]$:

(i) $N^\alpha(f)$ *est une fonction continue, croissante de α;*
(ii) *Lorsque α tend vers l'infini, $N^\alpha(f) \to \|f\|$.*

La quantité $\|f\|$ est elle-même une norme, aussi notée $N^\infty(f)$.

Pour définir nos fonctions d'irrégularité $S_\tau^{(\alpha,\beta)}(z)$, nous avons donc utilisé successivement la norme N^α de la fonction $z(t) - z(t')$, pour les valeurs de t' dans $[t-\tau, t+\tau]$; puis la norme N^β de l'oscillation obtenue, sur $[a,b]$. Ceci explique le comportement de $S_\tau^{(\alpha,\beta)}(z)$. Voyons auparavant quelques exemples, qui incluent la valeur $+\infty$ pour α et β.

1. **Si $\alpha = \beta$:**

$$S_\tau^{(\alpha,\alpha)}(z) = \left(\frac{1}{2\tau(b-a)} \int_a^b \int_{-\tau}^\tau |z(t+s) - z(t)|^\alpha \, ds \right)^{1/\alpha}.$$

Il s'agit donc simplement de la norme N^α de la fonction de deux variables $z(t) - z(t')$, losque $|t - t'| \leq \tau$. Cette valeur augmente (ou au moins ne décroît pas). Si $\alpha = 2$, c'est une moyenne quadratique de ces différences. Lorsque $\alpha \to +\infty$, on obtient le cas suivant.

2. **Si $\alpha = \beta = +\infty$:**

$$S_\tau^{(\infty,\infty)}(z) = \sup_{a \leq t \leq b, |t-t'| \leq \tau} |z(t) - z(t')|.$$

C'est la τ-oscillation maximale de la fonction z.

3. **Si $\alpha = +\infty$, $\beta = 1$:**

$$S_\tau^{(\infty,1)}(z) = \left(\frac{1}{b-a} \int_a^b \sup_{|s| \leq \tau} |z(t+s) - z(t)| \, dt \right).$$

La quantité $\sup_{|s| \leq \tau} |z(t+s) - z(t)|$ vérifie les inégalités

$$\frac{1}{2} \mathrm{osc}_\tau(t) \leq \sup_{|s| \leq \tau} |z(t+s) - z(t)| \leq \mathrm{osc}_\tau(t),$$

elle est donc équivalente à la τ-oscillation au point t, et par conséquent

$$S_\tau^{(\infty,1)}(z) \simeq \mathrm{Var}_\tau(z).$$

Quelques propriétés des fonctions $S_\tau^{(\alpha,\beta)}$: Elles dérivent des propriétés de norme de N^α, N^β. Rappelons que $\alpha \geq 1$, $\beta \geq 1$.

1. $S_\tau^{(\alpha,\beta)}(z) = 0 \iff$ *la fonction z est constante.*
2. *Pour tout réel λ, $S_\tau^{(\alpha,\beta)}(\lambda z) = |\lambda| \, S_\tau^{(\alpha,\beta)}(z)$.*

158   12 Graphes de fonctions

3. $S_\tau^{(\alpha,\beta)}(z_1 + z_2) \leq S_\tau^{(\alpha,\beta)}(z_1) + S_\tau^{(\alpha,\beta)}(z_2)$.
4. *Fixons la fonction z, et la valeur $\tau > 0$: $S_\tau^{(\alpha,\beta)}(z)$ est une fonction continue, croissante de α et de β. De plus, $\lim_{\alpha\to\infty} S_\tau^{(\alpha,\beta)}(z) = S_\tau^{(\infty,\beta)}(z)$ et $\lim_{\beta\to\infty} S_\tau^{(\alpha,\beta)}(z) = S_\tau^{(\alpha,\infty)}(z)$.*
5. *Posons $c = \sup_{t\in[a,b]} z(t) - \inf_{t\in[a,b]} z(t)$:*

$$\liminf_{\tau\to 0} \frac{1}{\tau} S_\tau^{(\alpha,\beta)}(z) \geq \frac{c}{2(b-a)}.$$

▶ Les propriétés 1, 2, et 3 ont déjà été observées pour Var_τ. Démontrons la propriété 5. A cause de la croissance il suffit de supposer que $\alpha = \beta = 1$. Soit $t_1, t_2 \in [a,b]$ tels que $z(t_1) = \sup_{t\in[a,b]} z(t)$, $z(t_2) = \inf_{t\in[a,b]} z(t)$. Soit $\epsilon > 0$. Comme z est uniformément continue sur $[a,b]$, il existe une valeur $\tau(\epsilon)$ telle que pour tout t,

$$|s| \leq \tau(\epsilon) \implies |z(t+s) - z(t)| \leq \epsilon.$$

Pour de telles valeurs de s,

$$\left|\int_{t_1}^{t_1+s} z(t)\,dt - s\,z(t_1)\right| \leq |s|\epsilon, \quad \left|\int_{t_2}^{t_2+s} z(t)\,dt - s\,z(t_2)\right| \leq |s|\epsilon.$$

L'intégrale $\int_a^b |z(t+s) - z(t)|\,dt$ est donc supérieure ou égale à

$$\left|\int_{t_1}^{t_2} (z(t+s) - z(t))\,dt\right| = \left|\int_{t_2}^{t_2+s} z(t)\,dt - \int_{t_1}^{t_1+s} z(t)\,dt\right|$$
$$= \left|s(z(t_2) - z(t_1)) - \left(\int_{t_1}^{t_1+s} z(t)\,dt - s\,z(t_1)\right) + \left(\int_{t_2}^{t_2+s} z(t)\,dt - s\,z(t_2)\right)\right|$$
$$\geq |s|(c - 2\epsilon).$$

On en tire:

$$\frac{1}{\tau} S_\tau^{(1,1)}(z) = \frac{1}{2\tau^2(b-a)} \int_{-\tau}^{\tau} \int_a^b |z(t+s) - z(t)|\,dt\,ds$$
$$\geq \frac{c - 2\epsilon}{2\tau^2(b-a)} \int_{-\tau}^{\tau} |s|\,ds$$
$$= \frac{c - 2\epsilon}{2(b-a)}.$$

On fait ensuite tendre τ, puis ϵ, vers 0. ◀

12.7 Les dimensions associées $\Delta^{(\alpha,\beta)}(z)$

Comme $\text{Var}_\tau(z)$ est une fonction équivalente à $S_\tau^{(\infty,1)}(z)$ lorsque τ tend vers 0, la dimension fractale du graphe Γ de z peut s'écrire

$$\Delta(\Gamma) = \limsup_{\tau \to 0} \left(2 - \frac{\log S_\tau^{(\infty,1)}(z)}{\log \tau}\right).$$

De la même façon on peut associer à chaque fonction d'irrégularité $S_\tau^{(\alpha,\beta)}(z)$ un indice qui depend de α et β, et qui traduit l'irrégularité de z:

$$\Delta^{(\alpha,\beta)}(z) = \limsup_{\tau \to 0} \left(2 - \frac{\log S_\tau^{(\alpha,\beta)}(z)}{\log \tau}\right).$$

En particulier $\Delta(\Gamma) = \Delta^{(\infty,1)}(z)$.

Propriétés des $\Delta^{(\alpha,\beta)}(z)$:

1. *La fonction z étant donnée, $\Delta^{(\alpha,\beta)}(z)$ est une fonction croissante de α et de β.*
2. *Pour tous z, α, β,*

$$1 \leq \Delta^{(\alpha,\beta)}(z) \leq 2.$$

3. $\Delta^{(\alpha,\beta)}(z_1 + z_2) \leq \max\{\Delta^{(\alpha,\beta)}(z_1), \Delta^{(\alpha,\beta)}(z_2)\}$.
4. *Pour tous α, β, γ, δ dans $[1, +\infty)$:*

$$|\Delta^{(\alpha,\beta)}(z) - \Delta^{(\gamma,\delta)}(z)| \leq 1 - \frac{\min\{\alpha,\gamma\}\min\{\beta,\delta\}}{\max\{\alpha,\gamma\}\max\{\beta,\delta\}}.$$

▶
1. Provient directement de la croissance de $S_\tau^{(\alpha,\beta)}(z)$ par rapport à α et β.
2. $1 \leq \Delta^{(\alpha,\beta)}(z)$ provient de la propriété 4 de $S_\tau^{(\alpha,\beta)}(z)$, tandis que $\Delta^{(\alpha,\beta)}(z) \leq 2$ provient du fait que $S_\tau^{(\alpha,\beta)}(z)$ est bornée au voisinage de 0.
3. Provient de la propriété 3 de $S_\tau^{(\alpha,\beta)}(z)$.
4. Nous laissons de côté la démonstration de cette inégalité, un peu technique. ◀

◇ Mais ce dernier résultat a une conséquence intéressante. On l'utilise en effet pour montrer que lorsqu'une suite (α_n) tend vers α, alors $\Delta^{(\alpha_n,\beta)}(z)$ tend vers $\Delta^{(\alpha,\beta)}(z)$. De même, lorsqu'une suite (β_n) tend vers β, alors $\Delta^{(\alpha,\beta_n)}(z)$ tend vers $\Delta^{(\alpha,\beta)}(z)$. Autrement dit,

$\Delta^{(\alpha,\beta)}(z)$ *est continue en toute valeur réelle de α et de β.*

Notons que la continuité à l'infini n'est pas prouvée: Lorsque $\alpha \to +\infty$, la fonction $\Delta^{(\alpha,\beta)}(z)$ ne tend pas nécessairement vers $\Delta^{(\infty,\beta)}(z)$. De même pour β.

Utilité des indices $\Delta^{(\alpha,\beta)}(z)$: Tout d'abord, notons que les fonctions $S_\tau^{(\alpha,\beta)}(z)$ mesurent l'irrégularité différemment. Augmenter α revient à tenir plus de compte des pics de la fonction dans l'analyse locale. Lorsque $\alpha = +\infty$, seul compte l'extremum de z au voisinage de chaque point. Augmenter β revient à donner plus d'importance aux parties du graphes fortement perturbées. Lorsque $\beta = +\infty$, c'est l'oscillation la plus forte qui compte. Au contraire, choisir $\alpha = \beta = 1$ revient à compter de façon uniforme toutes les différences de z.

Les indices $\Delta^{(\alpha,\beta)}(z)$ caractérisent les ordres de croissance vers 0 des $S_\tau^{(\alpha,\beta)}(z)$. Ils constituent un véritable spectre d'irrégularité pour z. Dans beaucoup d'exemples de fonctions nulle part dérivables ils seront tous égaux: ceci traduit le fait que les irrégularités de z sont disposées très régulièrement à toutes les échelles (voir, par exemple, la fonction de Weierstrass dans le chapitre suivant). D'autres ont des indices distincts, ce qui correspond à des types d'irrégularité différents. Le choix des paramètres α et β dépend de l'expérimentateur, c'est-à-dire de ce qu'il veut mesurer, aux niveaux local et global.

12.8 Calculs de dimension de graphes

Comme pour les ensembles de mesure nulle (Chap. 3, § 5), il s'agit de trouver une quantité $Q(\epsilon)$ telle que, théoriquement, la limite du rapport

$$\frac{\log Q(\epsilon)}{|\log \epsilon|}$$

soit égale à la dimension fractale lorsque ϵ tend vers 0. Etant donnée une suite $\epsilon_1, \epsilon_2, \ldots, \epsilon_N$ décroissante, on place, dans un repère cartésien, les points

$$(|\log \epsilon_n|, \log Q(\epsilon_n)) ,$$

qui forment ce qu'on appelle un *diagramme logarithmique*. La pente de la droite des moindres carrés est une valeur approximative de la dimension.

Le résultat, et surtout la corrélation du diagramme, dépend beaucoup de la quantité $Q(\epsilon)$ mesurée. Pour certains choix de $Q(\epsilon)$, le diagramme présente une concavité systématique, ou une importante dispersion; la valeur de la pente est alors sans signification. D'autres choix de $Q(\epsilon)$, donc des algorithmes différents, peuvent permettre d'obtenir des points beaucoup mieux alignés.

Pour tester l'efficacité de tel ou tel algorithme, notre méthode consiste à construire des courbes dont on connaît mathématiquement la valeur de la dimension, et à digitaliser leurs graphes, qui se présentent alors, comme des données expérimentales, sous la forme d'ensembles de 500, 1000 ou 2000 points. Les fonctions de Weierstrass, Knopp, ou d'autres du même genre, sont couramment utilisées. On considère comme bonne une méthode qui donne une valeur approximative approchant de 5% de la valeur théorique de la dimension. Cette valeur numérique dépend en particulier du nombre de points pris sur la courbe; une bonne méthode donne une valeur approchée pour un minimum de points, un millier environ.

Un bon choix de la suite (ϵ_n) est important, et surtout les deux valeurs extrêmes $\epsilon_N < \epsilon_1$: en effet, si ϵ est trop grand, on "voit" la courbe de trop loin et la dimension approche 0, dimension d'un point; si ϵ est trop petit, on voit la courbe de trop près, et la dimension devient 0 ou 1, selon que les données sont discrètes, ou réunies par des segments de droite (interpolation linéaire). L'hypothèse fractale consiste à achever, idéalement, la construction de la courbe pour des valeurs infiniment petites de ϵ, de façon que les petits arcs de la courbe soient des images, dans un sens ou dans un autre, de la courbe toute entière. Procéder à une telle construction, c'est faire de l'*interpolation fractale*. Il n'est pas courant de le faire en pratique, préalablement à un calcul de dimension: pour que ce travail ait un sens, il faudrait un procédé d'interpolation qui ne dépende pas d'une valeur prescrite de la dimension, puisque c'est l'inconnue du problème. Ce domaine d'étude demande encore beaucoup de développement.

Saucisse de Minkowski On évalue la quantité

$$Q(\epsilon) = \frac{1}{\epsilon^2}\mathcal{A}(\Gamma(\epsilon)) .$$

On construit le diagramme logarithmique

$$\left(|\log \epsilon_n|, \log \frac{1}{\epsilon_n^2}\mathcal{A}(\Gamma(\epsilon_n))\right) .$$

Cette méthode résulte directement de la définition théorique de $\Delta(\Gamma)$. L'expérience montre qu'elle est d'une grande inefficacité. Les profils expérimentaux ne sont d'ailleurs définis qu'à un facteur multiplicatif près le plus souvent: un profil de surface rugueuse, par exemple, comporte des oscillations de l'ordre du micron, qui doivent être multipliées par 10^3 ou 10^4 pour être visibles et mesurables. Cette multiplication est en fait une transformation affine du plan, qui transforme un disque en une ellipse très allongée. Les deux saucisses correspondantes — celle du profil "réel", et celle du profil multiplié — n'ont donc aucun rapport entre elles. Ceci permet d'expliquer pourquoi, dans le cas d'un profil, la méthode de la saucisse de Minkowski est si sensible à une multiplication des données, même par un facteur égal à 2. Les quantités $Q(\epsilon)$ qui présentent une forme d'invariance par rapport aux transformations affines, donneront certainement des résultats plus stables. C'est le cas de la "méthode de variation" dont on parlera plus loin.

Boîtes La quantité calculée est

$$Q(\epsilon) = \omega_\epsilon(\Gamma) ,$$

nombre de boîtes d'un réseau qui recouvrent la courbe (Chap. 10, § 5). On place dans un repère les points

$$(|\log \epsilon_n|, \log \omega_{\epsilon_n}(\Gamma)) ,$$

et on calcule la droite des moindres carrés. Très facile à mettre en œuvre, cette méthode a le même inconvénient que la précédente: elle ne présente aucune forme d'invariance, les carrés devenant des rectangles par une transformation affine. Elle est donc sensible à une multiplication des données. Elle offre même un inconvénient supplémentaire: c'est que $Q(\epsilon)$ ne prend que des valeurs entières, et effectue donc des sauts imprévisibles lorsque ϵ varie, qui augmentent la dispersion des résultats.

Pour l'améliorer, il est intéressant de présenter les résultats d'une autre façon. Soit $\omega_{\epsilon,k}$ le nombre de boîtes de côté ϵ qui rencontrent le graphe de $z(t)$, et se projettent sur l'intervalle $[k\epsilon, (k+1)\epsilon]$. Ainsi $\omega_\epsilon(\Gamma) = \sum_k \omega_{\epsilon,k}$. La quantité $\epsilon\,\omega_{\epsilon,k}$ peut être considérée comme une approximation de l'oscillation de $z(t)$ sur l'intervalle $[k\epsilon, (k+1)\epsilon]$. Si l'on remplace $\epsilon\,\omega_{\epsilon,k}$ par la véritable oscillation

$$\mathrm{osc}_{\epsilon,k} = \sup_{k\epsilon \leq t \leq (k+1)\epsilon} z(t) - \inf_{k\epsilon \leq t \leq (k+1)\epsilon} z(t) ,$$

on trouve une nouvelle méthode, où il s'agit d'évaluer

$$Q(\epsilon) = \frac{1}{\epsilon} \sum_k \mathrm{osc}_{\epsilon,k} .$$

On peut encore chercher à l'améliorer: on écrit simplement la quantité précédente $(1/\epsilon^2)\epsilon \sum_k \mathrm{osc}_{\epsilon,k}$, et on remplace $\epsilon \sum_k \mathrm{osc}_{\epsilon,k}$, par une intégrale, la moyenne des oscillations de $z(t)$ sur tous les intervalles de longueur ϵ. Ce qu'on obtient est alors précisément la méthode de variation.

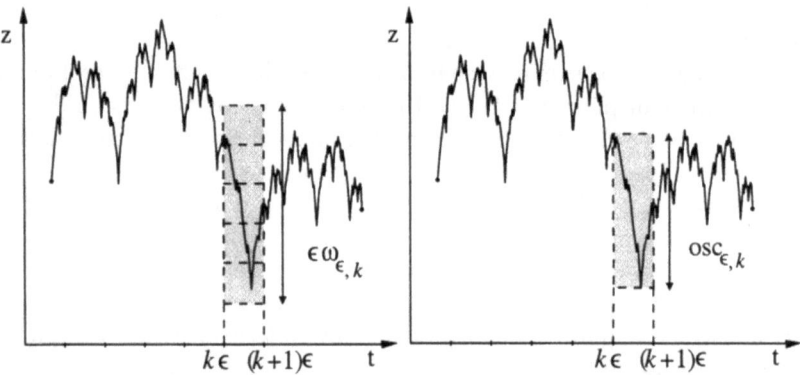

Fig. 12.5. *La méthode des boîtes revient à mesurer l'oscillation de $z(t)$ sur $[k\epsilon, (k+1)\epsilon]$ en comptant un nombre $\omega_{\epsilon,k}$ de carrés. Mais la hauteur totale $\epsilon\,\omega_{\epsilon,k}$ peut être avantageusement remplacée par la véritable oscillation $\mathrm{osc}_{\epsilon,k}$.*

Variation Notons τ, plutôt que ϵ, la variable qui indique la précision de la mesure faite sur la courbe. On calcule la quantité

$$Q(\tau) = \frac{1}{\tau^2} \mathrm{Var}_\tau ,$$

où Var_τ est l'intégrale des τ-oscillations de $z(t)$ (§ 3 et § 4). On forme le diagramme logarithmique

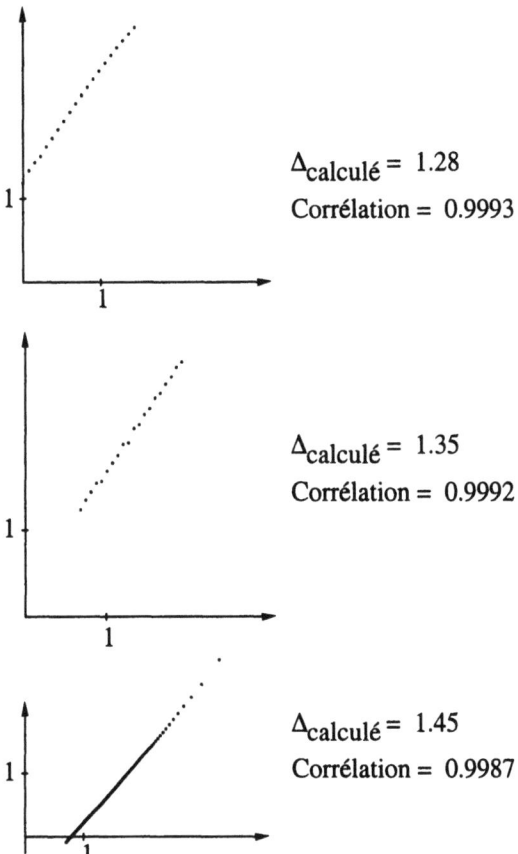

Fig. 12.6. *Comparaison de différentes méthodes de calculs de dimension, avec leurs diagrammes logarithmiques. Dans chaque cas, la pente de la droite de régression, et le coefficient de corrélation, sont calculés:*

- *a) Méthode de la saucisse de Minkowski $Q(\epsilon) = (1/\epsilon^2)\mathcal{A}(\Gamma(\epsilon))$;*
- *b) Méthode des boîtes $Q(\epsilon) = \omega_\epsilon(\Gamma)$;*
- *c) Méthode de variation $Q(\tau) = (1/\tau^2)\text{Var}_\tau$.*

Ces méthodes sont toutes appliquées à la même fonction–test: une fonction de Weierstrass, de paramètres $\omega = 2$ et $H = 1/2$. La valeur théorique de la dimension est 1.5.

12 Graphes de fonctions

$$\left(|\log \tau_n|, \log(\frac{1}{\tau_n^2}\mathrm{Var}_{\tau_n})\right) .$$

Voici quelques avantages de cette méthode:

(i) Sa rapidité de calcul: on évalue les τ-oscillations de $z(t)$ pour les petites valeurs de τ, puis on augmente cette valeur, en utilisant les résultats antérieurs. L'algorithme est même plus rapide que celui des boîtes.

(ii) Son efficacité: les résultats obtenus sont très proches des valeurs théoriques, pour les courbes-tests (Weierstrass, Knopp, mouvement brownien). Cet avantage est certainement dû en partie au suivant:

(iii) Son type d'invariance par un changement d'échelles. Comme on l'a vu, Var_τ est essentiellement l'aire de la surface obtenue avec des segments horizontaux, dont la forme ne change pas lorsqu'on multiplie les données par un facteur constant. Algébriquement, cela se traduit par l'égalité suivante (§ 3):

$$\mathrm{Var}_\tau(c\,z) = |c|\,\mathrm{Var}_\tau(z) ,$$

pour toute constante c. Les deux fonctions $z(t)$ et $c\,z(t)$ fourniront donc, en principe, exactement la même pente du diagramme logarithmique.

◊ On peut trouver un inconvénient à cette méthode: c'est que la mesure des oscillations ne tient compte que des valeurs extrémales de $z(t)$. Dans une courbe expérimentale, ce sont parfois justement ces valeurs qui sont le plus entachées d'erreurs.

Autres méthodes On peut donc préférer d'autres méthodes qui tiennent mieux compte de toutes les données de la fonction $z(t)$. En règle générale, plus il y a de moyennes prises sur les mesures effectuées, mieux le diagramme logarithmique sera aligné (coefficient de corrélation proche de 1, ou égal à 1). De ce point de vue les fonctions d'irrégularité $S_\tau^{(\alpha,\beta)}(z)$, $\alpha \geq 1$, $\beta \geq 1$, fournissent généralement de bons résultats. Mais il faut noter que les intégrales de fonctions du type $|z(t+s) - z(t)|^\alpha$ sont difficiles à évaluer lorsque α est trop grand. Pour cette raison numérique, on prendra donc le paramètre α dans l'intervalle [1, 10], ou égal à $+\infty$; de même pour β. Si α et β sont finis, le diagramme logarithmique correspondant est

$$\left(|\log \tau_n| , (2+\frac{1}{\alpha})\log|\tau_n| + \frac{1}{\beta}\log\left(\int_a^b \left[\int_{-\tau_n}^{\tau_n}|z(t+s)-z(t)|^\alpha\,ds\right]^{\beta/\alpha} dt\right)\right) .$$

La pente de ce diagramme est notée $\Delta^{(\alpha,\beta)}(z)$. Ces méthodes peuvent donner un résultat autre que la dimension fractale $\Delta(\Gamma)$. En théorie, la dimension est supérieure ou égale à $\Delta^{(\alpha,1)}(z)$, et inférieure ou égale à $\Delta^{(\infty,\beta)}(z)$ qui s'obtient par le diagramme

$$\left(|\log\tau_n| , \frac{1}{\beta}\log\left(\int_a^b (\sup_{|s|\leq\tau_n}(z(t+s)-z(t)|)^\beta\,dt\right)\right) .$$

12.9 Références bibliographiques

Il faut bien distinguer entre l'étude des paramètres caractéristiques d'un profil (oscillation, variation, dimension), qui constitue l'*analyse du signal*, et la construction de modèles mathématiques (Weierstrass, Knopp, ...), qui se fait toujours au moyen de *systèmes récursifs*. Cela fait deux types de recherche différents, mais dans l'esprit de cet ouvrage, nous subordonnons la deuxième recherche à la première; les courbes théoriques ne nous paraissent utiles qu'à titre de fonctions-test, pour comparaison avec des données réelles. Nous en étudions quelques-unes dans le Chapitre 13.

Le point de vue *analyse du signal* trouve, par exemple, toute son application dans la rugosimétrie, ou étude topographique des matériaux rugueux. D'une telle étude est sorti l'article [C. Tricot, C. Roques-Carmes & al.], qui introduit la méthode de variation pour les calculs de dimension. Le type d'acquisition des données peut conditionner l'algorithme employé: par exemple, un profil de surface rugueuse, obtenu à l'échelle du micron, doit être multiplié par une puissance de 10 pour que ses irrégularités soient *visibles*: on voit l'importance de trouver des méthodes de calcul de dimension qui soient parfaitement stables vis-à-vis d'une multiplication des données.

Une étude plus complète des dimensions $\Delta^{(\alpha,\beta)}$ se trouve dans [C. Tricot 8].

13 Quelques modèles de fonctions non dérivables

13.1 Le modèle le plus simple: La fonction de Knopp

Soit un paramètre H, $0 < H < 1$, et $g(t)$ la fonction de période 1, définie sur $[0,1]$ par
$$g(t) = \begin{cases} 2t, & \text{si } 0 \leq t \leq 1/2; \\ 2-2t, & \text{si } 1/2 \leq t \leq 1. \end{cases}$$
La fonction de Knopp (ou de Takagi) s'écrit

$$\boxed{K(t) = \sum_{n=0}^{\infty} 2^{-nH} g(2^n t) \ .}$$

Pour cette fonction il est assez facile de vérifier le résultat suivant:

Il existe deux constantes c_1 et c_2 strictement positives, telles que pour tous t et τ,
$$c_1 \tau^H \leq \operatorname{osc}_\tau(t) \leq c_2 \tau^H \ .$$

Cela prouve que K est à la fois holderienne et inversement holderienne d'exposant H. Elle est donc nulle part dérivable, et son graphe Γ a pour dimension:
$$\Delta(\Gamma) = 2 - H \ .$$

▶ Prenons les valeurs particulières $\tau = 2^{-n}$. Soit
$$K_n(t) = \sum_{i=0}^{n} 2^{-iH} g(2^i t).$$

a) Le graphe de la fonction $2^{-iH} g(2^i t)$ est formé de segments de droite de pente $2^{1+i(1-H)}$. Celui de K_n est formé de segments de droite, de pente $\leq \sum_0^n 2^{1+i(1-H)} \leq d_1 2^{n(1-H)}$, où d_1 ne dépend que de H. On peut donc majorer la τ-oscillation de z_n en tout point par $2\tau d_1 2^{n(1-H)} = 2 d_1 \tau^H$. D'autre part, la τ-oscillation de $K - K_n = \sum_{i=n+1}^{\infty} 2^{-iH} g(2^i t)$ est majorée par la somme des amplitudes de cette série, soit $\sum_{n+1}^{\infty} 2^{-iH} \leq d_2 \, 2^{-nH} = d_2 \tau^H$, où d_2 ne dépend que de H. On trouve finalement

13 Quelques modèles de fonctions non dérivables

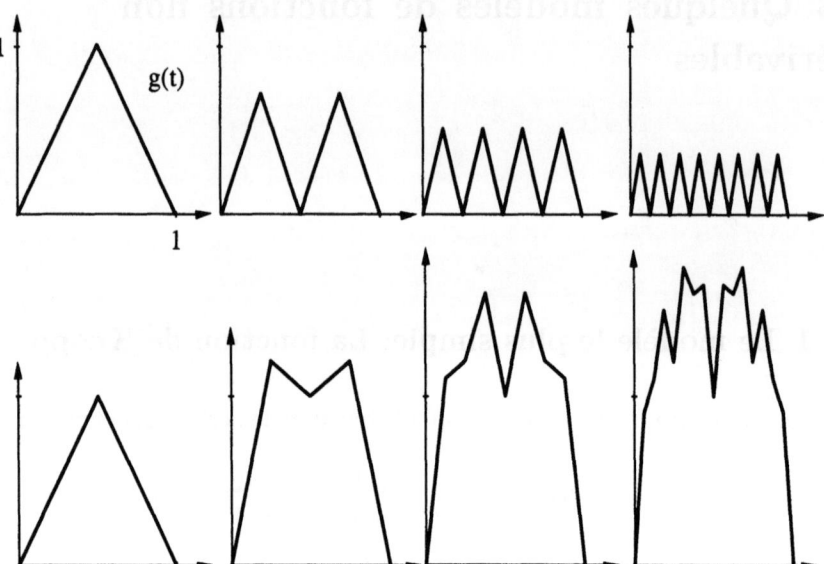

Fig. 13.1. *Les fonctions* $2^{-n/2}g(2^n t)$ *et* $\sum_{i=0}^{n} 2^{-i/2}g(2^i t)$, *pour* $n = 0$ *à* 3.

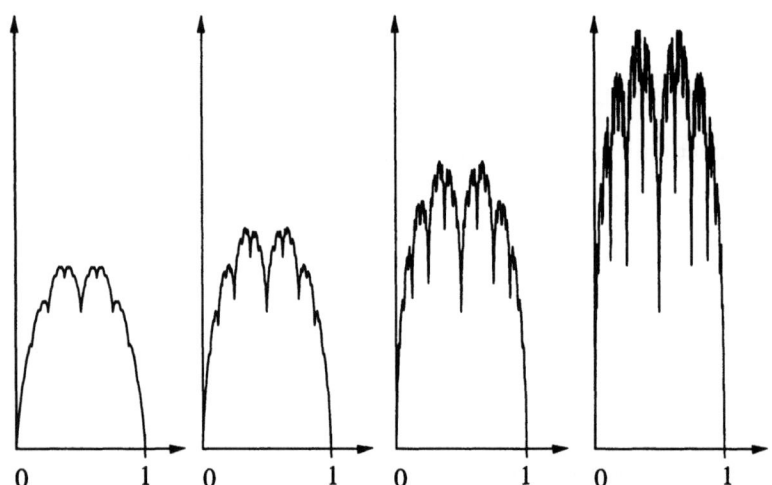

Fig. 13.2. *Fonctions de Knopp* $\sum_{n=0}^{\infty} 2^{-nH}g(2^n t)$, *pour* $H = 1, 3/4, 1/2, 1/4$. *La dimension fractale* $2 - H$ *mesure l'irrégularité globale de la courbe.*

$$\mathrm{osc}_\tau(K)(t) \leq \mathrm{osc}_\tau(K_n)(t) + \mathrm{osc}_\tau(K - K_n)(t) \leq c_2 \tau^H ,$$

avec $c_2 = 2d_1 + d_2$.

b) Pour une inégalité dans l'autre sens, on utilise le fait qu'en tout point dyadique de type $t = k\,2^{-n}$, k entier, la valeur de K est la même que celle de K_n: en effet, les fonctions $2^{-iH}g(2^i t)$ s'annulent en ces points, pour tout $i > n$. Or, K_n est linéaire sur l'intervalle $[k\,2^{-n}, (k+1)\,2^{-n}]$: soit croissante, soit décroissante. Supposons-la

croissante, pour fixer les idées. Au point médian $t_0 = (2k+1)2^{-(n+1)}$, $K(t_0) = z_{n+1}(t_0)$. Cette valeur $K(t_0)$ est donc au moins égale à $K_n(k\,2^{-n}) + 2^{-(n+1)H}$. Il s'ensuit que la τ-oscillation de K en t vaut au moins $2^{-(n+1)H} = 2^{-H}\tau^H$. Comme tout intervalle de longueur 2τ contient un intervalle dyadique de ce type, on obtient
$$\mathrm{osc}_\tau(t) \geq 2^{-H}\tau^H,$$
pour tout t. Ceci achève la démonstration, avec $c_1 = 2^{-H}$. ◄

◊ Pour cette fonction, les indices d'irrégularité $\Delta^{(\alpha,\beta)}(K)$ sont tous égaux à $2 - H$, comme nous le verrons plus loin.

13.2 Fonctions définies par une série

L'exemple précédent est trop géométrique pour constituer un bon modèle, mais ses généralisations sont intéressantes. On pose
$$z(t) = \sum_{n=0}^{\infty} a_n g(\omega_n t + \phi_n).$$
Dans cette formule,
- g est une fonction continue, périodique;
- (a_n) est une suite qui tend vers 0. On suppose même que $\sum |a_n|$ converge, afin d'assurer la convergence absolue de la série, et donc la continuité de la fonction z.
- (ω_n) est une suite qui tend vers $+\infty$, de façon que $|a_n|\omega_n$ tende vers $+\infty$. De cette façon, les fréquences propres de ce signal tendent vers l'infini plus vite que les amplitudes ne tendent vers 0, ce qui donne son irrégularité locale à la courbe;
- Les phases ϕ_n sont quelconques, souvent choisies aléatoirement, et servent à donner au graphe de z un profil réaliste de surface rugueuse.

◊ Un raisonnement heuristique permet de prévoir la valeur de la dimension: fixons l'entier n, et posons $\tau = 1/\omega_n$. En tout t, la τ-oscillation de $z(t)$ est de l'ordre de $|a_n|$, qui peut s'écrire $\tau^{\log|a_n|/\log\omega_n}$. On peut donc s'attendre à ce que, en tout point, la fonction soit holderienne d'exposant
$$H = \lim_{n\to\infty} \frac{\log|a_n|}{\log\omega_n},$$
et que
$$\Delta(\Gamma) = 2 - H.$$

Dans la plupart des cas, les suites (a_n) et (ω_n) sont géométriques: il existe un réel $\omega > 1$ tel que $\omega_n = \omega^n$, et $a_n = \omega^{-nH}$, $0 < H < 1$. Cependant, même dans ce cas simple, le raisonnement précédent peut se révéler trompeur. En fait le résultat sur la dimension dépend de la fonction g. Voici sans doute l'exemple le plus connu de ces séries.

13.3 Fonction de Weierstrass

Ici la fonction périodique de base est $g(t) = \cos t$: la fonction de Weierstrass s'écrit

$$W(t) = \sum_{n=0}^{\infty} \omega^{-nH} \cos(\omega^n t + \phi_n),$$

où $\omega > 1$ et $0 < H < 1$ (Fig. 13.3). Nous allons démontrer le résultat suivant sur la dimension:

La fonction $W(t)$ étant définie sur un intervalle $[a, b]$ comme ci-dessus, la dimension de son graphe Γ vaut

$$\Delta(\Gamma) = 2 - H.$$

De plus, tous les indices $\Delta^{(\alpha,\beta)}(W)$, $\alpha \geq 1$, $\beta \geq 1$, *sont égaux à* $2 - H$.

▶ Il suffit de monter que

$$2 - H \leq \Delta^{(1,1)}(W) \leq \Delta^{(\infty,\infty)}(W) \leq 2 - H.$$

a) Pour la première inégalité, supposons que $H < 1$. En utilisant l'inégalité du triangle

$$|W(t+s) - W(t-s)| \leq |W(t+s) - W(t)| + |W(t-s) - W(t)|,$$

on obtient

$$S_\tau^{(1,1)}(W) \geq \frac{1}{2(b-a)\tau} \int_0^\tau \int_a^b |W(t+s) - W(t-s)| \, dt \, ds.$$

Fixons un entier n. On va utiliser l'égalité

$$W(t+s) - W(t-s) = -2\omega^{-nH} \sin(\omega^n s) \sin(\omega^n t + \phi_n)$$
$$- 2 \sum_{i \neq n} \omega^{-iH} \sin(\omega^i \tau) \sin(\omega^i t + \phi_i).$$

Soit $h(t)$ une fonction continue, telle que $|h(t)| < 1$ pour tout t, qui sera déterminée ultérieurement. On écrit

13.3 Fonction de Weierstrass 171

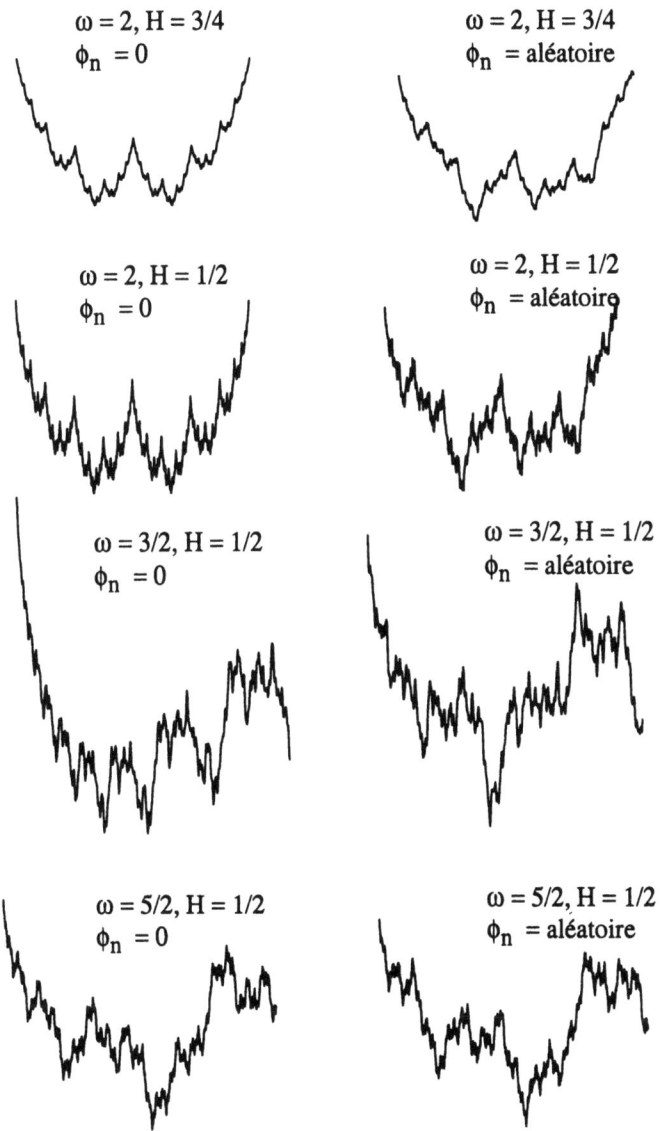

Fig. 13.3. *Les fonctions de Weierstrass, pour diverses valeurs de ω, H, ϕ_n. La dimension fractale ne dépend que de H. Lorsque la suite (ϕ_n) est aléatoire, elle est obtenu par une distribution uniforme sur $[0, \pi[$.*

$$\int_a^b |W(t+s) - W(t-s)|\, dt \geq \int_a^b |h(t)(W(t+s) - W(t-s))|\, dt$$

$$\geq \left| \int_a^b h(t)(W(t+\tau) - W(t-\tau))\, dt \right|$$

$$\geq 2\omega^{-nH} |\sin(\omega^n s)| \left| \int_a^b h(t) \sin(\omega^n t + \phi_n)\, dt \right|$$

$$- 2 \sum_{i \neq n} \omega^{-iH} \left| \int_a^b h(t) \sin(\omega^i t + \phi_i)\, dt \right|.$$

On choisit $h(t) = \sin(\omega^n t + \phi_n)$. Il faut évaluer les intégrales:

$$\int_a^b (\sin(\omega^n t + \phi_n))^2\, dt \simeq \frac{b-a}{2} ;$$

$$\left| \int_a^b \sin(\omega^n t + \phi_n) \sin(\omega^i t + \phi_i)\, dt \right| \leq \frac{2}{|\omega^n - \omega^i|} + \frac{2}{\omega^n + \omega^i}$$

$$\leq \frac{4}{|\omega^n - \omega^i|},$$

si $i \neq n$. C'est maintenant que le fait d'avoir choisi une progression géométrique pour la suite des fréquences de $W(t)$ se révèle crucial. En effet,

$$\frac{1}{|\omega^n - \omega^i|} \leq \frac{1}{\omega^n - \omega^{n-1}} = \frac{\omega^{-n}}{1 - \omega^{-1}}.$$

Prenons $\tau = \omega^{-n}$. En rassemblant les résultats obtenus:

$$\int_a^b |W(t+s) - W(t-s)|\, dt \geq c_1 \tau^H |\sin(\omega^n s)| - c_2 \tau,$$

où $c_1 = (b-a) \sin(1)$ et $c_2 = (8/(1-\omega^{-1})) \sum \omega^{-iH}$. En intégrant par rapport à s, et en divisant par $2(b-a)\tau$, on trouve

$$S_\tau^{(1,1)}(W) \geq c_1' \tau^H - c_2' \tau.$$

Comme $H < 1$, τ est négligeable devant τ^H:

$$S_\tau^{(1,1)}(W) \succeq \tau^H.$$

Ceci prouve bien l'inégalité $\Delta^{(1,1)}(W) \geq 2 - H$.

b) Pour la deuxième inégalité, on remarque que

$$|\cos(\omega^n(t+s) + \phi_n) - \cos(\omega^n t + \phi_n)| \leq \min\{\omega^n s, 2\}.$$

Donc

$$S_\tau^{(\infty,\infty)}(W) = \sup_{a \leq t \leq b, |s| \leq \tau} |W(t+s) - W(t)| \leq \sum_{i=1}^{+\infty} \omega^{-iH} \min\{\omega^i \tau, 2\}.$$

Prenons $\tau = \omega^{-n}$:

$$S_\tau^{(\infty,\infty)}(W) \leq \tau \sum_{i=1}^{n} \omega^{-iH}\omega^i + 2 \sum_{i=n+1}^{\infty} \omega^{-iH} \simeq \tau^H .$$

Ceci prouve que la fonction W est uniformément holderienne d'exposant H, et que $\Delta^{(\infty,\infty)}(W) \leq 2 - H$. ◄

◊ D'autres fonctions g donneront les même résultats.

Pour que

$$\Delta^{(\alpha,\beta)}(z) = 2 - H$$

pour tous $\alpha \geq 1$, $\beta \geq 1$, il suffit que g ait les propriétés suivantes:
1. *g est périodique;*
2. *g est uniformément holderienne d'exposant 1;*
3. *Si T est la période de g, il existe une constante c telle que pour tout t,*

$$g(t) + g(t + \frac{T}{2}) = c .$$

Cette dernière condition pourrait être omise, ou affaiblie; elle sert à la commodité des calculs. La fonction g est alors entièrement déterminée quand elle est donnée sur $[0, T/2]$. On a déjà rencontré deux exemples de telles fonctions: $g(t) = 2t$ sur $[0, 1/2]$ (fonction de Knopp) et $g(t) = \cos t$ sur $[0, \pi]$ (fonction de Weierstrass).

Si l'on cherche des séries pour lesquelles $\Delta^{(\alpha,\beta)}(z)$ varie, il faut prendre des fonctions g qui ne sont pas uniformément holderiennes, telles que la fonction $g(t) = t^\gamma$ sur $[0, T/2]$ par exemple, $0 < \gamma < 1$. Elle n'est pas dérivable à l'origine, et cette irrégularité se transmet dans le graphe de z à toutes les échelles.

13.4 Affinité interne: construction de graphes de fonctions

Les transformations *affines* du plan permettent de construire d'autres modèles bien connus de fonctions non dérivables. La courbe Γ possède une structure d'*affinité interne* si elle peut s'écrire

$$\Gamma = \bigcup_{i=1}^{N} F_i(\Gamma) ,$$

c'est-à-dire comme la réunion d'un certain nombre de copies d'elle-même, le mot *copie* voulant dire ici une transformation affine de Γ.

Transformations affines Dans le plan muni de deux axes $0t$, $0z$, une transformation affine s'écrit

$$F\begin{pmatrix} t \\ z \end{pmatrix} = \mathcal{M} \begin{pmatrix} t \\ z \end{pmatrix} + B ,$$

où $\mathcal{M}$ est une matrice 2×2 et B un vecteur de translation. Comme il ne s'agit dans ce chapitre que de graphes de fonctions, on ne va considérer que les matrices triangulaires inférieures. La transformation F est une **affinité triangulaire inférieure** si elle s'écrit

$$F\begin{pmatrix} t \\ z \end{pmatrix} = \begin{pmatrix} \rho & 0 \\ h & \delta \end{pmatrix} \begin{pmatrix} t \\ z \end{pmatrix} + \begin{pmatrix} \epsilon \\ \eta \end{pmatrix} = \begin{pmatrix} \rho t + \epsilon \\ ht + \delta z + \eta \end{pmatrix},$$

C'est une **affinité diagonale** si, de plus, le paramètre h vaut 0. Enfin, F est **contractante** si ses valeurs propres sont en valeur absolue inférieures à 1:

$$|\rho| < 1, |\delta| < 1.$$

Nous ne considérerons que des affinités triangulaires inférieures et contractantes.

Ces transformations sont des transformations de points, donc aussi d'ensembles. L'image d'un ensemble E quelconque est l'ensemble $F(E)$ de tous les points qui sont les images par F de points de E. Pour une affinité, une droite est transformée en une droite, deux droites parallèles en deux droites parallèles, donc un carré en un parallélogramme, un cercle en une ellipse etc... Une affinité triangulaire transforme une droite verticale en une droite verticale.

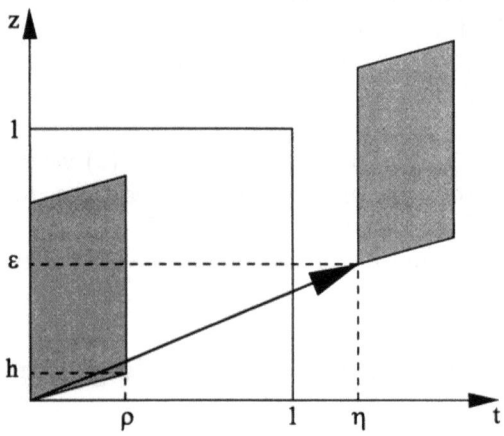

Fig. 13.4. *La transformation affine*

$$F(x) = \begin{pmatrix} \rho & 0 \\ h & \delta \end{pmatrix} x + \begin{pmatrix} \epsilon \\ \eta \end{pmatrix}$$

transforme le carré unité, de côtés parallèles aux axes, en un parallélogramme ayant deux côtés verticaux, puis déplace ce parallélogramme selon une translation définie par le vecteur $\begin{pmatrix} \epsilon \\ \eta \end{pmatrix}$.

Système d'affinités Pour construire un graphe de fonction, on a besoin des données suivantes:

13.4 Affinité interne: construction de graphes de fonctions

(i) Un nombre entier $N \geq 2$;
(ii) $N + 1$ points distincts du plan $A = A_1, A_2, ..., A_{N+1} = B$. Les coordonnées de A_i sont (a_i, z_i). Pour la commodité de la notation, on prendra $a_1 = a$, $a_{N+1} = b$. Enfin il faut supposer que les abcisses sont ordonnées de la façon suivante:

$$a = a_1 < a_2 < \ldots < a_{N+1} = b\,.$$

(iii) N transformations affines $F_1, ..., F_N$ telles que

$$F_i(AB) = A_i A_{i+1}\,.$$

En effet F_i transforme un segment en un segment. Il y a deux cas: $F_i(A) = A_i$ et $F_i(B) = A_{i+1}$; ou l'inverse. Dans les deux cas, la relation $F_i(AB) = A_i A_{i+1}$ se ramène à 4 équations linéaires, alors qu'une affinité triangulaire comporte 5 paramètres. Il y a donc une infinité de choix possibles pour chaque F_i. On note

$$F_i(x) = \begin{pmatrix} \rho_i & 0 \\ h_i & \delta_i \end{pmatrix} x + \begin{pmatrix} \epsilon_i \\ \eta_i \end{pmatrix}\,.$$

◊ La valeur ρ_i est égale au rapport de la longueur de la projection du segment $A_i A_{i+1}$ sur l'axe $0t$ par $b - a$. Donc $\sum_{i=1}^{N} \rho_i = 1$.

Notons **F** la transformation d'ensembles ainsi définie:

$$\mathbf{F}(E) = \bigcup_{i=1}^{N} F_i(E)\,.$$

Elle transforme un point en N points, un segment en N segments... Elle a la propriété suivante:

Soit les transformations F_i, et $\mathbf{F}$, comme ci-dessus. Soit Γ le graphe d'une fonction continue z sur $[a, b]$, telle que $z(a_i) = z_i$. Alors $\mathbf{F}(\Gamma)$ est le graphe d'une fonction continue z^* sur $[a, b]$, telle que $z^*(a_i) = z_i$.

▶ On montre que F_i transforme Γ en le graphe d'une fonction continue sur $[a_i, a_{i+1}]$, et on vérifie la continuité en a_i. ◀

Existence d'une fonction invariante Soit z_0 la fonction affine, définie sur $[a, b]$, dont le graphe Γ_0 est le segment AB. L'image $\Gamma_1 = \mathbf{F}(\Gamma_0)$ est le graphe d'une fonction z_1 affine par morceaux. Pour tout n, on définit la fonction z_n dont le graphe est $\Gamma_n = \mathbf{F}(\Gamma_{n-1})$. La courbe Γ_n est formée de N copies de Γ_{n-1}, donc de N^n segments.

THÉORÈME *La suite (z_n) est une suite de fonctions continues qui converge uniformément vers une fonction continue z_∞, dont le graphe Γ_∞ vérifie*

$$\boxed{\mathbf{F}(\Gamma_\infty) = \Gamma_\infty\,.}$$

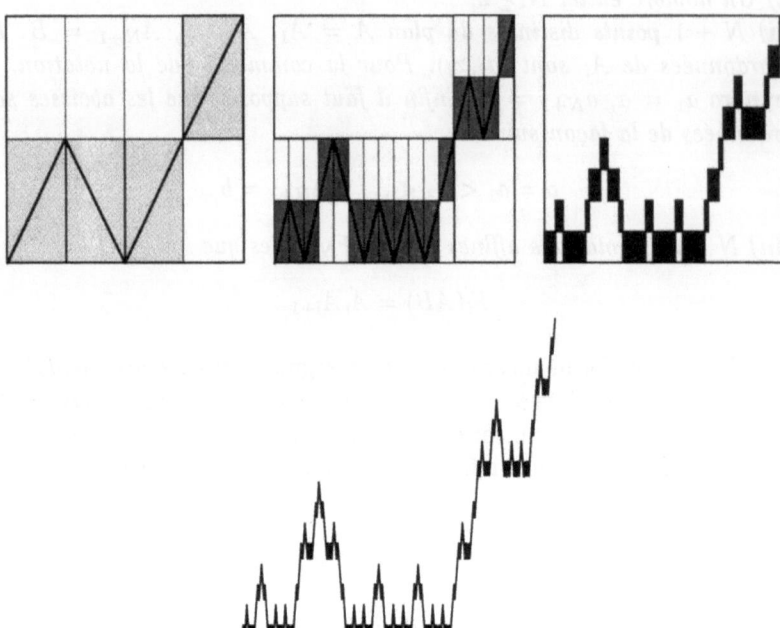

Fig. 13.5. *Construction d'une courbe fractale (étapes 1, 2, 3 et 5), par quatre applications affines diagonales. Au carré $[0,1] \times [0,1]$, celles-ci font correspondre les 4 rectangles gris indiqués. Sous forme matricielle, les applications affines F_1, F_2, F_3, F_4 sont définies par*

$$F_1(x) = \begin{pmatrix} 1/4 & 0 \\ 0 & 1/2 \end{pmatrix} x \qquad , \qquad F_2(x) = \begin{pmatrix} -1/4 & 0 \\ 0 & 1/2 \end{pmatrix} x + \begin{pmatrix} 1/2 \\ 0 \end{pmatrix}$$

$$F_3(x) = \begin{pmatrix} 1/4 & 0 \\ 0 & 1/2 \end{pmatrix} x + \begin{pmatrix} 1/2 \\ 0 \end{pmatrix} \qquad , \qquad F_4(x) = \begin{pmatrix} 1/4 & 0 \\ 0 & 1/2 \end{pmatrix} x + \begin{pmatrix} 3/4 \\ 1/2 \end{pmatrix} .$$

Dans cet exemple, $N = 4$, $\rho_i = 1/4$ et $\delta_i = 1/2$ pur $i = 1, ..., 4$. La fonction est uniformément holderienne d'exposant $H = 1/2$ et $\Delta(\Gamma) = 3/2$.

▶ Les fonctions z_n sont continues, et vérifient toutes $z_n(a_i) = z_i$. Posons

$$c = \sup_{a \leq t \leq b} |z_1(t) - z_0(t)| \, .$$

Soit $t \in [a_i, a_{i+1}]$, et s tel que $\rho_i s + \epsilon_i = t$. On a

$$z_1(t) = h_i s + \delta_i z_0(s) + c_i$$
$$z_2(t) = h_i s + \delta_i z_1(s) + c_i \, ,$$

donc $|z_2(t) - z_1(t)| = \rho_i |z_1(t) - z_0(t)|$, et

$$\sup_{a_i \leq t \leq a_{i+1}} |z_2(t) - z_1(t)| = c \, \delta_i \, .$$

Si $\delta = \max\{\delta_i\}$, on trouve de cette façon $\sup_{a \leq t \leq b} |z_2(t) - z_1(t)| = c\delta$, et pour tout n:
$$\sup_{a \leq t \leq b} |z_{n+1}(t) - z_n(t)| = c\delta^n .$$
L'inégalité triangulaire nous permet d'en déduire que pour tout n, et $k > n$,
$$\sup_{a \leq t \leq b} |z_k(t) - z_n(t)| \leq c \sum_{i=n}^{k-1} \delta^i \leq \frac{c}{1-\delta} \delta^n .$$
Ceci tend vers 0 avec n, donc $(z_n(t))$ est une suite de Cauchy, qui converge vers une limite $z_\infty(t)$. Cette convergence est uniforme, donc z_∞ est continue. Elle vérifie $z_\infty(a_i) = z_i$. Son graphe Γ_∞ est la limite, au sens de la distance de Hausdorff, des graphes Γ_n. Comme $\Gamma_n = \mathbf{F}(\Gamma_{n-1})$, c'est aussi la limite des $\mathbf{F}(\Gamma_n)$. donc $\mathbf{F}(\Gamma_\infty) = \Gamma_\infty$. ◀

◊ On appelle parfois Γ_∞ l'*attracteur* du système $\{F_1, ..., F_N\}$, ou encore le *point fixe* de la transformation $\mathbf{F}$. Pour le construire il n'est pas nécessaire de partir de $\Gamma_0 = AB$: en fait n'importe quel compact de départ E_0 fournit une suite d'ensembles $E_n = \mathbf{F}(E_{n-1})$ qui converge vers Γ_∞ au sens de la distance de Hausdorff.

13.5 Affinité interne: dimension des graphes

Il est difficile de calculer la dimension du graphe Γ_∞ en général. Voici un résultat particulier. On reprend les notations de la section précédente.

THÉORÈME *Supposons que $\rho_1 = ... = \rho_N = 1/N$. Pour tout β on pose*
$$\delta(\beta) = \left(\frac{1}{N} \sum_{i=1}^{N} |\delta_i|^\beta\right)^{1/\beta} .$$
Lorsque $\beta \to +\infty$, $\delta(\beta)$ tend vers $\delta(\infty) = \max_{1 \leq i \leq N} |\delta_i|$. Soit $\alpha \geq 1$, $\beta \geq 1$. Il y a deux cas:
(i) *Si $\delta(\beta) \leq 1/N$, alors $\Delta^{(\alpha,\beta)}(z_\infty) = 1$;*
(ii) *Si $\delta(\beta) \geq 1/N$, alors*

$$\boxed{\Delta^{(\alpha,\beta)}(z_\infty) = 2 - \frac{|\log \delta(\beta)|}{\log N} .}$$

◊ En particulier, si $\sum_{i=1}^{N} |\delta_i| \geq 1$, la dimension fractale du graphe vaut
$$\Delta(\Gamma_\infty) = 2 - \frac{|\log \frac{1}{N} \sum_{i=1}^{N} |\delta_i||}{\log N} = 1 + \frac{\log \sum_{i=1}^{N} |\delta_i|}{\log N} .$$

◇ Comme $\delta(\beta)$ est une fonction croissante de β, on a toujours $\delta(\beta) \leq \max_i |\delta_i|$. Donc $\delta(\beta)$ est toujours inférieur à 1, et $2 - (|\log \delta(\beta)|/\log N) \leq 2$. Par ailleurs, la condition $\delta(\beta) \geq 1/N$ est remplie pour tout β si $\delta(1) \geq 1/N$, c'est-à-dire $\sum_{i=1}^{N} |\delta_i| \geq 1$.

▶ On ne peut, dans le cadre de cet ouvrage, donner la démonstration du théorème dans tous ses détails. Cependant, voici les arguments principaux, assez simples:

a) On écrit

$$(S_\tau^{(\alpha,\beta)}(z_\infty))^\beta = \frac{1}{b-a} \sum_{i=1}^{N} \int_{a_i}^{a_{i+1}} \left[\frac{1}{2\tau} \int_{-\tau}^{\tau} |z_\infty(s+t) - z_\infty(t)|^\alpha ds \right]^{\beta/\alpha} dt .$$

b) Pour $t \in [a_i, a_{i+1}]$, on effectue le changement de variables

$$s = \frac{1}{N}u, \, t = \frac{1}{N}v + \epsilon_i$$

où $-N\tau \leq u \leq N\tau$, et $a \leq v \leq b$. On utilise l'invariance pour écrire

$$z_\infty(t) = h_i v + \delta_i z_\infty(v) + \eta_i ,$$

ce qui donne

$$\int_{-\tau}^{\tau} |z_\infty(t+s) - z_\infty(t)|^\alpha ds \simeq \frac{1}{N} \int_{-N\tau}^{N\tau} |h_i v + \delta_i (z_\infty(u+v) - z_\infty(v))|^\alpha du .$$

Il ne s'agit pas d'une égalité pour tout v, parce qu'on néglige ici les "effets de bord", c'est-à-dire les valeurs de $u + v$ qui sortent de l'intervalle $[a, b]$. De plus, on va négliger le terme $h_i v$ dans l'intégrale. On obtient alors:

$$(S_\tau^{(\alpha,\beta)}(z_\infty))^\beta \simeq$$

$$\simeq \frac{1}{N(b-a)} (\sum_{i=1}^{N} |\delta_i|^\beta) \int_a^b \left[\frac{1}{2N\tau} \int_{-N\tau}^{N\tau} |z_\infty(u+v) - z_\infty(v)|^\alpha du \right]^{\beta/\alpha} dv$$

$$= \frac{1}{N} (\sum_{i=1}^{N} |\delta_i|^\beta)(S_{N\tau}^{(\alpha,\beta)}(z_\infty))^\beta .$$

Donc finalement

$$S_\tau^{(\alpha,\beta)}(z_\infty) \simeq \delta(\beta) S_{N\tau}^{(\alpha,\beta)}(z_\infty) .$$

Ce calcul est juste si $\delta(\beta) \geq 1/N$, sinon les termes négligés deviennent prépondérants.

c) Prenons $\tau = N^{-k}$, et $v_k = \delta(\beta)^{-k} S_{N^{-k}}^{(\alpha,\beta)}(z_\infty)$. On montre que v_k reste compris entre deux bornes finies non nulles, ce qui suffit à prouver que

$$\frac{1}{k} \log S_{N^{-k}}^{(\alpha,\beta)}(z_\infty) \longrightarrow \log \delta(\beta) .$$

Ceci donne $\Delta^{(\alpha,\beta)}(z_\infty) = 2 - |\log \delta(\beta)|/\log N$. ◀

13.5 Affinité interne: dimension des graphes

Interprétation des résultats On remarque que les indices $\Delta^{(\alpha,\beta)}(z_\infty)$ ne dépendent pas de α. Si les δ_i ne sont pas tous égaux, $\delta(\beta)$ varie en fonction de β, et donc aussi $\Delta^{(\alpha,\beta)}(z_\infty)$, ce qui indique une structure très irrégulière de la fonction z_∞. En revanche,

Si $\rho_i = 1/N$ et $|\delta_i| = \delta \geq 1/N$, la fonction z_∞ est à la fois holderienne et inversement holderienne d'exposant $|\log \delta|/\log N$, uniformément sur $[a,b]$, et

$$\Delta^{(\alpha,\beta)}(z_\infty) = 2 - \frac{|\log \delta|}{\log N}$$

pour tous α, β.

C'est un cas géométriquement très simple qui peut être traité directement. Le résultat est le même que celui obtenu pour la fonction de Weierstrass.

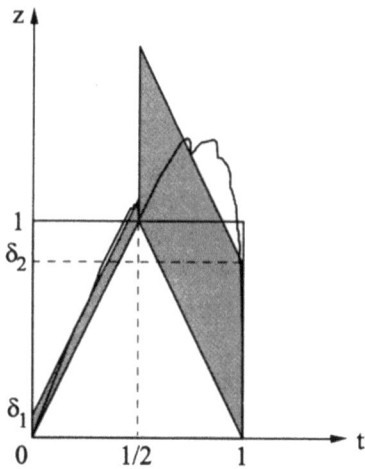

Fig. 13.6. *Soit δ_1, δ_2 tels que $|\delta_1| < 1$, $|\delta_2| < 1$. Si $\delta_1 \neq \delta_2$, les transformations du plan*

$$F_1\begin{pmatrix}t\\z\end{pmatrix} = \begin{pmatrix}1/2 & 0\\1 & \delta_1\end{pmatrix}\begin{pmatrix}t\\z\end{pmatrix},\ F_2\begin{pmatrix}t\\z\end{pmatrix} = \begin{pmatrix}1/2 & 0\\-1 & \delta_2\end{pmatrix}\begin{pmatrix}t\\z\end{pmatrix} + \begin{pmatrix}1/2\\1\end{pmatrix}$$

déterminent le graphe d'une fonction nulle part dérivable dont la dimension $\Delta^{(\alpha,\beta)}$ dépend de β. Dans cet exemple, $\delta_1 = 0.1$, $\delta_2 = 0.8$, donc la dimension fractale $\Delta(\Gamma)$ vaut 1 et $\Delta^{(\alpha,\infty)} = 2 - |\log 0.8/\log 2| = 1.678$. Si $\delta_1 = \delta_2 > 1/2$, on obtient la fonction de Knopp (Fig. 13.2), avec $H = |\log \delta_1|/\log 2$.

Exemples

1. La fonction de Knopp

$$K(t) = \sum_{i=0}^{+\infty} 2^{-nH} g(2^n t)$$

étudiée dans la section 1 peut etre considérée comme une fonction invariante par un système de transformations affines sur $[0,1]$. En effet, elle vérifie la relation $K(t) = g(t) + 2^{-H} K(2t)$, donc si $0 \leq t \leq 1$,

$$K(\frac{t}{2}) = t + 2^{-H} K(t), \ K(\frac{1}{2} + \frac{t}{2}) = 1 - t + 2^{-H} K(t).$$

Soit

$$F_1 \begin{pmatrix} t \\ z \end{pmatrix} = \begin{pmatrix} t/2 \\ t + 2^{-H} z \end{pmatrix} = \begin{pmatrix} 1/2 & 0 \\ 1 & 2^{-H} \end{pmatrix} \begin{pmatrix} t \\ z \end{pmatrix}$$

$$F_2 \begin{pmatrix} t \\ z \end{pmatrix} = \begin{pmatrix} (1+t)/2 \\ 1 - t + 2^{-H} z \end{pmatrix} = \begin{pmatrix} 1/2 & 0 \\ -1 & 2^{-H} \end{pmatrix} \begin{pmatrix} t \\ z \end{pmatrix} + \begin{pmatrix} 1/2 \\ 1 \end{pmatrix}.$$

La transformation F_1 change le graphe de K en la partie du même graphe située au-dessus de $[0, 1/2]$; et F_2, en la partie du graphe située au-dessus de $[1/2, 1]$. Donc $\Gamma = F_1(\Gamma) \cup F_2(\Gamma)$. Comme $\rho_1 = \delta = 1/2$, et $\delta_1 = \delta_2 = 2^{-H}$, il résulte de l'étude précédente que $\Delta^{(\alpha,\beta)}(K)$ vaut

$$2 - \frac{|\log 2^{-H}|}{\log 2} = 2 - H,$$

indépendamment de α et de β.

2. En revanche, les figures 13.6 et 13.7 montrent des graphes de fonction dont les indices $\Delta^{(\alpha,\beta)}$ dépendent de β.

13.6 Invariance par changements d'échelle

Nous étudions dans cette section les fonctions continues $z(t)$, définies pour tout $t \geq 0$, qui obéissent à une relation du type suivant:

$$\boxed{z(\rho t) = \delta z(t)}$$

où ρ et δ sont des constantes, telles que

$$0 < \rho \leq \delta < 1.$$

Pour tout entier n, on obtient donc

$$z(\rho^n) = \delta^n z(1), \text{ et } z(\rho^{-n}) = \delta^{-n} z(1).$$

Ces égalités montrent que $z(t)$ tend vers 0 lorsque t tend vers 0, et que si $z(t)$ n'est pas identiquement nulle, $|z(t)|$ tend vers $+\infty$ lorsque t tend vers $+\infty$. Ces croissances sont gouvernées par les coefficients ρ et δ. En 0, la fonction est holderienne d'exposant $H = \log \delta / \log \rho$.

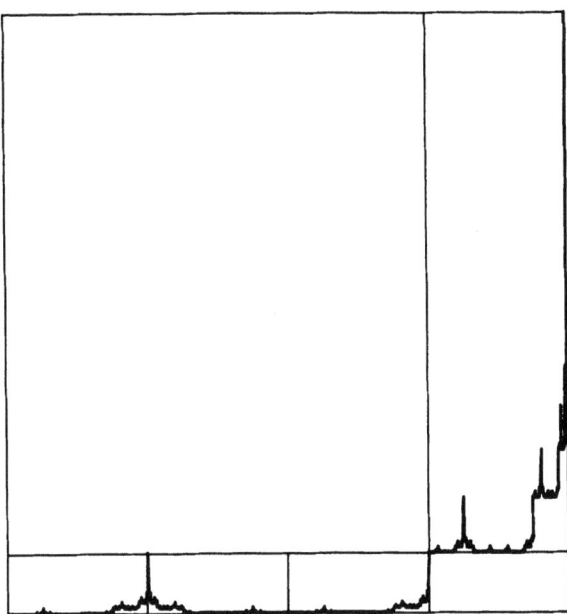

Fig. 13.7. *On se donne quatre affinités diagonales du plan, qui transforment le carré unité en les quatre rectangles ci-dessus. Les quatre matrices sont*

$$\begin{pmatrix} 0.25 & 0 \\ 0 & \delta \end{pmatrix}, \begin{pmatrix} 0.25 & 0 \\ 0 & -\delta \end{pmatrix}, \begin{pmatrix} 0.25 & 0 \\ 0 & \delta \end{pmatrix}, \begin{pmatrix} 0.25 & 0 \\ 0 & 1-\delta \end{pmatrix}.$$

Si $\delta \neq 1/2$, les dimensions $\Delta^{(\alpha,\beta)}$ dépendent de β. En particulier $\Delta(\Gamma) = 1 + (\log(2\delta+1)/\log 4)$, et $\Delta^{(\alpha,\infty)} = 2 - (\log(\max\{\delta, 1-\delta\})/\log 4)$. Dans cette figure, on a choisi $\delta = 0.1$, donc $\Delta(\Gamma) = 1.13$ et $\Delta^{(\alpha,\infty)} = 1.92$. Le cas $\delta = 1/2$ est représenté dans la Fig. 13.5.

En appelant Γ le graphe de $z(t)$ sur $[0, +\infty)$, et F la transformation affine $F(x) = \begin{pmatrix} \rho & 0 \\ 0 & \delta \end{pmatrix} x$, la relation encadrée peut se formuler ainsi:

$$\boxed{F(\Gamma) \subset \Gamma.}$$

Exemple 1 Construisons, sur l'intervalle $[0,1]$, un graphe Γ à l'aide de N affinités diagonales $F_1, \ldots, F_N$, comme dans la section précédente. La courbe Γ vérifie l'égalité $\Gamma = F_1(\Gamma) \cup \ldots \cup F_N(\Gamma)$. En particulier,

$$F_1(\Gamma) \subset \Gamma.$$

Si $F_1(x)$ se note $F_1(x) = \begin{pmatrix} \rho & 0 \\ 0 & \delta \end{pmatrix} x$, on a donc $z(\rho\, t) = \delta\, z(t)$ pour tout t de $[0,1]$.
Il est facile, grâce à cette relation, d'étendre le domaine de définition à $[0, +\infty)$ tout entier (Fig. 13.8): pour tout t, on cherche un entier n tel que $\rho^n t \leq 1$, et on pose
$$z(t) = \delta^{-n} z(\rho^n t).$$
La valeur de $z(t)$ est indépendante du choix de l'entier n. On remarque que dans cette extension, seule la transformation F_1 entre en jeu.

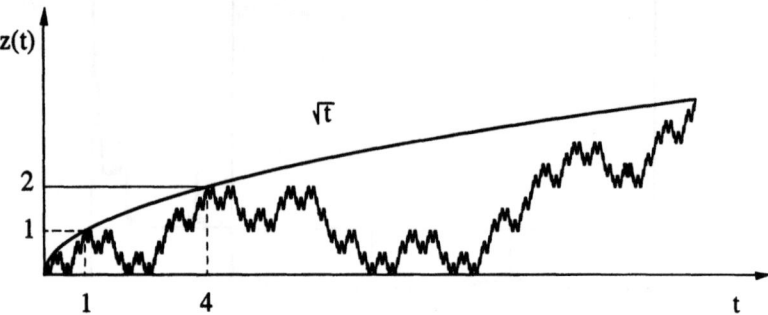

Fig. 13.8. *Sur $[0,1]$, cette courbe est identique à celle de la figure 13.5. Elle est ensuite étendue à $[0, +\infty)$ par application de la relation $z(t) = z(4t)/2$.*

Exemple 2 La fonction
$$z(t) = t^H$$
vérifie aussi la relation d'invariance, pour tout couple (ρ, δ) tel que $H = \log \delta / \log \rho$. On peut écrire cette relation
$$z(t) = \rho^{-H} z(\rho\, t).$$
On voit donc que la relation d'invariance peut être vérifiée par des fonctions dont le graphe est localement rectifiable.

Exemple 3 Voir la fonction de Weierstrass–Mandelbrot en § 7.

Propriété géométrique Lorsque
$$z(\rho\, t) = \delta\, z(t),$$
la croissance vers $+\infty$ de $|z(t)|$ est régie par l'exposant de Hölder $H = \log \delta / \log \rho$. En effet, si (t_0, z_0) est un point quelconque du graphe, tous les points $(\rho^{-n} t_0, \rho^{-nH} z_0)$ sont aussi sur le graphe, en fait à l'intersection du graphe de $z(t)$ et de celui de la fonction $(z_0/t_0) t^H$. Si, en particulier, z_0 représente le maximum de $|z(t)|$ sur $[0,1]$, toute la courbe Γ se trouve à l'intérieur des deux graphes $\pm (z_0/t_0) t^H$. La croissance générale de Γ est en t^H.

La fonction périodique associée On observe que Γ comporte des motifs qui se répètent à l'infini, mais non de façon périodique: leur échelle augmente comme t^H.

On obtiendra une véritable fonction périodique en divisant $z(t)$ par t^H, et en plaçant sur les axes des coordonnées logarithmiques. Autrement dit,

Soit ρ et H deux paramètres de $]0,1[$, et $z(t)$ une fonction telle que pour tout $t > 0$, $z(t) = \rho^{-H} z(\rho t)$. Soit

$$z^*(t) = \rho^{Ht} z(\rho^{-t}) :$$

$z^*(t)$ *est périodique, de période 1.*

▶ Car
$$z^*(t+1) = \rho^{Ht+H} z(\rho^{-t-1}) = \rho^{Ht} \rho^H z(\rho^{-1}\rho^{-t})$$
$$= \rho^{Ht} z(\rho^{-t})$$

par la relation d'invariance. ◀

Si $z(t) = t^H$, on obtient simplement $z^*(t) = 1$.

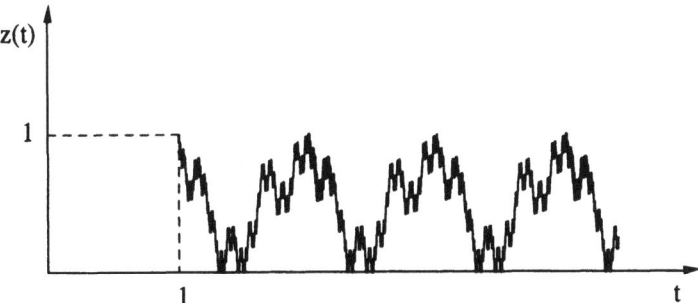

Fig. 13.9. *Graphe de la fonction périodique $z^*(t) = 2^t z(4^{-t})$, pour la fonction $z(t)$ de la figure 13.5.*

La transformation inverse Prenons n'importe quelle fonction périodique z^* de période 1, et deux paramètres ρ et H entre 0 et 1. Si on pose, pour tout $t > 0$,

$$z(t) = t^H z^* \left(\frac{\log t}{|\log \rho|} \right) ,$$

alors z vérifie la relation d'invariance $z(\rho t) = \rho^H z(t)$. A partir des fonctions périodiques, on peut obtenir ainsi toutes les fonctions vérifiant cette relation.

Comparaison des deux fonctions associées Les fonctions $z(t)$ et $z^*(t)$ ont des comportement différents globalement, mais leur comportement local est très semblable. En voici la raison: on passe du graphe de z à celui de z^* par la transformation du plan

$$(t,z) \longrightarrow \left(\frac{\log t}{|\log \rho|}, t^{-H} z\right).$$

C'est une fonction bijective, définie sur $]0,\infty) \times (-\infty,+\infty)$, dont l'image est le plan tout entier. Elle est continue, et possède des dérivées partielles continues par rapport à t et à z, en tout point du domaine de définition. Il s'agit donc, localement, d'un *difféomorphisme*. Nous avons vu (Chap. 10, § 3), qu'une telle transformation ne change pas la valeur de la dimension. La fonction $z^*(t)$ possède en fait toutes les caractéristiques locales de $z(t)$. On peut l'observer en comparant les Fig. 13.9 et 13.10.

Conclusion La relation

$$z(\rho t) = \delta z(t)$$

caractérise certaines courbes fractales, dont la dimension est reliée à l'exposant $H = \log \delta / \log \rho$. Cependant, elle n'est pas propre aux courbes fractales.

13.7 La fonction de Weierstrass–Mandelbrot

La fonction de Weierstrass $W(t) = \sum_0^\infty \omega^{-nH} \cos(\omega^n t)$ vérifie la relation

$$W(\omega t) = \omega^H (W(t) - \cos t),$$

qui n'est pas une relation d'invariance comme celles étudiées en § 6. La fonction de Weierstrass–Mandelbrot

$$\boxed{WM(t) = \sum_{-\infty}^{+\infty} \omega^{-nH}(1 - \cos(\omega^n t))}$$

a été construite, à partir de $W(t)$, pour vérifier la relation d'invariance

$$WM(\omega t) = \omega^H WM(t).$$

Dans ce cas, $\rho = \omega^{-1}$ et $\delta = \omega^{-H}$, $\omega > 1$. Encore faut-il vérifier que la série qui définit $WM(t)$ converge.

▶ La somme $\sum_0^\infty \omega^{-nH}(1-\cos(\omega^n t))$ converge absolument. D'autre part, lorsque n tend vers $-\infty$, $1-\cos(\omega^n t)$ est équivalent à $\omega^{2n} t^2$, et donc $\omega^{-nH}(1-\cos(\omega^n t))$ est équivalent à $\omega^{n(2-H)} t^2$, dont la série pour $n \leq 0$ converge. ◀

Le graphe de $WM(t)$ possède donc une allure croissante en t^H, due à l'introduction des basses fréquences dans la série de Weierstrass.

◇ Ces fonctions WM ne présentent pas de structure d'affinité interne, au sens défini en § 4.

13.7 La fonction de Weierstrass–Mandelbrot 185

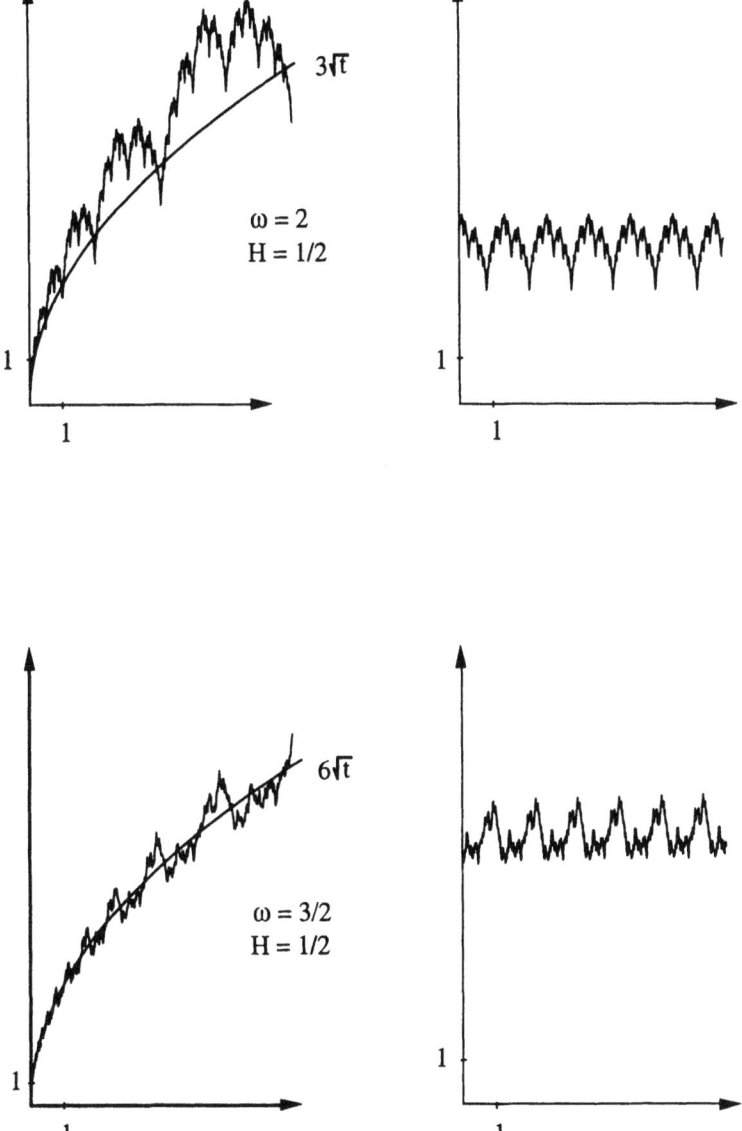

Fig. 13.10. *A gauche, graphe des fonctions de Weierstrass–Mandelbrot pour diverses valeurs des paramètres ω et H. A droite, graphe des fonctions périodiques associées* $WM^*(t) = \omega^{-Ht} WM(\omega^t) = \sum_{-\infty}^{+\infty} \omega^{-H(n+t)}(1 - \cos(\omega^{n+t}))$.

◊ Toute partie bornée du graphe de WM, et donc aussi, du graphe de WM^*, a pour dimension $2-H$.

▶ Ecrivons $WM(t)$ sous la forme

$$WM(t) = \sum_{-\infty}^{-1} \omega^{-nH}(1-\cos(\omega^n t)) + \sum_{0}^{+\infty} \omega^{-nH} - \sum_{0}^{+\infty} \omega^{-nH}\cos(\omega^n t) \ .$$

C'est la somme de trois fonctions, dont la première est partout dérivable, car la série des termes dérivés

$$\sum_{-\infty}^{-1} \omega^{n(1-H)} \sin(\omega^n t)$$

est absolument convergente. Son graphe sur un intervalle $[a,b]$ quelconque, $a > 0$, a pour dimension 1. La deuxième fonction est constante: son graphe est de dimension 1. Enfin la troisième est $W(t)$ elle-même. La dimension du graphe de WM est celle de W, c'est-à-dire $\max\{1, 2-H\}$. ◀

◊ Toute série de la forme $z(t) = \sum_{n=0}^{\infty} \omega^{-nH} g(\omega^n t)$ peut fournir un exemple analogue, à condition que H soit < 1, et que la fonction $g(t)$ soit périodique, et continuement dérivable en 0. On peut alors poser

$$z(t) = \sum_{n=-\infty}^{+\infty} \omega^{-nH} (g(0) - g(\omega^n t)) \ .$$

Cette fonction présente, comme celle de Weierstrass-Mandelbrot (qui correspond au cas $g(t) = \cos t$), une invariance d'échelle.

▶ La série qui définit $z(t)$ converge: en effet, les trois premiers termes du développement de Taylor de $g(t)$ au voisinage de 0 existent, et

$$|g(t) - g(0)| \leq c\,t \ ,$$

où c est une constante, associée à la valeur de la dérivée. On en déduit que, lorsque n tend vers $-\infty$, $|g(0)-g(\omega^n t)|$ est inférieur à $c\omega^n t$. On peut donc majorer chaque terme de la série par $c\omega^{n(1-H)}t$, dont la série pour $n<0$ converge. Enfin, $z(t)$ vérifie la même relation d'invariance:

$$z(\omega t) = \omega^H z(t) \ . \quad ◀$$

13.8 Le spectre des fonctions invariantes

Supposons que $z(t)$ vérifie la relation d'invariance

$$z(\rho t) = \rho^H z(t) \ ,$$

où $0 < \rho < 1$, et $0 < H < 1$. On veut étudier l'influence de cette relation sur le spectre de $z(t)$.

13.8 Le spectre des fonctions invariantes

- Si le spectre de $z(t)$ est *discret*, on considère sa **densité spectrale de puissance**

$$G_z(s) = \lim_{T \to \infty} \frac{1}{T^2} \left| \int_0^T e^{-ist} z(t) \, dt \right|^2.$$

Supposons que cette limite existe, et calculons $G_z(\rho s)$. On peut écrire l'intégrale $\int_0^T e^{-i\rho s t} z(t) \, dt$, avec un changement de variable, comme

$$\rho^{-1} \int_0^{\rho T} e^{-isu} z(\rho^{-1} u) \, du = \rho^{-(H+1)} \int_0^{\rho T} e^{-isu} z(u) \, du.$$

Donc

$$G_z(\rho s) = \lim_{T \to \infty} \frac{\rho^{-2(H+1)}}{T^2} \left| \int_0^{\rho T} e^{-ist} z(t) \, dt \right|^2$$

$$= \rho^{-2H} \lim_{T \to \infty} \frac{1}{(\rho T)^2} \left| \int_0^{\rho T} e^{-ist} z(t) \, dt \right|^2.$$

Finalement,

$$\boxed{G_z(\rho s) = \rho^{-2H} G_z(s).}$$

Cette densité spectrale présente donc aussi une invariance d'échelle. Toute fréquence fondamentale s_0 du spectre (valeur pour laquelle $G_z(s)$ est non nulle) est à l'origine d'une suite de fréquenes $\rho^{-1} s_0, \rho^{-2} s_0, \ldots, \rho^{-k} s_0, \ldots$, tendant vers l'infini, pour lesquelles G_z est non nulle. De plus,

$$G_z(\rho^{-k} s_0) = \rho^{-2kH} G_z(s_0) :$$

le paramètre $2H$ régit la décroissance vers 0 de $G_z(s)$, lorsque s tend vers l'infini.

- Si le spectre de $z(t)$ est *continu*, on évalue son **spectre de puissance**

$$P_z(s) = \lim_{T \to \infty} \frac{1}{T} \left| \int_0^T e^{-ist} z(t) \, dt \right|^2.$$

Supposons que cette limite existe. Le même type de calcul montre que

$$\boxed{P_z(\rho s) = \rho^{-2H-1} P_z(s).}$$

Lorsque s tend vers $+\infty$, le spectre de puissance tend vers 0 avec une décroissance dominée par s^{-2H-1}.

◊ Dans le cas des courbes $WM(t)$, à spectre discret, la décroissance de sa densité spectrale de puissance est régie par le paramètre $2H$, tandis que la dimension du graphe vaut $2 - H$. Mais il ne faudrait pas en conclure que le comportement du spectre de $z(t)$ est toujours lié à la valeur de la dimension de son graphe. Donnons un exemple du contraire.

Exemple La fonction de Weierstrass

$$W(t) = \sum_0^\infty 2^{-nH} \cos(2\pi\, 2^n\, t)$$

a un graphe de dimension $2 - H$ sur tout intervalle fini. Or c'est une fonction périodique, de période 1. En effectuant sur W la "transformation inverse" décrite en § 6, on peut lui associer, pour tout paramètres ρ et H' compris entre 0 et 1, une fonction $w(t)$ invariante par un changement d'échelle:

$$w(t) = t^{H'} \sum_0^\infty 2^{-nH} \cos\left(\frac{2\pi\, 2^n}{|\log \rho|} \log t\right) \ .$$

Cette nouvelle fonction vérifie en effet la relation

$$w(\rho\, t) = \rho^{H'}\, w(t) \ ,$$

et la décroissance de son spectre est liée au paramètre H'. D'autre part, la dimension de son graphe est $2 - H$. Ces deux paramètres sont indépendants.

13.9 Références bibliographiques

En ce qui concerne les modèles, la courbe de Weierstrass remonte à 1875, mais la première étude exhaustive en a été faite par [G.H. Hardy 2] (1916): c'est lui qui a montré que cette fonction était, uniformément, à la fois Hölder et Hölder inverse d'exposant H (pour reprendre le vocabulaire et les notations du chapitre 12). En 1903, [T. Takagi] donne un exemple beaucoup plus simple de fonction nulle part dérivable, qui correspond exactement à la fonction de Knopp de § 1, avec $H = 1$: une telle fonction est donc de dimension 1. La "fonction de [K. Knopp]" (1920) est un peu plus générale, avec un paramètre H quelconque entre 0 et 1; mais elle est aussi appelée "fonction de Takagi" par de nombreux auteurs. On peut, sur le même sujet, consulter [E.W. Hobson] (1926), et [M. Hata & M. Yamaguti]. On trouvera une étude des fonctions définies par des séries, avec la dimension de leur graphe, dans [J. Kaplan & al.]. La fonction de Weierstrass vérifie une relation fonctionnelle, qui est généralisée et étudiée dans [M. Yamaguti & M. Hata]. Nos références ne sont pas exhaustives; mais saluons au passage les progrès fait dans ce domaine par l'école japonaise, sous l'influence de M. Yamaguti. On consultera avec intérêt l'article général de [M. Hata].

Il existe une autre façon de construire des courbes fractales, comme des attracteurs de systèmes de fonctions affines itérées: l'exemple de la Fig. 13.5 est tiré de [B. Mandelbrot 4], article qui contient également une étude générale des fonctions ayant une structure d'*affinité interne*, avec la relation dimension fractale –

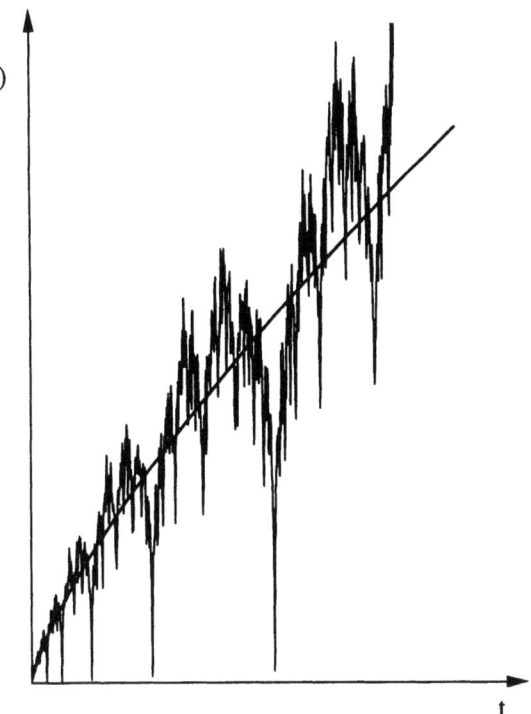

Fig. 13.11. *Le graphe de la fonction* $w(t) = t^{3/4} \sum_0^\infty 2^{-n/4} \cos\left(\frac{2\pi \, 2^n}{\log 2} \log t\right)$. *Sa dimension est* $2 - 1/4 = 7/4$. *Elle vérifie la relation d'invariance* $w(2t) = 2^{3/4} w(t)$. *On a aussi tracé la courbe d'aspect parabolique* $z(t) = 6 \, t^{3/4}$, *qui indique la croissance de* $w(t)$.

exposant de Hölder. Voir aussi [N. Kôno] à ce sujet. La fonction de Weierstrass–Mandelbrot provient de [B. Mandelbrot 2].

On trouve la question de la densité spectrale de puissance dans [C. Tricot 6], et une étude plus poussée des séries de fonctions dans [C. Tricot 8].

14 Courbes construites par des similitudes

14.1 Similitudes

Sur la droite, une similitude est une fonction $f(t)$ qui peut s'écrire

$$f(t) = \rho\, t + b\,,$$

où ρ et b sont des paramètres réels, $\rho \neq 0$. C'est une **translation** si $\rho = 1$, une **symétrie** si $\rho = -1$, une **homothétie** de centre O si $b = 0$. Ces notions se généralisent au plan.

Les transformations du plan qui composent une similitude: translation, rotation, symétrie, homothétie, sont résumées dans la Fig. 14.1. Toute transformation composée des trois premières est un **déplacement**, car elle conserve identiquement la forme des objets: elle les déplace sans les déformer. Si F est un déplacement, pour tout couple de points x, y du plan, la distance entre les points images est la même:

$$\operatorname{dist}(F(x), F(y)) = \operatorname{dist}(x, y)\,.$$

Dans un plan muni de deux axes orthogonaux Ox_1, Ox_2, tout déplacement peut se noter algébriquement

$$F(x) = \mathcal{M}x + B\,,$$

où B est un vecteur de translation, et $\mathcal{M}$ une matrice 2×2 *orthogonale*, c'est-à-dire telle que ses vecteurs colonne sont orthogonaux, et de longueur 1. Le déterminant de $\mathcal{M}$ vaut ± 1: c'est 1 si $\mathcal{M}$ est une matrice de rotation, du type $\mathcal{R}_\theta$; c'est -1 si $\mathcal{M}$ peut s'écrire comme le produit d'une matrice de rotation et d'une matrice de symétrie, $\mathcal{R}_\theta \mathcal{S}_1$ ou $\mathcal{S}_1 \mathcal{R}_\theta$.

Une **similitude** est un déplacement suivi d'une homothétie, ou une homothétie suivie d'un déplacement. Elle s'écrit

$$F(x) = \rho\,\mathcal{M}x + B\,,$$

où ρ est un nombre réel > 0, $\mathcal{M}$ une matrice orthogonale, B un vecteur de translation. Si $\rho < 1$, F est *contractante*. Si $\rho = 1$, c'est un déplacement. Le nombre ρ est le *rapport de similitude*. Une similitude de rapport $\neq 1$ déplace donc les objets en changeant leur taille, mais de façon isotrope. En particulier, si F est une similitude, pour tout couple de points x, y du plan,

$$\operatorname{dist}(F(x), F(y)) = \rho \operatorname{dist}(x, y)\,.$$

14 Courbes construites par des similitudes

Fig. 14.1. *Une similitude est composée de transformations du type suivant:*

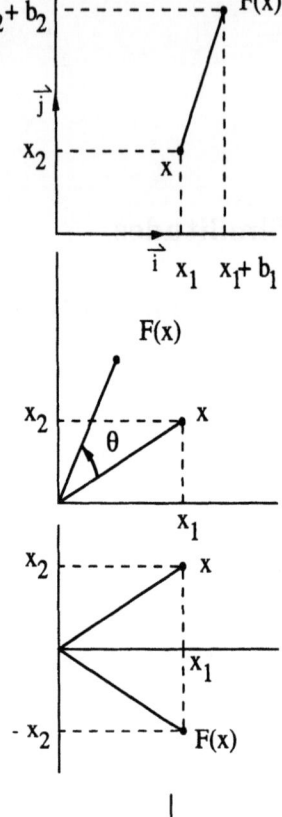

Translation : *définie par un vecteur fixe* $\mathbf{B} = b_1\mathbf{i} + b_2\mathbf{j}$. *A tout point* $x = \begin{pmatrix} x_1 \\ x_2 \end{pmatrix}$, *cette transformation associe le point* $F(x) = \begin{pmatrix} x_1 + b_1 \\ x_2 + b_2 \end{pmatrix}$.

Rotation *de centre 0: définie par un angle* θ. *La matrice de cette transformation est*

$$\mathcal{R}_\theta = \begin{pmatrix} \cos\theta & -\sin\theta \\ \sin\theta & \cos\theta \end{pmatrix}.$$

A tout point x, *cette transformation associe le point* $F(x) = \begin{pmatrix} x_1\cos\theta - x_2\sin\theta \\ x_1\sin\theta + x_2\cos\theta \end{pmatrix}$.

Symétrie *par rapport à* Ox_1: *définie par la matrice*

$$\mathcal{S}_1 = \begin{pmatrix} 1 & 0 \\ 0 & -1 \end{pmatrix}.$$

A tout x, *elle associe le point* $F(x) = \begin{pmatrix} x_1 \\ -x_2 \end{pmatrix}$.

Symétrie *par rapport à* Ox_2: *définie par la matrice*

$$\mathcal{S}_2 = \begin{pmatrix} -1 & 0 \\ 0 & 1 \end{pmatrix}.$$

Ainsi, $F(x) = \begin{pmatrix} -x_1 \\ x_2 \end{pmatrix}$. *On remarque que* $\mathcal{S}_2 = \mathcal{R}_\pi \mathcal{S}_1$.

Homothétie *de centre O: définie par un réel* ρ. *A tout* x, *elle associe le point* $F(x) = \begin{pmatrix} \rho x_1 \\ \rho x_2 \end{pmatrix}$.

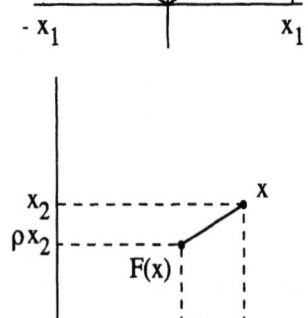

◇ On se donne 4 points du plan, $A \neq B$, $C \neq D$. Il existe deux similitudes du plan telles que $F(A) = C$ et $F(B) = D$: l'une est de déterminant > 0, l'autre de déterminant < 0. Il existe aussi deux similitudes du plan telles que $F(A) = D$ et $F(B) = C$. Donc en tout, 4 similitudes distinctes telles que $F(AB) = CD$ (Fig. 14.2).

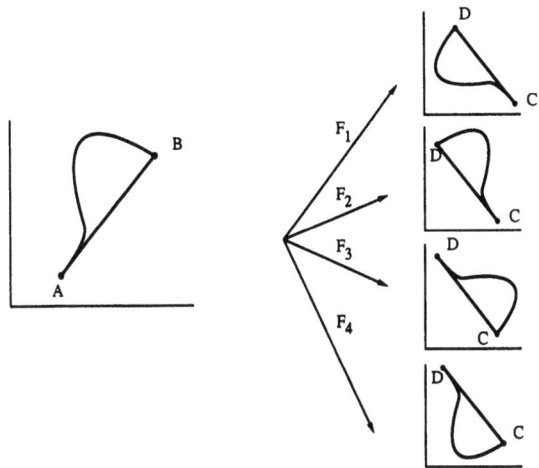

Fig. 14.2. *Etant donné deux segments AB et CD, de longueur non nulle, il existe 4 similitudes telles que l'image de AB soit égale à CD. Ici, F_1 et F_3 sont de déterminant > 0; F_2 et F_4 sont de déterminant < 0. Elles ont même rapport de similitude:* $\rho = \text{dist}(C,D)/\text{dist}(A,B)$.

14.2 Structure de similitude interne

On va montrer comment construire une courbe Γ qui est la réunion de N copies d'elle-même, le mot *copie* étant pris ici au sens d'image par une similitude contractante. On dit d'une telle courbe qu'elle a une *structure de similitude interne*.

Système de similitudes dans le plan Pour construire Γ, on a besoin des données suivantes:

(i) Un nombre entier $N \geq 2$;
(ii) $N+1$ points distincts du plan $A = A_1, A_2, ..., A_{N+1} = B$, telles que pour tout $i = 1, ..., N$:

$$\text{dist}(A_i, A_{i+1}) < \text{dist}(A, B) \ ;$$

(iii) N similitudes $F_1, ..., F_N$ telles que

$$F_i(AB) = A_i A_{i+1} \ .$$

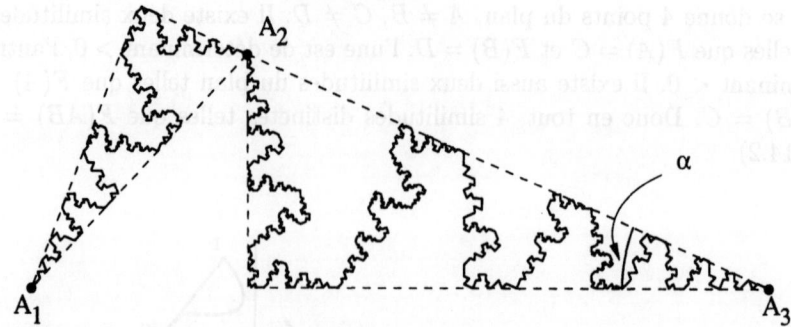

Fig. 14.3. *Exemple de courbe Γ ayant une structure de similitude interne. Les deux arcs $A_1 \frown A_2$ et $A_2 \frown A_3$ sont les images de Γ par deux similitudes F_1 et F_2. Dans ce cas particulier, la courbe Γ est inscrite dans un triangle rectangle dont le plus petit angle est α, $0 < \alpha \leq \pi/4$, et passe par les points $A = A_1 = (0,0)$, $A_2 = (1 - \cos 2\alpha, \tan \alpha \cos 2\alpha)$, $A_3 = B = (1,0)$. Les transformations F_1 et F_2 comportent toutes deux une symétrie, et sont donc de déterminant négatif; elles sont définies algébriquement par*

$$F_1(x) = \tan \alpha \begin{pmatrix} -\sin 2\alpha & -\cos 2\alpha \\ -\cos 2\alpha & \sin 2\alpha \end{pmatrix} x + \begin{pmatrix} 1 - \cos 2\alpha \\ \tan \alpha \cos 2\alpha \end{pmatrix}$$

$$F_2(x) = \frac{\cos 2\alpha}{\cos \alpha} \begin{pmatrix} \cos \alpha & -\sin \alpha \\ -\sin \alpha & -\cos \alpha \end{pmatrix} x + \begin{pmatrix} 1 - \cos 2\alpha \\ \tan \alpha \cos 2\alpha \end{pmatrix}.$$

La courbe de cette figure correspond à $\alpha = \pi/8$.

On voit que cette approche est très semblable à celle des graphes de fonction ayant une structure d'affinité interne (Chap. 13, § 4). Nous verrons que la construction est légèrement plus compliquée dans ce cas-ci, à cause de la paramétrisation. Dans le cas des graphes de fonctions, il n'y a qu'une paramétrisation naturelle, celle de l'abcisse.

◊ Les F_i sont des applications contractantes, dont le rapport de similitude est noté

$$\rho_i = \frac{\text{dist}(A_i, A_{i+1})}{\text{dist}(A, B)} \ .$$

Le plus grand de ces rapports est

$$\rho_{\max} = \max\{\rho_1, \ldots, \rho_N\} \ .$$

C'est un nombre strictement plus petit que 1.

On va noter $\mathbf{F}$ la transformation d'ensembles ainsi définie:

$$\mathbf{F}(E) = \bigcup_{i=1}^{N} F_i(E) \ .$$

14.2 Structure de similitude interne

Structure de similitude interne de $[0,1]$ Appelons **I** l'intervalle $[0,1]$ sur la droite. Pour définir une paramétrisation de Γ, il est nécessaire de construire sur **I** une structure de similitude interne qui soit l'image en quelque sorte de la famille $\{F_1, \ldots, F_N\}$. On s'y prend ainsi: on choisit $N+1$ points sur **I**, avec pour seule condition les relations suivantes:

$$t_1 = 0 < t_2 < \ldots < t_{N+1} = 1 .$$

Pour tout i, $i = 1, \ldots, N$, il existe deux similitudes f_i de la droite telles que $f_i(\mathbf{I}) = [t_i, t_{i+1}]$. On choisit celle qui va dans le même sens que F_i, à savoir:

Cas 1 Si $F_i(A) = A_i$ et $F_i(B) = A_{i+1}$, f_i doit être telle que $f_i(0) = t_i$ et $f_i(1) = t_{i+1}$. Donc

$$f_i(t) = (t_{i+1} - t_i)t + t_i .$$

Cas 2 Si $F_i(A) = A_{i+1}$ et $F_i(B) = A_i$, f_i doit être telle que $f_i(0) = t_{i+1}$ et $f_i(1) = t_i$. Donc

$$f_i(t) = (t_i - t_{i+1})t + t_{i+1} .$$

Ayant ainsi déterminé la famille $\{f_1, \ldots, f_N\}$ de similitudes sur la droite, on observe que **I** peut s'écrire

$$\mathbf{I} = \bigcup_{i=1}^{N} [t_i, t_{i+1}] = \bigcup_{i=1}^{N} f_i(\mathbf{I}) :$$

Cet intervalle possède une structure de similitude interne.

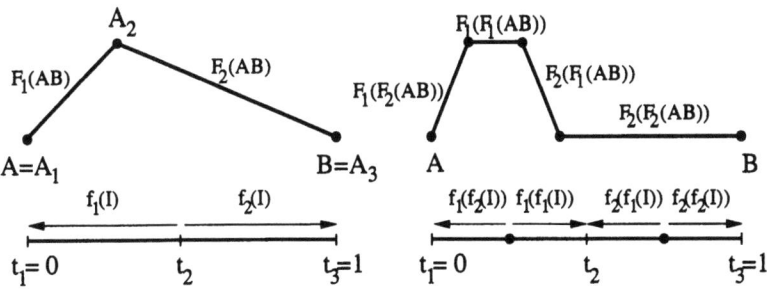

Fig. 14.4. *Construction des similitudes f_1 et f_2 sur $\mathbf{I} = [0,1]$, correspondant aux similitudes du plan F_1 et F_2 de la Fig. 14.3. La fonction f_1 est décroissante, car $F_1(A) = A_2$, et $F_1(B) = A_1$ (flèche vers la gauche). La fonction f_2 est croissante, car $F_2(A) = A_2$, et $F_2(B) = A_3$ (flèche vers la droite).*

Action de l'opérateur F

Soit les transformations F_i, f_i et $\mathbf{F}$ comme ci-dessus. Soit $\Gamma = \gamma(\mathbf{I})$ une courbe paramétrée par γ, d'extrémités $\gamma(0) = A$ et $\gamma(1) = B$. Alors $\mathbf{F}(\Gamma)$ est une courbe paramétrée par γ^* telle que pour tout $t \in \mathbf{I}$, et pour tout $i = 1, \ldots, N$:

$$\gamma^*(f_i(t)) = F_i(\gamma(t)) \, .$$

Ceci implique que $\gamma^*(\mathbf{I}) = \mathbf{F}(\Gamma)$. En posant $t = 0$ ou 1, on voit que $\mathbf{F}(\Gamma)$ passe par les points A_i.

▶ Pour tout $s \in \mathbf{I}$, il existe un entier i tel que $s \in [t_i, t_{i+1}]$. Donc s est l'image par f_i d'un réel $t \in \mathbf{I}$: $t = f_i(s)$. On pose $\gamma^*(s) = F_i(\gamma(t))$, ce qui peut se représenter par un *diagramme commutatif:*

$$\begin{array}{ccc} \mathbf{I} & \xrightarrow{f_i} & f_i(\mathbf{I}) \\ \downarrow{\gamma} & & \downarrow{\gamma^*} \\ \Gamma & \xrightarrow{F_i} & F_i(\Gamma) \end{array}$$

On vérifie que pour tout i, $\gamma^*([t_i, t_{i+1}])$ est l'arc $F_i(\Gamma)$, d'extrémités A_i et A_{i+1}. L'image totale $\gamma^*(\mathbf{I})$ est bien la courbe $\mathbf{F}(\Gamma)$. ◀

On va en déduire le résultat suivant, dont la démonstration se trouve dans la section suivante:

THÉORÈME *Il existe une courbe Γ_∞ qui vérifie*

$$\mathbf{F}(\Gamma_\infty) = \Gamma_\infty \, .$$

14.3 Générateur et existence d'une courbe limite

On reprend les notations de la section précédente. Soit $\mathbf{P}_0$ le segment AB. Le **générateur** de Γ est la courbe polygonale

$$\mathbf{P}_1 = \mathbf{F}(\mathbf{P}_0) \, .$$

Elle est formée des N segments $A_i A_{i+1}$; c'est la première approximation polygonale de cette courbe Γ_∞ dont on veut démontrer l'existence.

◇ Notons que $\mathbf{P}_1$ ne peut pas suffire par elle–même à déterminer complètement Γ: en effet, pour tout i, il existe 4 similitudes F_i telles que $F_i(AB) = A_i A_{i+1}$, comme on a vu en § 1. La donnée de $\mathbf{P}_1$ correspond donc, en principe, à 4^N familles de similitudes $\{F_1, \ldots, F_N\}$ différentes: sauf dans certains cas de symétrie, celles-ci donnent 4^N courbes distinctes.

Continuons de construire des approximations de plus en plus fines de la courbe: on pose $\mathbf{P}_2 = \mathbf{F}(\mathbf{P}_1)$, courbe polygonale obtenue en remplaçant chacun des segments $A_i A_{i+1}$ qui composent $\mathbf{P}_1$ par sa copie $F_i(\mathbf{P}_1)$. Elle comporte N^2 segments. Et ainsi de suite: on construit la suite de courbe polygonale $(\mathbf{P}_k)$, en posant
$$\mathbf{P}_k = \mathbf{F}(\mathbf{P}_{k-1}) \ .$$
Elle est faite de N^k segments, et passe par les points A_i.

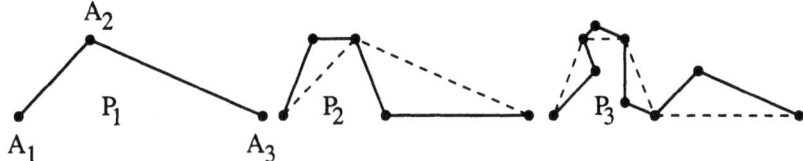

Fig. 14.5. *Construction des courbes polygonales* $\mathbf{P}_k$, *correspondant aux deux similitudes de la* Fig. 14.3.

Le résultat de la section précédente va nous permettre de paramétrer toutes ces courbes polygonales.
- Soit (a_1, a_2) les coordonnées de A, (b_1, b_2) celle de B. Pour paramétrer $\mathbf{P}_0 = AB$, on peut poser
$$\gamma_0(t) = \begin{pmatrix} (1-t)\,a_1 + t\,b_1 \\ (1-t)\,a_2 + t\,b_2 \end{pmatrix} :$$
Cette paramétrisation correspond à une vitesse constante sur AB, avec $\gamma_0(0) = A$, $\gamma_0(1) = B$.
- La courbe $\mathbf{P}_1$ est alors paramétrée par l'application γ_1 telle que pour tout $t \in \mathbf{I}$, et tout $i = 1, \ldots, N$:
$$\gamma_1(f_i(t)) = F_i(\gamma_0(t)) \ .$$
- Et ainsi de suite: supposons construite la paramétrisation γ_{k-1} de $\mathbf{P}_{k-1}$, telle que $\gamma_{k-1}(t_i) = A_i$ pour tout i. On définit γ_k sur $[t_i, t_{i+1}]$ par
$$\gamma_k(f_i(t)) = F_i(\gamma_{k-1}(t)) \ .$$
On vérifie que $\gamma_k(t_i) = A_i$, $\gamma_k(t_{i+1}) = A_{i+1}$, et $\gamma_k(\mathbf{I}) = \mathbf{P}_k$.

Démonstration de l'existence de Γ_∞ On va montrer que la suite de fonctions (γ_k) converge uniformément vers une fonction continue γ_∞, définie sur $\mathbf{I}$, dont l'image dans le plan est une courbe Γ_∞ qui vérifie la relation cherchée: $\mathbf{F}(\Gamma_\infty) = \Gamma_\infty$.

▶ a) Montrons tout d'abord que, pour une certaine constante C, et pour tout $t \in \mathbf{I}$,
$$\operatorname{dist}(\gamma_k(t), \gamma_{k+1}(t)) \leq C\, \rho_{\max}^k \ .$$

Comme la plupart des démonstrations de ce chapitre, cela se fait par récurrence. Posons
$$C = \max_{1 \leq i \leq N+1, 1 \leq j \leq N+1} \text{dist}(A_i, A_j)$$
la plus grande distance entre deux sommets du générateur. Comme tout point de AB est à distance $\leq C$ du point A, on a $\text{dist}(\gamma_0(t), \gamma_1(t)) \leq C$ pour tout t. L'inégalité cherchée est donc vraie au rang $k = 0$. Supposons-la vraie au rang $k - 1$: pour tout $t \in \mathbf{I}$,
$$\text{dist}(\gamma_{k-1}(t), \gamma_k(t)) \leq C \rho_{\max}^{k-1}.$$
Tout $t \in \mathbf{I}$ appartient à un intervalle $[t_i, t_{i+1}]$ pour un certain i, donc peut s'écrire $t = f_i(s)$ où $s \in \mathbf{I}$. Ainsi
$$\begin{aligned}\text{dist}(\gamma_k(t), \gamma_{k+1}(t)) &= \text{dist}(\gamma_k(f_i(s)), \gamma_{k+1}(f_i(s))) \\ &= \text{dist}(F_i(\gamma_{k-1}(s)), F_i(\gamma_{k-1}(s))) \\ &= \rho_i \, \text{dist}(\gamma_{k-1}(s), \gamma_k(s)) \\ &\leq C \rho_{\max}^k.\end{aligned}$$
Ceci prouve l'inégalité cherchée.

b) On en déduit que, pour tout n et $k > n$,
$$\begin{aligned}\text{dist}(\gamma_n(t), \gamma_k(t)) &\leq \sum_{i=n}^{k-1} \text{dist}(\gamma_i(t), \gamma_{i+1}(t)) \\ &\leq \sum_{i=n}^{\infty} C \rho_{\max}^i = \frac{C}{1 - \rho_{\max}} \rho_{\max}^n.\end{aligned}$$
Ceci tend vers 0 avec n, donc pour chaque valeur de t la suite $(\gamma_k(t))$ est une suite de Cauchy, qui converge vers une limite $\gamma_\infty(t)$. Cette convergence est uniforme, donc γ_∞ est continue. En faisant tendre k vers l'infini dans l'égalité $\mathbf{P}_k = \mathbf{F}(\mathbf{P}_{k-1})$, on obtient par continuité $\Gamma_\infty = \mathbf{F}(\Gamma_\infty)$. ◀

Propriétés de Γ_∞

- La suite de courbes polygonales $(\mathbf{P}_k)$ converge vers Γ au sens de la distance de Hausdorff. Cette distance est évaluée par
$$\text{dist}(\Gamma, \mathbf{P}_k) \leq \frac{C}{1 - \rho_{\max}} \rho_{\max}^k \, ;$$
Elle tend vers 0 d'autant plus vite que $\rho_{\max}$ est plus petit (la valeur minimale de $\rho_{\max}$ est $1/N$, où N est le nombre de similitudes).

- On a vu que pour tout $t \in [t_i, t_{i+1}]$,
$$\gamma_k(f_i(t)) = F_i(\gamma_{k-1}(t)).$$
Comme toutes ces fonctions sont continues, on peut passer à la limite lorsque k tend vers l'infini, et on trouve
$$\boxed{\gamma(f_i(t)) = F_i(\gamma(t)).}$$

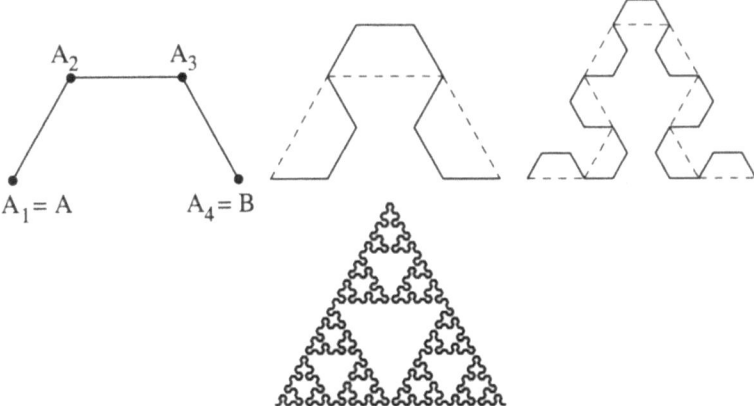

Fig. 14.6. *On voit que le "tapis de Sierpinski" bien connu est une courbe à similitude interne. Si $A = (0,0)$, et $B = (1,0)$, on peut le définir à l'aide des trois similitudes suivantes (dans les notations de § 1):*

$$F_1(x) = \frac{1}{2}\mathcal{R}_{\pi/3}\mathcal{S}_1 \, x \, , \; F_2(x) = \frac{1}{2}x + \begin{pmatrix} 1/4 \\ \sqrt{3}/4 \end{pmatrix} \, , \; F_3(x) = \frac{1}{2}\mathcal{R}_{2\pi/3}\, x + \begin{pmatrix} 1 \\ 0 \end{pmatrix} \, .$$

On a représenté les générateurs $\mathbf{P}_1$, $\mathbf{P}_2$, $\mathbf{P}_3$, et $\mathbf{P}_6$.

On peut mettre ce résultat sous la forme du *diagramme commutatif* suivant:

$$\begin{array}{ccc} \mathbf{I} & \xrightarrow{f_i} & f_i(\mathbf{I}) \\ \downarrow \gamma & & \downarrow \gamma \\ \Gamma & \xrightarrow{F_i} & F_i(\Gamma) \end{array}$$

- Comme $\gamma(t_i) = A_i$, la courbe Γ_∞ passe par les sommets A_i du générateur.
- Enfin on peut faire les mêmes remarques que dans le Chap. 13, § 4. On appelle Γ_∞ l'*attracteur* du système $\{F_1, ..., F_N\}$, ou encore le *point fixe* de la transformation $\mathbf{F}$. Pour le construire il n'est pas nécessaire de partir de $\mathbf{P}_0 = AB$: en fait n'importe quel compact de départ E_0 fournit une suite d'ensembles $E_n = \mathbf{F}(E_{n-1})$ qui converge vers Γ_∞ au sens de la distance de Hausdorff.

◊ Les exemples des Fig. 14.6 et 14.7 montrent bien que ce concept de *courbe* est encore trop général. Nous allons parler de *courbes simples* dans tout le reste du chapitre.

14.4 Critère de simplicité

La construction de Γ par des générateurs, décrite en § 3, permet d'obtenir de bonnes représentations d'une courbe à similitude interne. Mais elle ne permet pas de prévoir à l'avance certaines propriétés de cette courbe: par exemple, si oui ou non, elle admet des points doubles. Or de nombreux modèles, tels ceux

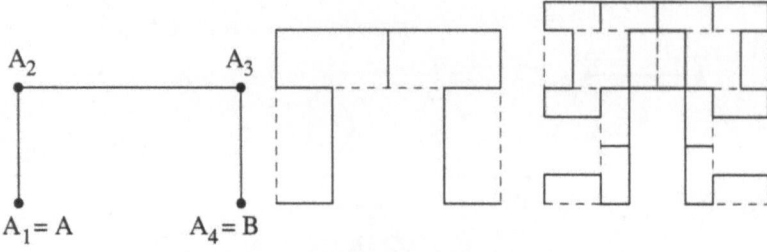

Fig. 14.7. *Le carré* $I \times I$ *est aussi une courbe à similitude interne, avec* $A = (0,0)$, $B = (1,0)$,

$$F_1(x) = \frac{1}{2}\begin{pmatrix} 0 & 1 \\ 1 & 0 \end{pmatrix} x \ , \ F_2(x) = \frac{1}{2}x + \begin{pmatrix} 0 \\ 1/2 \end{pmatrix} ,$$

$$F_3(x) = \frac{1}{2}x + \begin{pmatrix} 1/2 \\ 1/2 \end{pmatrix} , \ F_4(x) = \frac{1}{2}\begin{pmatrix} 0 & -1 \\ 1 & 0 \end{pmatrix} x + \begin{pmatrix} 1 \\ 0 \end{pmatrix} .$$

En effet, ce carré est la réunion de quatre carrés de côtés $1/2$*. La paramétrisation* γ *induite par ces similitudes est un exemple de courbe de Peano. On a représenté les générateurs* $\mathbf{P}_1$*,* $\mathbf{P}_2$*,* $\mathbf{P}_3$*, et* $\mathbf{P}_5$*.*

qui représentent des côtes géographiques, doivent être des courbes simples. Etant donné un système de N similitudes, vérifiant les conditions décrites en § 2, il est intéressant de connaître un critère de simplicité qui soit applicable à ces données initiales, préalablement à tout tracé de courbe. Nous proposons un critère dans cette section, dont on fera grand usage dans les exemples de § 9. Ce critère est associé à une méthode de **recouvrement** de la courbe, qui permet d'appréhender visuellement une courbe, encore mieux peut-être que par le tracé des polygones d'approximation.

CRITÈRE DE L'ENSEMBLE FERMÉ On se donne $N+1$ points A_1, ..., A_{N+1}, et N similitudes F_1, ..., F_N, comme en § 2, définissant une courbe Γ à similitude interne. On suppose qu'il existe un ensemble fermé, borné D, d'aire non nulle, tel que
  1. $F_i(D) \subset D$ pour tout $i = 1, \ldots, N$;
  2. $F_i(D) \cap F_{i+1}(D) = \{A_{i+1}\}$ pour tout $i = 1, \ldots, N-1$;
  3. $F_i(D)$ est disjoint de $F_j(D)$ si $|i-j| \geq 2$.

Alors Γ est simple.

14.4 Critère de simplicité

Par la suite, lorsque nous parlerons de *courbe simple, ayant une structure de similitude interne*, nous entendrons toujours une courbe vérifiant ce critère. La démonstration va consister en deux points: *a*) nous montrerons que la courbe est incluse dans D; *b*) puis que la paramétrisation définie en § 3 est injective.

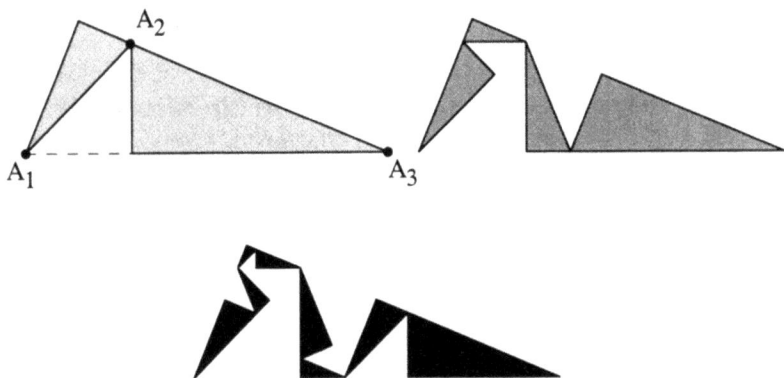

Fig. 14.8. *On reprend la courbe Γ des Fig 14.3, 14.4, 14.5. Elle est incluse dans un triangle rectangle D. Les images de D par les similitudes F_1 et F_2 ne se touchent qu'au point A_2, et sont incluses dans D: cela suffit à prouver (critère de l'ensemble fermé) que Γ est simple. En itérant le processus, on obtient des recouvrements de Γ par des "chaînes" dont les chaînons sont de plus en plus petits.*

▶ a) Posons $D_0 = D$, $D_1 = \mathbf{F}(D)$, ..., $D_k = \mathbf{F}(D_{k-1})$. La condition 1) entraîne que $D_1 \subset D_0$, donc, par récurrence, $D_k \subset D_{k-1}$. La suite (D_k) est une suite de fermés emboîtés. On veut montrer que $\Gamma \subset D_k$ pour tout k. On fait l'estimation suivante:
$$\operatorname{dist}(\Gamma, D_k) = \operatorname{dist}(\cup_i F_i(\Gamma), \cup_i F_i(D_{k-1}))$$
$$\leq \max_i \{ \operatorname{dist}(F_i(\Gamma), F_i(D_{k-1})) \}$$
$$\leq \rho_{\max} \operatorname{dist}(\Gamma, D_{k-1})$$
où $\rho_{\max}$ est le plus grand rapport de similitude des $F_1, \ldots, F_N$. On en tire:
$$\operatorname{dist}(\Gamma, D_k) \leq \rho_{\max}^k \operatorname{dist}(\Gamma, D) .$$
Or D est borné, Γ aussi, donc $\operatorname{dist}(\Gamma, D)$ est fini. Le membre de droite tend donc vers 0. Ainsi
$$\lim_{k \to \infty} \operatorname{dist}(\Gamma, D_k) = 0 .$$
Comme $D_k \subset D_{k-1}$, on en déduit que
$$\Gamma = \bigcap_{k=1}^{\infty} D_k .$$

b) Les conditions 1) et 2) montrent que les familles d'intervalles $\{f_i(\mathbf{I})\}$ et de domaines $\{F_i(D)\}$ sont géométriquement structurées de la même façon: deux intervalles $f_i(\mathbf{I})$ et $f_j(\mathbf{I})$, $i \neq j$, sont en effet soit disjoints ($|i-j| \geq 2$) soit adjacents ($|i-j|=1$). Dans le premier cas $F_i(D)$ et $F_j(D)$ sont disjoints; dans le deuxième, ils ont exactement un point en commun. Sans vouloir entrer dans de trop grands détails, disons qu'il en est de même au rang k: les N^k intervalles de rang k, qui s'écrivent $f_{i_1}(\ldots(f_{i_k}(\mathbf{I}))\ldots)$, $1 \leq i_j \leq N$, sont disjoints ou adjacents. Les domaines correspondants $F_{i_1}(\ldots(F_{i_k}(\mathbf{I}))\ldots)$ ont alors respectivement 0 ou 1 point en commun.

Soit $p_{\max} = \max\{t_{i+1} - t_i\}$: c'est un nombre < 1, et tous les intervalles de rang k sont de longueur $\leq p_{\max}^k$, qui tend vers 0. Si on prend deux réels quelconques t et t' de $\mathbf{I}$, on peut toujours trouver un k assez grand pour que t et t' appartiennent à deux intervalles de rang k disjoints. Leurs images $\gamma(t)$ et $\gamma(t')$ appartiennent à deux domaines de rang k disjoints. Donc $\gamma(t) \neq \gamma(t')$. Ceci prouve que γ est injective. Autrement dit, Γ n'a pas de point double. ◀

◊ La Fig. 14.7 nous montre une courbe qui admet une infinité de points doubles, bien que les courbes polygonales d'approximation $\mathbf{P}_k$ soient simples! Effectivement, Γ ne vérifie pas le critère de l'ensemble fermé.

◊ Dans tous les exemples de ce chapitre, le domaine D utilisé pour prouver la simplicité de Γ est un ensemble convexe. Ceci implique que le segment AB réunissant les extrémités de Γ est inclus dans D. De même, $\mathbf{P}_k$ est inclus dans D_k. Mais l'hypothèse de convexité n'est pas nécessaire pour prouver la simplicité de Γ; elle interviendra dans le Chap. 15, § 6.

14.5 Exposant de similitude et dimension

On considère une courbe Γ, à similitude interne, définie par les similitudes F_1, ..., F_N, de rapports de similitude ρ_1, ..., ρ_N.

On a toujours
$$\sum_{i=1}^{N} \rho_i \geq 1.$$

Si de plus la courbe vérifie le critère de l'ensemble fermé (§ 4), alors
$$\sum_{i=1}^{N} \rho_i^2 \leq 1.$$

▶ Si A et B sont les extrémités de Γ, ce sont aussi celles du générateur $\mathbf{P}_1 = \mathbf{F}(AB)$. Par similitude, $L(F_i(AB)) = \rho_i L(AB)$. Donc $L(AB) \leq L(\mathbf{P}_1) = L(AB)\sum_i \rho_i$. Le cas limite $\sum_i \rho_i = 1$ correspond à un générateur confondu avec AB: il en est alors de même des autres courbes polygonales $\mathbf{P}_k$, ce qui prouve que Γ est elle-même confondue avec AB.

Si la courbe est simple, les conditions du critère de l'ensemble fermé entraînent

14.5 Exposant de similitude et dimension   203

$$\sum_i \mathcal{A}(F_i(D)) \leq \mathcal{A}(D) ,$$

où $\mathcal{A}(F_i(D)) = \rho_i^2\, \mathcal{A}(D)$, par similitude. Ceci prouve la deuxième inégalité. ◀

Comme la fonction $\sum_i \rho_i^x$ est strictement décroissante, lorsque x croît de 1 à 2, elle passe une seule fois par la valeur 1. Il existe donc un nombre réel unique, noté e (comme "exposant"), tel que

$$\sum_{i=1}^{N} \rho_i^e = 1 .$$

C'est "l'exposant de similitude" de G. Bouligand.

◊ Dans le cas où les rapports de similitude sont tous égaux, de valeur commune ρ, cette équation s'écrit $N\,\rho^e = 1$, soit

$$e = \frac{\log N}{|\log \rho|} .$$

Cet exposant de similitude peut s'interpréter tout simplement comme la dimension de la courbe:

THÉORÈME *Soit Γ une courbe simple, ayant une structure de similitude interne, les rapports de similitude étant ρ_1, ..., ρ_N. Alors*

$$\Delta(\Gamma) = \delta(\Gamma) = e .$$

▶ Reprenons les notations suivantes: $\Gamma(\epsilon)$ pour l'ϵ-saucisse de Minkowski de Γ, D pour le domaine fermé du critère de simplicité. Pour faire court, on pose $D_i = F_i(D)$, et $\Gamma_i = F_i(\Gamma)$. On définit deux fonctions de ϵ:

$$f(\epsilon) = \epsilon^{e-2} \mathcal{A}(\Gamma(\epsilon) \cap D)$$
$$g(\epsilon) = \epsilon^{e-2} \mathcal{A}(\Gamma(\epsilon)) .$$

Nous allons montrer qu'au voisinage de 0, elles restent toujours comprises entre deux constantes non nulles.

Le fait que les D_i soient inclus dans D, et disjoints, sauf éventuellement en leur frontière, implique que

$$\mathcal{A}(\Gamma(\epsilon) \cap D) \geq \sum_i \mathcal{A}(\Gamma(\epsilon) \cap D_i) \geq \sum_i \mathcal{A}(\Gamma_i(\epsilon) \cap D_i) .$$

Par la similitude F_i, l'ensemble $\Gamma_i(\epsilon) \cap D_i$ est l'image de l'ensemble $\Gamma(\epsilon/\rho_i) \cap D$: par conséquent,

$$f(\epsilon) \geq \epsilon^{e-2} \sum_i \mathcal{A}(\Gamma_i(\epsilon) \cap D_i) = \epsilon^{e-2} \sum_i \rho_i^2 \mathcal{A}(\Gamma(\epsilon/\rho_i) \cap D)$$
$$= \sum_i \rho_i^e f(\epsilon/\rho_i) \,.$$

Supposons que $\rho_1 \leq \ldots \leq \rho_N$. Soit

$$c_1 = \inf\{f(\epsilon) \,/\, 1 \leq \epsilon \leq 1/\rho_N\} \,.$$

La fonction f étant continue pour $\epsilon > 0$, c_1 est non nul. De plus, c_1 est la borne inférieure de f sur $]0,1]$. En effet:

Si $\epsilon \in [\rho_N, 1]$, alors $\epsilon/\rho_i \in [1, 1/\rho_N]$, et donc $f(\epsilon) \geq \sum \rho_i^e c_1 = c_1$. Et ainsi de suite par récurrence: si $\epsilon \in [\rho_N^{k+1}, 1]$, alors $\epsilon/\rho_i \in [\rho_N^k, 1/\rho_N]$, et donc $f(\epsilon) \geq c_1$. On en déduit que, pour tout $\epsilon > 0$,

$$f(\epsilon) \geq c_1 > 0 \,.$$

De la même façon,

$$g(\epsilon) \leq \epsilon^{e-2} \sum_i \mathcal{A}(\Gamma_i(\epsilon)) = \epsilon^{e-2} \sum_i \rho_i^2 \mathcal{A}(\Gamma(\epsilon/\rho_i))$$
$$= \sum_i \rho_i^e g(\epsilon/\rho_i) \,,$$

et en posant $c_2 = \sup\{g(\epsilon) \,/\, 1 \leq \epsilon \leq 1/\rho_N\}$, on montre par récurrence que pour tout $\epsilon > 0$,

$$g(\epsilon) \leq c_2 \,.$$

En conclusion,

$$0 < c_1 \leq f(\epsilon) \leq g(\epsilon) \leq c_2 \,.$$

Ces inégalités prouvent que $\lim_{\epsilon \to 0} \log g(\epsilon)/\log \epsilon = 0$, et donc

$$\lim_{\epsilon \to 0} \left(2 - \frac{\log \mathcal{A}(\Gamma(\epsilon))}{\log \epsilon}\right) = e \;:$$

c'est aussi la valeur de $\Delta(\Gamma)$ et de $\delta(\Gamma)$ (Chap. 10, § 3). ◀

14.6 Exemples

Exemple 1 La courbe des Fig. 14.3 et 14.9 dépend d'un paramètre α, $0 < \alpha < \pi/4$. Elle est faite de deux similitudes dont les rapports sont $\rho_1 = \tan\alpha$ et $\rho_2 = \cos 2\alpha / \cos\alpha$. Son exposant de similitude est donc obtenu par l'équation

$$(\tan\alpha)^e + (\cos 2\alpha / \cos\alpha)^e = 1 \,.$$

On remarque que si α tend vers 0, alors que la distance entre A_1 et A_3 reste fixe, le point A_2 tend vers A_1, la courbe tend vers le segment $A_1 A_3$. Mais en

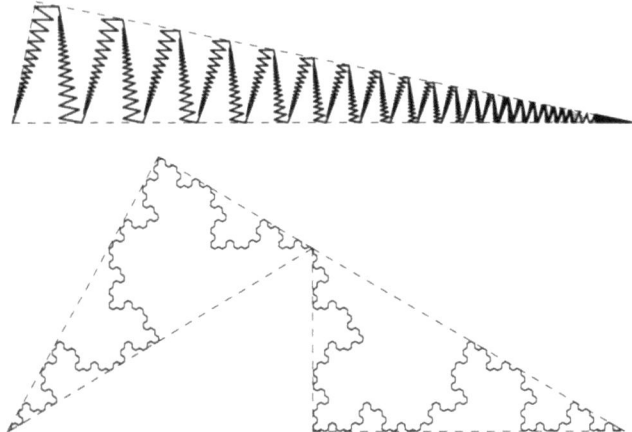

Fig. 14.9. *Tracé de la courbe définie dans la Fig. 14.3, pour deux valeurs du paramètre α: $\alpha = \pi/16$ (dimension 1.51508...) et $\alpha = \pi/6$ (dimension 1.26186...).*

même temps, e tend vers 2 dans l'équation ci-dessus. Si α tend vers $\pi/4$, le point A_2 tend vers A_3, la courbe tend vers $A_1 A_3$ et e tend vers 1. Les deux rapports de similitude sont égaux lorsque $\alpha = \pi/6$: leur valeur commune est alors $1/\sqrt{3}$. Dans ce cas, $e = \log 4/\log 3$.

Exemple 2 On définit d'habitude la courbe de Von Koch par 4 similitudes de rapport $1/3$. Mais on peut aussi la définir par 2 similitudes de rapport $1/\sqrt{3}$. La Fig. 14.10 montre qu'en partant d'un domaine D convenable (triangle isocèle, ayant un angle de $\pi/6$), on peut prouver la simplicité de Γ, par le critère de § 4. Ce domaine est, en fait, l'enveloppe convexe de la courbe. La dimension, ou exposant de similitude (§ 5), vaut

$$\frac{\log 4}{\log 3} = \frac{\log 2}{\log \sqrt{3}} = 1.26186\ldots.$$

◊ Bien entendu, on peut partir d'un autre domaine que ce triangle isocèle. Si le domaine D choisi est trop petit, les images $F_i(D)$ ne sont pas incluses dans D, ni la courbe Γ non plus. S'il est trop grand, les images $F_i(D)$ ne sont plus disjointes, et il est impossible de prédire la simplicité de la courbe. Dans la Fig. 14.11 on part d'un carré.

Exemple 3 Si l'on fait varier l'angle $\phi = \pi/6$ dans la construction précédente, la forme de la courbe varie, ainsi que sa dimension. La courbe Γ est déterminée par deux similitudes de rapport $\rho = 1/(2\cos(\phi/2))$. La courbe est simple si $0 < \phi < \pi/2$. La dimension

$$\frac{\log 2}{\log(2\cos\frac{\phi}{2})}$$

varie entre deux limites: 1 (pour $\phi \to 0$) et 2 (pour $\phi \to \pi/2$).

206   14 Courbes construites par des similitudes

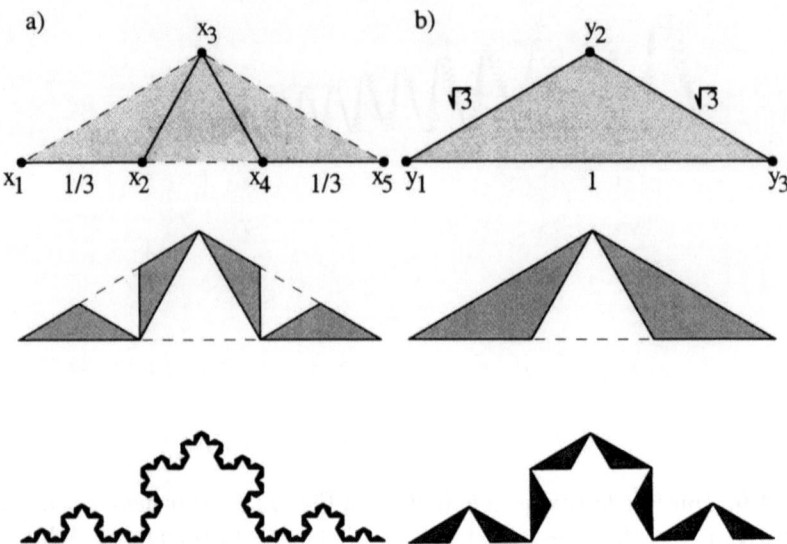

Fig. 14.10. *Construction de la courbe de Von Koch, à partir d'un domaine initial D, dans les deux cas suivants: a) Γ est définie par 4 similitudes de rapport $1/3$; b) Γ est définie par 2 similitudes de rapport $1/\sqrt{3}$. Dans chaque cas, on a représenté l'étape 0 (domaine D), l'étape 1 (domaine $D_1 = \cup_i F_i(D)$), et l'étape 3 (domaine $D_3 = \cup_i F_i(D_2)$) de la construction.*

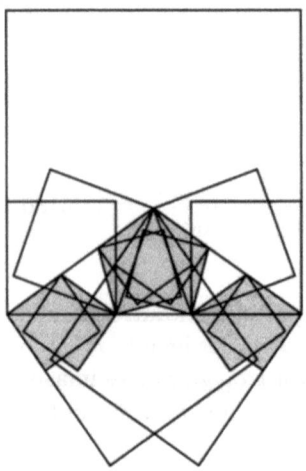

Fig. 14.11. *Construction de la courbe de Von Koch, à partir d'un domaine initial D qui est un carré. Ce domaine est trop grand: les images successives de D s'entre-mêlent, et il est difficile de prévoir si la courbe Γ sera simple, ou non.*

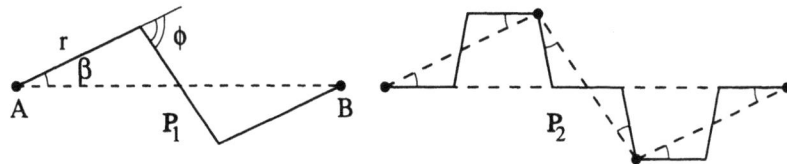

Fig. 14.12. *Générateurs* P_1 *et* P_2 *de la courbe de Gosper. Si les deux extrémités A et B sont à distance 1, les paramètres r, ϕ et β sont reliés par les relations*

$$r = \frac{1}{\sqrt{5 + 4\cos\phi}}, \quad \cos\beta = \frac{1}{4r} + \frac{3r}{4} = \frac{2 + \cos\phi}{\sqrt{5 + 4\cos\phi}}.$$

L'angle ϕ peut prendre toutes valeurs entre 0 et π. La donnée de P_2 est nécessaire pour déterminer la courbe.

Exemple 4 La courbe de Gosper a un générateur formé de 3 segments égaux. Les trois similitudes correspondantes comportent des symétries; la courbe est déterminée par la donnée de P_1 et de P_2 (Fig. 14.12). Dans les notations de cette figure, la dimension vaut

$$\frac{\log 3}{|\log r|} = \frac{2\log 3}{\log(5 + 4\cos\phi)},$$

où $0 < \phi < \pi$. La courbe est simple pour les petites valeurs de ϕ, mais elle ne l'est plus lorsque ϕ se rapproche de π. Pour obtenir une condition de simplicité, on utilise le domaine D de la Fig. 14.13, qui consiste en un parallélogramme, tel que $F_i(D) \subset D$ pour $i = 1, 2, 3$. Pour que Γ soit simple, il faudrait de plus que les $F_i(D)$ se touchent en 0 ou 1 point (§ 7). Dans les notations de la Fig. 14.13, ceci est assuré lorsque

$$2\phi < \pi + \beta,$$

condition équivalente à

$$\cos\phi > -\frac{1}{4}.$$

Il s'agit là d'une condition *suffisante* de simplicité: nous n'avons pas montré que Γ avait des points doubles pour des valeurs de ϕ inférieures à $\arccos(-1/4)$. Lorsque $\phi \to 0$, la dimension de la courbe tend vers 1; lorsque $\phi \to \arccos(-1/4)$, la dimension tend vers $\log 3/\log 2$.

Exemple 5 La courbe quadratique de Mandelbrot part d'un générateur formé de 8 segments égaux (Fig. 14.14). Les rapports de similitude valent 1/4. La dimension est égale à 3/2.

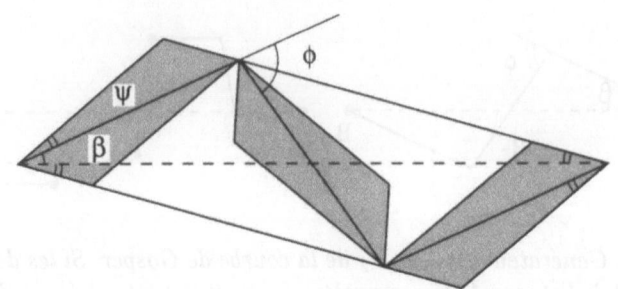

Fig. 14.13. *On peut prouver que la courbe de Gosper est simple à l'aide du domaine D en forme de parallélogramme ci-dessus. L'angle ψ est tel que $2(\psi + \beta) = \phi$. Les trois parallélogrammes, images de D par les trois similitudes, sont inclus dans D; ils sont d'intérieurs disjoints si $\beta + 2\psi < \pi - \phi$, soit encore $2\phi < \pi + \beta$.*

14.7 La paramétrisation naturelle

Soit une courbe simple Γ, d'extrémités A et B, ayant une structure de similitude interne, et paramétrée par l'application continue $\gamma : \mathbf{I} = [0,1] \to \Gamma$. Nous avons construit cette paramétrisation en § 3, mais non de façon unique, car l'application γ dépend du choix des réels $t_1, \ldots, t_{N+1}$ sur $\mathbf{I}$, assujettis à la seule condition

$$0 = t_1 < t_2 < \ldots < t_{N+1} = 1\,.$$

Notons $p_i = t_{i+1} - t_i$, $i = 1, \ldots, N$. Ces nombres sont non nuls, et $\sum_i p_i = 1$. A chaque choix de la famille $\{p_i\}$, correspond une famille $\{f_i\}$ de similitudes de rapport p_i sur $\mathbf{I}$ (§ 2), et donc une paramétrisation γ telle que pour tout t (§ 3)

$$\gamma(f_i(t)) = F_i(\gamma(t))\,.$$

Interprétation par les probabilités Si l'on cherche à "tirer au hasard" un point x de Γ, il faut d'abord mettre x sous la forme

$$x = \bigcap_{k=1}^{\infty} F_{i_1}(\ldots(F_{i_k}(\Gamma))\ldots)\,,$$

la suite d'ensembles $(F_{i_1}(\ldots(F_{i_k}(\Gamma))\ldots))_{k \geq 1}$ étant une suite d'arcs emboîtés dont le diamètre tend vers 0. A toute suite infinie $(i_k)_{k \geq 1}$ d'entiers compris entre 1 et N, correspond un point unique de Γ.

On commence par tirer au hasard l'entier i_1, avec la probabilité p_{i_1}, ce qui détermine l'arc $F_{i_1}(\Gamma)$. Puis on tire l'entier i_2, avec la probabilité p_{i_2}, ce qui détermine l'arc $F_{i_1}(F_{i_2}(\Gamma))$. Et ainsi de suite. Comme Γ est simple, les p_i définissent une **mesure de probabilité** sur Γ. Pour tout k, la mesure de l'arc $F_{i_1}(\ldots(F_{i_k}(\Gamma))\ldots)$, ou, ce qui revient au même, la probabilité de trouver x dans cet arc, est exactement $p_{i_1} \ldots p_{i_k}$.

14.7 La paramétrisation naturelle 209

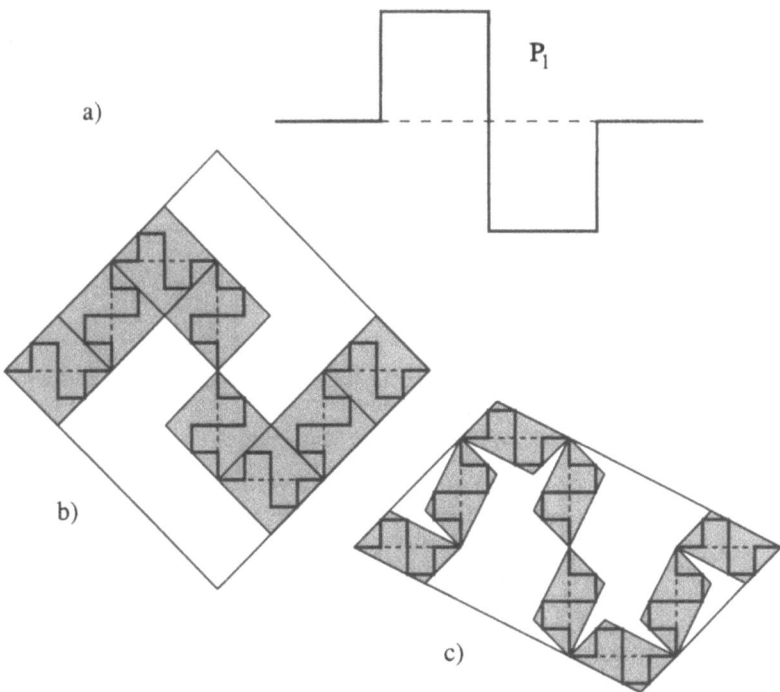

Fig. 14.14. *En* a), *générateur de la courbe quadratique de Mandelbrot; en* b), *on peut l'inclure dans un carré. Mais pour prouver la simplicité de Γ mieux vaut prendre le parallélogramme de* c).

Appelons μ cette mesure: nous savons (Chap. 6, § 2) qu'elle induit une paramétrisation, qui dans ce cas n'est autre que γ. La correspondance entre μ et γ se fait au moyen de la relation

$$\mu(A^\frown \gamma(t)) = t \ ,$$

qui se traduit, en terme de trajectoire, par le fait que la mesure d'un arc est celle du temps passé dans cet arc au cours du mouvement. Ici, le temps passé dans l'arc $F_{i_1}(\ldots(F_{i_k}(\Gamma))\ldots)$ est égal à $p_{i_1}\ldots p_{i_k}$.

Choix naturel des p_i Il existe un choix des p_i qui paraît plus naturel que les autres: il est inspiré par l'égalité

$$\sum_1^N \rho_i^e = 1 \ ,$$

où les ρ_i sont les rapports des similitudes $F_1, \ldots, F_N$ définissant Γ. On pose:

$$\boxed{p_i = \rho_i^e \ .}$$

Le résultat suivant montre l'intérêt de ce choix.

THÉORÈME *Soit une courbe simple Γ, définie par les similitudes F_i, $i = 1, \ldots, N$, de rapports ρ_i, d'exposant de similitude e, tel que $\sum_i \rho_i^e = 1$. Soit $p_i = \rho_i^e$. Soit γ la paramétrisation $\mathbf{I} \to \Gamma$ telle que*

la mesure de l'arc $F_i(\Gamma)$ vaut p_i

la mesure de l'arc $F_{i_1}(\ldots(F_{i_k}(\Gamma))\ldots)$ vaut $p_{i_1}\ldots p_{i_k}$.

Soit $T(t, \tau)$ la fonction de taille locale correspondant à cette paramétrisation (Chap. 11, § 4). Alors
$$T(t,\tau) \simeq \tau^{1/e},$$
uniformément par rapport à t.

Autrement dit, il existe deux constantes c_1 et c_2 non nulles, telles que pour tout $t \in \mathbf{I}$:
$$c_1 \tau^{1/e} \le T(t,\tau) \le c_2 \tau^{1/e}.$$
L'ordre de croissance de $T(t,\tau)$, lorsque τ tend vers 0, est donc égal à $1/e$.

Si $e = 1$, alors $\sum_i \rho_i = 1$, et Γ se trouve confondue avec le segment AB.

Si $e > 1$, alors $T(t,\tau)/\tau \simeq \tau^{(1/e)-1}$ pour tout t: ceci tend vers $+\infty$ lorsque τ tend vers 0. La courbe Γ est bien fractale au sens du Chap. 11, § 4.

◊ Le théorème montre que deux arcs de même mesure, ont des tailles équivalentes. C'est pour cette raison que la paramétrisation γ correspondante peut être dite "naturelle". On peut dire aussi de la mesure μ qu'elle est "équilibrée".

▶ Démontrons le théorème. On va démontrer qu'il existe deux constantes c_1 et c_2 telles que pour tout arc Γ^* de Γ,
$$0 < c_1 \le \frac{\mu(\Gamma^*)}{\text{diam}(\Gamma^*)^e} \le c_2,$$
la mesure $\mu(\Gamma^*)$ étant le temps mis à parcourir Γ^*. Ceci suffira: car si $\Gamma^* = \gamma([t-\tau, t+\tau])$, alors $\text{diam}(\Gamma^*) = T(t,\tau)$, et $\mu(\Gamma^*) = 2\tau$. Les inégalités précédentes montrent que $T(t,\tau) \simeq \tau^{1/e}$.

a) Appelons *arc fondamental* de rang k un sous-arc de Γ du type
$$\Gamma^* = F_{i_1}(\ldots(F_{i_k}(\Gamma))\ldots).$$
Cet arc est tel que
$$\mu(\Gamma) = p_{i_1}\ldots p_{i_k}, \quad \text{diam}(\Gamma^*) = \rho_{i_1}\ldots\rho_{i_k}\,\text{diam}(\Gamma),$$
donc $\mu(\Gamma) = (\text{diam}(\Gamma^*)/\text{diam}(\Gamma))^{1/e}$.

Prenons un arc Γ^* qui est inclus dans un arc Γ_k de rang k et qui contient un arc Γ_{k+1} de rang $k+1$. Il existe une suite $i_1, \ldots, i_{k+1}$ telle que
$$\rho_{i_1}\ldots\rho_{i_{k+1}}\,\text{diam}(\Gamma) \le \text{diam}(\Gamma^*) \le \rho_{i_1}\ldots\rho_{i_k}\,\text{diam}(\Gamma),$$
$$p_{i_1}\ldots p_{i_{k+1}} \le \mu(\Gamma^*) \le p_{i_1}\ldots p_{i_k}.$$
Donc si $\rho_{\min} = \min\{\rho_1, \ldots, \rho_N\}$, on obtient
$$\left(\rho_{\min}\frac{\text{diam}(\Gamma^*)}{\text{diam}(\Gamma)}\right)^e \le \mu(\Gamma^*) \le \left(\frac{\text{diam}(\Gamma^*)}{\rho_{\min}\,\text{diam}(\Gamma)}\right)^e.$$

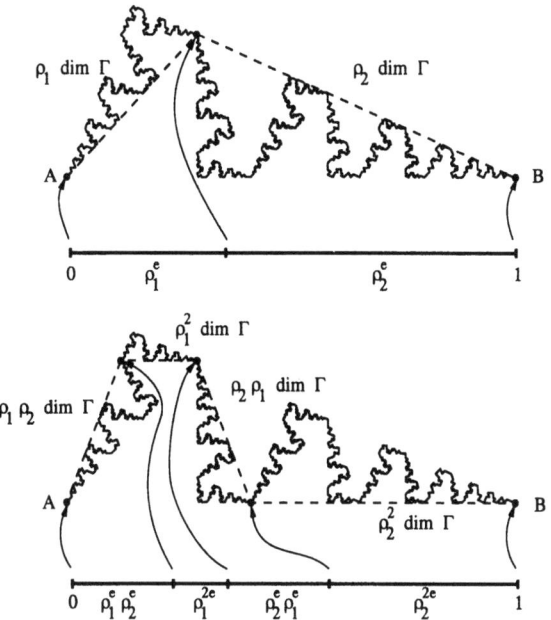

Fig. 14.15. *La courbe Γ des Fig. 14.3 et 14.9 est définie par deux similitudes F_1 et F_2 de rapports ρ_1 et ρ_2. L'exposant de similitude vérifie l'équation $\rho_1^e + \rho_2^e = 1$. Les deux poids $p_1 = \rho_1^e$ et $p_2 = \rho_2^e$ induisent une mesure de probabilité sur Γ: la longueur d'un intervalle est égale à la mesure de son image par γ. Cette mesure est équivalente au diamètre de l'arc, à la puissance e.*

Appelons $\mathcal{F}_\tau$ la famille de tous les arcs de mesure τ vérifiant ces inégalités.

b) Tout point x de Γ appartient à une suite emboîtée d'arcs fondamentaux, dont la mesure et le diamètre tendent vers 0. La mesure et le diamètre sont des fonctions d'arcs continues: pour tout τ, on peut donc trouver un arc de $\mathcal{F}_\tau$ qui contient x. On en déduit que $\mathcal{F}_\tau$ recouvre Γ.

Tout arc Γ^* de mesure τ est recouvert par au plus deux arcs de $\mathcal{F}_\tau$: donc

$$\operatorname{diam}(\Gamma^*)^e \leq 2\tau \left(\frac{\operatorname{diam}(\Gamma)}{\rho_{\min}}\right)^e.$$

Mais cet arc contient au moins un arc de $\mathcal{F}_{\tau/2}$: donc

$$\operatorname{diam}(\Gamma^*)^e \geq \frac{\tau}{2}(\rho_{\min}\operatorname{diam}(\Gamma))^e.$$

On en déduit le résultat cherché, avec

$$c_1 = \frac{1}{2}(\rho_{\min}/\operatorname{diam}(\Gamma))^e, \quad c_2 = 2/(\rho_{\min}\operatorname{diam}(\Gamma))^e. \quad \blacktriangleleft$$

14.8 L'algorithme des tailles locales

Dans une estimation numérique de la dimension fractale d'une courbe, certains algorithmes universels, tel celui des boîtes, ou celui de la saucisse de Minkowski, sont couramment employés. On les a déjà évoqués à propos des graphes de fonctions continues (Chap. 12, § 8). L'expérience prouve que les résultats obtenus par ces méthodes ne sont pas fiables. Pour les graphes de fonctions, courbes d'un type très particulier, nous avons proposé des méthodes beaucoup plus efficaces, fondées sur la géométrie particulière à ces courbes.

On peut faire de même avec les courbes à similitude interne. Supposons une telle courbe définie par sa paramétrisation naturelle. La section § 7 nous fournit une méthode très efficace de calcul de dimension, appelée **méthode des diamètres**. On évalue en tout t la fonction de diamètre local $T(t,\tau)$, et on en tire le diamètre moyen:

$$\overline{T}_\tau = \int_0^1 T(t,\tau)\,dt\;.$$

C'est l'ordre de croissance vers 0 de cette fonction $\overline{T}_\tau$, lorsque τ tend vers 0, qui peut nous renseigner sur la valeur de la dimension. Au fond, l'idée n'est pas nouvelle, puisque c'est cette même fonction $\overline{T}_\tau$, sous sa forme Var_τ (Chap. 12, § 3), qui fournit la **méthode de variation** d'un graphe. Nous aurons l'occasion de rappeler cela dans le Chap. 15, où nous chercherons une approche unifiée des algorithmes de dimension adaptés à la géométrie particulière de la courbe. Revenons à la similitude interne. Nous distinguons deux types de courbes:

Similitude interne stricte Ce sont celles qui ont fait l'objet de ce chapitre. Elles sont définies mathématiquement par N similitudes de rapport $\rho_1, \ldots, \rho_N$ (Von Koch, Gosper,...). On calcule la taille (par exemple, le diamètre) de *tous* les arcs de mesure τ, et on en fait la moyenne: on obtient ainsi $\overline{T}_\tau$. On a démontré en § 7 que $\overline{T}_\tau \simeq \tau^{1/e}$, où e est l'exposant de similitude, autrement dit la dimension fractale. La **méthode des diamètres** consiste donc à calculer la dimension par la formule suivante:

$$\Delta(\Gamma) = \lim_{\tau \to 0} \frac{\log \tau}{\log \overline{T}_\tau}\;.$$

Par ailleurs, on sait calculer la dimension théorique exacte, puisqu'on connaît la structure de similitude interne de Γ: $\Delta(\Gamma)$ est égal à e, où $\sum \rho_i^e = 1$ (§ 5). On peut comparer ce nombre avec l'évaluation numérique provenant de la limite ci–dessus, et s'apercevoir que cette méthode des diamètres donne effectivement de bons résultats.

Il reste une question: la recherche de la dimension de ce type de courbe (similitude interne) ne se réduit–elle pas à un problème d'école, à un exercice pédagogique? En effet la similitude interne stricte ne se rencontre guère dans la nature. Lorsqu'elle est stricte, ce n'est pas un modèle "plausible". La méthode

14.8 L'algorithme des tailles locales 213

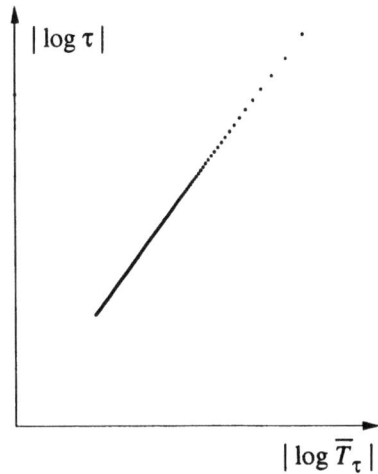

Fig. 14.16. *Estimation par la méthode des diamètres de la dimension de la courbe de Von Koch (Fig. 14.10), calculée jusqu'au rang 6, avec 4 similitudes de rapport 1/3. On dispose donc de $4^6 + 1 = 4097$ points. Les valeurs de τ sont comprises entre 1 et 3^{-6} (distance entre deux points consécutifs). Pour chaque τ, on calcule la moyenne $\overline{T}_\tau$ des diamètres de tous les arcs de mesure τ sur la courbe. La pente de la droite de régression des points $(|\log \overline{T}_\tau|, |\log \tau|)$ vaut $1.2647\ldots$ (coefficient de corrélation 0.999987). La valeur exacte est $\log 4/\log 3 = 1.26186\ldots$.*

des diamètres, comme toute autre, ne saurait avoir d'intérêt que si elle s'applique à une beaucoup plus large famille de courbes. Laquelle donc?

Similitudes dans les données expérimentales Il existe de nombreux exemples de courbes auxquelles est rattachée la notion de similitude: côtes géographiques, courbes de niveau de surfaces rugueuses, frontières de diffusion ou d'agrégation. Les données sont digitalisées, ce qui donne un nombre fini de points, et l'on a des raisons subjectives d'imaginer que ces points appartiennent à une courbe à similitude interne. Il ne s'agit évidemment pas ici de similitude interne stricte, car on ne retrouve jamais exactement les mêmes motifs, agrandis ou diminués, le long de la courbe. On a coutume alors de parler de "similitude interne statistique", par référence à des courbes issues de certains processus aléatoires: en pratique, cela semble vouloir dire que tout sous-arc de la courbe est "semblable" à la courbe toute entière. Mais que veut dire "semblable" dans ce contexte? Il est intéressant d'observer que, si l'un des meilleurs succès du modèle fractal est dû à la similitude interne statistique, on n'en trouve guère de justification mathématique. Cette question nous paraît importante. Nous l'étudions dans le Chap. 15, § 9, où nous proposons un critère général de similitude interne. La méthode des diamètres peut être employée pour toutes les courbes vérifiant ce critère.

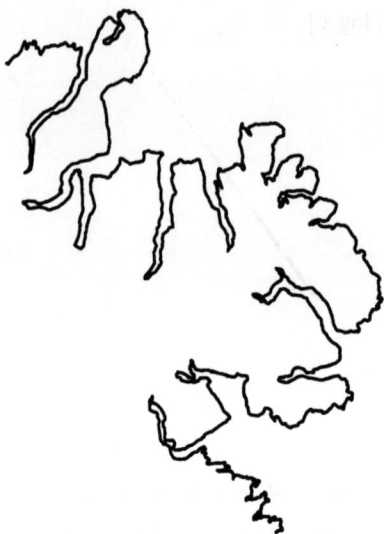

Fig. 14.17. *Contour d'une partie de la côte de la Terre de Baffin. S'agit–il de similitude interne?*

14.9 Références bibliographiques

Le premier ensemble parfait à similitude interne sur la droite est dû à Cantor, mais la première courbe à similitude interne du plan semble provenir de Von Koch (1904). On trouvera d'autres constructions du même genre dans des ouvrages apparemment indépendants, par exemple dans [G. Bouligand 2] (1927). Dans un sens général, la notion de similitude interne (self–similarity) est suffisamment décrite dans [B. Mandelbrot 3] pour qu'il ne soit pas nécessaire d'ajouter ici quoique ce soit à l'historique ou à la bibliographie de ce dernier ouvrage. En revanche, rien dans la littérature ne semble établir de lien entre ces deux domaines si différents: la similitude interne stricte, résultat d'un processus récursif, et d'intérêt purement abstrait, d'une part; et d'autre part, la similitude interne *statistique,* ou *généralisée,* dont l'expression reste qualitative (*toute partie de la courbe est semblable à la courbe toute entière,* sans préciser ce que semblable veut dire). C'est pourtant justement entre les deux, au niveau d'une véritable modélisation scientifique, que la notion de similitude interne pourrait se révéler intéressante et utile.

La notion de *générateur,* le premier polygone d'approximation, provient également de [B. Mandelbrot 3], ainsi que certains exemples de § 6 (Ex. 2 (Von Koch), Ex. 3 (Lévy), Ex. 4 (Gosper), Ex. 5).

On pourra trouver un point de vue "systèmes dynamiques" dans [J.E. Hutchinson]: les ensembles à similitude interne sont considérés comme des *attracteurs* d'un système de similitudes contractives. Il existe un "critère de l'ensemble ouvert" qui permet, d'une manière générale, de trouver la dimension d'un tel ensemble; notre "critère de l'ensemble fermé" est très proche; il permet, par surcroît, d'assurer que l'ensemble obtenu est une courbe simple.

Dans [G. Bouligand 5], on trouvera, enfin, une esquisse de la notion d'*exposant de similitude*, maintenant appelé *dimension de similitude*, ainsi que de sa relation à la dimension de l'ensemble.

15 Déviation, et courbes expansives

15.1 Pourquoi introduire de nouvelles notions

Pour analyser une courbe, nous avons souvent utilisé la notion de **taille**, une généralisation de la notion de **diamètre**. L'évaluation des tailles locales le long d'une courbe permettent, en particulier, de donner une estimation de leur longueur, dans le cas de longueur finie, ou de leur dimension dans le cas contraire. Mais la relation entre taille locale et dimension dépend du type de la courbe: elle n'est pas la même pour les graphes de fonction continue (Chap. 12) et pour les courbes à similitude interne (Chap. 14). Nous pourrons en donner une approche unifiée (Chap. 16), mais non sans introduire une autre notion géométrique concernant les courbes, celle de **déviation**, issue de la notion de **largeur** des ensembles convexes (Annexe C); elle permet de mesurer de combien une courbe s'écarte de la ligne droite. Les deux notions de taille et de déviation, qui sont complémentaires, suffisent à caractériser la géométrie d'une courbe — en ce qui concerne ses propriétés dimensionnelles — pour une importante famille de courbes: celles qui sont **expansives**.

Intuitivement, les courbes expansives sont les courbes qui ne reviennent pas trop sur elles-mêmes, et dont la saucisse de Minkowski peut alors être estimée par une réunion d'enveloppes convexes locales. Cette famille contient la plupart des modèles mathématiques connus. En particulier, elle contient tous les graphes de fonctions continues, et toutes les courbes à similitude interne. Nous abordons au passage une définition mathématique de la *similitude interne statistique*, qui pourrait aider à justifier l'emploi de ce vocabulaire en sciences expérimentales.

15.2 Déviation d'un ensemble

Il sera fait appel à plusieurs définitions ou résultats explicités dans l'Annexe C. Rappelons simplement que

> La **largeur** d'un ensemble convexe K est la plus petite distance entre deux droites parallèles de part et d'autre de K,

et l'enveloppe convexe $\mathcal{K}(E)$ d'un ensemble est le plus petit ensemble convexe fermé contenant E. Pour augmenter les possibilités d'application, nous allons généraliser la notion de largeur par celle de **déviation**. Quoique ce dernier mot soit plutôt approprié à une courbe, il est intéressant de définir la déviation de n'importe quel ensemble borné. Voici comment:

*On appelle **déviation** une fonction d'ensembles, notée* $\operatorname{dev}(E)$, *qui vérifie les trois conditions suivantes:*

1. $\operatorname{dev}(E)$ **est équivalente à** $\operatorname{Largeur}(\mathcal{K}(E))$: *il existe deux constantes* c_1 *et* $c_2 > 0$, *telles que, pour tout ensemble borné* E:

$$c_2 \operatorname{Largeur}(\mathcal{K}(E)) \leq \operatorname{dev}(E) \leq c_1 \operatorname{Largeur}(\mathcal{K}(E)) .$$

2. $\operatorname{dev}(E)$ **est croissante** :

$$E_1 \subset E_2 \Longrightarrow \operatorname{dev}(E_1) \leq \operatorname{dev}(E_2) .$$

3. $\operatorname{dev}(E)$ **est continue** *par rapport à la distance de Hausdorff:*

$$\lim_{n \to \infty} \operatorname{dist}(E_n, E) = 0 \Longrightarrow \lim_{n \to \infty} \operatorname{dev}(E_n) = \operatorname{dev}(E) .$$

Un exemple, évident, de fonction de déviation, est la largeur de $\mathcal{K}(E)$ elle–même. Mais on peut, selon le cas, en utiliser d'autres.

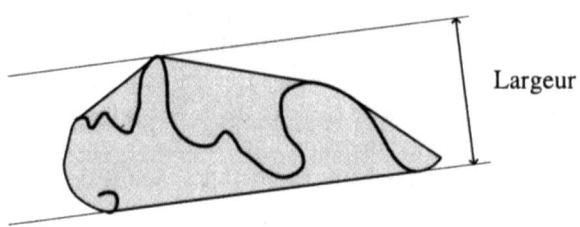

Fig. 15.1. *La quantité* $\operatorname{Largeur}(\mathcal{K}(\Gamma))$, *largeur de l'enveloppe convexe, est une mesure de la déviation de* Γ.

• On peut prendre
$$\operatorname{dev}(E) = \operatorname{diam} \operatorname{int}(\mathcal{K}(E)) ,$$
où $\operatorname{diam} \operatorname{int}(K(E))$ est le diamètre du cercle inscrit dans $\mathcal{K}(E)$. C'est une fonction de déviation, avec $c_1 = 1$ et $c_2 = 2/3$.

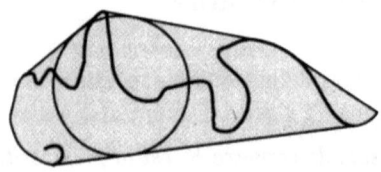

Fig. 15.2. *Le diamètre du cercle inscrit dans l'enveloppe convexe de la courbe* Γ *est une mesure de la déviation de* Γ *par rapport à une ligne droite.*

- Pour *toute* fonction de taille, le rapport
$$\frac{\mathcal{A}(\mathcal{K}(E))}{\text{taille}(E)}$$
est une fonction de déviation, à condition que ce soit une fonction croissante: par exemple, le rapport aire/périmètre, et ainsi de suite.

Propriété 1 $\text{dev}(E) = 0$, si et seulement si, l'ensemble E est inclus dans une droite. Cette propriété justifie le mot "déviation" pour une courbe: une courbe non déviée, est un segment.

Propriété 2 Pour toutes fonctions de taille et de déviation,
$$\mathcal{A}(\mathcal{K}(E)) \simeq \text{taille}(E)\,\text{dev}(E)\,.$$

▶ Voir l'évaluation de l'aire d'un ensemble convexe, Annexe C, § 4. ◀

Propriété 3 Rappelons que $\mathcal{K}(E)(\epsilon)$ est l'ensemble des points situés à distance $\leq \epsilon$ de $\mathcal{K}(E)$. On a:

Si $\epsilon \simeq \text{dev}(E)$, alors $\mathcal{A}(\mathcal{K}(E)(\epsilon)) \simeq \epsilon\,\text{taille}(E)$.

▶ En effet, $\mathcal{K}(E)(\epsilon)$ est lui-même un ensemble convexe de diamètre $\text{diam}(E)+2\epsilon$ et de largeur $\text{Largeur}(\mathcal{K}(E))+2\epsilon$. Comme $\text{diam}(E) \geq \text{Largeur}(\mathcal{K}(E)) \simeq \text{dev}(E)$, la quantité $\text{diam}(E)+2\epsilon$ est équivalente à $\text{diam}(E)$. Ainsi, $\mathcal{A}(\mathcal{K}(E)(\epsilon)) \simeq \text{diam}(E)\,\text{Largeur}(\mathcal{K}(E)) \simeq \epsilon\,\text{taille}(E)$. ◀

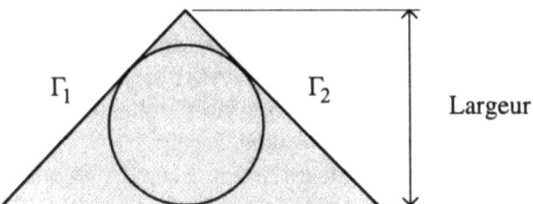

Fig. 15.3. *Les segments Γ_1 et Γ_2 sont de longueur 1. Chacun est de déviation nulle, tandis que la déviation de $\Gamma = \Gamma_1 \cup \Gamma_2$, prise au sens de la largeur de $\mathcal{K}(\Gamma)$, vaut $1/\sqrt{2}$. Au sens du diamètre intérieur, elle vaut $2-\sqrt{2}$.*

◇ Ces notions: taille et déviation, ont des propriétés en commun. La déviation offre une difficulté particulière: si on partage une courbe Γ en deux arcs Γ_1 et Γ_2, il n'existe aucune relation d'équivalence associant $\text{dev}(\Gamma)$, $\text{dev}(\Gamma_1)$, et $\text{dev}(\Gamma_2)$. Voir, par exemple, la Fig. 15.3. Le diamètre en revanche est sous-additif, autrement dit

Si la courbe Γ est la réunion de deux courbes Γ_1 et Γ_2,
$$\max\{\,\text{diam}(\Gamma_1), \text{diam}(\Gamma_1)\,\} \leq \text{diam}(\Gamma_1 \cup \Gamma_2) \leq \text{diam}(\Gamma_1) + \text{diam}(\Gamma_2)\,.$$

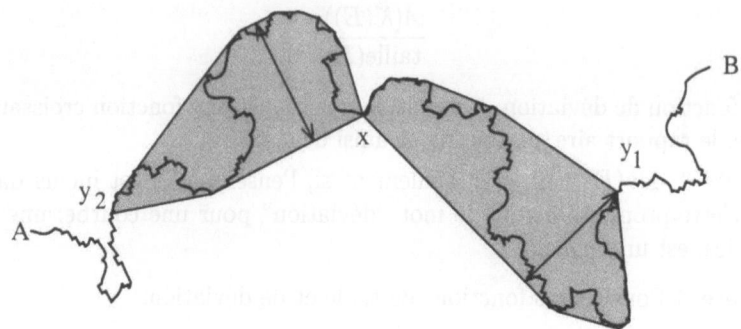

Fig. 15.4. *A partir d'un point x de la courbe, on peut construire deux arcs $x\frown y_1$ et $x\frown y_2$, en sens contraire, tous deux de déviation ϵ.*

▶ La première inégalité résulte de la croissance de la fonction diam (E). La seconde se vérifie en choisissant dans $\Gamma_1 \cup \Gamma_2$ deux points y et z tels que $\operatorname{dist}(y, z) = \operatorname{diam}(\Gamma_1 \cup \Gamma_2)$. Si y et z appartiennent à Γ_1: alors $\operatorname{diam}(\Gamma_1 \cup \Gamma_2) = \operatorname{diam}(\Gamma_1)$. Si y est dans Γ_1 et z dans Γ_2, soit x un point de $\Gamma_1 \cap \Gamma_2$:

$$\operatorname{diam}(\Gamma_1 \cup \Gamma_2) = \operatorname{dist}(y,z) \leq \operatorname{dist}(y,x) + \operatorname{dist}(x,z)$$
$$\leq \operatorname{diam}(\Gamma_1) + \operatorname{diam}(\Gamma_2) \, . \quad \blacktriangleleft$$

15.3 Chemin de déviation constante

Soit dev une fonction de déviation. Soit Γ une courbe paramétrée par γ définie sur l'intervalle $[a,b]$, d'extrémités $A = \gamma(a)$ et $B = \gamma(b)$. Nous allons montrer qu'il est possible de construire, le long de Γ, une suite d'arcs qui ont tous pour déviation une valeur donnée à l'avance.

Tout d'abord, étant donné un point x de Γ, et un nombre ϵ inférieur à $\operatorname{dev}(x\frown B)$, la fonction $\operatorname{dev}(x\frown y)$ croît lorsque y parcourt l'arc $x\frown B$: comme elle est continue, elle prend toutes valeurs comprises entre 0 et $\operatorname{dev}(x\frown B)$. En particulier, elle prend au moins une fois la valeur ϵ: il existe un point y_1 de $x\frown B$ tel que $\operatorname{dev}(x\frown y_1) = \epsilon$. Comme la fonction $\operatorname{dev}(x\frown y)$ n'est pas toujours strictement croissante, plusieurs points y_1 pourraient vérifier cette égalité. Pour le fixer sans ambiguïté, on choisit pour y_1 le *premier* point rencontré tel que $\operatorname{dev}(x\frown y_1) = \epsilon$. Si $x = \gamma(t)$, ceci revient à définir la fonction

$$\tau_1(t,\epsilon) = \sup\{\tau \,:\, \operatorname{dev}(\gamma([t, t+\tau])) < \epsilon\}$$
$$= \inf\{\tau \,:\, \operatorname{dev}(\gamma([t, t+\tau])) \geq \epsilon\} \, ,$$

qui est une fonction continue, et à poser

$$y_1 = \gamma(t + \tau_1(t, \epsilon)) \, .$$

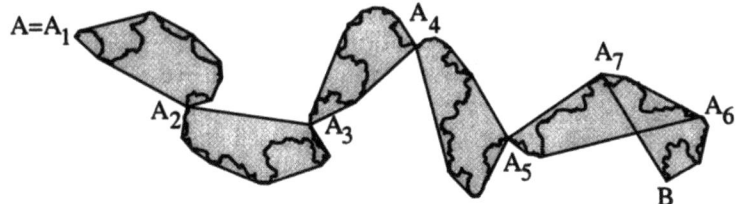

Fig. 15.5. *Construction d'un recouvrement de Γ par des arcs de même déviation ϵ. Ils sont tous disjoints ou adjacents, sauf les deux derniers. Le "pas" (segment) $A_k A_{k+1}$ est plus long dans les parties régulières, plus court dans les parties chaotiques.*

Dans l'autre sens, si ϵ est inférieur à $\text{dev}(x\frown A)$, on peut toujours trouver un point y_2 de $x\frown A$ tel que $\text{dev}(x\frown y_2) = \epsilon$. S'il y a plusieurs tels points, on définit une fonction $\tau_2(t, \epsilon)$ par

$$\tau_2(t, \epsilon) = \sup\{\tau \,:\, \text{dev}(\gamma([t-\tau, t])) < \epsilon\},$$

qui est une fonction continue. Si $x = \gamma(t)$, on pose

$$y_2 = \gamma(t - \tau_2(t, \epsilon)).$$

On utilise ces deux fonctions τ_1 et τ_2 à la construction d'un *chemin* le long de la courbe, formé de pas de déviation ϵ. On s'y prend ainsi:

On choisit ϵ, tel que $\epsilon < \text{dev}(\Gamma)$. On définit une suite (t_k) dans $[a, b]$, et une suite (A_k) de points de Γ comme suit:

$$\begin{aligned} t_1 &= a, & A_1 &= \gamma(t_1) = A \\ t_2 &= t_1 + \tau_1(t_1, \epsilon), & A_2 &= \gamma(t_2) \\ &\cdots \\ t_k &= t_{k-1} + \tau_1(t_{k-1}, \epsilon), & A_k &= \gamma(t_k). \end{aligned}$$

Le processus s'arrête à l'entier N tel que $\text{dev}(A_N \frown B) < \epsilon$. On obtient ainsi une suite croissante (t_k), et une suite de points (A_k) de la courbe, tels que

$$\text{dev}(A_k \frown A_{k+1}) = \epsilon.$$

Si $A_N = B$, on s'arrête là. Sinon, il faut revenir d'un pas en arrière: on pose

$$t_{N+1} = b - \tau_2(b, \epsilon), \quad A_{N+1} = \gamma(t_{N+1}).$$

On a bien

$$\text{dev}(B \frown A_{N+1}) = \epsilon.$$

La croissance de la fonction dev implique que

$$t_{N-1} \leq t_{N+1} < t_N < b.$$

Posons $\Gamma_k = A_k \frown A_{k+1}$, $k = 1, \ldots, N-1$, et $\Gamma_{N+1} = A_{N+1} \frown B$ si $A_N \neq B$.

La famille d'arcs $(\Gamma_k)_{1 \leq k \leq N \text{ ou } N+1}$ est un recouvrement de Γ. Tous ces arcs sont disjoints ou adjacents, sauf Γ_N et Γ_{N+1} si ce dernier existe.

◊ Les enveloppes convexes successives $\mathcal{K}(\Gamma_k)$ constituent une véritable approximation de Γ, à la précision ϵ. Cette approximation tient beaucoup mieux compte de la géométrie particulière à la courbe que l'ϵ–saucisse de Minkowski. Nous pourrons en tirer une analyse plus fine de la courbe.

15.4 Indice de recouvrement

On peut ici introduire un indice associé à toute famille d'intervalles de la droite, ou d'arcs d'une courbe.

Soit une famille $\mathcal{F}$ d'intervalles fermés de la droite: on appelle **indice de recouvrement** *de $\mathcal{F}$, le plus grand des entiers n tels qu'il existe n intervalles de $\mathcal{F}$ dont l'intersection commune comporte au moins deux points. On le note $\omega(\mathcal{F})$.*

- On peut dire aussi: le plus grand des entiers n tels qu'il existe n intervalles de $\mathcal{F}$ dont les intérieurs ont une intersection non vide.
- Si l'intersection comporte au moins deux points, c'est en fait tout un intervalle.
- $\omega(\mathcal{F}) = 1$ si et seulement si les intervalles de $\mathcal{F}$, pris deux a deux, ont au plus une extrémité en commun. On dit aussi dans ce cas qu'ils sont *disjoints ou adjacents*. Ou encore: ils sont d'intérieurs disjoints.
- La famille de tous les intervalles $[n, n+2]$, n entier, a un indice égal à 2.
- La famille de tous les intervalles $[n, 2n]$, n entier, a un indice infini.

◊ Cette notion d'indice de recouvrement se transpose directement aux familles d'arcs sur une courbe:

Si $\{\mathcal{F}\}$ est une famille d'arcs fermés sur une courbe, son **indice de recouvrement** *est le plus grand des entiers n tels qu'il existe n arcs de $\mathcal{F}$ dont l'intersection comporte au moins deux points.*

Sur une courbe simple, cet indice vaut 1 si les arcs sont disjoints ou adjacents. Les familles d'arcs ont le même indice de recouvrement que la famille d'intervalles dont ils sont l'image, par la paramétrisation.

Exemple Prenons le chemin de déviation constante défini dans la section précédente. Il s'agit d'un recouvrement $\mathcal{F}$ de Γ par des arcs. Si $A_N = B$, $\omega(\mathcal{F}) = 1$. Si $A_N \neq B$, $\omega(\mathcal{F}) = 2$.

Voici un résultat concernant ces indices de recouvrement qui sera utilisé par la suite:

LEMME *Soit une courbe Γ, et deux recouvrements finis $\mathcal{F} = \{\Gamma_i\}$ et $\mathcal{F}' = \{\Gamma'_k\}$ de Γ par des arcs. On suppose qu'aucun arc de $\mathcal{F}$ n'est strictement inclus dans un arc de $\mathcal{F}'$. Alors*

$$\sum_i \operatorname{diam}(\Gamma_i) \leq 2\omega(\mathcal{F}) \sum_k \operatorname{diam}(\Gamma'_k).$$

▶ Soit $\dot{\Gamma}_i$ un arc de $\mathcal{F}$, et $\tilde{\Gamma}_i$ le même arc privé de ses extrémités. Soit $\mathcal{F}'(\Gamma_i)$ l'ensemble des arcs de $\mathcal{F}'$ qui touchent $\tilde{\Gamma}_i$. Comme

$$\tilde{\Gamma}_i \subset \bigcup_{\Gamma'_k \in \mathcal{F}'(\Gamma_i)} \Gamma'_k ,$$

on obtient par sous-additivité du diamètre (§ 2):

$$\operatorname{diam}(\Gamma_i) \leq \sum_{\Gamma'_k \in \mathcal{F}'(\Gamma_i)} \operatorname{diam}(\Gamma'_k) .$$

Par hypothèse, tout arc de $\mathcal{F}'(\Gamma_i)$ a au moins l'une de ses extrémités dans $\tilde{\Gamma}_i$. Or chacune de ces extrémités ne peut appartenir à plus de $\omega(\mathcal{F})$ intervalles $\tilde{\Gamma}_i$ différents. Donc chaque Γ'_k ne rencontrent pas plus de $2\omega(\mathcal{F})$ arcs $\tilde{\Gamma}_i$. En faisant la somme sur i de l'inégalité précédente, chaque Γ'_k ne peut être compté plus de $2\omega(\mathcal{F})$ fois. D'où le résultat. ◀

◊ L'hypothèse du lemme est vérifiée, par exemple, lorsque $\max\{\operatorname{dev}(\Gamma'_k)\} < \min\{\operatorname{dev}(\Gamma_i)\}$.

15.5 Déviations locales et saucisse de Minkowski

On considérera souvent des *recouvrements* d'une courbe par des arcs dont la déviation est du même ordre de grandeur. Le résultat suivant compare la réunion des enveloppes convexes locales avec la saucisse de Minkowski.

LEMME *Soit une constante $c \geq 1$. On peut trouver deux constantes c_1 et c_2 (ne dépendant que de c et de la fonction de déviation choisie) telles que pour tout $\epsilon > 0$, pour tout recouvrement $\mathcal{F} = \{\Gamma_k\}$ de Γ par des arcs de déviation comprise entre ϵ/c et $c\epsilon$, on a*

$$c_1 \mathcal{A}(\cup_k \mathcal{K}(\Gamma_k(\epsilon))) \leq \mathcal{A}(\Gamma(\epsilon)) \leq c_2 \sum_k \mathcal{A}(\mathcal{K}(\Gamma_k)) .$$

▶ On choisit la fonction dev = Largeur pour simplifier, mais le résultat reste vrai pour toute fonction de déviation. On va utiliser l'inégalité (Annexe C)

$$\mathcal{A}(\Gamma(\eta)) \leq \left(\frac{\eta}{\epsilon}\right)^2 \mathcal{A}(\Gamma(\epsilon))$$

vraie pour tout $\eta \geq \epsilon$. Comme tout point de $\mathcal{K}(\Gamma_k)$ est à distance $\leq c\epsilon$ de Γ, on a $\cup \mathcal{K}(\Gamma_k) \subset \Gamma(c\epsilon)$. Comme $\mathcal{A}(\Gamma(c\epsilon)) \leq c^2 \mathcal{A}(\Gamma(\epsilon))$, on obtient

$$\mathcal{A}(\cup \mathcal{K}(\Gamma_k)) \leq c^2 \mathcal{A}(\Gamma(\epsilon)) .$$

Dans l'autre sens: tout point de $\Gamma(\epsilon)$ est à distance $\leq \epsilon$ de l'un des arcs Γ_k, donc $\Gamma(\epsilon) \subset \cup_k \mathcal{K}(\Gamma_k)(\epsilon)$, et

$$\mathcal{A}(\Gamma(\epsilon)) \leq \sum_k \mathcal{A}(\mathcal{K}(\Gamma_k)(\epsilon)) .$$

Or $\mathcal{K}(\Gamma_k(\epsilon))$ est un ensemble convexe de diamètre diam $(\Gamma_k) + 2\epsilon$, de largeur Largeur$(\Gamma_k) + 2\epsilon$. Avec $\epsilon \leq c\,\text{Largeur}(\Gamma_k) \leq c\,\text{diam}\,(\Gamma_k)$, on a

Largeur$(\mathcal{K}(\Gamma_k(\epsilon))) \leq (1+2c)\,\text{Largeur}(\Gamma_k)$, diam $(\mathcal{K}(\Gamma_k(\epsilon))) \leq (1+2c)\,\text{diam}\,(\Gamma_k)$.

En utilisant les inégalités

$$\frac{1}{2}\,\text{diam}\,(K)\,\text{Largeur}(K) \leq \mathcal{A}(K) \leq \sqrt{2}\,\text{diam}\,(K)\,\text{Largeur}(K) ,$$

(Annexe C), on trouve

$$\mathcal{A}(\mathcal{K}(\Gamma_k(\epsilon))) \leq \sqrt{2}\,\text{Largeur}(\mathcal{K}(\Gamma_k(\epsilon)))\text{diam}\,(\mathcal{K}(\Gamma_k(\epsilon))) \leq 2\sqrt{2}\,(1+2c)^2 \mathcal{A}(\mathcal{K}(\Gamma_k)) .$$

Donc finalement

$$\mathcal{A}(\Gamma(\epsilon)) \leq 2\sqrt{2}\,(1+2c)^2 \sum_k \mathcal{A}(\mathcal{K}(\Gamma_k)) .$$

On peut prendre $c_1 = c^{-2}$, $c_2 = 2\sqrt{2}\,(1+2c)^2$. ◀

15.6 Définition d'une courbe expansive

Intuitivement, la courbe Γ est expansive si on peut la recouvrir par des arcs de même déviation dont les enveloppes convexes "ne se recoupent pas trop". On s'inspire du résultat de la section précédente:

> On dira que la courbe Γ est **expansive** s'il existe une constante $c \geq 1$, et pour tout $\epsilon \leq \text{dev}(\Gamma)$ un recouvrement $\Gamma = \cup_k \Gamma_k^\epsilon$ par des arcs Γ_k^ϵ de déviation ϵ tel que
> $$\sum_k \mathcal{A}(\mathcal{K}(\Gamma_k^\epsilon)) \leq c\,\mathcal{A}(\Gamma(\epsilon)) .$$

Cette condition entraîne que les deux membres de cette inégalité sont des grandeurs équivalentes lorsque $\epsilon \to 0$.

◊ Lorsque Γ est un segment de droite, dev(Γ) vaut 0, et la condition d'expansivité ne s'appliquent pas. Néanmoins, on considérera les segments comme des courbes expansives.

Le reste de cette section peut paraître un peu technique, mais il est bien nécessaire. En effet, il s'agit de montrer

(i) que l'on peut assouplir cette définition d'expansivité en rendant les hypothèses sur les arcs Γ_k^ϵ plus faibles;

(ii) que la famille $\{\Gamma_k^\epsilon\}$ de la définition n'est pas une famille particulière: tous les recouvrements de Γ formés d'arcs dont la déviation est de même ordre peuvent être considérés.

THÉORÈME *Chacune des deux conditions suivantes est équivalente à l'expansivité de Γ:*

15.6 Définition d'une courbe expansive   225

1. *Il existe une constante $c \geq 1$, et pour tout $\epsilon \leq \operatorname{dev}(\Gamma)$ un recouvrement $\mathcal{F}_\epsilon = \{\Gamma_k^\epsilon\}$ de Γ par des arcs tel que*

(i) $\dfrac{\epsilon}{c} \leq \operatorname{dev}(\Gamma_k^\epsilon) \leq c\epsilon$;

(ii) $\sum_k \mathcal{A}(\mathcal{K}(\Gamma_k^\epsilon)) \leq c\, \mathcal{A}(\Gamma(\epsilon))$.

2. *Pour toute constante $c' \geq 1$, il existe une constante $c'' \geq 1$ telle que pour tout recouvrement $\mathcal{F} = \{\Gamma_k\}$ par des arcs vérifiant l'inégalité*

$$\max_k\{\operatorname{dev}(\Gamma_k)\} \leq c'\, \min_k\{\operatorname{dev}(\Gamma_k)\} \,,$$

on a

$$\sum_k \mathcal{A}(\mathcal{K}(\Gamma_k)) \leq c''\, \omega(\mathcal{F})\, \mathcal{A}(\Gamma(\min_k\{\operatorname{dev}(\Gamma_k)\})) \,.$$

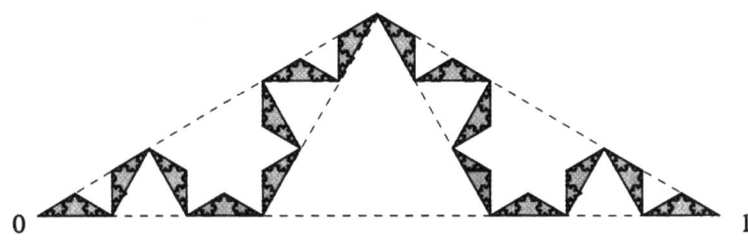

Fig. 15.6. *La courbe de Von Koch (Fig. 14.10) est, pour chaque n, recouverte par 4^n arcs dont l'enveloppe convexe est un triangle, de largeur (plus petite hauteur) $(1/2\sqrt{3})\, 3^{-n}$. Si ϵ est un réel quelconque entre 0 et $\sqrt{3}/2$, et n l'entier tel que $(1/2\sqrt{3})\, 3^{-n} \leq \epsilon < (1/2\sqrt{3})\, 3^{-n+1}$, la courbe se trouve recouverte par 4^n arcs de déviation comprise entre ϵ et $\epsilon/3$; les enveloppes convexes de ces arcs sont d'intérieurs disjoints. Cette courbe est expansive.*

▶ Il est assez clair que si Γ est expansive, alors la condition 1 est vérifiée. On va donc démontrer deux implications, en choisissant dev = Largeur pour simplifier quelque peu les calculs :

$1 \Longrightarrow 2$: Soit $\mathcal{F} = \{\Gamma_i\}$ un recouvrement quelconque de Γ par des arcs qui vérifient $\max_i\{\operatorname{dev}(\Gamma_i)\} \leq c'\, \min_i\{\operatorname{dev}(\Gamma_i)\}$. Soit c la constante de la condition 1. Soit ϵ tel que $c\epsilon = \frac{1}{2}\min_i\{\operatorname{dev}(\Gamma_i)\}$. Soit $\mathcal{F}' = \{\Gamma_k'\}$ un recouvrement de Γ, avec

(i) $\dfrac{\epsilon}{c} \leq \operatorname{dev}(\Gamma_k') \leq c\epsilon$;

(ii) $\sum_k \mathcal{A}(\mathcal{K}(\Gamma_k')) \leq c\, \mathcal{A}(\Gamma(\epsilon))$.

On va chercher une constante c'' telle que

$$\sum_i \mathcal{A}(\mathcal{K}(\Gamma_i)) \leq c''\, \omega(\mathcal{F})\, \mathcal{A}(\cup_i \mathcal{K}(\Gamma_i)) \,.$$

On peut appliquer directement le lemme de la section § 4. En effet,
$$\max_k\{\mathrm{dev}(\Gamma'_k)\} < \min_i\{\mathrm{dev}(\Gamma_i)\},$$
donc
$$\sum_i \mathrm{diam}\,(\Gamma_i) \leq 2\omega(\mathcal{F}) \sum_k \mathrm{diam}\,(\Gamma'_k)\,.$$

On va utiliser le résultat
$$\frac{1}{2}\mathrm{diam}\,(K)\,\mathrm{Largeur}(K) \leq \mathcal{A}(K) \leq \sqrt{2}\,\mathrm{diam}\,(K)\,\mathrm{Largeur}(K)\,,$$
démontré dans l'Annexe C, § 4, pour tout convexe K. Il montre que
$$\frac{\epsilon}{2c}\mathrm{diam}\,(\Gamma'_k) \leq \mathcal{A}(\mathcal{K}(\Gamma'_k))\,,\ \mathcal{A}(\mathcal{K}(\Gamma_i)) \leq 2\sqrt{2}\,c\,c'\,\epsilon\,\mathrm{diam}\,(\Gamma_i)\,.$$

Donc
$$\sum_i \mathcal{A}(\mathcal{K}(\Gamma_i)) \leq 8\sqrt{2}\,c^2\,c'\,\omega(\mathcal{F}) \sum_k \mathcal{A}(\mathcal{K}(\Gamma'_k))\,.$$

On remplace $\sum_k \mathcal{A}(\mathcal{K}(\Gamma'_k))$ par $\mathcal{A}(\Gamma(c\epsilon))$, qui peut lui-même être remplacé par $c^2\,\mathcal{A}(\Gamma(\min_i\{\mathrm{dev}(\Gamma_i)\}))$, pour obtenir le résultat cherché, avec $c'' = 8\sqrt{2}\,c^4\,c'$.

$2 \implies \Gamma$ **est expansive** : Il suffit de prendre pour $\mathcal{F}_\epsilon = \{\Gamma^\epsilon_k\}$ le chemin de déviation constante ϵ le long de la courbe, qui est tel que $\omega(\mathcal{F}_\epsilon) \leq 2$. Ce chemin vérifie l'hypothèse de la condition 2, et donc
$$\sum_k \mathcal{A}(\mathcal{K}(\Gamma^\epsilon_k)) \leq 2\,c''\,\mathcal{A}(\Gamma(\epsilon))\,.$$

Ceci prouve l'expansivité de Γ. ◂

15.7 Critères d'expansivité

La définition d'expansivité n'est pas toujours simple à vérifier, ni d'ailleurs les conditions équivalentes données en § 6. Dans certains cas, une condition *suffisante* suffira. Voici un critère d'expansivité, qui peut être formulé de différentes façons:

THÉORÈME *Les trois conditions suivantes sont équivalentes, et entraînent l'expansivité de* Γ:

1. *Pour tout point x de Γ, il existe une droite* $\mathbf{D}_x$ *passant par x qui ne contient aucun autre point de* Γ:
$$\mathbf{D}_x \cap \Gamma = \{x\}\,.$$

2. *Pour tout sous-arc Γ^* de Γ, l'enveloppe convexe $\mathcal{K}(\Gamma^*)$ ne contient aucun autre point de* Γ:
$$\mathcal{K}(\Gamma^*) \cap \Gamma = \Gamma^*\,.$$

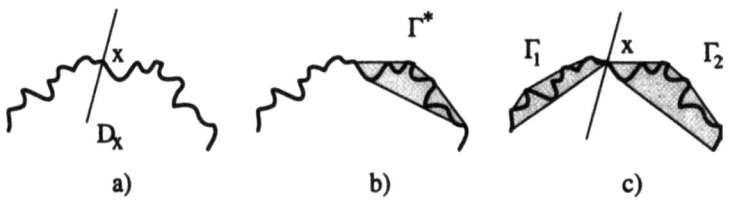

Fig. 15.7. *Trois représentations du critère d'expansivité: a)* $\mathbf{D}_x \cap \Gamma = \{x\}$; *b)* $\mathcal{K}(\Gamma^*) \cap \Gamma = \Gamma^*$; *c)* $\mathcal{K}(\Gamma_1) \cap \mathcal{K}(\Gamma_2) = \{x\}$.

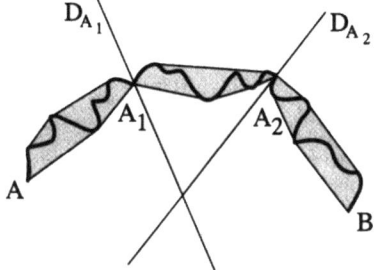

Fig. 15.8. *Les droites* $\mathbf{D}_{A_1}$ *et* $\mathbf{D}_{A_2}$ *partagent le plan en quatre régions convexes.*

3. *Pour toute décomposition de Γ en deux sous-arcs Γ_1 et Γ_2 adjacents, d'extrémité commune x, les enveloppes convexes de Γ_1 et Γ_2 ne se coupent qu'en x:*
$$\mathcal{K}(\Gamma_1) \cap \mathcal{K}(\Gamma_2) = \{x\} \ .$$

▶ ($1 \Rightarrow 2$) Supposons que la condition **1** est réalisée, pour tout x de Γ. Prenons un arc Γ^* de Γ. Supposons, par exemple, que les extrémités A_1 et A_2 de Γ^* soient distinctes des extrémités A et B de Γ. La courbe Γ se décompose en trois arcs:
$$\Gamma = A\frown A_1 \cup A_1 \frown A_2 \cup A_2 \frown B \ ,$$

celui du milieu étant Γ^*. Traçons les deux droites $\mathbf{D}_{A_1}$ et $\mathbf{D}_{A_2}$. Comme, par hypothèse, elles ne coupent Γ en aucun autre point, elles partagent le plan en quatre régions (trois si elles sont parallèles), dont trois contiennent respectivement $A\frown A_1$, $A_1\frown A_2$, $A_2\frown B$ (Fig. 15.8). Ces régions, non nécessairement bornées, sont convexes. Elles contiennent donc aussi les enveloppes convexes de ces arcs. Donc $\mathcal{K}(A_1\frown A_2)$ est inclus dans l'une d'elle, son seul point commun avec $\mathbf{D}_{A_1}$ étant A_1, et son seul point commun avec $\mathbf{D}_{A_2}$ étant A_2. On en déduit que
$$\mathcal{K}(\Gamma^*) \cap \Gamma = \Gamma^* \ .$$

Les cas où l'une des extrémités de Γ^* coïncide avec une extrémité de Γ se traite de la même façon.

(**2 ⇒ 3**) Soit deux arcs Γ_1 et Γ_2 de Γ, non réduits à un point, tels que $\Gamma = \Gamma_1 \cup \Gamma_2$, et $\Gamma_1 \cap \Gamma_2 = \{x\}$. L'intersection $\mathcal{K}(\Gamma_1) \cap \mathcal{K}(\Gamma_2)$ contient le point x. Supposons qu'elle contient un autre point z, distinct de x. Ce point appartient à une corde xA_1 de Γ_1, et à une corde xA_2 de Γ_2. On distingue deux cas: A_1 se trouve dans le segment xA_2 (Fig. 15.9), ou A_2 se trouve dans le segment xA_1. Dans le premier cas, A_1 appartient à $\mathcal{K}(\Gamma_2)$. Ceci signifie que $\mathcal{K}(\Gamma_2) \cap \Gamma$ contient un point, A_1, qui n'appartient pas à Γ_2. C'est contraire à l'hypothèse. Le deuxième cas, de la même façon, contredit l'hypothèse. On en déduit que ce point z n'existe pas.

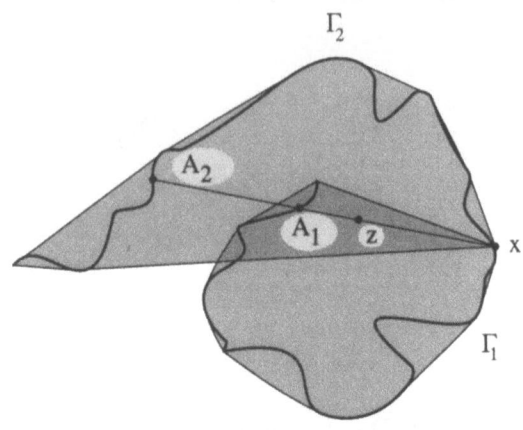

Fig. 15.9. *La courbe Γ se décompose en $\Gamma_1 \cup \Gamma_2$, où $\Gamma_1 \cap \Gamma_2 = \{x\}$, et $\mathcal{K}(\Gamma_1) \cap \mathcal{K}(\Gamma_2)$ contient un point z différent de x.*

(**3 ⇒ 1**) Soit x un point de Γ. Supposons d'abord que $x = A$, l'une des extrémités de Γ. Lorsqu'on fait tendre un point y de Γ vers x, l'enveloppe convexe $\mathcal{K}(B^\frown y)$ tend vers $\mathcal{K}(\Gamma)$. Mais par hypothèse, x n'appartient pas à $\mathcal{K}(B^\frown y)$. Donc x se trouve sur la frontière de $\mathcal{K}(\Gamma)$. Il existe donc une droite de support $\mathbf{D}$ passant par x, et ne contenant aucun autre point de Γ.

Si x n'est pas une extrémité de Γ, posons $\Gamma_1 = A^\frown x$, et $\Gamma_2 = B^\frown x$. Par hypothèse, $\mathcal{K}(\Gamma_1) \cap \mathcal{K}(\Gamma_2) = \{x\}$, donc il existe une droite $\mathbf{D}_x$ passant par x, telle que les deux convexes $\mathcal{K}(\Gamma_1)$ et $\mathcal{K}(\Gamma_2)$ sont de part et d'autre de cette droite. De plus, on peut choisir $\mathbf{D}_x$ de façon que la frontière de $\mathcal{K}(\Gamma_1)$ ne rencontre $\mathbf{D}_x$ en aucun autre point que x, et de même pour $\mathcal{K}(\Gamma_2)$. La condition **1** est donc satisfaite.

Expansivité Il reste à démontrer que, si Γ vérifie les conditions **1**, **2** ou **3**, elle est expansive. Prenons le chemin de déviation constante ϵ défini en § 3. On reprend les notations de § 3. Pour $k = 1, \ldots, N$, les arcs sont disjoints ou adjacents. Le théorème précédent implique que les enveloppes convexes $\mathcal{K}(\Gamma_k^\epsilon)$ ont au plus un point en commun. On en déduit que

$$\mathcal{A}(\cup_1^N \mathcal{K}(\Gamma_k^\epsilon)) = \sum_1^N \mathcal{A}(\mathcal{K}(\Gamma_k^\epsilon)) \,.$$

Cependant, si $A_N \neq B$, ces arcs ne recouvrent pas entièrement Γ, et il faut rajouter un arc Γ_{N+1}^{ϵ}, qui n'est pas disjoint de Γ_N^{ϵ}. On écrit alors

$$\sum_1^{N+1} \mathcal{A}(\mathcal{K}(\Gamma_k^{\epsilon})) = \mathcal{A}(\cup_1^N \mathcal{K}(\Gamma_k^{\epsilon})) + \mathcal{A}(\mathcal{K}(\Gamma_{N+1}^{\epsilon}))$$
$$\leq 2 \max\{\mathcal{A}(\cup_1^N \mathcal{K}(\Gamma_k^{\epsilon})), \mathcal{A}(\mathcal{K}(\Gamma_{N+1}^{\epsilon}))\}$$
$$\leq 2 \mathcal{A}(\cup_1^{N+1} \mathcal{K}(\Gamma_k^{\epsilon})).$$

Dans les deux cas, on trouve que $\sum_1^N \mathcal{A}(\mathcal{K}(\Gamma_k^{\epsilon}))$ est de l'ordre de $\mathcal{A}(\Gamma(\epsilon))$ en utilisant le résultat de § 4. ◄

Application Supposons qu'une courbe Γ soit une partie de la frontière ∂K d'un ensemble convexe K. Une telle courbe vérifie le critère. En effet, une droite ne coupe ∂K qu'en 0, 1 ou 2 points. Si x est un point de Γ, et si y est un point de ∂K non inclus dans Γ, la droite $\mathbf{D}_x$ passant par x et y ne coupe Γ qu'en x.

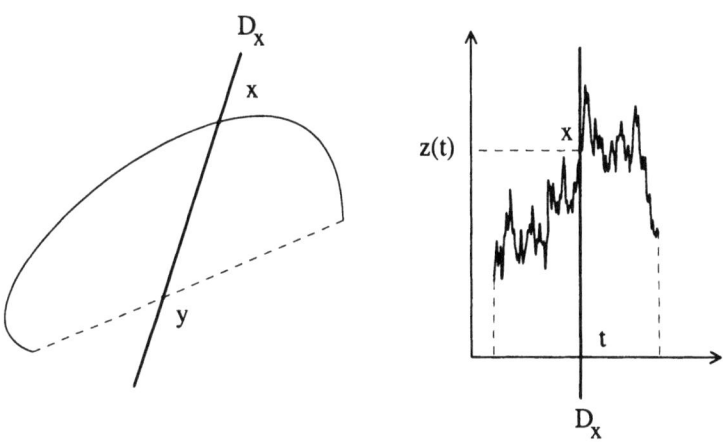

Fig. 15.10. *Deux exemples de courbe vérifiant le critère d'expansivité de § 7: a) Γ est incluse dans la frontière d'un ensemble convexe; b) Γ est le graphe d'une fonction continue $z(t)$.*

Autre application Soit Γ le graphe d'une fonction continue $z(t)$, tracée dans un repère cartésien Ot, Oz. Toute droite parallèle à Oz coupe Γ en 0 ou 1 point. Donc Γ vérifie le critère.

Attention! Le critère défini dans cette section donne une condition **suffisante** d'expansivité, mais non **nécessaire**. Beaucoup de courbes expansives ne le vérifient pas. Par exemple, une courbe faite de deux spires d'une spirale ne vérifie pas le critère, cependant elle est expansive. Autre exemple: la courbe de Von Koch

(Fig. 15.6) ne vérifie pas le critère, mais elle est expansive. On va donner un critère un peu plus général, très utile lors de la contruction de courbes expansives.

Critère plus général On se donne une suite ϵ_n tendant vers 0 pas trop rapidement: on va supposer que le rapport $\epsilon_n/\epsilon_{n+1}$ reste borné lorsque n tend vers l'infini.

> *On suppose que pour tout n, il existe un recouvrement de Γ par des arcs Γ_i^n tels que les enveloppes convexes sont d'intérieurs disjoints, et de largeur de l'ordre de ϵ_n. Alors Γ est expansive.*

▶ En utilisant le fait que $\sum_i \mathcal{A}(\mathcal{K}(\Gamma_i^n)) = \mathcal{A}(\cup_i \mathcal{K}(\Gamma_i^n))$, on vérifie que la condition 1 d'expansivité (§ 6) est remplie. ◀

Ce critère est vérifié par les courbes des Fig. 15.6, 15.12, 15.13, 16.2, 16.3, 16.4.

15.8 Les courbes à similitude interne sont expansives

THÉORÈME *Si Γ est une courbe simple, avec une structure de similitude interne, elle est expansive.*

▶ On donne la démonstration dans ses grandes lignes, en reprenant les notations, et quelques résultats, du Chap. 14, § 7. La courbe Γ est définie par des similitudes de rapport compris entre $\rho_{\min}$ et $\rho_{\max}$. Tout point x de Γ est limite d'une suite emboîtée d'arcs fondamentaux $\Gamma_k(x)$ qui sont des images de Γ par une suite de ces similitudes. Ces arcs successifs vérifient

$$\rho_{\min} \leq \mathrm{diam}\,(\Gamma_{k+1}(x))/\mathrm{diam}\,(\Gamma_k(x)) \leq \rho_{\max}\;.$$

Ceci montre que pour tout ϵ, on peut toujours recouvrir Γ par un nombre fini d'arcs fondamentaux Γ_i^ϵ, disjoints ou adjacents, de diamètres compris entre $\epsilon\rho_{\min}$ et $\epsilon\rho_{\max}$. Par ailleurs, notons c le rapport $\mathrm{diam}\,(\Gamma)/\mathrm{dev}(\Gamma)$: par similitude, $c = \mathrm{diam}\,(\Gamma_i^\epsilon)/\mathrm{dev}(\Gamma_i^\epsilon)$ pour tout i. L'enveloppe convexe $\mathcal{K}(\Gamma_i^\epsilon)$ a donc une aire de l'ordre de ϵ^2. Si N_ϵ est le nombre des Γ_i^ϵ, on obtient

$$\sum_{i=1}^{N_\epsilon} \mathcal{A}(\mathcal{K}(\Gamma_i^\epsilon)) \simeq N_\epsilon\,\epsilon^2\;.$$

Mais on sait aussi que si μ est la mesure sur Γ induite par la paramétrisation naturelle, alors $\mu(\Gamma_i^\epsilon) \simeq \mathrm{diam}\,(\Gamma_i^\epsilon)^e$, où e est la dimension de Γ. En additionnant cette relation sur tous les i de 1 à N_ϵ, on trouve

$$1 \simeq \sum_i \mathrm{diam}\,(\Gamma_i^\epsilon)^e \simeq N_\epsilon\,\epsilon^e\;.$$

Donc finalement

$$\sum_{i=1}^{N_\epsilon} \mathcal{A}(\mathcal{K}(\Gamma_i^\epsilon)) \simeq \epsilon^{2-e}\;.$$

Le membre de droite est précisément de l'ordre de $\mathcal{A}(\Gamma(\epsilon))$. Ceci prouve l'expansivité. ◀

15.9 La similitude interne statistique

Nous l'avons dit, ce modèle de similitude interne est trop précis, il ne sert qu'à forger de jolis exemples mathématiques, il n'est pas au sens strict applicable à un ensemble de données. Et pourtant, il y a bien des courbes naturelles (courbes géographiques, contours d'agrégats,...) dont on aimerait dire qu'elles ont ce type de structure, parce que "toutes les parties sont semblables au tout". Ce sont les courbes ayant une structure de similitude interne "non stricte", ou "généralisée", ou "statistique". Pour mieux cerner cette notion il faut d'abord répondre à la question suivante: que doit-on entendre par "courbes semblables"? Nous adoptons dans cet ouvrage une approche primitive, presque grossière, pour commencer. Nous admettons que les deux notions de **taille** et de **déviation** caractérisent suffisamment la géométrie d'une courbe. Et nous disons que "deux arcs se ressemblent, lorsque leurs rapports taille/déviation sont dans le même ordre de grandeur". Pour la similitude interne, il faut ajouter une relation avec la mesure de l'arc. En effet, si on forme une courbe avec deux arcs dont chacun a une structure de similitude interne, l'un avec la dimension 1, l'autre avec la dimension 1.9, on ne dira pas de la courbe totale que chacune de ses parties est semblable au tout. On recherche une forme d'homogénéité par rapport au paramètre. D'où la définition suivante, qui est d'ailleurs très simple:

Une courbe paramétrée expansive $\Gamma = \gamma([a,b])$ *possède une structure de* **similitude interne statistique** *si, pour tous* $t, t' \in [a,b]$ *et* $\tau > 0$,

$$\text{taille}(\gamma([t-\tau, t+\tau])) \simeq \text{taille}(\gamma([t'-\tau, t'+\tau])) \simeq \text{dev}(\gamma([t-\tau, t+\tau])),$$

c'est-à-dire qu'il existe une constante $c \geq 1$, indépendante de t, de t' et de τ, telle que

$$\frac{1}{c}\text{taille}(\gamma([t-\tau, t+\tau])) \leq \text{taille}(\gamma([t'-\tau, t'+\tau])) \leq c\,\text{dev}(\gamma([t-\tau, t+\tau])).$$

On pourrait bien entendu, donner un critère plus fin. Car il faudrait en principe bien d'autres paramètres que la taille et la déviation pour caractériser complètement un arc, et même une infinité de paramètres. Mais notre approche a l'avantage de la simplicité. Elle en a un autre: elle suffit à définir une classe de courbes qui a les mêmes propriétés géométriques que celles à similitude interne stricte.

◊ Il est nécessaire de supposer la courbe *expansive*. Cette condition remplace le *critère de l'ensemble fermé* de la similitude interne stricte (Chap. 14, § 7).

Calcul de dimension Pour ce type de courbe on peut obtenir la dimension à partir des diamètres locaux. En effet, fixons un point t_0 quelconque de $]0, 1[$, et notons

$$d(\tau) = \text{diam}\left(\gamma([t_0 - \tau, t_0 + \tau])\right).$$

Soit
$$e = \limsup_{\tau \to 0} \frac{\log \tau}{\log d(\tau)}.$$

Le paramètre e ne dépend pas du choix de t_0, puisque les diamètre d'arcs de même mesure sont équivalents. On va montrer que $e = \Delta(\Gamma)$.

▶ Recouvrons Γ par des arcs Γ_i^ϵ, $i = 1, \ldots, N_\epsilon$, de diamètre ϵ, de telle sorte que l'indice du recouvrement soit ≤ 2. Comme les largeurs sont équivalentes aux diamètres,
$$\sum_i \mathcal{A}(\mathcal{K}(\Gamma_i^\epsilon)) \simeq N_\epsilon \epsilon^2.$$

Comme Γ est expansive,
$$\mathcal{A}(\Gamma(\epsilon)) \simeq N_\epsilon \epsilon^2.$$

Donc
$$\Delta(\Gamma) = \limsup_{\epsilon \to 0} \frac{\log N_\epsilon}{|\log \epsilon|}.$$

Avec $\epsilon = d(\tau)$:
$$\Delta(\Gamma) = \limsup_{\tau \to 0} \frac{\log N_{d(\tau)}}{|\log d(\tau)|}.$$

Mais chaque arc est l'image d'un intervalle $[t - \tau, t + \tau]$, de mesure 2τ. Si on additionne ces mesures en tenant compte du fait que l'indice du recouvrement est ≤ 2, on obtient
$$1 \simeq \tau N_{d(\tau)},$$
donc $\log N_{d(\tau)}/|\log \tau| \to 1$. Pour finir,
$$\Delta(\Gamma) = \limsup_{\tau \to 0} \frac{\log \tau}{\log d(\tau)} = e. \quad ◀$$

La formule
$$\boxed{\Delta(\Gamma) = \limsup_{\tau \to 0} \frac{\log \tau}{\log d(\tau)}}$$

est en fait une autre façon d'écrire celle de la "méthode des diamètres" (Chap. 14, § 8). En effet, la moyenne $\overline{T}_\tau$ des tailles d'arcs de mesure τ sur la courbe est de l'ordre de $d(\tau)$ dans le cas qui nous occupe, et donc le paramètre
$$\alpha = \lim_{\tau \to 0} \frac{\log \overline{T}_\tau}{\log \tau}$$

est égal à $1/e$. On retrouve la formule connue:
$$\boxed{\Delta(\Gamma) = \frac{1}{\alpha}.}$$

Ainsi, la méthode des diamètres est applicable à toutes les courbes à similitude interne, dans le sens généralisé que nous lui donnons.

15.10 Comment construire une courbe expansive

Nous allons décrire un modèle de courbe qui offre beaucoup de points communs avec celui de similitude interne, mais qui ne contient pas nécessairement de similitudes. C'est une riche source d'exemples, et nous l'emploierons dans le Chap. 16 pour en tirer des courbes inédites. On part d'un domaine convexe D, et on construit des chaînes successives E_k qui constituent des approximations de la courbe. Cette construction itérative est faite au moyen d'opérations du type suivant:

OPÉRATION DU TYPE $\mathcal{T}$ *Soit un entier $N \geq 2$. On se donne un ensemble fermé D, et $N+1$ points distincts de D:*

$$A = A(1), A(2), \ldots, A(N+1) = B,$$

tels que A et B sont sur le bord ∂D. Une **opération du type** $\mathcal{T}$ *consiste à remplacer D par N ensembles fermés $D(1)$, ..., $D(N)$, de telle sorte que*
  1) $D(i) \subset D$ pour tout $i = 1, \ldots, N$;
  2) $D(i) \cap D(i+1) = \{A(i+1)\}$ pour tout $i = 1, \ldots, N-1$;
  3) $D(i)$ est disjoint de $D(j)$ si $|i - j| \geq 2$;
  4) $D(1)$ contient $A(1)$, et $D(N)$ contient $A(N+1)$.

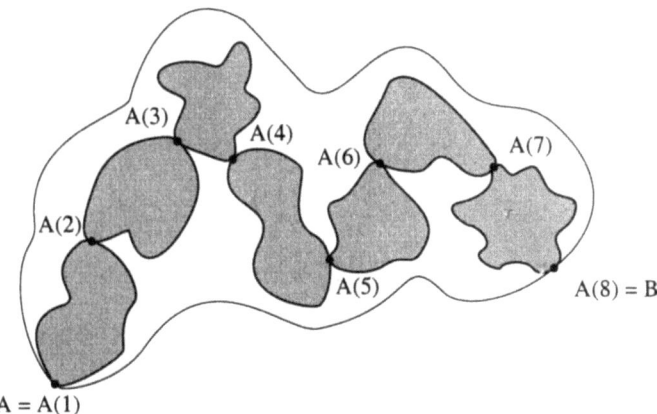

Fig. 15.11. *L'opération $\mathcal{T}$ remplace le domaine D par les sous-domaines $D(1)$, ..., $D(N)$ (ici $N = 7$), disjoints ou adjacents, qui relient les deux points A et B de la frontière ∂D.*

On voit que beaucoup de paramètres ne sont pas fixés dans cette opération: la place des points $A(i)$, la forme des domaines $D(i),\ldots$, et qu'il existe donc bien des manières de déterminer $\mathcal{T}$ exactement. Dans le Chap. 14, on détermine cette opération avec des similitudes. On peut également le faire avec d'autres transformations du plan (affinités, contractions diverses), ou encore, avec des constructions géométriques directes (Fig. 16.2, 16.3, 16.4).

Pour construire une courbe Γ par récurrence, il faut une infinité d'opérations $\mathcal{T}$ successives. On se fixe tout d'abord un entier $N \geq 2$.

Etape 1 Etant donné le domaine D, et les deux points A et B sur son bord, on remplace D par une chaîne $D(1), \ldots, D(N)$ selon une opération de type $\mathcal{T}$. On pose
$$E_1 = \cup_{i=1}^N D(i) \ .$$

Etape 2 Pour chaque i, remplaçons D par $D(i)$, A par $A(i)$, B par $A(i+1)$: par une nouvelle opération du type $\mathcal{T}$, on remplace $D(i)$ par une chaîne $D(i,1), \ldots, D(i,N)$. Pour chaque j, l'intersection $D(i,j) \cap D(i,j+1)$ est réduite à un seul point $A(i,j+1)$, et $A(i) = A(i,1) = A(i-1,N)$. On pose
$$E_2 = \cup_{i=1}^N \cup_{j=1}^N D(i,j) \ .$$

Et ainsi de suite:

Etape k Supposons construite une chaîne E_{k-1}, formée de N^{k-1} ensembles fermés, notés $D(i_1,\ldots,i_{k-1})$, $1 \leq i_j \leq N$, tous disjoints, ou n'ayant qu'un seul point en commun. On remplace chacun de ces ensembles par une opération de type $\mathcal{T}$. Les nouveaux domaines, inclus dans les précédents, sont notés $D(i_1,\ldots,i_{k-1},i_k)$. L'intersection $D(i_1,\ldots,i_{k-1},i_k) \cap D(i_1,\ldots,i_k+1)$ est réduite à un seul point $A(i_1,\ldots,i_k+1)$, et $A(i_1,\ldots,i_{k-1}) = A(i_1,\ldots,i_{k-1},1) = A(i_1,\ldots,i_{k-1}-1,N)$. On pose
$$E_k = \bigcup_{\substack{1 \leq i_1 \leq N \\ \cdots \\ 1 \leq i_k \leq N}} D(i_1,\ldots,,i_k) \ .$$

Ainsi construits, les ensembles E_k forment une suite emboîtée d'ensembles fermés. L'intersection
$$\Gamma = \cap_k E_k$$
est également un ensemble fermé. Cet ensemble contient les points A et B, les points $A(i)$, $A(i,j)$, et ainsi de suite. Dans quelles conditions est-ce une courbe?

PROPOSITION 1 *On utilise les notations précédentes. Soit $\Gamma = \cap E_k$. On suppose qu'il existe une suite ϵ_k tendant vers 0, telle que*
$$\mathrm{diam}\,(D(i_1,\ldots,i_k)) \leq \epsilon_k$$

pour tout k, et pour toute suite i_1, ..., i_k d'entiers entre 1 et N. Alors Γ est une courbe simple, d'extrémités A et B.

Cette condition est réalisée, par exemple, s'il existe une constante $c < 1$ tel que diam$(D(i_1,\ldots,i_{k-1},i_k)) \leq c\,\text{diam}(D(i_1,\ldots,i_{k-1}))$ pour tout k, et pour toute suite i_1, ..., i_k.

▶ La démonstration est du même type que celle dont on a donné le détail dans le cas de la similitude interne (Chap. 14, § 4). On construit une paramétrisation γ et on vérifie qu'elle est continue, et injective. ◀

Donnons maintenant des conditions suffisantes pour que cette courbe soit expansive:

PROPOSITION 2 *Mêmes hypothèses que dans la Proposition 1. On suppose de plus que tous les domaines D, $D(i)$, $D(i_1,\ldots,i_k)$ sont convexes. On note $\Gamma(i_1,\ldots,i_k) = \Gamma \cap D(i_1,\ldots,i_k)$. On suppose enfin que, pour une certaine constante $c > 0$,*

$$\text{Largeur}(\mathcal{K}(\Gamma(i_1,\ldots,i_{k-1},i_k))) \geq c\,\text{Largeur}(\mathcal{K}(\Gamma(i_1,\ldots,i_{k-1})))$$

pour tout k, et pour toute suite i_1, ..., i_k. Alors Γ est expansive.

▶ La démonstration reprend les mêmes arguments que celle qui concerne les courbes à similitude interne (§ 8). On observe d'abord que, sans perte de généralité, on peut remplacer le domaine initial D par $\mathcal{K}(\Gamma)$, et de même, $D(i_1,\ldots,i_k)$ par $\mathcal{K}(\Gamma(i_1,\ldots,i_k))$. Etant donné un ϵ, $0 < \epsilon < \text{Largeur}(\mathcal{K}(\Gamma))$, on peut, à tout x qui n'est pas un des sommets $A(i_1,\ldots,i_k)$ pour un certain k, faire correspondre le plus petit entier $k(x)$ tel que $x \in \Gamma(i_1,\ldots,i_{k(x)})$, et Largeur$(\mathcal{K}(\Gamma(i_1,\ldots,i_{k(x)}))) \leq \epsilon$. Si on rassemble tous ces arcs $\Gamma(i_1,\ldots,i_{k(x)})$ pour tous les points x, on obtient un recouvrement de Γ. Cette famille d'arcs est en fait une famille finie: on note ses éléments Γ_i^ϵ. Ils sont disjoints ou adjacents. Leur déviation est comprise entre $c\,\epsilon$ et ϵ. De plus, leurs enveloppes convexes sont d'intérieurs disjoints, ce qui fait que

$$\sum_i \mathcal{A}(\mathcal{K}(\Gamma_i^\epsilon)) = \mathcal{A}(\cup \mathcal{K}(\Gamma_i^\epsilon))\,.$$

La courbe Γ est donc expansive. ◀

Exemple L'image d'un parallélogramme par une transformation affine est un parallélogramme. Dans la Fig. 15.12, 7 applications affines F_1, ..., F_7 déterminent 7 copies du parallélogramme initial D. Chacune de ces applications peut se noter

$$F_i(x) = \mathcal{M}_i\,x + B_i\,,$$

où M_i est une matrice 2×2, et B_i un vecteur de translation. L'opération $\mathcal{T}$ consiste à remplacer D par

$$\mathcal{T}(D) = E_1 = \bigcup_{i=1}^{7} F_i(D)\,.$$

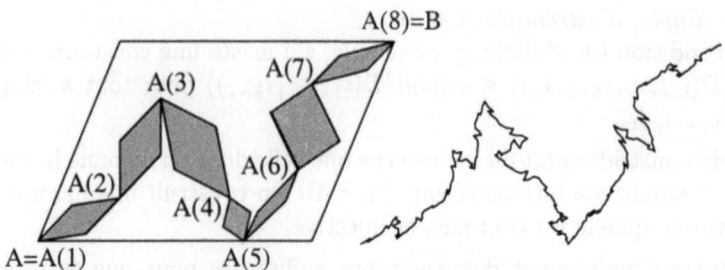

Fig. 15.12. *L'opération $\mathcal{T}$ consiste à remplacer le parallélogramme initial par 7 copies, qui déterminent 7 applications affines. En itérant ce processus, on obtient une courbe expansive, possédant une structure d'affinité interne.*

Les domaines de l'étape 2 sont encore des parallélogrammes, qui peuvent s'écrire $F_i(F_j(D))$, et

$$\mathcal{T}(\mathcal{T}(D)) = E_2 = \bigcup_{i=1}^{7} \bigcup_{j=1}^{7} F_i(F_j(D)) .$$

En itérant ce processus, on obtient au rang k une chaîne E_k formée de 7^k parallélogrammes, disjoints ou adjacents. A la limite, on obtient (Proposition 1) une courbe Γ simple. Cette courbe possède une structure d'*affinité interne*, en ce sens qu'elle est la réunion de 7 copies affines d'elle–même. Enfin, Γ est expansive: en effet, comme les parallélogrammes $F_i(D)$ sont d'aire non nulle, $\det \mathcal{M}_i \neq 0$. Si l'on note $\mathcal{M}_i^t$ la matrice transposée de $\mathcal{M}_i$, les valeurs propres de la matrice $\mathcal{M}_i^t \mathcal{M}_i$ sont strictement positives. Soit λ_i la plus petite de ses valeurs propres: on peut montrer que pour tout couple (x,y) de points du plan,

$$\mathrm{dist}(F_i(x), F_i(y)) \geq \sqrt{\lambda_i}\, \mathrm{dist}(x,y) .$$

En posant $c = \min_i \sqrt{\lambda_i}$, on trouve donc que pour tout i,

$$\mathrm{Largeur}(\mathcal{K}(F_i(\Gamma))) \geq c\, \mathrm{Largeur}(\mathcal{K}(\Gamma)) ,$$

et d'une façon générale, pour toute suite $i_1, \ldots, i_k$,

$$\mathrm{Largeur}(\mathcal{K}(\Gamma(i_1,\ldots,i_k))) \geq c\, \mathrm{Largeur}(\mathcal{K}(\Gamma(i_1,\ldots,i_{k-1}))) .$$

Les hypothèse de la Proposition 2 sont donc vérifiées, et Γ est expansive. On pourrait d'ailleurs aussi montrer qu'elle reste expansive lorsque certaines des applications affines F_i sont de déterminant nul.

Autre exemple Voici un autre cas particulier du modèle général de § 10: on part d'un triangle D de sommets ABC, quelconque (Fig. 15.13). Soit I et J les points de AC et de BC tels que $\mathrm{dist}(A,I) = \mathrm{dist}(A,C)/3$, et $\mathrm{dist}(B,J) = \mathrm{dist}(B,C)/3$. Soit K et L les points qui partagent AB en trois segments égaux. L'opération $\mathcal{T}$ consiste à changer D en trois triangles: $D(1) = AIK$, $D(2) = IJC$, $D(3) = JBL$.

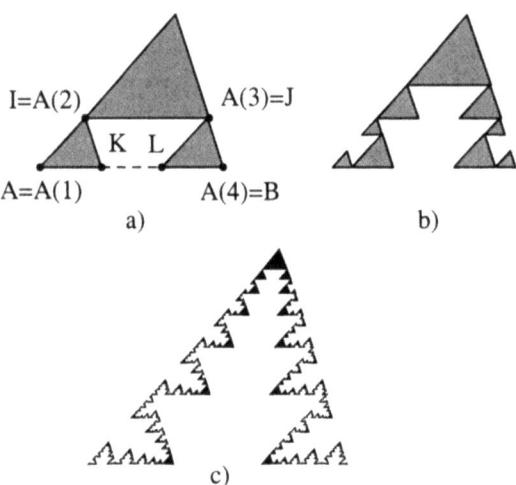

Fig. 15.13. *L'opération $\mathcal{T}$ consiste à remplacer le triangle initial par trois triangles semblable. En itérant ce processus, on obtient une courbe expansive (qui n'est pas à similitude interne).*

Ainsi, $A(1) = A$, $A(2) = I$, $A(3) = J$, $A(4) = B$. Ces trois triangles sont semblables à D, dans les rapports $1/3$, $2/3$, $1/3$ respectivement. Mais attention! Si D n'est pas un triangle isocèle, il n'est pas possible de définir $\mathcal{T}$ avec des similitudes: car si F_1 est la similitude telle que $F_1(D) = D(1)$, le point $A(2)$ n'est pas l'image de B par F_1.

La même opération $\mathcal{T}$ est répétée sur les triangles $D(i)$, et ainsi de suite. On représente en a), b), c) les étapes E_1, E_2, E_5 de cette construction. La courbe limite Γ est une courbe simple (Proposition 1). Elle possède une structure d'affinité interne, comme dans l'exemple précédent; mais non pas de similitude interne au sens strict, bien que l'ensemble E_k soit formé de 3^k triangles semblables à D. Tous les domaines $D(i_1, \ldots, i_k)$ sont des triangles, donc des ensembles convexes, qui vérifient l'inégalité

$$\text{Largeur}(D(i_1, \ldots, i_k)) \geq \frac{1}{3} \text{Largeur}(D(i_1, \ldots, i_{k-1})) \ .$$

D'après la Proposition 2, Γ est une courbe expansive.

15.11 Certaines spirales ne sont pas expansives

Il est temps de donner un exemple de courbe non expansive. Il en existe. Il faut qu'une telle courbe puisse être recouverte par des arcs de même déviation, dont les enveloppes convexes se recoupent de façon importante, de façon que l'aire de leur réunion soit significativement plus petite que la somme de leurs aires. Et ceci, à toutes les échelles. Un exemple simple est fourni par les spirales étudiées dans le Chap. 10 (§ 4):

$$\begin{cases} \rho(t) = t^\alpha \\ \theta(t) = \dfrac{2\pi}{t} \end{cases} \quad 0 < t \leq 1$$

où α est un réel, $0 < \alpha < 1$. On a montré que

$$\mathcal{A}(\Gamma(\epsilon)) \simeq \epsilon^{2\alpha/(\alpha+1)} \ .$$

Effectuons le long de Γ un chemin de déviation constante, en partant bien entendu du point de paramètre $t_0 = 1$. Ce chemin s'arrêtera au point de paramètre t_1 à distance ϵ de 0. Le dernier "pas" du chemin consiste à passer directement du point $\gamma(t_1)$ à l'origine. La longueur du chemin effectué est de l'ordre de la longueur de la spirale, pour les valeurs du paramètre dans l'intervalle $[t_0, t_1]$. Or $t_1^\alpha \simeq \epsilon$. On doit donc faire la somme des longueurs de toutes les spires $\mathbf{S}_k$ telles que $1 \leq k \leq K$, où $K \simeq \epsilon^{-1/\alpha}$. La somme des ces longueurs est de l'ordre de

$$\sum_{k=1}^{K} k^{-\alpha} \simeq K^{1-\alpha} \simeq \epsilon^{1-(1/\alpha)} \ .$$

Et la somme des aires d'enveloppes convexes locales est de l'ordre de $\epsilon^{2-(1/\alpha)}$. On remarque qu'en approchant du centre, ces enveloppes convexes locales sont entièrement incluses dans les enveloppes précédentes. Cette observation est en accord avec le fait que les ordre de croissance $2\alpha/(\alpha + 1)$ et $2 - (1/\alpha)$ sont différents. La courbe n'est pas expansive.

15.12 Références bibliographiques

Une certaine école de pensée voudrait que toute la modélisation fractale de l'univers se fasse au moyen d'attracteurs de systèmes d'applications affines. Sans tomber dans cette extrémité, soulignons que cette famille d'attracteurs constitue une source féconde d'images fractales. On trouvera d'importants ouvrages sur ce sujet, par exemple [M. Barnsley].

Une partie de ce chapitre se trouve résumée dans l'article [C. Tricot 7] (1990).

16 Dimension associée à une suite de longueurs

16.1 Quelles longueurs?

Si une courbe est de longueur infinie, il n'y a pas de longueur à calculer... De même que si un ensemble est de mesure nulle, il n'y a plus rien à mesurer. Dans ce dernier cas, la réponse est celle de Borel: c'est la vitesse à laquelle les mesures de recouvrements de l'ensemble tendent vers 0 qui nous donne un renseignement sur cet ensemble. On en tire la notion de dimension (Chap. 2). Pour les courbes, c'est la vitesse à laquelle les longueurs de courbes polygonales approximatives tendent vers l'infini qui nous donnera un renseignement sur la dimension. L'idée est simple, et déjà largement utilisée:

A chaque échelle ϵ, on construit une courbe polygonale $\mathbf{P}_\epsilon$, dont les sommets sont sur la courbe Γ, et on mesure sa longueur $L(\mathbf{P}_\epsilon)$. C'est une *longueur efficace* de Γ, à l'échelle ϵ. Le produit $\epsilon L(\mathbf{P}_\epsilon)$ est une approximation de l'aire $\mathcal{A}(\Gamma(\epsilon))$. En remplaçant dans la formule de dimension on obtient

$$\Delta'(\Gamma) = \limsup_{\epsilon \to 0} \left(1 + \frac{\log L(\mathbf{P}_\epsilon)}{|\log \epsilon|}\right).$$

Cette formule classique a pu rendre service dans nombre d'applications, telles que le calcul de la dimension d'une côte géographique, ou d'une interface (surface d'usure, processus physico-chimique,...). Nous avons noté le membre de gauche $\Delta'(\Gamma)$, à cause de l'ambiguïté, évidente, de la construction. Est-ce la dimension fractale? Que signifie l'"échelle ϵ", et comment doit-on construire $\mathbf{P}_\epsilon$?

Pour prendre un exemple, la *méthode de Richardson*, ou *méthode du compas*, construit $\mathbf{P}_\epsilon$ en faisant le long de la courbe des pas de longueur ϵ, ce qui revient à construire un polygone régulier. Nous allons voir par un exemple qu'en général on est loin d'obtenir la dimension fractale par ce moyen...

Exemple On considère le graphe nulle part dérivable illustré dans la Figure 13.5. Cette courbe est de dimension fractale 3/2. Prenons pour ϵ_n la longueur de la diagonale d'un rectangle $2^{-n} \times 4^{-n}$: $\epsilon_n \simeq 2^{-n}$. On peut construire le long de la courbe une courbe polygonale comportant 4^n segments de longueur ϵ_n, donc de longueur $\simeq 2^n$. On trouve dans ce cas

$$\Delta'(\Gamma) = \lim_{n \to \infty} \left(1 + \frac{\log L(\mathbf{P}_{\epsilon_n})}{|\log \epsilon_n|}\right) = 2.$$

En revanche, pour les courbes ayant une structure de similitude interne la méthode du compas donne le bon résultat: $\Delta'(\Gamma) = \Delta(\Gamma)$. Donc ce procédé marche pour certains types de courbes, et non pour d'autres. C'est le but de ce chapitre de présenter diverses méthodes de construction de courbes $\mathbf{P}_\epsilon$ au moyen de fonctions d'arcs appelés des *jauges*. On va comparer ces méthodes entres elles, et étudier les dimensions associées. On laissera tomber cette notation $\Delta'(\Gamma)$ qui est vague, et on indiquera dans quels cas on obtient la dimension fractale. Au reste ce chapitre laisse encore bien des questions ouvertes... Il se termine par une revue de différents algorithmes de calculs de dimension.

16.2 Notion de jauge

A l'échelle ϵ, la méthode du compas revient à recouvrir la courbe par une réunion d'arcs, tous de diamètre ϵ. Ici c'est le diamètre qui sert de jauge. Pour varier ce procédé de recouvrement il faut dire ce que nous entendons par *jauge* en général.

*On appelle **jauge** une fonction définie sur tous les ensembles bornés du plan, à valeurs réelles positives, telle que*
1. *Pour tout point x, $J(\{x\}) = 0$.*
2. *J est continue (par rapport à la distance de Hausdorff).*
3. *J est croissante: $E_1 \subset E_2 \Longrightarrow J(E_1) \leq J(E_2)$.*
4. *Pour toute similitude F de rapport ρ (Chap 14, § 1): $J(F(E)) = |\rho| J(E)$.*

◊ Les fonctions diam(E), Largeur(E), et plus généralement taille(E), et dev(E), sont des jauges.

◊ A cause de la dernière propriété on peut appeler J une *jauge géométrique*. Une théorie plus complète introduit une jauge comme une fonction j, continue et croissante, des intervalles de la droite réelle. Cette jauge sert à mesurer les arcs au moyen de la paramétrisation de Γ: pour tout arc Γ^*, sa jauge est $j(\gamma^{-1}(\Gamma^*))$. Il n'y a plus d'invariance par rapport à une similitude. Ces jauges peuvent s'adapter plus étroitement à l'étude de certains phénomènes locaux sur une interface. Nous prenons dans ce livre le point de vue géométrique.

Parcours le long de Γ Supposons $J(\Gamma) \neq 0$. Pour tout ϵ, $0 < \epsilon < J(\Gamma)$, la continuité de J permet de recouvrir la courbe par des arcs disjoints ou adjacents, sauf éventuellement les deux derniers. Le procédé de construction est exactement le même que dans le cas d'une fonction déviation, qui est une jauge parmi d'autres (Chap 15, § 3). Si A et B sont les extrémités de Γ, on définit par récurrence les points $A_1 = A$, A_1, ..., A_N tels que $J(A_k\frown A_{k+1}) = \epsilon$, et $J(A_N \frown B) < \epsilon$. Si $A_N = B$ on s'arrête là. Sinon, on revient d'un pas en arrière et on définit A_{N+1} de façon que $J(B\frown A_{N+1}) = \epsilon$. Soit $\Gamma_k^\epsilon = A_k\frown A_{k+1}$.

La famille $\mathcal{F}_\epsilon = \{\Gamma_k^\epsilon\}$ est un recouvrement de Γ, d'indice $\omega(\mathcal{F}_\epsilon) \leq 2$.

Remarquons que si plusieurs points P de la courbe vérifient l'égalité $J(A_k\frown P) = \epsilon$, on choisit pour A_{k+1} le *premier* point rencontré en partant de A_k, dans le sens de la paramétrisation. Le recouvrement $\mathcal{F}_\epsilon$ est alors uniquement déterminé, et on peut l'appeler **chemin de jauge** ϵ, de point de départ A.

Longueur du chemin Il serait naturel d'appeler *longueur du chemin* de jauge ϵ la longueur de la courbe polygonale $\mathbf{P}_\epsilon$ dont les sommets sont les points A_k. Cette longueur s'obtient en faisant la somme des distances dist(A_k, A_{k+1}). Mais il est plus intéressant, aussi bien pour la théorie que pour l'application, de calculer plutôt le diamètre de ces arcs. Les longueurs que nous allons considérer seront du type
$$\sum_k \text{diam}\,(\Gamma_k^\epsilon) \,.$$

16.3 Longueur selon une jauge

Cependant, il vaut mieux se donner une notion de ϵ-longueur *efficace* ou *approximative* qui soit indépendante du chemin choisi. Etant donnée une jauge J, telle que $J(\Gamma) \neq 0$, on définit d'abord les *arcs minimaux*:

L'arc Γ^* est **minimal** *si, pour tout arc Γ' inclus dans Γ^*,*
$$J(\Gamma') < J(\Gamma^*) \,.$$

Par exemple, le chemin décrit en § 2 est formé d'arcs minimaux. Notre définition de longueur est obtenue en considérant tous les recouvrements de Γ par des arcs minimaux de jauge ϵ:

$$\mathcal{L}_\epsilon(\Gamma, J) = \inf\{\sum_k \text{diam}\,(\Gamma_k)\,,\ \text{où}\ \Gamma \subset \cup \Gamma_k,\ \Gamma_k\ \text{minimal},\ J(\Gamma_k) = \epsilon\} \,.$$

Mais l'intérêt de cette définition risque de rester purement théorique. Elle devient intéressante en revanche lorsqu'on s'aperçoit que l'on obtient une longueur équivalente en utilisant n'importe quel chemin formé d'arcs minimaux de jauge ϵ. Auparavant démontrons le résultat suivant:

LEMME *Soit une courbe Γ, une jauge J, deux réels ϵ_1 et ϵ_2 tels que $0 < \epsilon_1 \leq \epsilon_2 \leq J(\Gamma)$, et $\mathcal{F}$ un recouvrement de Γ par des arcs de jauge comprise entre ϵ_1 et ϵ_2, et d'indice $\omega(\mathcal{F}) \leq 2$. Alors*
$$\frac{1}{4}\mathcal{L}_{\epsilon_2}(\Gamma, J) \leq \sum_{\Gamma^* \in \mathcal{F}} \text{diam}\,(\Gamma^*) \leq 4\mathcal{L}_{\epsilon_1}(\Gamma, J) \,.$$

▶ Soit $\mathcal{F}'$ un recouvrement de Γ par des arcs minimaux de jauge ϵ_2, tel que $\omega(\mathcal{F}') \leq 2$. On sait que
$$\mathcal{L}_{\epsilon_2}(\Gamma, J) \leq \sum_{\Gamma' \in \mathcal{F}'} \text{diam}\,(\Gamma') \,.$$

Par ailleurs, les arcs de $\mathcal{F}'$ étant minimaux, aucun arc de $\mathcal{F}'$ n'est inclus dans un arc de $\mathcal{F}$. On peut donc appliquer le lemme du Chap. 15, § 4:

$$\sum_{\Gamma' \in \mathcal{F}'} \operatorname{diam}(\Gamma') \leq 2\omega(\mathcal{F}') \sum_{\Gamma^* \in \mathcal{F}} \operatorname{diam}(\Gamma^*) \leq 4 \sum_{\Gamma^* \in \mathcal{F}} \operatorname{diam}(\Gamma^*).$$

On en déduit la première inégalité. L'autre s'obtient par des arguments similaires: on appelle $\mathcal{F}''$ un recouvrement quelconque de Γ par des arcs minimaux de jauge ϵ_1, et on montre que

$$\sum_{\Gamma^* \in \mathcal{F}} \operatorname{diam}(\Gamma^*) \leq 4 \sum_{\Gamma'' \in \mathcal{F}''} \operatorname{diam}(\Gamma'').\quad\blacktriangleleft$$

COROLLAIRE *Pour tout ϵ, $0 < \epsilon \leq J(\Gamma)$, soit $\mathcal{F}_\epsilon$ un recouvrement de Γ par des arcs minimaux de jauge ϵ, d'indice $\omega(\mathcal{F}_\epsilon) \leq 2$. Alors*

$$\sum_{\Gamma^* \in \mathcal{F}_\epsilon} \operatorname{diam}(\Gamma^*) \simeq \mathcal{L}_\epsilon(\Gamma, J).$$

C'est une application du lemme précédent, avec $\epsilon_1 = \epsilon_2$.

16.4 Dimension associée à une jauge

Par la suite on supposera toujours que $J(\Gamma) > 0$. On reprend la formule introduite en § 1, et on pose

$$\boxed{\Delta(\Gamma, J) = \limsup_{\epsilon \to 0} \left(1 + \frac{\log \mathcal{L}_\epsilon(\Gamma, J)}{|\log \epsilon|}\right).}$$

On appelle $\Delta(\Gamma, J)$ la *dimension de Γ selon la jauge J*. L'ensemble des valeurs $\Delta(\Gamma, J)$ pour toutes les jauges possibles est plus ou moins étendu selon le type de courbe. Donnons quelques propriétés.

Croissance On va écrire
$$J_1 \leq J_2$$
lorsque pour tout ensemble borné E, $J_1(E) \leq J_2(E)$. La propriété de croissance s'énonce ainsi:
$$J_1 \leq J_2 \implies \Delta(\Gamma, J_1) \leq \Delta(\Gamma, J_2).$$

▶ On prend deux recouvrements de Γ, l'un $\mathcal{F}_1$ formé d'arcs J_1-minimaux de jauge J_1 égale à ϵ, l'autre $\mathcal{F}_2$ formé d'arcs J_2-minimaux de jauge J_2 égale à ϵ. Aucun arc de $\mathcal{F}_1$ ne peut être inclus strictement dans un arc de $\mathcal{F}_2$. Une nouvelle application du lemme du Chap. 15 § 4, nous permet d'écrire l'inégalité

$$\sum_{\Gamma_1 \in \mathcal{F}_1} \operatorname{diam}(\Gamma_1) \leq 2\omega(\mathcal{F}_1) \sum_{\Gamma_2 \in \mathcal{F}_2} \operatorname{diam}(\Gamma_2).$$

On en déduit
$$\mathcal{L}_\epsilon(\Gamma, J_1) \preceq \mathcal{L}_\epsilon(\Gamma, J_2),$$
d'où le résultat. ◀

Celui-ci est un peu plus fort:

LEMME *On suppose qu'il existe une constante c telle que*
$$J_1 \leq c J_2.$$
Alors $\Delta(\Gamma, J_1) \leq \Delta(\Gamma, J_2)$.

▶ Soit $J_3 = cJ_2$. Alors J_3 est une jauge, et $\Delta(\Gamma, J_1) \leq \Delta(\Gamma, J_3)$. En utilisant l'égalité
$$\frac{\log \mathcal{L}_\epsilon(\Gamma, J_3)}{|\log \epsilon|} = \frac{\log \mathcal{L}_\epsilon(\Gamma, cJ_2)}{|\log c\epsilon|} \frac{\log c\epsilon}{\log \epsilon}$$
on vérifie que $\Delta(\Gamma, J_3) = \Delta(\Gamma, J_2)$. ◀

COROLLAIRE *Si deux jauges J_1 et J_2 sont équivalentes, alors*
$$\Delta(\Gamma, J_1) = \Delta(\Gamma, J_2).$$

Car deux jauges sont équivalentes s'il existe deux constantes c_1, c_2 non nulles telles que pour tout ensemble borné E, $c_1 J_1(E) \leq J_2(E) \leq c_2 J_1(E)$. On applique le lemme précédent.

◊ En particulier, pour toute fonction de taille, $\Delta(\Gamma, \text{taille}) = \Delta(\Gamma, \text{diam})$. Et pour toute fonction de déviation, $\Delta(\Gamma, \text{dev}) = \Delta(\Gamma, \text{Largeur})$.

Bornes de la dimension associée à une jauge

THÉORÈME *Pour toute jauge J,*
$$1 \leq \Delta(\Gamma, J) \leq \Delta(\Gamma, \text{diam}).$$

▶ La première inégalité peut se démontrer grâce à celle-ci:
$$\text{diam}(\Gamma) \leq \mathcal{L}_\epsilon(\Gamma, J),$$
vraie pour tout J et ϵ. La deuxième provient des propriétés 2 et 4 d'une fonction de jauge. Comme J est continue, elle est uniformémemt continue sur la famille des ensembles de diamètre 1. Donc sur cet ensemble, elle admet une borne supérieure c. Tout arc Γ^* de diamètre ϵ est l'image d'un arc de diamètre 1 par une similitude de rapport ϵ. De la propriété 4 on déduit que $J(\Gamma^*) \leq c\epsilon = c\,\text{diam}(\Gamma^*)$. Le lemme précédent permet de conclure que $\Delta(\Gamma, J) \leq \Delta(\Gamma, \text{diam})$. ◀

$\Delta(\Gamma, J)$ **comme limite d'une suite** Pour terminer, notons que $\Delta(\Gamma, J)$ peut se définir à l'aide d'une suite discrète ϵ_n tendant vers 0, à condition que cette convergence ne soit pas trop rapide. Comme pour la dimension fractale (Chap. 2, § 6),

Si ϵ_n tend vers 0 et $\log \epsilon_n / \log \epsilon_{n+1}$ vers 1 lorsque n tend vers l'infini, alors

$$\Delta(\Gamma, J) = \limsup_{n \to \infty} \left(1 + \frac{\log \mathcal{L}_{\epsilon_n}(\Gamma, J)}{|\log \epsilon_n|}\right).$$

▶ On utilise le fait que, si $\epsilon_{n+1} \leq \epsilon \leq \epsilon_n$, alors

$$\frac{1}{4}\mathcal{L}_{\epsilon_n}(\Gamma, J) \leq \mathcal{L}_\epsilon(\Gamma, J) \leq 4\mathcal{L}_{\epsilon_{n+1}}(\Gamma, J). \quad ◀$$

16.5 Théorème sur la dimension: forme discrète

Les résultats de § 3 et § 4 nous permettent de donner un algorithme simple pour le calcul de $\Delta(\Gamma, J)$:

THÉORÈME *Soit ϵ_1, ϵ_2 deux constantes > 0. Pour chaque ϵ on se donne un recouvrement $\{\Gamma_k^\epsilon\}$ par des arcs, tel que*
  (i) $\omega(\{\Gamma_k^\epsilon\}) \leq 2$;
  (ii) $c_1 \epsilon \leq J(\Gamma_k^\epsilon) \leq c_2 \epsilon$.
Alors

$$\Delta(\Gamma, J) = \limsup_{\epsilon \to 0} \left(1 + \frac{\log \sum_k \operatorname{diam}(\Gamma_k^\epsilon)}{|\log \epsilon|}\right).$$

On pourrait appeler cela une *méthode à pas variables*, les diamètres des arcs Γ_k^ϵ n'étant pas nécessairement du même ordre de grandeur.

▶ Le lemme de § 3 nous permet d'écrire

$$\frac{1}{4}\mathcal{L}_{c_1\epsilon}(\Gamma, J) \leq \sum_k \operatorname{diam}(\Gamma_k^\epsilon) \leq 4\mathcal{L}_{c_2\epsilon}(\Gamma, J).$$

L'ordre de croissance des fonctions $\mathcal{L}_{c_1\epsilon}(\Gamma, J)$ et $\mathcal{L}_{c_2\epsilon}(\Gamma, J)$ est identique: c'est $\Delta(\Gamma, J)$. ◀

Cette formule permet en effet de calculer la dimension associée à J, mais pour la précision du calcul il sera préférable de considérer à chaque échelle ϵ un grand nombre de recouvrements différents, puis de faire une moyenne sur les sommes de diamètres. Ceci nous conduit naturellement à chercher une formule comportant une intégrale, au lieu d'une somme discrète. Mais une intégrale ne peut se faire que par rapport au paramètre, et il nous faudra une condition supplémentaire sur J et Γ pour y arriver: c'est l'uniformité de la jauge sur la courbe.

16.6 Théorème sur la dimension: forme continue

On rappelle que Γ est paramétrisée par une fonction continue injective γ définie sur l'intervalle $[a,b]$. Cette paramétrisation induit une mesure sur Γ: la mesure d'un arc Γ^* est la longueur de l'intervalle $\gamma^{-1}(\Gamma^*)$. On suppose aussi que $J(\Gamma) > 0$.

> *La courbe Γ est dite* **de jauge uniforme** *s'il existe une constante $c > 0$, et pour tout $\tau < b - a$ un recouvrement $\{\Gamma_k^\tau\}$ de Γ par des arcs de mesure τ, tel que*
> $$\max_k\{J(\Gamma_k^\tau)\} \leq c \min_k\{J(\Gamma_k^\tau)\}.$$

On peut donc trouver une fonction $g(\tau)$ (par exemple: $g(\tau) = \max_k\{J(\Gamma_k^\tau)\}$), qui tend vers 0 avec τ, et telle que pour tout point P de Γ, P est recouvert par un intervalle de mesure τ et de jauge $\simeq g(\tau)$.

THÉORÈME *On suppose que Γ est de jauge uniforme. On utilise les notations précédentes, ainsi que les suivantes (Chap. 11, § 4):*
$$T(t,\tau) = \text{taille}(\gamma([t-\tau, t+\tau]))$$

pour la taille d'un arc local, et
$$\overline{T}_\tau = \frac{1}{b-a}\int_a^b T(t,\tau)\,dt$$

pour la taille moyenne locale. Si Γ est de jauge uniforme,

$$\boxed{\Delta(\Gamma, J) = \limsup_{\tau \to 0}\left(1 + \frac{\log\frac{1}{\tau}\overline{T}_{\tau/2}}{|\log g(\tau)|}\right).}$$

◇ La quantité $(1/\tau)\overline{T}_{\tau/2}$ représente une distance moyenne parcourue durant le temps τ, divisée par ce temps. Il s'agit donc d'une longueur parcourue. La démonstration consiste à prouver que cette distance est équivalente à $\mathcal{L}_\epsilon(\Gamma, J)$, pour $\epsilon = g(\tau)$.

▶ On utilise des arguments semblables à ceux du Chap. 6, § 5 où l'on construit des sommes de Riemann pour calculer l'intégrale $\overline{T}_\tau$. Supposons que $[a,b] = [0,1]$.

a) On fixe la valeur de τ. Pour tout entier N, on construit à partir des intervalles $[(n\tau/N) + i\tau, (n\tau/N) + (i+1)\tau]$ des recouvrements $\mathcal{F}_{n,N}$ de Γ par des arcs de mesure τ, tels que $\omega(\mathcal{F}_{n,N}) \leq 2$, et
$$\lim_{N\to\infty}\frac{1}{N}\sum_{n=0}^{N-1}\sum_{\Gamma^* \in \mathcal{F}_{n,N}}\text{diam}(\Gamma^*) = \frac{1}{\tau}\overline{T}_{\tau/2}.$$

b) Par hypothèse, il existe un autre recouvrement $\mathcal{F}$ de Γ par des arcs de mesure τ, et de jauge comprise entre $cg(\tau)$ et $g(\tau)$. Sans perte de généralité, on peut supposer que $\omega(\mathcal{F}) \leq 2$. On en déduit (§ 3) que

$$\frac{1}{4}\mathcal{L}_{cg(\tau)}(\Gamma, J) \leq \sum_{\Gamma^* \in \mathcal{F}} \operatorname{diam}(\Gamma^*) \leq 4\mathcal{L}_{g(\tau)}(\Gamma, J).$$

c) Pour chaque n et N, la famille $\mathcal{F}_{n,N}$ contient, comme $\mathcal{F}$, des arcs de mesure τ: la fonction γ étant injective, aucun arc de $\mathcal{F}_{n,N}$ ne peut être strictement inclus dans un arc de $\mathcal{F}$, ni inversement. On en tire (Chap. 15, § 4):

$$\frac{1}{4}\sum_{\Gamma^* \in \mathcal{F}} \operatorname{diam}(\Gamma^*) \leq \sum_{\Gamma' \in \mathcal{F}_{n,N}} \operatorname{diam}(\Gamma') \leq 4 \sum_{\Gamma^* \in \mathcal{F}} \operatorname{diam}(\Gamma^*).$$

Donc en rassemblant les résultats:

$$\frac{1}{16}\mathcal{L}_{cg(\tau)}(\Gamma, J) \leq \sum_{\Gamma' \in \mathcal{F}_{n,N}} \operatorname{diam}(\Gamma') \leq 16\,\mathcal{L}_{g(\tau)}(\Gamma, J).$$

d) Dans les inégalités précédentes, on peut remplacer le terme du milieu par $(1/N)\sum_n \sum_{\Gamma^* \in \mathcal{F}_{n,N}} \operatorname{diam}(\Gamma^*)$, donc en faisant tendre N vers l'infini, par $(1/\tau)\overline{T}_{\tau/2}$. On en déduit que les rapports

$$\frac{\log \mathcal{L}_{g(\tau)}(\Gamma, J)}{\log g(\tau)},\ \frac{\log \frac{1}{\tau}\overline{T}_{\tau/2}}{\log g(\tau)},\ \frac{\log \mathcal{L}_{cg(\tau)}(\Gamma, J)}{\log g(\tau)}$$

ont même comportement lorsque τ tend vers 0. D'où le théorème. ◀

◊ On serait tenté de généraliser ce résultat aux courbes non uniformes. Appelons $\Gamma(t, \epsilon)$ un arc de jauge ϵ contenant le point $\gamma(t)$: par exemple,

$$\Gamma(t, \epsilon) = \gamma([t, t + \tau_1(t, \epsilon)])$$

où $\tau_1(t, \epsilon) = \sup\{\tau : J(\gamma([t, t+\tau])) < \epsilon\}$. La mesure de cet arc est $\mu(\Gamma(t, \epsilon)) = \tau_1(t, \epsilon)$. La vitesse locale peut s'évaluer par le rapport

$$\frac{\operatorname{diam}(\Gamma(t, \epsilon))}{\mu(\Gamma(t, \epsilon))}.$$

La longueur parcourue serait l'intégrale de ce rapport. On considère donc l'indice

$$\limsup_{\epsilon \to 0} \left(1 + \frac{\log \int_a^b \frac{\operatorname{diam}(\Gamma(t, \epsilon))}{\mu(\Gamma(t, \epsilon))} dt}{|\log \epsilon|}\right).$$

Le problème est de relier cette quantité à $\Delta(\Gamma, J)$, indépendamment de la paramétrisation.

16.7 Les jauges diamètre et largeur

Diamètre Le diamètre (ou d'une façon générale toute fonction de taille) est une jauge, et nous avons vu qu'elle donne toujours la plus grande valeur à $\Delta(\Gamma, J)$ (§ 3). Pour toute jauge J,
$$\Delta(\Gamma, \text{diam}) \geq \Delta(\Gamma, J).$$
Lorsqu'on fait varier Γ, la valeur de $\Delta(\Gamma, \text{diam})$ n'est pas bornée, et l'ensemble des valeurs inclut $+\infty$ (voir les exemples de la section suivante).

Largeur La largeur (ou d'une façon générale toute fonction de déviation) fournit une dimension souvent plus proche de la dimension $\Delta(\Gamma)$.

LEMME *Pour toute courbe Γ telle que $J(\Gamma) > 0$,*
$$\Delta(\Gamma) \leq \Delta(\Gamma, \text{Largeur}) \leq \Delta(\Gamma, \text{diam}).$$

▶ La deuxième inégalité est déduite du résultat précédent. La première provient directement de la relation
$$\frac{1}{\epsilon}\mathcal{A}(\Gamma(\epsilon)) \preceq \mathcal{L}_\epsilon(\Gamma, \text{Largeur}).$$
En effet, pour tout recouvrement $\{\Gamma_k\}$ de Γ par des arcs de largeur ϵ, on sait que
$$\mathcal{A}(\Gamma(\epsilon)) \preceq \sum_k \mathcal{A}(\mathcal{K}(\Gamma_k)) \quad \text{(Chap. 15, § 5)}$$
$$\simeq \epsilon \sum_k \text{diam}(\Gamma_k) \quad \text{(Annexe C)}. \quad ◀$$

Courbes expansives Cette notion de dimension associée à la largeur permet de donner une condition très simple de l'expansivité (Chap. 15, § 6):

*Une courbe est **expansive** si, et seulement si,*
$$\frac{1}{\epsilon}\mathcal{A}(\Gamma(\epsilon)) \simeq \mathcal{L}_\epsilon(\Gamma, \text{Largeur}).$$

▶ Pour tout ϵ il existe un recouvrement $\mathcal{F}_\epsilon = \{\Gamma_k^\epsilon\}$ de Γ, d'indice $\omega(\mathcal{F}_\epsilon) \leq 2$, par des arcs de largeur ϵ. On sait (§ 3) que
$$\mathcal{L}_\epsilon(\Gamma, \text{Largeur}) \simeq \sum_k \text{diam}(\Gamma_k^\epsilon).$$
Par ailleurs,
$$\epsilon \sum_k \text{diam}(\Gamma_k^\epsilon) \simeq \sum_k \mathcal{A}(\mathcal{K}(\Gamma_k^\epsilon))$$
(Annexe C). Enfin,
$$\Gamma \text{ est expansive} \iff \sum_k \mathcal{A}(\mathcal{K}(\Gamma_k^\epsilon)) \simeq \mathcal{A}(\Gamma(\epsilon)). \quad ◀$$

16.8 Courbes de largeur uniforme

Voici une application immédiate des résultats précédents:

Soit Γ une courbe expansive, de largeur uniforme. On pose

$$\liminf_{\tau \to 0} \frac{\log \overline{T}_\tau}{\log \tau} = \alpha,$$

et on suppose que

$$\lim_{\tau \to 0} \frac{\log g(\tau)}{\log \tau} = \beta.$$

Alors

$$\Delta(\Gamma) = \frac{\beta + 1 - \alpha}{\beta}.$$

▶ En effet, comme Γ est de largeur uniforme, on a

$$\Delta(\Gamma, \text{Largeur}) = \limsup_{\tau \to 0} \left(1 - \frac{\log \frac{1}{\tau} \overline{T}_{\tau/2}}{\beta \log \tau} \right).$$

Les rapports $\log \overline{T}_{\tau/2}/\log \tau$ et $\log \overline{T}_\tau/\log \tau$ ont même comportement à l'infini. On en déduit que

$$\Delta(\Gamma, \text{Largeur}) = 1 + \frac{1}{\beta} - \frac{\alpha}{\beta}.$$

Comme Γ est expansive, $\Delta(\Gamma, \text{Largeur}) = \Delta(\Gamma)$. ◀

◊ Les deux paramètres α et β sont deux caractéristiques de Γ: α régit la relation entre la mesure d'un arc et sa taille; et β, la relation entre la mesure d'un arc et sa déviation.

◊ On verra, dans les exemples qui vont suivre, que le cas de la similitude interne correspond à $\alpha = \beta$, donc à $\Delta = 1/\alpha$. Le cas d'un graphe de fonction correspond à $\beta = 1$, donc à $\Delta = 2 - \alpha$. La formule ci-dessus permet donc de faire le lien entre ces deux relations classiques.

Valeurs des paramètres α et β Dans le cas où

$$\Delta(\Gamma) = \frac{\beta + 1 - \alpha}{\beta},$$

quelles sont les valeurs possibles de α et de β? On peut montrer que nécessairement,

$$0 \leq \alpha \leq 1, \; \alpha \leq \beta, \; \alpha + \beta \geq 1.$$

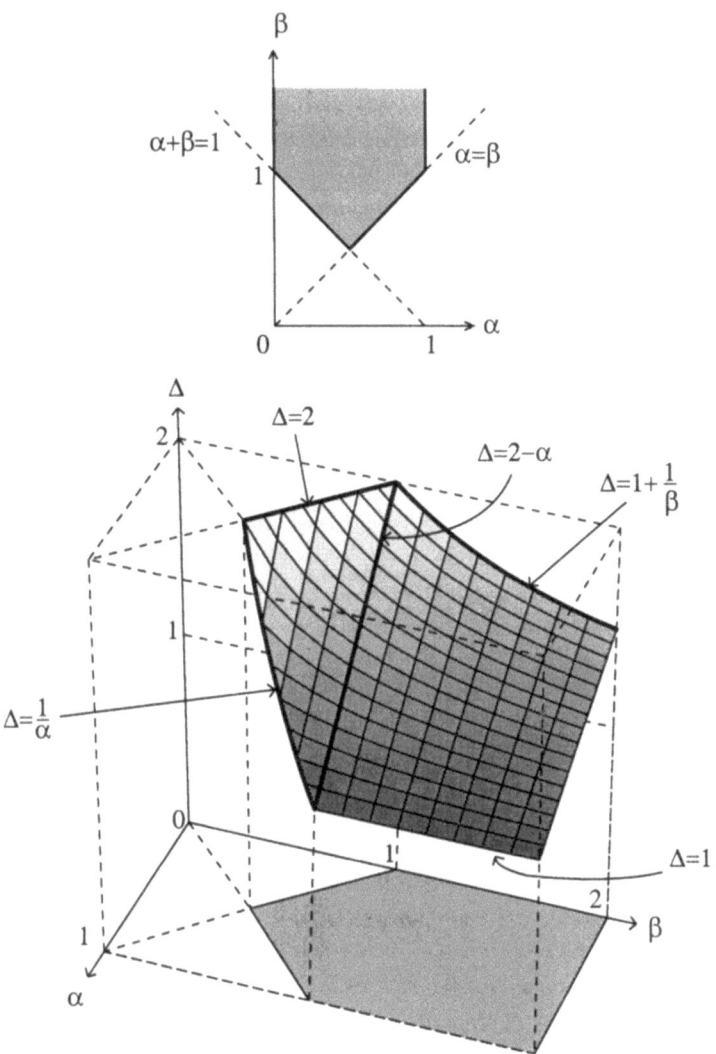

Fig. 16.1. *La fonction*
$$\Delta = \frac{\beta + 1 - \alpha}{\beta}$$
est une fonction de deux variables, définie sur le domaine représenté en a), et dont le graphe, représenté en b), est un morceau d'hyperboloïde. On y retrouve deux cas limites: $\Delta = 1/\alpha$ ($\alpha = \beta$, similitude interne), et $\Delta = 2 - \alpha$ ($\beta = 1$, graphes de fonctions continues).

▶ (i) Comme $\gamma(t)$ est continue, $\overline{T}_\tau$ tend vers 0 lorsque τ tend vers 0, donc $\alpha \geq 0$.

(ii) Tout recouvrement $\mathcal{F}$ de Γ par des arcs est tel que

$$\sum_{\Gamma^* \in \mathcal{F}} \text{diam}\,(\Gamma^*) \geq \text{diam}\,(\Gamma)\,.$$

On en déduit (voir la démonstration du théorème de § 6) que pour tout τ,

$$\frac{1}{\tau}\overline{T}_{\tau/2} \geq \text{diam}\,(\Gamma)\,,$$

donc $\overline{T}_\tau \geq 2\tau \,\text{diam}\,(\Gamma)$. Ceci donne $\alpha \leq 1$.

(iii) Comme la largeur d'un ensemble convexe est au plus égale à son diamètre, il existe, pour toutes fonctions de taille et de déviation, une constante c telle que pour tout ensemble borné E,

$$\text{dev}(E) \leq c\,\text{taille}(E)\,.$$

Ceci implique que $\alpha \leq \beta$.

(iv) Enfin, comme Γ est expansive, il existe, pour tout $\epsilon < \text{dev}(\Gamma)$, un recouvrement $\Gamma = \cup \Gamma_i^\epsilon$ par des arcs de déviation ϵ, tels que

$$\sum \mathcal{A}(\mathcal{K}(\Gamma_i^\epsilon)) \simeq \mathcal{A}(\Gamma(\epsilon))$$

(Chap. 15, § 6). Le membre de droite est borné, pour tout $\epsilon < 1$, tandis que le membre de gauche est équivalent à

$$\epsilon \sum \text{diam}\,(\Gamma_i^\epsilon) \simeq \tau^\beta \frac{1}{\tau}\overline{T}_\tau \simeq \tau^{\alpha+\beta-1}\,.$$

Il est donc nécessaire que $\alpha + \beta - 1$ soit ≥ 0, ou encore, $\alpha + \beta \geq 1$.

On remarquera que ces inégalités impliquent celles-ci, évidentes:

$$1 \leq \Delta(\Gamma) \leq 2\,. \quad \blacktriangleleft$$

16.9 Le cas de la similitude interne

Similitude interne stricte Le diamètre et la largeur de tout arc de mesure τ sont tous deux de l'ordre de $\tau^{1/e}$, où $e = \Delta(\Gamma)$ (Chap. 14, § 7). Ainsi $\alpha = \beta$, et

$$\Delta(\Gamma) = e = \frac{1}{\alpha}\,.$$

Similitude interne statistique Considérons une courbe Γ ayant les propriétés suivantes:

Γ est expansive, et il existe une constante $c > 0$ telle que pour tout arc Γ^* de Γ,

$$\text{Largeur}(\Gamma^*) \geq c\,\text{diam}\,(\Gamma^*)\,.$$

C'est un cas encore plus général que celui de la similitude interne statistique (Chap. 15, § 9): par exemple, on y trouve des courbes qui sont réunion finie de courbes à similitude interne avec des dimensions différentes.

Ces courbes ont une propriété intéressante: les dimensions associées à une jauge sont égale à la dimension fractale, pour une classe importante de jauges. Voici le résultat exact:

Soit une jauge J ayant la propriété suivante:

$$J(E) = 0 \iff E \text{ est inclus dans une droite}.$$

Alors pour toute courbe Γ comme ci-dessus, $\Delta(\Gamma, J) = \Delta(\Gamma)$.

Bien entendu, les jauges diamètre et largeur sont de ce type.

▶ L'ensemble $\mathcal{G}$ de toutes les courbes de diamètre 1, de largeur $\geq c$, est compact. Comme J est continue, et prend une valeur > 0 sur chaque courbe de $\mathcal{G}$, elle admet une borne inférieure $k(c) > 0$ sur $\mathcal{G}$. De la propriété 4 des jauges on déduit que si Γ^* est une courbe vérifiant l'inégalité Largeur(Γ^*) $\geq c\,\text{diam}\,(\Gamma^*)$, alors $J(\Gamma^*) \geq k(c)\text{diam}\,(\Gamma^*)$. Donc si Γ est une courbe comme ci-dessus, $\mathcal{L}_\epsilon(\Gamma, J) \succeq \mathcal{L}_\epsilon(\Gamma, \text{diam})$. La relation inverse est toujours vraie. Donc $\mathcal{L}_\epsilon(\Gamma, J) \simeq \mathcal{L}_\epsilon(\Gamma, \text{diam})$. Ceci montre que les dimensions $\Delta(\Gamma, J)$ sont toutes égales entre elles, donc égales à $\Delta(\Gamma, \text{Largeur})$. Comme Γ est expansive, cette valeur est celle de $\Delta(\Gamma)$. ◀

Cherchons maintenant la relation entre $\Delta(\Gamma)$ et les exposants caractéristiques des fonctions diamètre et largeur. Comme ces fonctions sont équivalentes sur tous les arcs de Γ, $\overline{T}_\tau/\tau \simeq g(\tau)$, et ces deux fonctions tendent vers 0 de la même façon quand τ tend vers 0 (elles sont aussi équivalentes à la fonction $d(\tau)$ du Chap. 15, § 9). En particulier, si $g(\tau) \simeq \tau^\beta$, alors $\alpha = \beta$ et

$$\Delta = \frac{1}{\alpha}.$$

On retrouve la formule connue, qui sert de justification à la *méthode des diamètres* (Chap. 14, § 8).

16.10 Un modèle de graphe de fonction

Nous allons simplement considérer des courbes dont la construction se fait à l'aide de rectangles, et qui sont des généralisations de l'exemple illustré dans la Fig. 13.5. On se donne une suite croissante d'entiers pairs (N_k), $N_1 \geq 2$, et on pose $M_k = \prod_{i=1}^{k} N_k$. On suppose que ces entiers ne tendent pas trop vite vers l'infini: on donne la condition

$$\lim_k \frac{\log N_k}{\log M_k} = 0.$$

Soit un rectangle de côtés $a \times b$. Soit A et B deux sommets opposés. Il peut toujours être décomposé en $2\,N_k$ sous-rectangles de côtés $(a/N_k) \times (b/2)$. Comme N_k est pair, on peut toujours en choisir N_k, et dans chacun de ces N_k rectangles une des diagonales, de façon à former une courbe polygonale qui relie A à B. Il y a d'ailleurs plusieurs choix possibles. On appellera une telle famille de sous-rectangles une *chaîne*. On construit Γ par chaînes successives:

Etape 1 On choisit une chaîne de N_1 rectangles $(1/N_1) \times (1/2)$ dans le carré unité, pour joindre les points $(0,0)$ et $(1,1)$.

Etape 2 Dans chacun de ces rectangles, on construit N_2 rectangles $(1/M_2) \times (1/4)$ de façon à former au total une chaîne de rectangles entre les points $(0,0)$ et $(1,1)$.

...

Etape k Une chaîne de M_{k-1} rectangles étant construite, on prend à l'intérieur de chacun N_k rectangles $(1/M_k) \times (2^{-k})$ de façon à former une chaîne de rectangles entre les points $(0,0)$ et $(1,1)$.

La courbe Γ est la limite de tous ces recouvrements emboîtés. Il s'agit d'un cas particulier des courbes construites par une suite d'*opérations du type* $\mathcal{T}$ décrites dans le Chapitre 15.

Dimension selon le diamètre Si l'on utilise la jauge diamètre, on remarque que pour tout k, la courbe peut être parcourue par M_k pas de longueur ϵ_k, où ϵ_k est la longueur de la diagonale d'un rectangle de l'étape k, soit $\epsilon_k \simeq 2^{-k}$. Par conséquent $\mathcal{L}_\epsilon(\Gamma, \text{diam}) \simeq M_k 2^{-k}$, et

$$\Delta(\Gamma, \text{diam}) = \limsup \frac{\log M_k}{k \log 2}.$$

Si par exemple $N_k = 4$ pour tout k (cas de la Fig. 13.5), alors $M_k = 4^k$ et $\Delta(\Gamma, \text{diam}) = 2$. Si $N_k = 2k$, alors $M_k = 2^k k!$ et $\Delta(\Gamma, \text{diam}) = +\infty$.

Dimension selon la largeur C'est aussi la dimension $\Delta(\Gamma)$ puisque Γ est expansive. Soit $\eta_k = 1/M_k$. Chaque rectangle $(1/M_k) \times (2^{-k})$ contient un arc de la courbe dont la taille est de l'ordre de 2^{-k} et la déviation de l'ordre de η_k. Donc $\mathcal{L}_{\eta_k}(\Gamma, J) \simeq 2^k M_k$. Comme

$$\lim \frac{\log \eta_k}{\log \eta_{k+1}} = 1,$$

on obtient

$$\Delta(\Gamma) = \limsup \left(1 + \frac{\log 2^k M_k}{|\log \eta_k|}\right) = \limsup \left(2 - \frac{k \log 2}{\log M_k}\right).$$

Si par exemple $N_k = 4$ pour tout k (cas de la Fig. 13.5), alors $M_k = 4^k$ et $\Delta(\Gamma) = 3/2$. Si $N_k = 2k$, alors $M_k = 2^k k!$ et $\Delta(\Gamma, \text{diam}) = 2$.

Avec la paramétrisation naturelle, chaque arc de courbe inclus dans un sous-rectangle de l'étape k est de mesure η_k, donc pour tout k la courbe Γ est recouverte par des rectangles de mesure η_k et de largeur $\simeq \eta_k$. Ceci montre qu'elle est de largeur uniforme, et que $\beta = 1$. Donc selon la formule de § 8,

$$\Delta = 2 - \alpha.$$

On peut vérifier cela directement, en observant que la taille d'un arc de mesure η_k est de l'ordre de 2^{-k}. On en déduit que

$$\alpha = \liminf_k \frac{k \log 2}{\log M_k} .$$

16.11 Des courbes plus générales

Considérons les courbes construites par des suites d'opérations du type $\mathcal{T}$, décrites dans le Chap. 15, § 10. On reprend les hypothèses, et les notations, de la Proposition 2: les domaines D, $D(i)$, $D(i_1, \ldots, i_k)$ sont convexes. On note $\Gamma(i_1, \ldots, i_k) = \Gamma \cap D(i_1, \ldots, i_k)$.

La courbe est expansive Supposons de plus que les tailles et déviations des sous-arcs de rang k soient obtenues de façon multiplicative: il existe $2N$ réels ρ_1, ..., ρ_N, et b_1, ..., b_N, tels que

$$0 < b_i \leq \rho_i < 1 , \quad \sum_i \rho_i b_i \leq 1 , \quad \sum_i \rho_i \geq 1 ,$$

$$\operatorname{diam}(\Gamma(i)) = \rho_i \operatorname{diam}(\Gamma) , \quad \operatorname{Largeur}(\Gamma(i)) = b_i \operatorname{Largeur}(\Gamma) ,$$

et de même à toutes les étapes:

$$\operatorname{diam}(\Gamma(i_1, \ldots, i_k)) = \rho_{i_1} \ldots \rho_{i_k} \operatorname{diam}(\Gamma) ,$$
$$\operatorname{Largeur}(\Gamma(i_1, \ldots, i_k)) = b_{i_1} \ldots b_{i_k} \operatorname{Largeur}(\Gamma) .$$

On en déduit que pour toute suite $i_1, \ldots, i_k$:

$$\operatorname{Largeur}(\Gamma(i_1, \ldots, i_{k-1}, i_k)) \geq c \operatorname{Largeur}(\Gamma(i_1, \ldots, i_{k-1})) ,$$

avec une constante c égale à $\min_i \{b_i\}$. On trouve des exemples de telles courbes dans les Fig. 16.2, 16.3 et 16.4, sans compter toutes les courbes à similitude interne.

Valeur de la dimension Comme la fonction $\sum_i \rho_i b_i^{x-1}$ est continue, décroissante, et prend une valeur ≥ 1 pour $x = 1$, et ≤ 1 pour $x = 2$, il existe un réel unique e qui est solution de l'équation

$$\boxed{\sum_i \rho_i b_i^{e-1} = 1 .}$$

Nous allons montrer que

Cette valeur e est précisément celle de la dimension de Γ.

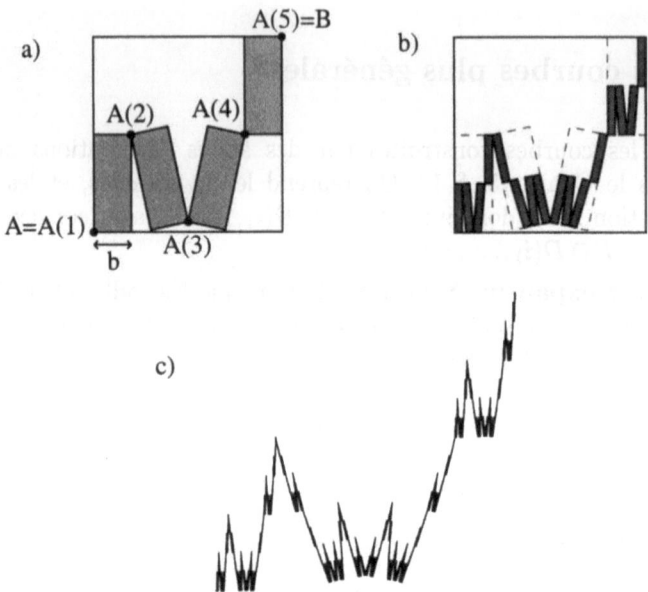

Fig. 16.2. *Soit b un paramètre $< 1/4$. On part du carré unité. L'opération $\mathcal{T}$ consiste à construire 4 rectangles de longueur $1/2$ et de largeur b, comme en a); dans chacun de ces rectangles, on construit 4 rectangles de longueur 2^{-2} et de largeur b^2, comme en b); et ainsi de suite. La courbe finale est tracée en c). La dimension est obtenue par l'équation*

$$\sum_{i=1}^{4} \rho_i \, b_i^{e-1} = 1 \,,$$

avec $\rho_i = 1/2$ et $b_i = b$, soit

$$e = 1 + \frac{\log 2}{|\log b|} \,.$$

Il y a deux cas limite: (i) $b \to 0$, cas où Γ tend vers la courbe polygonale de sommets $(0,0)$, $(0,1/2)$, $(1,1/2)$, $(1,1)$, de dimension 1; (ii) $b \to 1/4$, cas où Γ tend vers la courbe à affinité interne de la Fig. 13.5 ($H = 1/2$), de dimension $3/2$. Lorsque b parcourt l'intervalle $]0, 1/4[$, la dimension $\Delta(\Gamma)$ prend toutes valeurs entre 1 et $3/2$. En–dehors du cas limite $b = 1/4$, cette courbe ne possède pas de structure d'affinité interne.

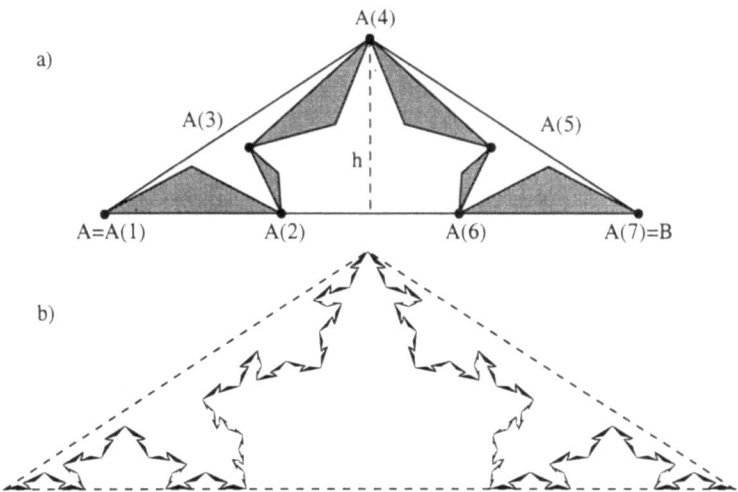

Fig. 16.3. *Etant donné un triangle isocèle D de base 1, de hauteur h, il est toujours possible de construire à l'intérieur de ce triangle une ligne polygonale comme en a), formée de 6 segments de longueurs $\rho_1, \rho_2, \rho_3, \rho_3, \rho_2, \rho_1$, à condition que les conditions suivantes soient vérifiées:*

$$0 < \rho_1 < \frac{1}{2}, \ \rho_1 - \rho_2 + \rho_3 = \frac{1}{2}, \ \frac{1}{2} - \rho_1 \leq \rho_3 \leq \frac{1}{2(1+2\rho_1)}, \ h \leq 2\sqrt{\rho_2 \rho_3}.$$

Soit $c > 1$. L'opération $\mathcal{T}$ consiste à remplacer D par 6 triangles isocèles de base ρ_i, de hauteur $h\rho_i^c$. Dans chacun d'eux, on répète une opération du même type, et ainsi de suite: l'étape k consiste en 6^k triangles isocèles de base $\rho_{i_1} \ldots \rho_{i_k}$, de hauteur $h(\rho_{i_1} \ldots \rho_{i_k})^c$. Leur réunion tend vers une courbe limite Γ (en b)), qui est simple, et expansive. Le fait que c soit plus grand que 1 entraîne que la structure de Γ paraît de plus en plus aplatie lorsqu'on augmente l'échelle d'observation. La dimension est la solution de l'équation

$$\sum_{i=1}^{6} \rho_i^{1+c(e-1)} = 1.$$

Dans cette figure, $\rho_1 = 1/3$, $\rho_2 = 2/15$, $\rho_3 = 3/10$, $h < 2/5$, et $c = 1.2$, donc $e = 1.2779\ldots$

▶ a) On définit tout d'abord une mesure sur Γ, en attribuant à $\Gamma(i)$ la mesure $\rho_i b_i^{e-1}$ (c'est le temps passé à parcourir $\Gamma(i)$), et ainsi de suite de façon multiplicative: la mesure de $\Gamma(i_1, \ldots, i_k)$ est

$$(\rho_{i_1} \ldots \rho_{i_k})(b_{i_1} \ldots b_{i_k})^{e-1} \simeq \text{diam}\,(\Gamma(i_1, \ldots, i_k))\,(\text{Largeur}(\Gamma(i_1, \ldots, i_k)))^{e-1}.$$

▶ b) Pour chaque ϵ donné, on sélectionne une famille de N_ϵ arcs de Γ, du type $\Gamma(i_1, \ldots, i_k)$, disjoints ou adjacents, tous de déviation comprise entre ϵ et ϵ/c.

Notons ces arcs Γ_i^ϵ. La somme de leurs mesures vaut 1: c'est le temps passé à parcourir la courbe toute entière. On en tire

$$\sum_i \text{diam}\,(\Gamma_i^\epsilon)\,(\text{Largeur}(\Gamma_i^\epsilon))^{e-1} \simeq 1\,,$$

donc

$$\sum_i \text{diam}\,(\Gamma_i^\epsilon) \simeq \epsilon^{1-e}\,.$$

Comme la courbe est expansive:

$$\Delta(\Gamma) = 1 - (1-e) = e\,. \quad \blacktriangleleft$$

◊ Dans le cas de similitude interne, $b_i = \rho_i$ pour tout i, et l'équation donnant la dimension se réduit à $\sum \rho_i^e = 1$, formule connue.

Cas particulier (Fig. 16.2 ou 16.4): On suppose de plus que les ρ_i sont tous égaux, de valeur commune ρ, et les b_i tous égaux, de valeur commune b. La dimension est la solution de l'équation

$$N\,\rho\,b^{e-1} = 1\,,$$

soit

$$\Delta(\Gamma) = \Delta(\Gamma, \text{Largeur}) = 1 + \frac{\log N\rho}{|\log b|}\,,$$

alors que

$$\Delta(\Gamma, \text{diam}) = \frac{\log N}{|\log \rho|}\,.$$

Notons α et β les deux réels tels que

$$\rho = N^{-\alpha}\,, \qquad \text{et}\ \ b = N^{-\beta}\,.$$

La paramétrisation naturelle associe, à chaque arc de rang k, la mesure $\tau_k = N^{-k}$. Un tel arc est de taille $\simeq \tau_k^\alpha$, et de déviation $\simeq \tau_k^\beta$. On peut donc interpréter α et β comme dans la section § 8. En remplaçant ρ et b par leurs valeurs, on trouve

$$\Delta(\Gamma) = \frac{\beta + 1 - \alpha}{\beta}\,,$$

qui est précisément la formule connue. La dimension associée au diamètre est

$$\Delta(\Gamma, \text{diam}) = \frac{1}{\alpha}\,,$$

valeur toujours supérieure, sauf dans le cas de similitude interne où $\rho = b$.

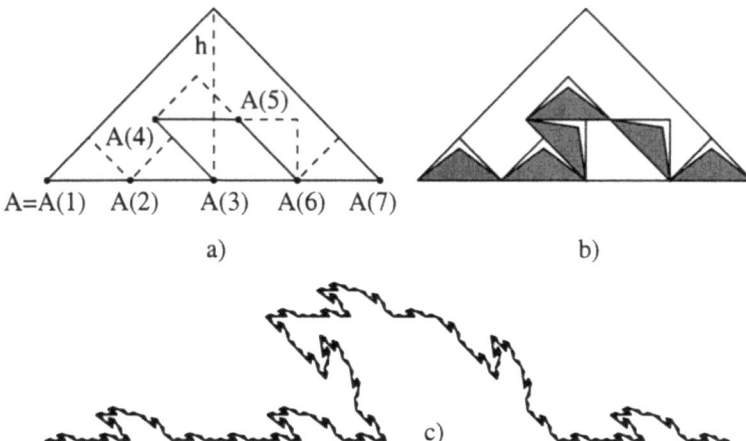

Fig. 16.4. *Soit un triangle isocèle D, de base 1, d'angle aigu $\phi < \pi/3$. On y trace une ligne polygonale G, formée de 6 segments de longueur 1/4, de sommets $A(1)$, ..., $A(7)$, comme en a). Soit $h = \tan(\phi)/2$ la hauteur de D, et b un paramètre $< 1/4$. L'opération $\mathcal{T}$ consiste à remplacer D par 6 triangles isocèles de base $A(i)A(i+1)$, de hauteur hb, comme en b). Chacun de ces triangles est ensuite remplacé par 6 triangles dont la longueur de base est 4^{-2}, et celle de la hauteur hb^2; et ainsi de suite. La courbe limite Γ (tracée en c), avec $b = 3/16$) est simple, et expansive. La dimension fractale est la solution de l'équation $N\rho b^{1-e} = 1$, avec $N = 6$ et $\rho = 1/4$. On trouve*

$$\Delta(\Gamma) = 1 + \frac{\log 3/2}{|\log b|}.$$

Les paramètres α et β (§ 5) qui régissent les relations entre la mesure d'un arc, sa taille, et sa déviation, valent

$$\alpha = \frac{\log 4}{\log 6}, \quad et \quad \beta = \frac{|\log b|}{\log 6}.$$

On peut vérifier la relation $\Delta(\Gamma) = (\beta + 1 - \alpha)/\beta$. Lorsque $b \to 0$, $\beta \to \infty$ et $\Delta(\Gamma) \to 1$; la courbe Γ tend vers la courbe G. Lorsque $b \to 1/4$, $\beta \to \alpha$ et $\Delta(\Gamma) \to \log 6/\log 4$; la courbe Γ tend vers un ensemble, ayant une structure de similitude interne, dont le générateur est G.

16.12 Evaluation de la dimension d'une courbe

Les notions développées dans ce chapitre conduisent tout naturellement à de nouvelles méthodes de calcul de la dimension. Ces méthodes ont un double avantage:

• Par le moyen des enveloppes convexes, elles sont adaptées à la géométrie locale propre à la courbe, ce qui n'est pas le cas des méthodes fondées sur des recouvrements par boîtes ou par boules (Chap. 10). Il existe deux cas limites où elles

258   16 Dimension associée à une suite de longueurs

se ramènent à des méthodes reconnues et fiables: la **méthode des diamètres**, qui s'applique aux courbes à similitude interne ($\Delta = 1/\alpha$); et la **méthode de variation**, qui s'applique aux graphes de fonctions continues ($\Delta = 2 - \alpha$).

• Elles ne nécessitent, pour la plupart, aucune hypothèse préalable sur le type de courbe envisagé. On demande seulement que la courbe soit **simple**, et **expansive**. Cette dernière condition (Chap. 15) est très large, et elle est remplie par les courbes expérimentales, dans les limites de la précision des données bien entendu.

• Signalons leur inconvénient principal: leur temps de calcul, dû essentiellement à la recherche des enveloppes convexes.

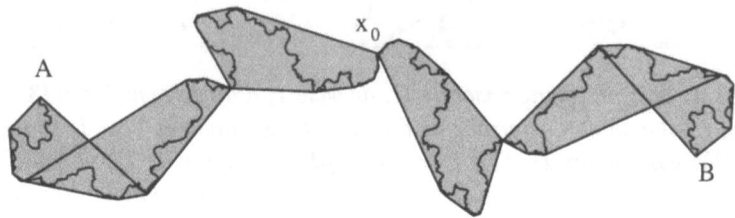

Fig. 16.5. *En partant d'un point x_0 de la courbe, on fait des pas de déviation ϵ dans la direction de A, et dans la direction de B. Le chemin ainsi créé est une ϵ-approximation de la courbe. La somme de ses diamètres sert à calculer la dimension.*

1. Méthode à pas variable, avec déviation uniforme Elle provient du théorème de § 5:

$$\Delta(\Gamma) = \lim_{\epsilon \to 0} \left(1 + \frac{\log \sum_i \operatorname{diam}(\Gamma_i^\epsilon)}{|\log \epsilon|} \right).$$

Pour évaluer $\sum_i \operatorname{diam}(\Gamma_i^\epsilon)$, on fait le long de la courbe des pas de déviation ϵ, à la manière décrite dans le Chap. 15, § 3. Pour éviter que le résultat ne dépendent de l'extrémité de la courbe dont on est parti, on choisit un certain nombre de points de la courbe, dont chacun constitue un point de départ: en partant de ce point, on fait des pas de déviation ϵ dans un sens, puis dans l'autre (Fig. 16.5). Pour chacun de ces trajets, on calcule la somme des diamètres, puis on fait la moyenne arithmétique de toutes les sommes obtenues. Ce procédé de moyenne donne, comme toujours, un résultat plus précis. On forme alors le diagramme logarithmique

$$\left(|\log \epsilon| \,,\, \log \frac{1}{\epsilon} \sum_i \operatorname{diam}(\Gamma_i^\epsilon) \right) :$$

16.12 Evaluation de la dimension d'une courbe

sa pente est la valeur estimée de la dimension. Comme nous l'avons dit, cette méthode vaut tout autant pour la dimension de la courbe de Von Koch (Chap. 14), que pour les graphes du Chap. 12, ou pour les côtes géographiques, ou autres.

2. La saucisse des enveloppes convexes A partir de n'importe quel point x de Γ, cherchons le point y tel que $\text{dev}(x^\frown y) = \epsilon$, dans la direction de l'extrémité B par exemple. S'il n'y a pas de tel y, on pose $y = B$. En faisant la réunion des enveloppes convexes de tous les arcs $x^\frown y$, on obtient une saucisse d'un type nouveau:

$$\mathcal{K}_\epsilon = \{ \mathcal{K}(x^\frown y) \text{ tel que } \text{dev}(x^\frown y) \leq \epsilon \},$$

qui est parfaitement adaptée à la géométrie particulière de la courbe.

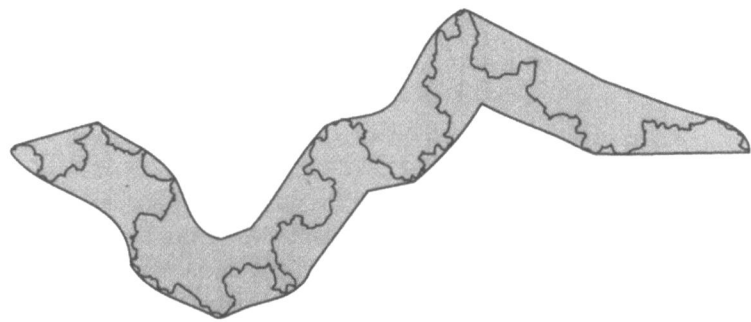

Fig. 16.6. *La réunion de toutes les enveloppes convexes locales de largeur ϵ constitue une saucisse autour de Γ.*

Comme Γ est une courbe continue, on peut également définir $\mathcal{K}_\epsilon$ comme la réunion de toutes les cordes xy de Γ, telles que l'arc $x^\frown y$ est de déviation $\leq \epsilon$. Cette saucisse a une frontière qui, à l'inverse de la saucisse de Minkowski, contient des points de Γ: ce sont les points où il y a "changement d'orientation" dans l'allure de la courbe (à l'échelle ϵ). L'évaluation de son aire permet un calcul de dimension:

Si Γ est une courbe simple, expansive,

$$\Delta(\Gamma) = \lim_{\epsilon \to 0} \left(2 - \frac{\log \mathcal{A}(\mathcal{K}_\epsilon)}{\log \epsilon} \right).$$

▶ Si, par exemple, la déviation est prise au sens de largeur, $\mathcal{K}_\epsilon \subset \Gamma(\epsilon)$, donc $\mathcal{A}(K_\epsilon) \leq \mathcal{A}(\Gamma(\epsilon))$. D'autre part, soit (Γ_i^ϵ) un chemin le long de Γ, dont l'indice de recouvrement est ≤ 2, tel que $\text{dev}(\Gamma_i^\epsilon) = \epsilon$. Nous savons (Chap. 15, § 6) que

$$\mathcal{A}(\cup \mathcal{K}(\Gamma_i^\epsilon)) \simeq \mathcal{A}(\Gamma(\epsilon)).$$

De plus, $\mathcal{K}(\Gamma_i^\epsilon) \subset \mathcal{K}_\epsilon$ implique que

$$\mathcal{A}(\cup \mathcal{K}(\Gamma_i^\epsilon)) \leq \mathcal{A}(\mathcal{K}_\epsilon) .$$

Ces résultats montrent que $\mathcal{A}(\mathcal{K}_\epsilon) \simeq \mathcal{A}(\Gamma(\epsilon))$. ◂

Le diagramme logarithmique correspondant est

$$\left(|\log \epsilon| \, , \, \log \frac{1}{\epsilon^2} \mathcal{A}(\mathcal{K}_\epsilon) \right) .$$

3. Intégrale de la vitesse locale On peut aussi vouloir utiliser la formule de § 6:

$$\boxed{\Delta(\Gamma) = \lim_{\epsilon \to 0} \left(1 + \frac{\log \int_a^b \frac{\text{taille}(\Gamma(t,\epsilon))}{\mu(\Gamma(t,\epsilon))} dt}{|\log \epsilon|} \right)} .$$

Elle a l'inconvénient de ne pas être générale: nous ne l'avons démontrée que pour les courbes de largeur constante. Cependant, elle fournit toujours une valeur au plus égale à $\Delta(\Gamma)$, et ceci, indépendamment de la paramétrisation choisie. C'est une méthode dont le principe est très semblable à celle des pas variables, de déviation uniforme, où l'on utilise une moyenne arithmétique des longueurs obtenues en faisant varier le point de départ; elle offre peut-être encore plus de souplesse. Le diagramme logarithmique correspondant est

$$\left(|\log \epsilon| \, , \, \log \frac{1}{\epsilon} \int_a^b \frac{\text{taille}(\Gamma(t,\epsilon))}{\mu(\Gamma(t,\epsilon))} dt \right) .$$

16.13 Références bibliographiques

Pour la méthode du compas, la meilleure référence reste le livre [B. Mandelbrot 2]. Pour une application des idées de ce chapitre à la cartographie (tracé automatique des côtes géographiques), voir [F. Normant & C. Tricot].

17 Balayage d'une courbe par des droites

17.1 Dimension directionnelle

Il n'est pas toujours indiqué de recouvrir un ensemble par des boules ou des carrés, afin de mesurer sa dimension: les chapitres précédents ont introduit d'autres méthodes, qui prennent en considération la structure propre de l'ensemble. Nous avons vu en particulier que l'analyse de certaines courbes doit se faire dans des directions privilégiées. Pour un graphe de fonction continue $z(t)$, tracée dans un repère cartésien, on considère surtout les directions des axes: celle de Oz, pour mesurer le coefficient de Hölder local, et celle de Ot, pour recouvrir le graphe par des segments horizontaux. Il s'agit là d'une sorte d'*analyse polarisée*, que nous allons développer dans ce chapitre.

Nous supposons que dans le plan, sont tracés deux axes orthogonaux Ox_1, Ox_2. Ce repère cartésien permet aussi de définir des coordonnées polaires (ρ, θ).

Rappelons que toute droite, ne passant pas par l'origine, peut être repérée par le pied H de sa perpendiculaire abaissée de l'origine (Chap. 8, § 2), donc par deux nombres: la distance $\rho = OH$, et l'angle $\theta = \angle(Ox, OH)$. Cette droite est notée $\mathbf{D}(\rho, \theta)$.

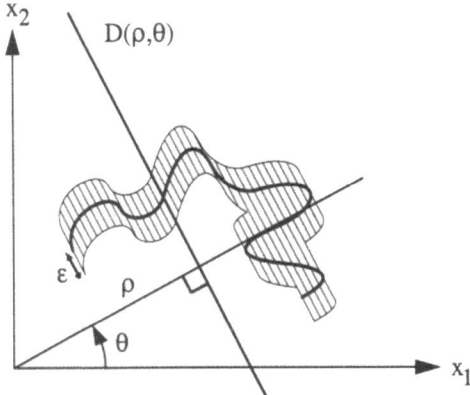

Fig. 17.1. *Sur la droite* $\mathbf{D}(\rho, \theta)$, *on trace les segments de longueur* 2ϵ *centrés sur* Γ. *L'angle* θ *étant fixé, on fait varier* ρ: *la réunion des segments obtenue est la saucisse directionnelle* $\Gamma(\theta, \epsilon)$.

Soit une courbe Γ: rappelons que $\Gamma(\theta,\epsilon)$ désigne la réunion de tous les segments de longueur 2ϵ, centrés sur Γ, et formant l'angle θ avec Ox_2 (Chap. 9, § 4). Ou encore: c'est la surface balayée par Γ lorsqu'on la déplace d'une distance 2ϵ dans la direction θ par rapport à Ox_2. Cette surface $\Gamma(\theta,\epsilon)$ recouvre Γ, et prend l'aspect d'une *saucisse directionnelle*.

Cas du segment L'aire de $\Gamma(\theta,\epsilon)$ est nulle, si et seulement si Γ est un segment, formant l'angle θ avec Ox_2. Si Γ n'est pas un segment, $\mathcal{A}(\Gamma(\theta,\epsilon))$ ne peut s'annuler, pour aucune valeur de ρ ou de θ.

Dimension polaire Lorsque Γ est de longueur finie, nous avons vu que $\mathcal{A}(\Gamma(\theta,\epsilon))$ peut être mis en rapport avec la longueur de Γ. Lorsque Γ est de longueur infinie, on peut associer à $\mathcal{A}(\Gamma(\theta,\epsilon))$ un coefficient dimensionnel, que l'on va appeler *dimension polaire*, ou *dimension par rapport à θ*, de la manière suivante:

$$\Delta_\theta(\Gamma) = \lim_{\epsilon \to 0} \left(2 - \frac{\log \mathcal{A}(\Gamma(\theta,\epsilon))}{\log \epsilon} \right).$$

Lorsqu'il n'y a pas convergence, on remplace la limite par une limite supérieure.

◊ La dimension directionnelle partage un certain nombre de propriétés avec la dimension classique $\Delta(\Gamma)$. En particulier, Δ_θ est **monotone**: si Γ_1 est inclus dans Γ_2, alors
$$\Delta_\theta(\Gamma_1) \leq \Delta_\theta(\Gamma_2).$$

◊ Il est bien clair que tout point de $\Gamma(\theta,\epsilon)$ est à distance de Γ inférieure à ϵ, donc appartient à la saucisse de Minkowski $\Gamma(\epsilon)$. Il s'ensuit que

$$\Delta_\theta(\Gamma) \leq \Delta(\Gamma),$$

quelle que soit la valeur de θ. L'égalité entre ces deux dimensions peut se produire: par exemple, $\Gamma(\pi/2,\epsilon)$ n'est rien d'autre que la saucisse formée des segments centrés horizontaux, de longueur 2ϵ: et nous avons démontré que

$$\mathcal{A}(\Gamma(\theta,\epsilon)) \simeq \mathcal{A}(\Gamma(\epsilon))$$

lorsque Γ est un graphe de fonction continue non constante (Chap. 12, § 4). Dans ce cas,
$$\Delta_{\pi/2}(\Gamma) = \Delta(\Gamma).$$

Nous verrons qu'en fait, cette égalité est vraie pour toute courbe simple Γ, et pour toute valeur de l'angle θ, sauf éventuellement pour une valeur unique θ_0.

◊ Considérons une courbe Γ, non incluse dans une droite. L'angle θ étant fixé, appelons $[\rho_1,\rho_2]$ l'intervalle des valeurs de ρ pour lesquelles la droite $\mathbf{D}(\rho,\theta)$ coupe Γ. Comme

$$\mathcal{A}(\Gamma(\theta,\epsilon)) \geq 2\epsilon(\rho_2 - \rho_1),$$

où $\rho_1 < \rho_2$, on en déduit que

$$\Delta_\theta(\Gamma) \geq 1.$$

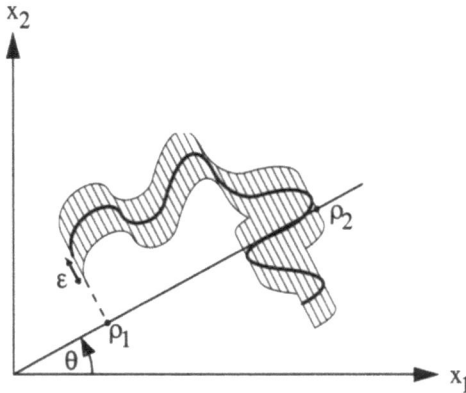

Fig. 17.2. *L'aire de la saucisse $\Gamma(\theta,\epsilon)$ est au moins égale à $2\epsilon(\rho_2 - \rho_1)$.*

17.2 Comparaison entre dimensions

Nous allons comparer les valeurs de la dimension directionnelle selon l'angle θ, à celle de la dimension proprement dite:

THÉORÈME *Soit deux valeurs d'angle $\theta_1 \neq \theta_2$, comprises dans l'intervalle $[0, \pi[$, et une courbe Γ: alors*

$$\boxed{\Delta(\Gamma) = \max\{\Delta_{\theta_1}(\Gamma), \Delta_{\theta_2}(\Gamma)\}.}$$

Dans le cas où il existerait une valeur θ_0 pour laquelle $\Delta(\Gamma) \neq \Delta_{\theta_0}(\Gamma)$, ce théorème entraîne que, pour toute autre valeur θ, on a $\Delta(\Gamma) = \Delta_\theta(\Gamma)$. On peut donc en tirer le corollaire suivant:

Pour toute courbe Γ, il existe au plus une valeur d'angle exceptionnelle θ_0 (modulo π), telle que

$$\Delta(\Gamma) \neq \Delta_{\theta_0}(\Gamma).$$

▶ Nous savons déjà que

$$\Delta(\Gamma) \geq \max\{\Delta_{\theta_1}(\Gamma), \Delta_{\theta_2}(\Gamma)\}.$$

Pour obtenir l'inégalité inverse, on construit, sur chaque point x de Γ, la croix $X_\epsilon(x)$ formée de deux segments centrés en x, de longueur 2ϵ, et formant les angles θ_1 et θ_2 avec Ox_2 (Chap. 10, § 7). La réunion

$$X_\epsilon = \bigcup_{x \in \Gamma} X_\epsilon(x)$$

est une saucisse d'aire équivalente à celle de Minkowski, comme on l'a montré. Or $X_\epsilon = \Gamma(\theta_1, \epsilon) \cup \Gamma(\theta_2, \epsilon)$. Donc

$$\epsilon^{\alpha-2} \mathcal{A}(\Gamma(\epsilon)) \preceq \epsilon^{\alpha-2}(\mathcal{A}(\Gamma(\theta_1, \epsilon)) + \mathcal{A}(\Gamma(\theta_2, \epsilon))) \ .$$

Si on choisit un nombre $\alpha > \max\{\Delta_{\theta_1}(\Gamma), \Delta_{\theta_2}(\Gamma)\}$, on en déduit que

$$\epsilon^{\alpha-2} \mathcal{A}(\Gamma(\epsilon)) \to 0 \ .$$

Ceci montre que $\alpha \geq \Delta(\Gamma)$. ◀

17.3 Exemples et applications

Reprenons nos deux "cas limites" classiques:
Graphe d'une fonction continue Si Γ est le graphe d'une fonction $z(t)$ (donc ici, l'axe Ox_1 devient Ot, et l'axe Ox_2 devient Oz), définie sur un intervalle $[a, b]$, l'angle $\theta_0 = 0$ est exceptionnel dès que Γ est de dimension > 1 (Fig. 17.3): en effet, $\Gamma(0, \epsilon)$ est formée de segments verticaux, et par intégration sur $[a, b]$,

$$\mathcal{A}(\Gamma(\epsilon, 0)) = 2\epsilon(b - a) \ ,$$

d'où il suit que

$$\Delta_0(\Gamma) = 1 \ .$$

On déduit du théorème que, pour tout autre angle θ,

$$\Delta_\theta(\Gamma) = \Delta(\Gamma) \ .$$

On l'avait déjà remarqué pour $\theta = \pi/2$: la surface $\Gamma(\pi/2, \epsilon)$ a une aire équivalente à la *variation* de $z(t)$ (Chap. 12, § 3).
Courbe ayant une structure de similitude interne stricte Une telle courbe est, au contraire, dimensionnellement isotrope, c'est-à-dire qu'elle n'a pas d'angle exceptionnel — sauf si elle est réduite à un segment. On peut le vérifier de la façon suivante:

▶ Admettons que
$$\Gamma = \cup \Gamma_i \ ,$$

où Γ_i est l'image de Γ par la similitude F_i (Chap. 14, § 2). Cette similitude comporte une homothétie de rapport ρ_i, une rotation d'angle θ_i, une symétrie éventuelle par rapport à Ox_1, et une translation. Posons pour commencer $\theta = 0$.

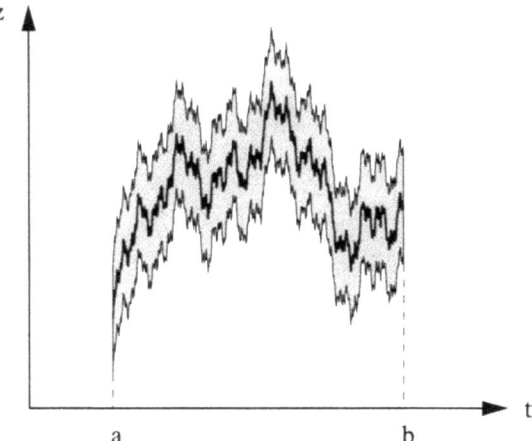

Fig. 17.3. *L'angle 0 est un angle exceptionnel pour Γ, car $\mathcal{A}(\Gamma(0,\epsilon)) = 2\,\epsilon\,(b-a)$, et $\Delta_0(\Gamma) = 1$. Pour tout angle $\theta \neq 0$, l'aire de la saucisse directionnelle $\Gamma(\theta,\epsilon)$ est équivalente à celle de la saucisse de Minkowski.*

Ni la symétrie, ni la translation ne changent rien à la saucisse $\Gamma(0,\epsilon)$. La rotation et l'homothétie changent $\Gamma(0,\epsilon)$ en $\Gamma_i(\theta_i, \epsilon\, \rho_i)$. Comme

$$\mathcal{A}(\Gamma_i(\theta_i, \epsilon\, \rho_i)) = \rho_i^2\, \mathcal{A}(\Gamma(0,\epsilon))\,,$$

on en déduit que

$$\Delta_0(\Gamma) = \Delta_{\theta_i}(\Gamma_i)\,.$$

Si 0 était un angle exceptionnel de Γ, on aurait

$$\Delta_{\theta_i}(\Gamma_i) = \Delta_0(\Gamma) < \Delta(\Gamma) = \Delta(\Gamma_i)\,,$$

ce qui prouverait que θ_i est angle exceptionnel de Γ_i. Mais $\Gamma_i \subset \Gamma$, donc par monotonicité:

$$\Delta_0(\Gamma_i) \le \Delta_0(\Gamma) < \Delta(\Gamma) = \Delta(\Gamma_i)\,.$$

Cela prouve que 0 est angle exceptionnel de Γ_i. Comme il ne saurait y en avoir deux, c'est que $\theta_i = 0 \pmod{\pi}$, pour tout i. Dans ce cas, Γ est réduite à un segment.

Donc si Γ n'est pas un segment, l'angle 0 ne peut être angle exceptionnel. Ni non plus aucun autre angle θ, par rotation. ◂

Fig. 17.4. *Les aires des saucisses* $\Gamma(0,\epsilon)$, $\Gamma(-\pi/4,\epsilon)$, $\Gamma(\pi/2,\epsilon)$, *où* Γ *est la courbe de Von Koch, sont toutes équivalentes à celle de la saucisse de Minkowski* $\Gamma(\epsilon)$.

17.4 Systèmes de coordonnées

Dans un domaine borné $\mathcal{D}$ du plan, muni d'un repère (Ox_1, Ox_2), définissons de nouvelles coordonnées (u,v) par les équations

$$\begin{cases} x_1 = g(u,v) \\ x_2 = h(u,v) \end{cases}$$

où les deux fonctions g et h ont des dérivées partielles continues. On suppose que cette transformation est bijective, et, de plus, que le jacobien

$$\frac{\partial g}{\partial u}\frac{\partial h}{\partial v} - \frac{\partial g}{\partial v}\frac{\partial h}{\partial u}$$

ne s'annule pas sur $\mathcal{D}$: les fonctions g et h définissent alors bien un système de coordonnées. Les courbes de coordonnées sont $\mathbf{C}_u$ (u reste constant, v varie), et $\mathbf{C}_v$ (v reste constant, u varie): elle sont différentiables. La famille de toutes les courbes $\mathbf{C}_u$ recouvre $\mathcal{D}$, cependant deux quelconques d'entre elles n'ont aucun point commun à l'intérieur de $\mathcal{D}$. De même pour $\mathbf{C}_v$. Le fait que le jacobien soit non nul indique qu'au point d'intersection de nouvelles coordonnées (u,v), les deux courbes $\mathbf{C}_u$ et $\mathbf{C}_v$ ne sont pas tangentes. On peut même mieux dire: comme $\mathcal{D}$ est borné, l'angle aigu selon lequel $\mathbf{C}_u$ et $\mathbf{C}_v$ se coupent (angle entre leurs tangentes) reste, uniformément sur $\mathcal{D}$, supérieur à un angle constant ϕ non nul.

Dans le cas particulier des coordonnées cartésiennes, ou des coordonnées polaires, l'angle ϕ reste toujours égal à $\pi/2$.

Pour chaque point x de $\mathcal{D}$, de coordonnées (u,v), et pour chaque ϵ, appelons $\mathbf{S}_\epsilon^{(u)}(x)$ l'arc de $\mathbf{C}_u$ des points situés entre $(u, v-\epsilon)$ et $(u, v+\epsilon)$.

Etant donné une courbe Γ, située à l'intérieur de $\mathcal{D}$, on peut former une saucisse $\Gamma^{(u)}(\epsilon)$ en réunissant tous ces arcs:

17.4 Systèmes de coordonnées

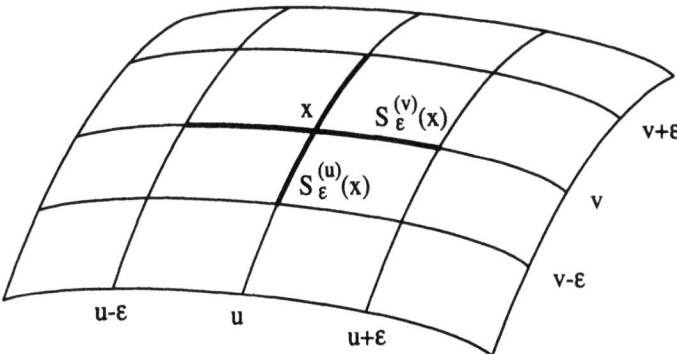

Fig. 17.5. *Les courbes de coordonnées* $\mathbf{C}_u$ *et* $\mathbf{C}_v$, *qui se coupent en* $x = (u,v)$, *déterminent des arcs* $\mathbf{S}_\epsilon^{(u)}(x)$ *et* $\mathbf{S}_\epsilon^{(v)}(x)$.

$$\Gamma^{(u)}(\epsilon) = \bigcup_{x \in \Gamma} \mathbf{S}_\epsilon^{(u)}(x) \;.$$

De la même façon, l'ensemble des points situés sur $\mathbf{C}_v$, entre $(u-\epsilon, v)$ et $(u+\epsilon, v)$, est noté $\mathbf{S}_\epsilon^{(v)}(x)$, et la réunion de ces arcs, pour tout x de Γ, constitue la saucisse $\Gamma^{(v)}(\epsilon)$. On en tire deux définitions de dimension directionnelle, orientées par les courbes $\mathbf{C}_u$ et $\mathbf{C}_v$:

$$\Delta_u(\Gamma) = \lim_{\epsilon \to 0} \left(2 - \frac{\log \mathcal{A}(\Gamma^{(u)}(\epsilon))}{\log \epsilon} \right)$$

$$\Delta_v(\Gamma) = \lim_{\epsilon \to 0} \left(2 - \frac{\log \mathcal{A}(\Gamma^{(v)}(\epsilon))}{\log \epsilon} \right) \;.$$

D'après les hypothèses de dérivabilité précédentes, les distances définies par les deux systèmes de coordonnées (x_1, x_2) et (u, v) sont équivalentes: les arcs $\mathbf{S}_\epsilon^{(u)}(x)$ et $\mathbf{S}_\epsilon^{(v)}(x)$ ont donc une longueur de l'ordre de 2ϵ, et la réunion des deux saucisses $\Gamma^{(u)}(\epsilon)$ et $\Gamma^{(v)}(\epsilon)$ a une aire équivalente à celle de la saucisse de Minkowski $\Gamma(\epsilon)$, tracée avec la distance euclidienne. Le théorème de § 2 devient alors:

$$\boxed{\Delta(\Gamma) = \max\{\Delta_u(\Gamma), \Delta_v(\Gamma)\} \;.}$$

Exemple 1 Etant donné un angle θ_1, nous pouvons, comme on a vu dans la section 1, recouvrir tout le plan de droites parallèles $\mathbf{D}(\rho, \theta_1)$. En posant $u = \rho$, ces droites forment les courbes de coordonnées $\mathbf{C}_u$. Pour toute courbe Γ, la saucisse directionnelle $\Gamma(\theta_1, \epsilon)$ devient $\Gamma^{(u)}(\epsilon)$, et $\Delta_{\theta_1}(\Gamma)$ devient $\Delta_u(\Gamma)$. Avec un autre angle θ_2, on crée de même un autre réseau de droites, qui sont les courbes de coordonnées $\mathbf{C}_v$: $\Delta_{\theta_2}(\Gamma)$ devient $\Delta_v(\Gamma)$. L'angle aigu ϕ entre $\mathbf{C}_u$ et $\mathbf{C}_v$ est

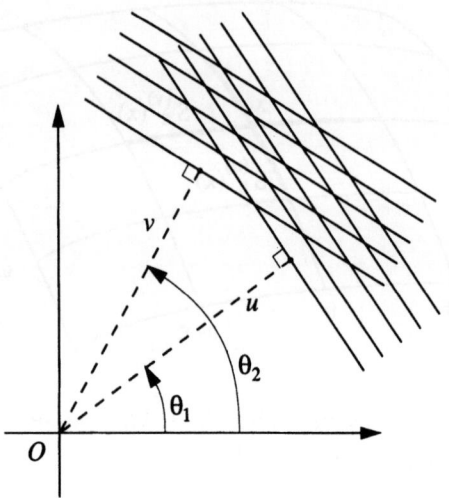

Fig. 17.6. *Les angles θ_1 et θ_2, lorsqu'ils sont distincts, déterminent un système de coordonnées.*

constant. Les formules de changement de variables $(x,y) \longrightarrow (u,v)$ sont linéaires. La formule
$$\Delta(\Gamma) = \max\{\Delta_{\theta_1}(\Gamma), \Delta_{\theta_2}(\Gamma)\},$$
démontrée en § 2, est donc un cas particulier de la précédente.

Exemple 2 Dans une région bornée du plan (Ot, Oz) ne contenant pas l'origine, définissons le changement de variables
$$\begin{cases} t = \omega^u \\ z = v\omega^{Hu} \end{cases},$$
où $0 < H < 1, \omega > 1$. Le jacobien $\omega^{(1+H)u} \log \omega$ ne peut s'annuler. Les courbes $\mathbf{C}_v$ suivent la croissance de la fonction de Weierstrass–Mandelbrot
$$WM(t) = \sum_{-\infty}^{+\infty} \omega^{-nH}(1 - \cos \omega^n t).$$

Dans les nouvelles coordonnées (u,v), cette fonction s'écrit
$$WM^*(u) = \sum_{-\infty}^{+\infty} \omega^{-(n+u)H}(1 - \cos \omega^{n+u}),$$

qui est périodique, de période 1 (Chap. 13, § 7). Considérons le graphe Γ de $WM(t)$, et la saucisse directionnelle $\Gamma^{(v)}(\epsilon)$ (Fig. 17.7): transformée par le changement de variables, cette saucisse devient la saucisse des segments horizontaux du graphe de la fonction $WM^*(u)$.

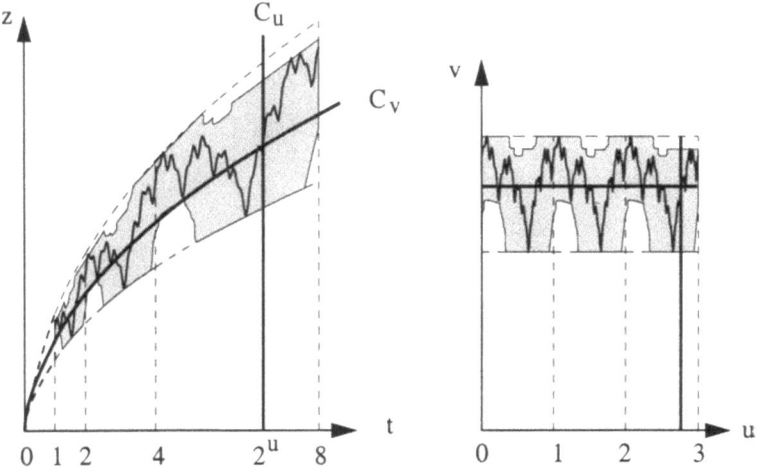

Fig. 17.7. *Le changement de variables* $(t,z) \to (u,v)$ *qui transforme le graphe* Γ *de* $WM(t) = \sum_{-\infty}^{+\infty} 2^{-n/2}(1-\cos 2^n t)$ *en celui de* $WM^*(u) = \sum_{-\infty}^{+\infty} 2^{-(n+u)/2}(1-\cos 2^{n+u})$, *transforme également la saucisse* $\Gamma^{(v)}(\epsilon)$ *en une saucisse faite de segments horizontaux.*

Exemple 3 Dans un domaine $\mathcal{D}$ ne contenant pas l'origine, on définit la transformation en coordonnées polaires

$$\begin{cases} x = \rho \cos\theta \\ y = \rho \sin\theta \end{cases}$$

de jacobien ρ. La mesure d'angle θ est en radians. L'arc $\mathbf{S}_\epsilon^{(\rho)}(x)$ est un arc de cercle, de longueur $2\rho\epsilon$. L'arc $\mathbf{S}_\epsilon^{(\theta)}(P)$ est un segment de longueur 2ϵ. Nous représentons dans la Fig. 17.8 le graphe Γ de la fonction périodique

$$\rho(\theta) = \sum_0^\infty 2^{-n/2} \cos(2^n \theta) + c,$$

où la valeur de la constante c ($c = \sqrt{2}/(\sqrt{2}-1)$) est prise assez grande pour que $\rho(\theta)$ ne puisse jamais s'annuler. On représente aussi la saucisse $\Gamma^{(\rho)}(\epsilon)$. Son aire peut servir à faire le calcul de la dimension de Γ: en effet, du fait que toute droite provenant de l'origine coupe Γ en un point seulement, nous avons

$$\Delta_\theta(\Gamma) = 1,$$

et donc

$$\Delta_\rho(\Gamma) = \Delta(\Gamma).$$

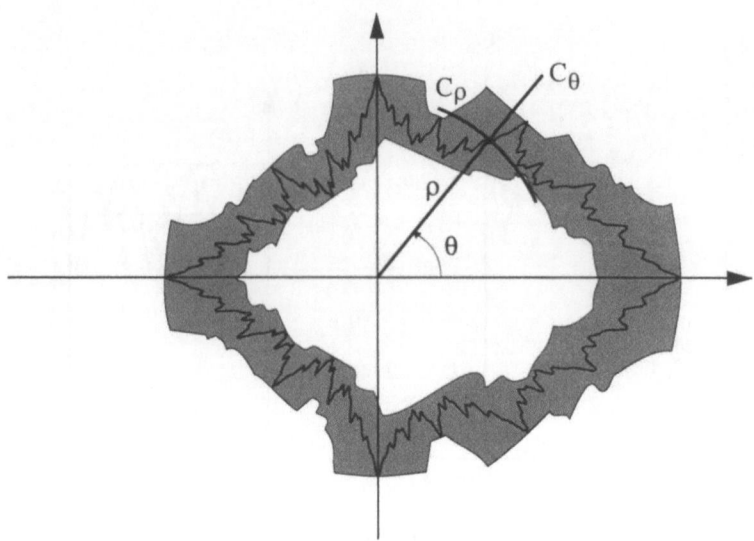

Fig. 17.8. *Les courbes* $\mathbf{C}_\rho$, $\mathbf{C}_\theta$ *sont induites par les coordonnées polaires. On représente la saucisse* $\Gamma^{(\rho)}(\epsilon)$ *autour de la courbe* $\rho(\theta) = \sum_0^\infty 2^{-n/2} \cos(2^n \theta) + c$.

17.5 Intersections par des droites

Etudions la façon dont une droite $\mathbf{D}(\rho, \theta)$ balaie une courbe Γ, lorsqu'on fait varier ρ en gardant θ constant. Il y a intersection lorsque ρ parcourt un certain intervalle $[\rho_1, \rho_2]$. On va supposer que Γ n'est pas un segment de droite, et donc que $\rho_1 \neq \rho_2$. Dans le cas où Γ est de longueur finie, les points d'intersection de $\mathbf{D}(\rho, \theta) \cap \Gamma$ sont, pour presque toutes les valeurs de θ, en nombre fini, et l'on a vu qu'il était possible de mesurer la longueur d'une courbe en calculant leur moyenne (Chap. 8). Dans le cas où Γ est de longueur infinie, l'intersection $\mathbf{D}(\rho, \theta) \cap \Gamma$ peut être un ensemble du type Cantor, c'est-à-dire nulle part dense sur $\mathbf{D}(\rho, \theta)$, mais comportant un nombre infini de points. En prenant tous les points de $\mathbf{D}(\rho, \theta)$ qui sont à distance inférieure à ϵ de cette intersection, et en faisant varier ρ, nous avons vu que l'on construit une saucisse $\Gamma(\theta, \epsilon)$, qui permet de calculer la dimension directionnelle $\Delta_\theta(\Gamma)$. Nous nous intéressons dans cette section à la relation qu'il peut y avoir entre la dimension $\Delta_\theta(\Gamma)$, ou $\Delta(\Gamma)$, de la courbe, d'une part, et la dimension de $\mathbf{D}(\rho, \theta) \cap \Gamma$, d'autre part.

◊ Il existe un raisonnement heuristique (c'est-à-dire faux, mais utile), qui permet de prévoir à l'avance quelle peut être cette relation dans certains cas:

Reprenons la notation $L_\Gamma(\rho, \theta, \epsilon)$ (Chap. 9, § 4) pour la longueur de l'ensemble des points de $\mathbf{D}(\rho, \theta)$ qui sont à distance $\leq \epsilon$ d'un point de $\mathbf{D}(\rho, \theta) \cap \Gamma$. Le balayage nous donne

$$\mathcal{A}(\Gamma(\epsilon, \theta)) = \int_{\rho_1}^{\rho_2} L_\Gamma(\rho, \theta, \epsilon) \, d\rho \, .$$

Si la loi
$$L_\Gamma(\rho,\theta,\epsilon) \simeq \epsilon^{1-\Delta}$$
est vérifiée pour une certaine valeur Δ, uniformément par rapport à ρ, alors Δ est la dimension de $\mathbf{D}(\rho,\theta) \cap \Gamma$, et par intégration,
$$\mathcal{A}(\Gamma(\epsilon,\theta)) \simeq \epsilon^{1-\Delta} \ .$$
Il suit de là que $2 - (\log \mathcal{A}(\Gamma(\epsilon,\theta))/\log \epsilon)$ converge vers $1+\Delta$: c'est la valeur de $\Delta_\theta(\Gamma)$, donc, comme on a vu, aussi celle de $\Delta(\Gamma)$, sauf si θ est angle exceptionnel. Il semble donc raisonnable d'admettre la loi suivante:

La dimension de Γ s'obtient en ajoutant 1 à la dimension de son intersection par une droite, pour la plupart des droites.

Naturellement, ce raisonnement devient faux si Γ est construite de telle manière que toute droite ne la coupe qu'en un nombre fini de points! C'est ce qui se passe pour la courbe suivante:

Exemple Soit Γ le graphe de la fonction
$$z(t) = \sqrt{t} + t^2 \cos t^{-5}\, ,\ t \in [0,1]\ .$$

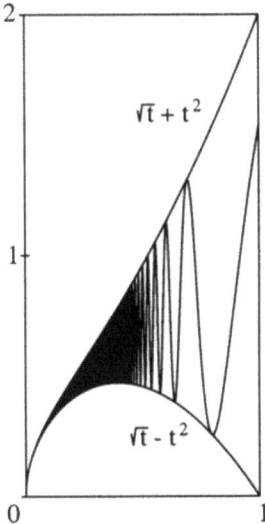

Fig. 17.9. *Graphe de la fonction $z(t) = \sqrt{t} + t^2 \cos t^{-5}$.*

Cette courbe est comprise entre les graphes des deux fonctions $\sqrt{t} + t^2$ et $\sqrt{t} - t^2$. Toute droite ne coupe Γ qu'en un nombre fini de points. La dimension d'intersection par une droite quelconque est donc nulle. Cependant, la dimension de Γ est la même que celle du graphe de $z_1(t) = t^2 \cos t^{-5}$; celle-ci vaut $3/2$ (Chap. 10, § 4). On en conclut que

$$\Delta(\Gamma) = \frac{3}{2}.$$

Nous allons, dans la section suivante, donner un résultat général qui relie ces diverses dimensions, mais qui se présente sous la forme d'une simple inégalité.

17.6 Borne supérieure essentielle

Par définition,

La **borne supérieure essentielle** *d'une fonction $f(t)$ définie sur un intervalle réel, à valeurs réelles, est le nombre*

$$\text{ess sup} f = \inf \{ \alpha \text{ tel que l'ensemble} \{ t \,:\, f(t) > \alpha \}$$
$$\text{est de longueur nulle} \}$$
$$= \sup \{ \alpha \text{ tel que l'ensemble} \{ t \,:\, f(t) < \alpha \}$$
$$\text{est de longueur non nulle} \}.$$

◊ Il s'agit, au fond, d'une borne supérieur calculée après avoir débarrassé $f(t)$ de certaines valeurs "non représentatives". L'inégalité

$$\text{ess sup} f \leq \sup f$$

est toujours vraie. Il y a égalité, par exemple, lorsque la fonction $f(t)$ est continue.

Ici nous considérons la borne supérieure essentielle de $\Delta(\mathbf{D}(\rho,\theta) \cap \Gamma)$, qui est considérée comme une fonction de ρ, définie sur l'intervalle $[\rho_1, \rho_2]$. En général cette fonction n'est pas continue.

THÉORÈME *Quelle que soit la valeur d'angle θ,*

$$\boxed{1 + \text{ess sup}_{\rho_1 \leq \rho \leq \rho_2} \Delta(\mathbf{D}(\rho,\theta) \cap \Gamma) \leq \Delta_\theta(\Gamma).}$$

Comme $\Delta_\theta(\Gamma) \leq \Delta(\Gamma)$, on obtient ainsi une minoration de la dimension.

▶ Les dimensions considérées peuvent s'écrire

$$\Delta_\theta(\Gamma) = \inf \{ \alpha \,:\, \epsilon^{\alpha-2} \mathcal{A}(\Gamma(\theta,\epsilon)) \to 0 \}$$
$$\Delta(\mathbf{D}(\rho,\theta) \cap \Gamma) = \inf \{ \alpha \,:\, \epsilon^{\alpha-1} L_\Gamma(\rho,\theta,\epsilon) \to 0 \}.$$

Prenons un nombre $\alpha > \Delta_\theta(\Gamma)$. L'intégrale

$$\epsilon^{\alpha-2} \mathcal{A}(\Gamma(\theta,\epsilon)) = \epsilon^{\alpha-2} \int_{\rho_1}^{\rho_2} L_\Gamma(\rho,\theta,\epsilon) \, d\rho$$

tend vers 0. Un théorème classique en théorie de l'intégrale permet d'en déduire que $\epsilon^{\alpha-2} L_\Gamma(\rho,\theta,\epsilon)$ tend alors vers 0 pour *presque toute* valeur de ρ dans $[\rho_1,\rho_2]$.

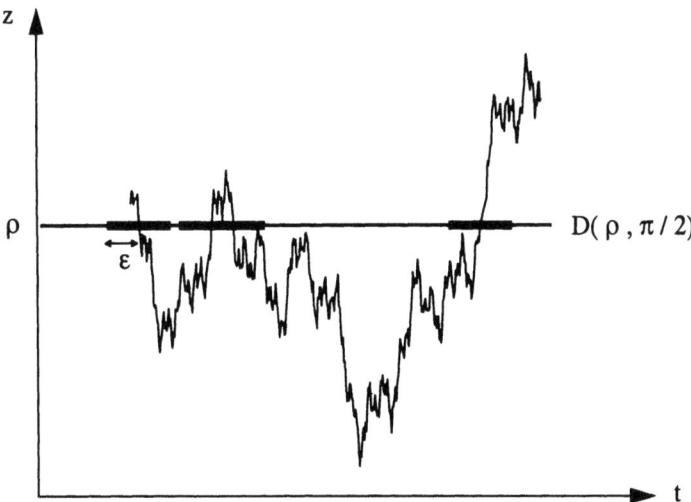

Fig. 17.10. *Une estimation (par valeurs inférieures) de la dimension de Γ peut être obtenue en ajoutant 1 à la dimension de l'ensemble linéaire $\mathbf{D}(\rho, \pi/2) \cap \Gamma$. Dans ce cas de figure, $\mathbf{D}(\rho, \pi/2)$ est la droite horizontale d'équation $z = \rho$. Il faut essayer plusieurs valeurs de ρ afin de s'assurer que l'on ne tombe pas sur des valeurs particulières (il en existe, par exemple, lorsque Γ comporte des parties horizontales).*

Donc $\alpha \geq 1 + \Delta(\mathbf{D}(\rho, \theta) \cap \Gamma)$, pour tout ρ sauf sur un ensemble de mesure nulle. Ceci prouve que

$$\alpha \geq 1 + \text{ess sup}_{\rho_1 \leq \rho \leq \rho_2} \Delta(\mathbf{D}(\rho, \theta) \cap \Gamma) \, . \quad \blacktriangleleft$$

17.7 Intersections uniformes

On peut donner une condition théorique pour que l'égalité

$$\Delta_\theta(\Gamma) = 1 + \text{ess sup}_{\rho_1 \leq \rho \leq \rho_2} \Delta(\mathbf{D}(\rho, \theta) \cap \Gamma)$$

ait lieu, en accord avec le "raisonnement heuristique" de § 5:

S'il existe une valeur α, et deux constantes non nulles c_1 et c_2 telles que, pour presque toute valeur de ρ (c'est-à-dire, pour tout ρ dans l'intervalle $[\rho_1, \rho_2]$, sauf dans un sous-ensemble de longueur nulle), on ait

$$c_1 \, \epsilon^{1-\alpha} \leq L_\Gamma(\epsilon, \rho, \theta) \leq c_2 \, \epsilon^{1-\alpha} \, ,$$

alors

$$\Delta_\theta(\Gamma) = 1 + \alpha = 1 + \text{ess sup}_{\rho_1 \leq \rho \leq \rho_2} \Delta(\mathbf{D}(\rho, \theta) \cap \Gamma) \, .$$

▶ L'hypothèse indique que, pour presque tout ρ, $\Delta(\mathbf{D}(\rho,\theta) \cap \Gamma) = \alpha$. C'est donc bien aussi la valeur de la borne supérieure essentielle de ces dimensions. D'autre part, l'intégrale d'une fonction sur $[\rho_1, \rho_2]$ ne change pas si l'on change la valeur de cette fonction sur un ensemble de longueur nulle: on en déduit que

$$\mathcal{A}(\Gamma(\epsilon,\theta)) = \int_{\rho_1}^{\rho_2} L_\Gamma(\epsilon,\rho,\theta)\, d\rho \leq c_2\, (\rho_2 - \rho_1)\, \epsilon^{1-\alpha}\ .$$

En conséquence, $\Delta_\theta(\Gamma) \leq 1 + \alpha$. L'inégalité inverse est toujours vraie. D'où l'égalité. ◀

◊ Il existe une méthode de calcul pour la dimension d'une courbe, qui consiste à la couper par une droite et à calculer la dimension de l'intersection. Elle paraît donc peu sûre: en effet, la condition précédente est difficile à vérifier en pratique. Elle l'est (avec probabilité 1) pour des courbes issues de certains processus aléatoires, et c'est, finalement, ce qui en justifie l'emploi. Mais parler de ces processus nous ferait sortir du cadre de cette étude. Retenons que cette méthode d'intersection est très rapide, et qu'à la suite de plusieurs essais (destinés à éviter les valeurs exceptionnelles de ρ), on obtient une sous-estimation de la dimension, ce qui est déjà intéressant. Cette méthode peut être testée, avec d'assez bons résultats, sur des fonctions du type Knopp ou Weierstrass (Chap. 13), avec des intersections par droites horizontales.

17.8 Intersection par une courbe moyenne

Il est parfois difficile de mesurer la dimension de l'intersection d'une courbe par une droite, lorsqu'une telle intersection ne comporte pas assez de données. Il est donc naturel d'essayer de changer la droite en une *courbe moyenne*, qui suit mieux l'évolution générale de Γ, en ayant donc plus de chances de comporter un grand nombre de points d'intersection, mais tout en restant rectifiable. Cette généralisation de la méthode des intersections, par d'autres courbes que les droites, est tout à fait analogue à la généralisation des dimensions directionnelles, par d'autres systèmes de coordonnées (§ 4).

1. Si Γ est le **graphe d'une fonction continue** $z(t)$, on construit une fonction moyenne $z_1(t)$, et on cherche l'ensemble des zéros de la fonction $z(t) - z_1(t)$. C'est une manière au fond d'éliminer les basses fréquences du signal $z(t)$: la dimension fractale ne dépend en effet que des hautes fréquences (en d'autres termes, des petites oscillations de la courbe).

Une façon simple d'obtenir une courbe moyenne consiste à se donner une largeur de fenêtre τ_0, et à poser

$$z_1(t) = \frac{1}{2\,\tau_0} \int_{t-\tau_0}^{t+\tau_0} z(s)\, ds\ .$$

Cette fonction est dérivable:

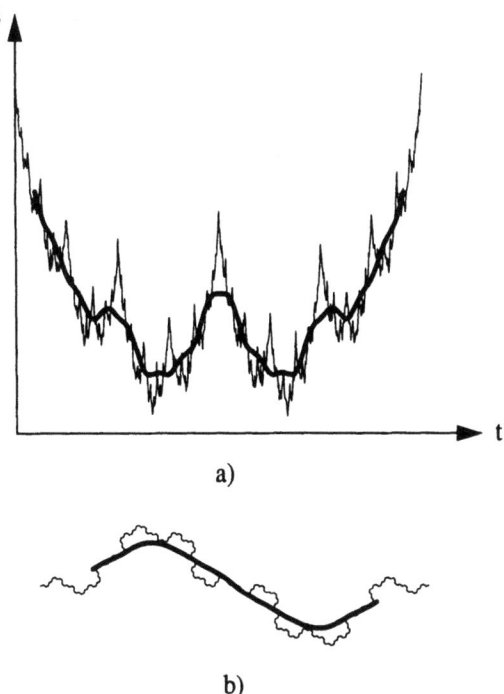

Fig. 17.11. *Tracé d'une courbe moyenne, pour a) le graphe d'une fonction de Weierstrass; b) une courbe de Gosper.*

▶ En effet pour tout $h > 0$,

$$z_1(t+h) - z_1(t) = \frac{1}{2\tau_0} \left(\int_{t+\tau_0}^{t+\tau_0+h} z(s)\,ds - \int_{t-\tau_0}^{t-\tau_0+h} z(s)\,ds \right).$$

Le théorème de la moyenne nous dit que $(1/h)\int_a^{a+h} z(s)\,ds = z(c)$, où $c \in [a, a+h]$. Par continuité de $z(t)$, cette expression tend vers $z(a)$ lorsque h tend vers 0. On en déduit que

$$\lim_{h \to 0} \frac{z_1(t+h) - z_1(t)}{h} = \frac{z(t+\tau_0) - z(t-\tau_0)}{2\tau_0} \;\;:\;$$

telle est la valeur de la dérivée de $z_1(t)$. ◀

Le graphe de z_1 est donc rectifiable, et la transformation

$$(t, z) \longrightarrow (t, z - z_1(t))$$

est une de ces transformations régulières du plan qui ne changent rien à la valeur de la dimension. On en déduit que les graphes de $z(t)$ et de $z(t) - z_1(t)$ ont même dimension. Un simple calcul de la dimension des zéros de $z(t) - z_1(t)$ permet donc, en ajoutant 1, une estimation de la dimension du graphe de $z(t)$.

2. Si Γ est une **courbe paramétrée** quelconque, on peut remplacer les intégrales moyennes ci–dessus par des barycentres. La paramétrisation étant $\gamma(t)$, et la fenêtre τ_0 étant fixée, on appelle $\gamma_1(t)$ le barycentre de l'arc

$$\gamma(t-\tau_0)\frown\gamma(t+\tau_0) \,.$$

Cette fonction γ_1 constitue la paramétrisation d'une courbe moyenne Γ_1, qui est, elle aussi, rectifiable, avec une tangente en tout point. En admettant que l'intersection $\Gamma \cap \Gamma_1$ soit un ensemble de type Cantor, on peut en calculer la dimension directement dans le plan (méthode des boîtes, ou de la saucisse de Minkowski). On peut aussi, auparavant, "dérouler" la courbe Γ_1 sur un axe pour faire de $\Gamma \cap \Gamma_1$ un ensemble de Cantor linéaire: ceci se réalise en calculant la paramétrisation de Γ_1 par longueurs d'arcs, et en appliquant ensuite l'une des méthodes décrites dans le Chap. 3, § 3.

◊ Rappelons néanmoins que ces méthodes d'intersection sont beaucoup moins sûres que les méthodes directes par des saucisses, ou par des pas le long de la courbe.

17.9 Références bibliographiques

Il existe des théorèmes plus généraux, plus complets du point de vue du théoricien, qui relient la dimension d'un ensemble à celle des intersections. Mais il faut alors parler de *dimension de Hausdorff*. La dimension de Hausdorff est un excellent outil pour les mathématiques pures, dont nous ne parlons que dans le Chapitre 20. Elle a surtout un intérêt théorique. Nous préférons donc nous étendre, dans ce chapitre, sur une analyse plus partielle, apparemment plus compliquée peut–être, mais éventuellement plus utile en analyse expérimentale. Citons à ce propos [C. Tricot, C. Roques–Carmes & al.].

18 Dimensions latérales d'une courbe

18.1 Demi–saucisses

Lorsqu'une courbe frontière Γ est rectifiable, deux observateurs, placés de part et d'autre de cettre frontière (mais non exactement dessus), voient en général la même chose: une ligne presque droite — d'autant plus droite qu'ils en sont plus proches. La saucisse de Minkowski

$$\Gamma(\epsilon) = \bigcup_{x \in \Gamma} B_\epsilon(x)$$

est alors, en première approximation, symétrique: les deux aires de chaque côté sont équivalentes.

Que se passe–t–il lorsque la frontière est de longueur infinie? Il se trouve que les deux surfaces, de chaque côté de Γ, dont la réunion forme $\Gamma(\epsilon)$, n'ont pas toujours des aires équivalentes. En ce sens, il existe des courbes symétriques, et d'autre qui ne le sont pas. Il importe donc d'étudier avec soin ce qui se passe de chaque côté. C'est ainsi qu'un "transfert" à travers l'interface Γ, dont la loi dépend de la géométrie fractale, peut avoir des propriétés différentes selon le sens dans lequel on traverse Γ. Remarquons aussi que certaines courbes ne peuvent être approchées que d'un seul côté, comme par exemple les profils de surface rugueuse. C'est donc, réellement, d'une *géométrie latérale* qu'il s'agit.

Lorsque Γ est une courbe simple, mais fermée (c'est alors l'image continue, bijective, d'un cercle), il est facile de définir les deux côtés de la courbe: celle–ci divise en effet le plan en deux régions, l'intérieur Int(Γ) et l'extérieur Ext(Γ), et l'on note ainsi les demi–saucisses:

$$\Gamma^{\text{Int}}(\epsilon) = \Gamma(\epsilon) \cap \text{Int}(\Gamma), \quad \Gamma^{\text{Ext}}(\epsilon) = \Gamma(\epsilon) \cap \text{Ext}(\Gamma).$$

Si Γ n'est pas fermée, on peut joindre ses extrémités par une autre courbe rectifiable Γ_1, de façon que $\tilde{\Gamma} = \Gamma \cup \Gamma_1$ soit une courbe simple fermée: les parties droites et gauche de la saucisse de Minkowski $\Gamma(\epsilon)$ peuvent être définies par

$$\Gamma^{\text{d}}(\epsilon) = \Gamma(\epsilon) \cap \text{Int}(\tilde{\Gamma}), \quad \Gamma^{\text{g}}(\epsilon) = \Gamma(\epsilon) \cap \text{Ext}(\tilde{\Gamma}).$$

Ici, nous utilisons les notions de droite et de gauche sans préjuger des préférences personnelles de l'observateur, ni de la façon dont on a tracé Γ_1. Elles pourraient, par exemple, être déterminées par le sens de la paramétrisation sur Γ. Pour plus

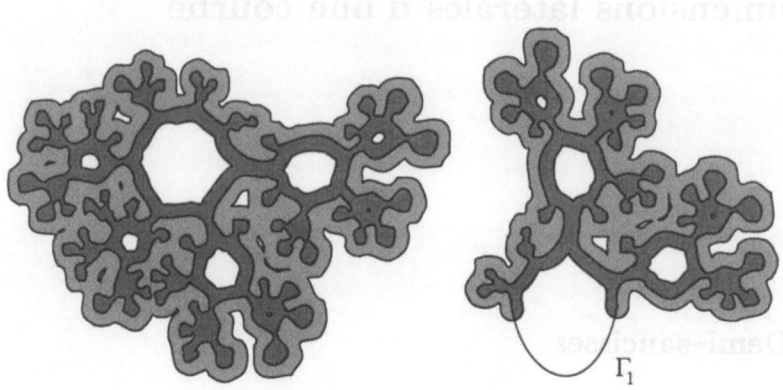

Fig. 18.1. *En a), les deux saucisses, intérieures et extérieures, d'une courbe simple, fermée Γ; en b), Γ n'est pas fermée, mais elle est complétée par Γ_1, de façon à définir les deux saucisses latérales de Γ.*

de simplicité, nous supposerons dans toute la suite de ce chapitre que Γ est une courbe fermée.

On appellera **dimension intérieure** *l'indice*

$$\Delta^{\mathrm{Int}}(\Gamma) = \lim_{\epsilon \to 0}(2 - \frac{\log \mathcal{A}(\Gamma^{\mathrm{Int}}(\epsilon))}{\log \epsilon}) \,,$$

et **dimension extérieure** *l'indice*

$$\Delta^{\mathrm{Ext}}(\Gamma) = \lim_{\epsilon \to 0}(2 - \frac{\log \mathcal{A}(\Gamma^{\mathrm{Ext}}(\epsilon))}{\log \epsilon}) \,.$$

Lorsqu'on a déterminé la droite et la gauche de Γ, on peut parler de même de *dimension à droite et à gauche* de Γ, et en général de *dimensions latérales*.

18.2 Autres expressions des dimensions latérales

Maximum de boules disjointes Comme pour la dimension fractale $\Delta(\Gamma)$ elle-même, on peut utiliser des boules disjointes pour calculer les dimensions latérales. Mais ce ne sont plus des boules centrées sur la courbe: ce sont des boules situées de part et d'autres de Γ. On définit ainsi le nombre $M_\epsilon^{\mathrm{Int}}(\Gamma)$: c'est le plus grand nombre de boules, d'intérieurs disjoints, de diamètre ϵ,

— dont l'intérieur est situé à l'intérieur de Γ;
— qui sont adjacentes à Γ (leur frontière touche Γ).

Ainsi, Γ ne rencontre que la frontière de ces boules. Nous allons montrer qu'alors,

$$\Delta^{\text{Int}}(\Gamma) = \lim_{\epsilon \to 0} \frac{\log M_\epsilon^{\text{Int}}(\Gamma)}{|\log \epsilon|}.$$

La seule difficulté de la démonstration provient du fait que $\text{Int}(\Gamma)$ peut comporter un grand nombre de *passages* étroits, dans lesquelles on ne peut placer aucune boule de diamètre ϵ, mais dont l'aire cependant peut apporter une contribution non négligeable à $\mathcal{A}(\Gamma^{\text{Int}}(\epsilon))$. C'est pourquoi nous devrons entasser à l'intérieur de Γ des boules de toutes tailles, afin d'en évaluer l'aire correctement.

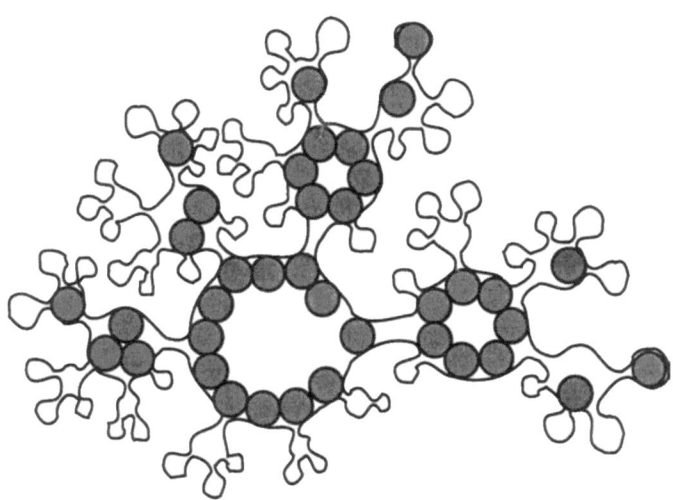

Fig. 18.2. *Boules disjointes, de même rayon, contigues à Γ, et incluses dans l'intérieur de Γ. La courbe peut présenter des "passages" étroits où l'on ne peut mettre aucune boule.*

▶ Toutes les boules choisies sont situées dans la saucisse intérieure $\Gamma^{\text{Int}}(\epsilon)$: on en tire l'inégalité

$$\frac{\pi}{4} \epsilon^2 M_\epsilon^{\text{Int}}(\Gamma) \leq \mathcal{A}(\Gamma^{\text{Int}}(\epsilon)),$$

et donc

$$\lim_{\epsilon \to 0} \frac{\log M_\epsilon^{\text{Int}}(\Gamma)}{|\log \epsilon|} \leq \Delta^{\text{Int}}(\Gamma).$$

Pour obtenir une inégalité dans l'autre sens, formons la famille $\mathcal{F}_n$ des $M_{2^{-n}\epsilon}^{\text{Int}}(\Gamma)$ boules, de diamètre $2^{-n}\epsilon$, d'intérieurs disjoints, contigues à Γ, et considérons la réunion de toutes ces familles, pour tout $n \geq 0$: on obtient ainsi un pavage intérieur de Γ par des boules, aussi précis que l'on veut (en fait, Γ appartient à la fermeture de $\cup_n \mathcal{F}_n$). Pour tout point x de la saucisse $\Gamma^{\mathrm{Int}}(\epsilon)$, non situé sur Γ, appelons $n(x)$, le plus petit des entiers n tels qu'il existe une boule de diamètre $2^{-n}\epsilon$, contenant x, contiguë à Γ, et incluse dans $\Gamma^{\mathrm{Int}}(\epsilon)$: cet entier mesure en quelque sorte la *largeur* de $\Gamma^{\mathrm{Int}}(\epsilon)$ au point x. Si $n(x) = n$, cette boule n'appartient pas nécessairement à $\mathcal{F}_n$. Cependant, par la maximalité du nombre $M^{\mathrm{Int}}_{2^{-n}\epsilon}(\Gamma)$, elle rencontre l'une des boules de $\mathcal{F}_n$: d'où l'on déduit qu'en multipliant le diamètre des boules de $\mathcal{F}_n$ par trois, on recouvre tous les points x tels que $n(x) = n$. En faisant la même opération pour tout n, on recouvre toute la demi-saucisse $\Gamma^{\mathrm{Int}}(\epsilon)$. D'où l'on tire

$$\mathcal{A}(\Gamma^{\mathrm{Int}}(\epsilon)) \leq \frac{9\pi}{4} \sum_{n=0}^{\infty} (\epsilon 2^{-n})^2 M^{\mathrm{Int}}_{2^{-n}\epsilon}(\Gamma).$$

Pour tout réel α, on peut donc écrire

$$\epsilon^{\alpha-2} \mathcal{A}(\Gamma^{\mathrm{Int}}(\epsilon)) \leq \frac{9\pi}{4} \sum_{n=0}^{\infty} 2^{-n(2-\alpha)} (\epsilon 2^{-n})^{\alpha} M^{\mathrm{Int}}_{2^{-n}\epsilon}(\Gamma).$$

Admettons que la limite du rapport $\log M^{\mathrm{Int}}_{\epsilon}(\Gamma)/|\log \epsilon|$ soit plus petite que 2: on peut le faire sans perdre de généralité. On prend n'importe quel α compris entre cette limite et 2. Lorsque ϵ est assez petit,

$$\epsilon^{\alpha} M^{\mathrm{Int}}_{\epsilon}(\Gamma) \leq 1.$$

Cette inégalité est vraie aussi pour $2^{-n}\epsilon$. En reportant cela dans le résultat précédent, on obtient

$$\epsilon^{\alpha-2} \mathcal{A}(\Gamma^{\mathrm{Int}}(\epsilon)) \leq \frac{9\pi}{4} \sum_{n=0}^{\infty} 2^{-n(2-\alpha)}.$$

La somme de droite converge. On en déduit que $\Delta^{\mathrm{Int}}(\Gamma) \leq \alpha$. D'où finalement

$$\Delta^{\mathrm{Int}}(\Gamma) \leq \lim_{\epsilon \to 0} \frac{\log M^{\mathrm{Int}}_{\epsilon}(\Gamma)}{|\log \epsilon|}. \quad \blacktriangleleft$$

◊ On peut bien entendu remplacer la variable continue ϵ par une suite discrète telle que 2^{-k}, en faisant tendre k vers l'infini.

Boîtes adjacentes On peut aussi définir $\Delta^{\mathrm{Int}}(\Gamma)$ avec des boîtes: on trace dans le plan un réseau de droites parallèles, déterminant des carrés de côté ϵ. Appelons $\omega^{\mathrm{Int}}_{\epsilon}(\Gamma)$ le nombre total de ces carrés

— *dont l'intérieur est situé à l'intérieur de Γ;*
— *qui ont au moins un sommet en commun avec une boîte à l'intérieur de laquelle passe la courbe.*

Avec des arguments analogues aux précédents, on obtient

$$\Delta^{\mathrm{Int}}(\Gamma) = \lim_{\epsilon \to 0} \frac{\log \omega_\epsilon^{\mathrm{Int}}(\Gamma)}{|\log \epsilon|} \, .$$

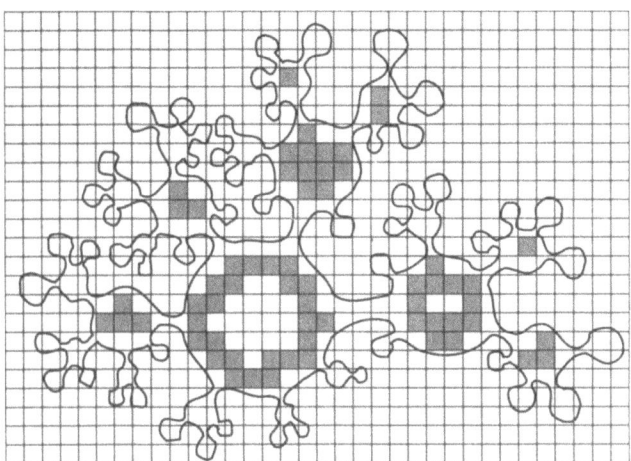

Fig. 18.3. *Boîtes d'un réseau situées à l'intérieur de Γ, et le long de Γ. Cette dernière condition est remplie en spécifiant que chacune de ces boîtes est adjacente à l'une des boîtes qui recouvrent Γ.*

18.3 Valeurs possibles des dimensions latérales

On rappelle que la courbe simple Γ est fermée. Sa dimension latérale vérifie les deux inégalités suivantes:

$$1 \leq \Delta^{\mathrm{Int}}(\Gamma) \leq \Delta(\Gamma) \, .$$

▶ Choisissons un point O à l'intérieur de Γ. Soit $R = \mathrm{dist}(O, \Gamma)$, et $\epsilon < R/2$. Toute demi-droite issue de O, de pente θ, coupe $\Gamma^{\mathrm{Int}}(\epsilon)$ selon un ensemble de points de coordonnées (ρ, θ), où ρ parcourt un ensemble $E(\theta)$ de longueur $\geq 2\epsilon$. On a

$$\mathcal{A}(\Gamma^{\mathrm{Int}}(\epsilon)) = \int_0^{2\pi} \int_{E(\theta)} \rho \, d\rho \, d\theta \, .$$

Comme toutes les valeurs de $E(\theta)$ sont supérieures à $R/2$,
$$\int_{E(\theta)} \rho \, d\rho \geq L(E(\theta)) \frac{R}{2} \geq \epsilon R \, .$$

On en tire: $\mathcal{A}(\Gamma^{\text{Int}}(\epsilon)) \geq 2\pi\epsilon R$. Ceci prouve que
$$\Delta^{\text{Int}}(\Gamma) \geq 1 \, .$$

L'autre inégalité: $\Delta^{\text{Int}}(\Gamma) \leq \Delta(\Gamma)$ provient de l'inclusion $\Gamma^{\text{Int}}(\epsilon) \subset \Gamma(\epsilon)$. ◄

On peut établir un rapport plus précis entre la dimension de Γ et ses dimensions latérales, sous la forme suivante:

$$\boxed{\Delta(\Gamma) = \max\{\Delta^{\text{Int}}(\Gamma), \Delta^{\text{Ext}}(\Gamma)\} \, .}$$

Ainsi,

La dimension d'une courbe est égale au maximum des dimensions latérales.

▶ L'aire de la saucisse de Minkowski de Γ vaut
$$\mathcal{A}(\Gamma(\epsilon)) = \mathcal{A}(\Gamma^{\text{Int}}(\epsilon)) + \mathcal{A}(\Gamma^{\text{Ext}}(\epsilon)) \, .$$

Choisissons un α compris entre $\max\{\Delta^{\text{Int}}(\Gamma), \Delta^{\text{Ext}}(\Gamma)\}$ et 2: on a
$$\epsilon^{\alpha-2} \mathcal{A}(\Gamma^{\text{Int}}(\epsilon)) \longrightarrow 0$$
$$\epsilon^{\alpha-2} \mathcal{A}(\Gamma^{\text{Ext}}(\epsilon)) \longrightarrow 0 \, ,$$

et donc
$$\epsilon^{\alpha-2} \mathcal{A}(\Gamma(\epsilon)) \longrightarrow 0 \, .$$

On en déduit que $\Delta(\Gamma) \leq \alpha$. ◄

◊ Dans de nombreux cas, les dimensions latérales ont même valeur, et sont donc égales toutes deux à la dimension de la courbe: nous pensons en particulier aux courbes ayant une structure de similitude interne. Mais d'autres courbes ont des dimensions latérales distinctes.

18.4 Exemples

Les exemples de cette section ont une caractéristique commune: leur intérieur est fait de *passages*, ou *pics*, de plus en plus étroits au fur et à mesure que l'échelle diminue, de façon à baisser la valeur de la dimension intérieure.

Exemple 1 On se donne deux suites décroissantes (a_n) et (b_n), tendant vers 0, telles que
$$a_{n+1} + b_{n+1} < a_n - b_n \, .$$

On place dans un repère cartésien les points A_n de coordonnées $(a_n + b_n, 0)$, B_n de coordonnées (a_n, a_n), et C_n de coordonnées $(a_n - b_n, 0)$. Appelons Γ la courbe formée de tous les segments $A_n B_n$, $B_n C_n$, $C_n A_{n+1}$, $n \geq 1$, d'extrémités A_1 et O. En réunissant ces deux points par un arc rectifiable situé dans le demi-plan des $x_2 < 0$, la notion d'*intérieur* de la courbe se traduit par la région située au-dessous de Γ; la notion d'*extérieur*, par la région située au-dessus. En faisant tendre très vite (b_n) vers 0, on peut s'arranger pour rendre l'intérieur des pics $A_n B_n C_n$ négligeable: la dimension intérieure de Γ peut ainsi être rendue égale à 1. Dimensionnellement, la courbe, du côté intérieur, ne se distingue pas du segment de base $[0, 1]$. En revanche, on peut faire tendre (a_n) vers 0 assez lentement pour que, approchée par le haut, la courbe paraisse hérissée de pics dont le voisinage occupe une place importante: la dimension extérieure de Γ peut ainsi être rendue égale à 2. Le calcul montre que ces résultats peuvent être obtenus avec $a_n \simeq (\log n)^{-1}$, $b_n \simeq 2^{-n}$.

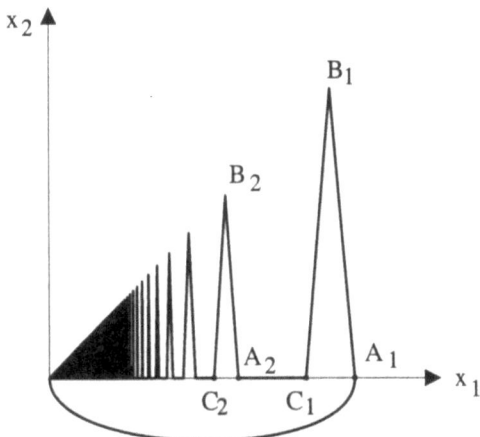

Fig. 18.4. *Courbe qui, vue de l'intérieur, a une dimension égale à 1 (pics très étroits); vue de l'extérieur, sa dimension est égale à 2 (nombreux pics, qui créent une importante occupation de l'espace à toutes les échelles).*

▶ Si $\epsilon \simeq b_n$,
$$\mathcal{A}(\Gamma^{\text{Int}}(\epsilon)) \simeq \epsilon \sum_{i=1}^{n} a_i + \sum_{n+1}^{\infty} a_i b_i ,$$
ce qui donne $\mathcal{A}(\Gamma^{\text{Int}}(\epsilon)) \preceq n\epsilon$, et donc
$$\Delta^{\text{Int}}(\Gamma) = 1 .$$

Si ϵ a le même ordre de grandeur que le segment $A_n C_{n+1}$, soit $\epsilon \simeq a_n - a_{n+1} \simeq 1/n(\log/n)^2$, on obtient

$$\mathcal{A}(\varGamma^{\mathrm{Ext}}(\epsilon)) \succeq \epsilon \sum_{i=1}^{n} a_i \simeq (\log n)^{-3},$$

d'où
$$\Delta^{\mathrm{Ext}}(\varGamma) = 2.$$

C'est aussi la valeur de $\Delta(\varGamma)$. ◀

Exemple 2 Construisons un graphe de fonction à la manière de la fonction de Knopp (Chap. 13, § 1):

$$z(t) = \sum_{i=0}^{\infty} 2^{-n/2} g_n(2^n t), \ t \in [0,1].$$

Au lieu d'être toujours la même fonction, $g_n(t)$ dépend de n: étant donné une suite $b_n = 2^{-2n}$, on définit

$$g_n(t) = \begin{cases} 0 & \text{si } t \in [0, \tfrac{1}{2} - b_n] \\ \tfrac{1}{b_n}(t - \tfrac{1}{2} + b_n) & \text{si } t \in [\tfrac{1}{2} - b_n, \tfrac{1}{2}] \\ \tfrac{1}{b_n}(-t + \tfrac{1}{2} + b_n) & \text{si } t \in [\tfrac{1}{2}, \tfrac{1}{2} + b_n] \\ 0 & \text{si } t \in [\tfrac{1}{2} + b_n, 1]. \end{cases}$$

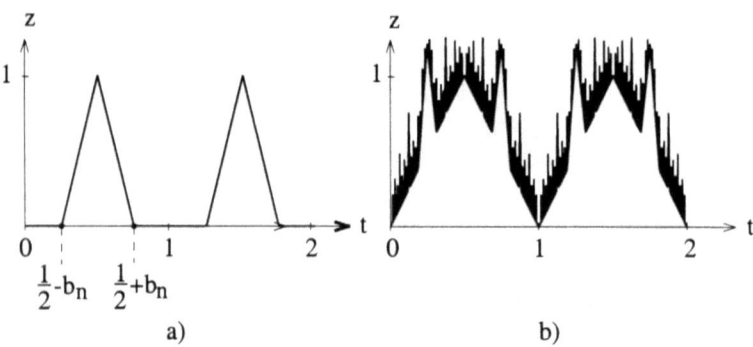

Fig. 18.5. *En* a), *graphe de la fonction périodique* $g_n(t)$; *en* b), *graphe de la fonction*

$$z(t) = \sum_{i=0}^{\infty} 2^{-n/2} g_n(2^n t).$$

Avec des arguments semblables à ceux qui ont servi pour les fonctions de Knopp, on peut voir que $z(t)$ possède en moyenne les mêmes oscillations, et que son graphe $\varGamma$ vérifie donc

$$\Delta(\varGamma) = \frac{3}{2}.$$

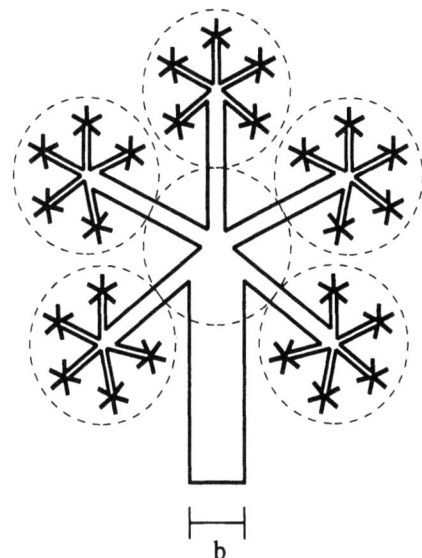

Fig. 18.6. *Cette figure montre comment on peut construire une courbe simple, fermée, de forme arborescente, dont la dimension est strictement plus grande que la dimension intérieure. Pour tout $k \geq 0$, il y a 5^k branches, de longueur $\simeq 3^{-k}$, de largeur b^{-k}, $b > 3$. La dimension vaut $\Delta(\Gamma) = \log 5/\log 3$: elle est indépendante de la valeur de b. La dimension intérieure vaut*

$$\Delta^{\text{Int}}(\Gamma) = 1 + \frac{\log 5/3}{\log b}.$$

Ceci est indépendant de la valeur de b_n. Comme dans l'exemple précédent, appelons *intérieure* la région située au-dessous du graphe de $z(t)$. La suite (b_n) tend vers 0 assez vite pour que la dimension intérieure soit strictement plus petite que $3/2$.

▶ En effet, si $\epsilon \simeq b_n$,

$$\mathcal{A}(\Gamma^{\text{Int}}(\epsilon)) \simeq \epsilon \text{ (longueur des pics jusqu'au rang } n)$$
$$+ \text{ (aire intérieure des pics de } n \text{ à } \infty)$$
$$\simeq \epsilon \sum_{i=0}^{n} 2^i \, 2^{-i/2} + \sum_{i=n}^{\infty} b_i \, 2^i \, 2^{-i/2}$$
$$\simeq 2^{-3n/2}.$$

On en tire
$$\Delta^{\text{Int}}(\Gamma) = \lim(2 - \frac{\log \mathcal{A}(\Gamma^{\text{Int}}(\epsilon))}{\log \epsilon}) = \frac{5}{4}. \quad ◀$$

Exemple 3 Voir la Fig. 18.6.

18.5 L'opération Minkowski inverse

Il existe une façon de tracer une courbe rectifiable à l'intérieur d'une courbe fermée Γ, qui constitue une bonne approximation de Γ. Voici comment l'on procède:

Choisissons un point O à l'intérieur de Γ, et une valeur $\epsilon < \text{dist}(O, \Gamma)$. On considère tout d'abord l'ensemble $\partial(\Gamma^{\text{Int}}(\epsilon))$, la frontière de la demi-saucisse intérieure. Cet ensemble est formé de la courbe Γ elle-même, et d'un certain nombre de courbes fermées, rectifiables, à l'intérieur de Γ. Parmi ces courbes, choisissons celle dont l'intérieur contient O: on la note $\mathbf{C}_\epsilon$. Ensuite, on forme la demi-saucisse extérieure de $\mathbf{C}_\epsilon$: sa frontière, $\partial(\mathbf{C}_\epsilon^{\text{Ext}}(\epsilon))$, est formée de la courbe $\mathbf{C}_\epsilon$, et d'une autre courbe fermée, rectifiable, $\mathbf{G}_\epsilon$. Cette nouvelle courbe possède des points communs avec Γ; les autres points de $\mathbf{G}_\epsilon$ sont à l'intérieur de Γ. C'est notre approximation intérieure de Γ, à la précision ϵ (Fig. 18.7). Ou encore, $\mathbf{G}_\epsilon$ est le résultat de ce que nous appellerons "l'opération Minkowski inverse".

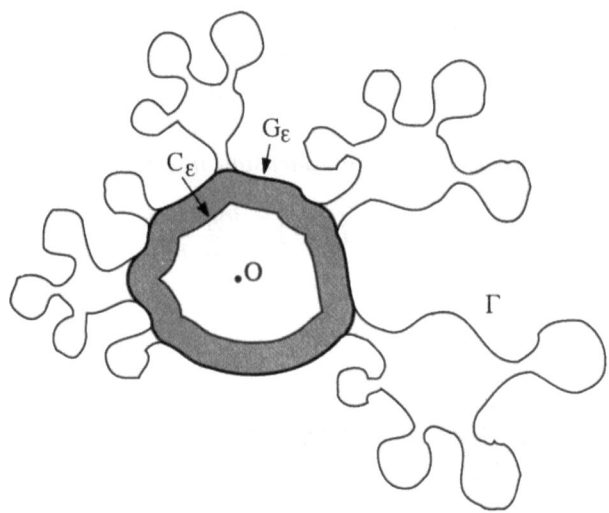

Fig. 18.7. *Soit une courbe fermée Γ et un point O intérieur. La courbe $\mathbf{C}_\epsilon$ est formée de points à distance ϵ de Γ, entourant O. La courbe $\mathbf{G}_\epsilon$ est formée de points à distance ϵ de $\mathbf{C}_\epsilon$, entourant $\mathbf{C}_\epsilon$. C'est une courbe rectifiable, à l'intérieur de Γ, qui a de nombreux points communs avec Γ.*

◊ Le choix initial de O n'a pas de réelle importance, en ce sens que, si O' est un autre point de l'intérieur, et $\mathbf{G}'_\epsilon$ l'approximation de Γ correspondante, alors

$$\mathbf{G}_\epsilon = \mathbf{G}'_\epsilon$$

dès que ϵ est assez petit.

18.5 L'opération Minkowski inverse

◊ Si Γ est elle-même rectifiable, avec en tout point un rayon de courbure intérieur supérieur à ϵ, alors $\mathbf{G}_\epsilon$ est confondue avec Γ.

On peut d'ailleurs décrire $\mathbf{G}_\epsilon$ d'une autre façon, à l'aide d'une comparaison mécanique:

> *Faisons tourner une roue le long de Γ (c'est-à-dire, de façon qu'elle reste toujours en contact avec Γ), à l'intérieur de Γ, autour du point O. La surface balayée par cette roue au cours du mouvement a pour frontière extérieure $\mathbf{G}_\epsilon$.*

Sans vouloir entrer dans le détail, indiquons que la valeur $L(\mathbf{G}_\epsilon)/\epsilon$ est équivalente au nombre maximum de boules disjointes de diamètre ϵ incluses dans Γ, et touchant $\mathbf{G}_\epsilon$. Ce dernier nombre est au plus égal à $M_\epsilon^{\text{Int}}(\Gamma)$ (§ 2). D'où l'on tire l'inégalité suivante:

$$\Delta(\Gamma) \geq \lim_{\epsilon \to 0}\left(1 + \frac{\log L(\mathbf{G}_\epsilon)}{\log \epsilon}\right).$$

Pour certaines courbes il y a égalité, mais celle-ci n'a pas lieu (Fig. 18.9) lorsque l'intérieur de Γ se trouve, à toutes les échelles, divisé en "îlots" reliés par des "passages" de largeur $< \epsilon$, qui diminuent la longueur de $\mathbf{G}_\epsilon$.

◊ Il résulte de cette discussion une notion d'*accessibilité* des points de l'intérieur de Γ, par rapport au point central O:

> *On dira que le point x de $\text{Int}(\Gamma)$ est ϵ-accessible s'il existe un arc Γ^* tel que O et x appartiennent à la saucisse $\Gamma^*(\epsilon)$, et $\Gamma^*(\epsilon) \subset \text{Int}(\Gamma)$.*

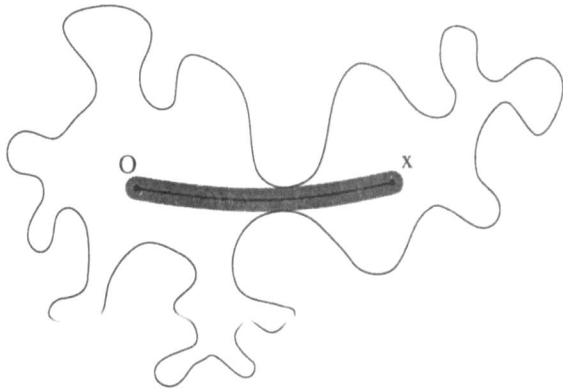

Fig. 18.8. *Le point x est ϵ-accessible, à partir de O, à l'intérieur de Γ.*

L'exemple suivant décrit une courbe dont l'ensemble des points accessibles est négligeable à toutes les échelles. La dimension fractale d'une telle courbe n'est alors pas égale à la limite de $1 + \log L(\mathbf{G}_\epsilon)/\log \epsilon$.

Exemple a) On définit tout d'abord un ensemble E_0 avec similitude interne, à l'aide des cinq similitudes suivantes (Chap. 14, § 1):

$$F_i(x) = \mathcal{R}_{\theta_i}\left(\frac{1}{3}x + \begin{pmatrix} 2/3 \\ 0 \end{pmatrix}\right), \; i = 1, 2, 3, 4,$$

où les angles de rotation θ_i ont les valeurs suivantes:

$$\theta_1 = \frac{-\pi}{6}, \; \theta_2 = \frac{\pi}{6}, \; \theta_3 = \frac{\pi}{2}, \; \theta_4 = \frac{5\pi}{6}, \; \theta_5 = \frac{7\pi}{6}.$$

Cet ensemble E_0, qui vérifie l'égalité $E_0 = \cup F_i(E_0)$, est nulle part dense dans le plan.

b) On trace ensuite, le disque **D** de centre O, de rayon $1/3$ (rang 1). Par les similitudes F_i, ce disque est transformé en 5 disques (rang 2) de rayon 3^{-2}, lesquels sont à leur tour transformés en 25 disques au total (rang 3) de rayon 3^{-3}, et ainsi de suite.

c) Pour former une courbe, on rejoint tous ces disques, ou "îlots", par des "passages"(qui sont ici des rectangles pleins): **D** est relié aux cinq disques de rang 2 par 5 passages de longueur $\simeq 1/3$, de largeur b^{-2}, où b est un paramètre $>$ 3. De même, chaque disque de rang k est relié à ses cinq images de rang $k+1$ par cinq passages de longueur $\simeq 3^{-k}$, de largeur b^{-k-1}.

d) Faisons la réunion de tous les ensembles obtenus: l'ensemble E_0, les disques et les rectangles de tous rangs. On obtient un ensemble fermé. La frontière de cet ensemble fermé est une courbe simple Γ (Fig. 18.9). Nous obtenons pour la dimension

$$\Delta(\Gamma) = \frac{\log 5}{\log 3},$$

comme dans l'exemple de la Fig 18.6. Mais ici, la dimension intérieure est aussi égale à $\log 5/\log 3$, à cause de la largeur des îlots. Nous allons vérifier que la limite de $1 + \log L(\mathbf{G}_\epsilon)/\log \epsilon$ est strictement inférieure à cette valeur: ceci est dû au fait que les passages deviennent de plus en plus étroits au fur et à mesure que l'échelle d'observation diminue, ce qui retarde l'expansion de la courbe $\mathbf{G}_\epsilon$ lorsque ϵ tend vers 0.

Prenons $\epsilon = b^{-k}$. La courbe $\mathbf{G}_\epsilon$ a une longueur équivalente à la somme des périmètres d'îlots et de passages jusqu'au rang k, soit

$$L(\mathbf{G}_\epsilon) \simeq \sum_{i=0}^{k} 5\, 3^{-i} \simeq (5/3)^k.$$

On en déduit que

$$1 + \frac{\log L(\mathbf{G}_\epsilon)}{|\log \epsilon|} \simeq 1 + \frac{\log 5/3}{\log b}.$$

Ceci est strictement inférieur à $\log 5/\log 3$ si b est supérieur à 3.

Fig. 18.9. *Une courbe dont l'intérieur est en majeure partie formé de points inaccessibles à partir du centre, à toutes les échelles.*

18.6 Références bibliographiques

L'idée de construire une approximation intérieure à une courbe Γ, en faisant tourner une roue le long de Γ, remonte au moins à [J. Perkal] (1952), dans une étude cartographique: comme on le voit, les géographes ont fourni un apport non négligeable à la géométrie des courbes irrégulières. Le tracé des côtes peut inspirer bien des idées originales.

On trouvera quelques éléments de ce chapitre dans [C. Tricot8], avec la relation entre la géométrie latérale d'une courbe et celle des surfaces poreuses ("fat fractals").

19 Dimension locale, dimension d'empilement

19.1 Structures locales de quelques courbes

Passons en revue un certain nombre de courbes dont la dimension est strictement supérieure à 1.

1. On trouve dans le Chap. 10 des courbes localement rectifiables, qui occupent beaucoup d'espace (au sens de l'aire de la saucisse de Minkowski) autour d'un point d'accumulation donné: ainsi, la spirale

$$\begin{cases} \rho(t) = t^\alpha \\ \theta(t) = \dfrac{2\pi}{t} \end{cases} \quad 0 < t \leq 1 \; ,$$

où $0 < \alpha < 1$, à laquelle on peut adjoindre l'origine O, correspondant à $t = 0$, a pour dimension

$$\Delta(\Gamma) = \frac{2}{\alpha + 1} \; .$$

Cependant, tout arc Γ^* de Γ, ne contenant pas l'origine, est de longueur finie, et de dimension 1. Cette courbe est donc "non homogène", du point de vue de la dimension. Même remarque pour la suivante:

2. Le graphe de la fonction

$$z(t) = \begin{cases} t^\alpha \cos t^{-\beta} & \text{si } 0 < t \leq 1; \\ 0 & \text{si } t = 0, \end{cases}$$

où $0 < \alpha < \beta$, a pour dimension

$$\Delta(\Gamma) = 2 - \frac{\alpha + 1}{\beta + 1} \; .$$

Comme la précédente, tout arc Γ^* de Γ qui n'a pas pour extrémité O, est de dimension 1.

3. En revanche, les courbes dites "fractales" au sens mathématique, restreint, du terme (Chap. 11, § 1), pouvant s'écrire

$$\Gamma = \cup F_i(\Gamma) \; ,$$

où les $F_i(\Gamma)$ sont des copies de Γ par des contractions F_i, telles que similitudes, affinités ou autres, sont essentiellement homogènes du point de vue de la dimension: tout sous-arc a la même dimension que la courbe toute entière.

4. Il en est de même des graphes des fonctions de Weierstrass ou Weierstrass-Mandelbrot (Chap. 13, § 7 et § 11): la dimension d'une telle courbe est en effet indépendante de l'intervalle sur lequel la fonction est définie.

5. On peut en dire autant de tous les exemples particuliers de courbes expansives donnés dans les Chap. 15 et 16. L'homogénéité dimensionnelle est, au fond, le résultat naturel d'une construction de type géométrique, procédant par itérations. Mais il est facile de construire des courbes non homogènes: par exemple, en mettant bout à bout deux courbes de dimensions différentes. Nous avons également remarqué que les courbes expérimentales étaient souvent non homogènes (Chap. 16, § 1): c'est pour de telles courbes qu'ont été créés les algorithmes de dimension à pas variables.

A la lumière de ces exemples, on peut traduire ainsi la notion d'"homogénéité dimensionnelle":

Une courbe Γ est **homogène du point de vue de la dimension** *si, pour tout sous-arc (non réduit à un point) Γ^* de Γ,*

$$\Delta(\Gamma^*) = \Delta(\Gamma) \,.$$

Un sous-arc d'une courbe simple Γ, non réduit à un point, contient toujours un ensemble de la forme $\Gamma \cap B_\epsilon(x)$, où x est un point de la courbe, et $B_\epsilon(x)$ une boule, de centre x, de rayon ϵ. On peut donc généraliser la définition précédente à des ensembles bornés quelconques:

Un ensemble E est **homogène du point de vue de la dimension** *si, pour tout point x de E, et pour tout $\epsilon > 0$,*

$$\Delta(E \cap B_\epsilon(x)) = \Delta(E) \,.$$

19.2 Dimension locale

Etant donné un point x, dans un ensemble quelconque E, on remarque que la fonction
$$f(\epsilon) = \Delta(E \cap B_\epsilon(x))$$
de la variable ϵ, est une fonction croissante: lorsque ϵ décroît vers 0, $f(\epsilon)$ décroît vers une valeur limite, qui est la **dimension locale de E au point** x: elle se note

$$\boxed{\Delta(E, x) = \lim_{\epsilon \to 0} \Delta(E \cap B_\epsilon(x)) \,.}$$

19.2 Dimension locale

Pour certains ensembles E, la dimension locale peut être indépendante de ϵ, et aussi du point x: c'est le cas lorsque $\Delta(E \cap B_\epsilon(x))$ est toujours égale à $\Delta(E)$.

Un ensemble compact E est homogène du point de vue de la dimension, si et seulement si la dimension locale vaut $\Delta(E)$ en tout point de E.

Point de dimension maximale Si E est un ensemble compact, qui n'est pas homogène du point de vue de la dimension, il existe cependant dans E un point x_0 dont la dimension locale vaut $\Delta(E)$.

▶ Ceci résulte de la propriété de stabilité de Δ (Chap. 7, § 3):
$$\Delta(E_1 \cup E_2) = \max\{\Delta(E_1), \Delta(E_2)\}.$$
En effet, recouvrons le plan par un réseau de boîtes (fermées) de côté 1. L'ensemble E est recouvert par un nombre fini d'entre elles. Par la stabilité, l'une d'elles, notée C_1, est telle que
$$\Delta(E \cap C_1) = \Delta(E).$$
Recouvrons $E \cap C_1$ par des boîtes de côté $1/2$: l'une d'elles, notée C_2, est telle que
$$\Delta(E \cap C_1 \cap C_2) = \Delta(E \cap C_1) = \Delta(E).$$
Et ainsi de suite: on construit une suite infinie de boîtes (C_n), telle que
$$\Delta(E \cap (\cap_{i=1}^n C_i)) = \Delta(E).$$
La suite $(E \cap (\cap_{i=1}^n C_i))$ est une suite de fermés emboîtés, dont l'intersection contient un point unique x_0 de E. Pour tout $\epsilon > 0$, il existe un entier n tel que $\cap_{i=1}^n C_i \subset B_\epsilon(x_0)$: on en déduit que
$$\Delta(E \cap B_\epsilon(x_0)) = \Delta(E). \quad ◀$$

Exemple On peut aisément construire des courbes dont la dimension locale varie selon le point considéré. Par exemple, on peut transformer la série de Weierstrass (Chap. 13, § 3) de la façon suivante:
$$z(t) = \begin{cases} t^\alpha \sum_{i=0}^\infty \omega^{-nt} \cos(\omega^n t) & \text{si } 0 < t \le 1; \\ 0 & \text{si } t = 0, \end{cases}$$
où $\alpha > 1$ et $\omega > 1$. Le facteur t^α est uniquement destiné à assurer que $z(t)$ est définie et continue en 0.

▶ En effet, la somme de la série $\sum \omega^{-nt}$ est équivalente à $1/(t \log \omega)$ au voisinage de 0: donc $\lim_{t \to 0} z(t) = 0$ lorsque $\alpha > 1$. ◀

L'amplitude du n-ième terme de la série est ω^{-nt}. Par comparaison avec le ω^{-nH} de la série de Weierstrass, on peut prévoir que, localement, l'exposant de Hölder sera égal à t; et donc que la dimension locale au point $x = (t, z(t))$ du graphe vaut
$$\boxed{\Delta(\Gamma, x) = 2 - t.}$$

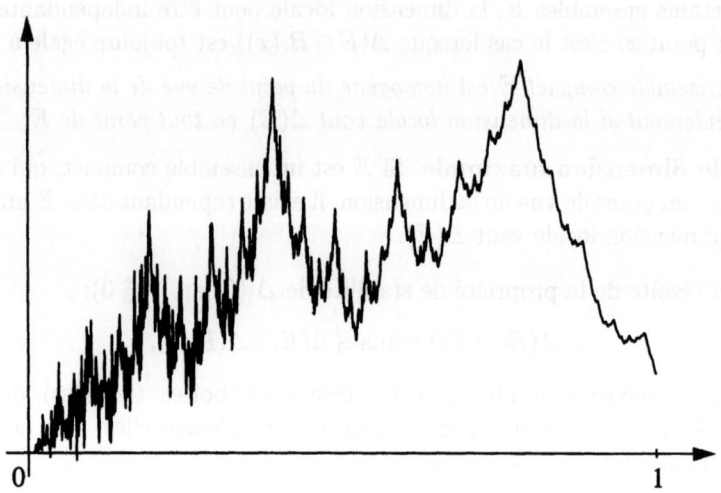

Fig. 19.1. *Graphe de la fonction $t^{3/2} \sum_{i=0}^{\infty} 2^{-nt} \cos(2^n t)$, sur l'intervalle $[0,1]$. La dimension locale au point d'abcisse t vaut $2 - t$: elle varie continuement le long de la courbe, entre les valeurs 2 et 1.*

▶ a) Posons tout d'abord

$$u(t) = \sum_{i=0}^{\infty} \omega^{-nt} \cos(\omega^n t) \; :$$

c'est une fonction définie, et continue, sur $]0, 1]$. Appelons $\mathbf{G}(a, b)$ le graphe de $u(t)$ lorsque t appartient à l'intervalle $[a, b]$, $0 < a < b \leq 1$. Nous allons montrer que

$$\Delta(\mathbf{G}([a, 1])) = 2 - a \; .$$

La preuve utilise des arguments très semblables à ceux du Chap. 13, § 3.

a1) On pose $u_n(t) = \sum_{i=0}^{n} \omega^{-it} \cos(\omega^i t)$, et on calcule sa dérivée. On montre que

$$|u'_n(t)| = |\sum_{i=0}^{n} \omega^{-it} \left(-i \log \omega \cos(\omega^i t) - \omega^i \sin(\omega^i t)\right)| \preceq \omega^{n(1-a)} \; .$$

Donc, si $\tau = \omega^{-n}$, on obtient $\mathrm{osc}_\tau(t)(u_n) \preceq \tau^a$. D'autre part,

$$\mathrm{osc}_\tau(t)(u - u_n) \leq \sum_{i=n+1}^{\infty} \omega^{-it} \preceq \tau^a \; .$$

On en tire $\mathrm{osc}_\tau(t)(u) \preceq \tau^a$, pour tout $t \in [a, 1]$, et donc

$$\Delta(\mathbf{G}([a, 1])) \leq 2 - a \; .$$

a2) On prend un réel b quelconque dans $]a, 1[$, et on montre que la variation de $u(t)$ sur $[a, b]$ vérifie l'inégalité

$$|\text{Var}_\tau| \geq \left| \int_a^b \text{osc}_\tau(t)(u)\, dt \right| \succeq \tau^b\ .$$

On en tire
$$\Delta(\mathbf{G}([a,1])) \leq \Delta(\mathbf{G}([a,b])) \leq 2 - b\ .$$

On fait ensuite tendre b vers a. D'où finalement l'égalité
$$\Delta(\mathbf{G}([a,1])) = 2 - a\ .$$

b) Considérons maintenant la fonction $z(t) = t^\alpha u(t)$.

b1) Appelons $\Gamma(a,b)$ le graphe de $z(t)$ lorsque t appartient à l'intervalle $[a,b]$. Si $a > 0$, la transformation qui change $\mathbf{G}([a,b])$ en $\Gamma([a,b])$ est un difféomorphisme du plan (multiplication des ordonnées par t^α) qui ne change rien à la dimension: donc
$$\Delta(\Gamma([a,b])) = 2 - a\ .$$

On en déduit que, lorsque $0 < t - \epsilon < t \leq 1$,
$$\Delta(\Gamma([t-\epsilon, t+\epsilon])) = 2 - t + \epsilon\ .$$

En faisant tendre ϵ vers 0, on obtient la dimension locale en tout point $t \in]0,1]$:
$$\Delta(\Gamma, z(t)) = 2 - t\ .$$

b2) Enfin, $\Delta(\Gamma([0, 2\epsilon])) \geq \Delta(\Gamma([\epsilon, 2\epsilon])) = 2 - \epsilon$. En faisant tendre ϵ vers 0, on en déduit que $\Delta(\Gamma, 0) \geq 2$. Donc
$$\Delta(\Gamma, 0) = 2\ .$$

En chaque $t \in]0,1]$, l'exposant de Hölder local est le même pour les fonctions $u(t)$ et $z(t)$: sa valeur est égale à t. La Fig. 19.1 montre bien que la complexité du graphe de $z(t)$ augmente lorsque t va de 1 à 0. ◄

19.3 Dimension d'empilement

Nous introduisons maintenant un nouveau concept de dimension, la dimension d'empilement, qui permet une analyse plus fine d'un ensemble. En particulier, elle attribue la dimension 1 aux courbes localement rectifiables, et la dimension 0 aux ensembles composés d'un nombre fini ou dénombrable de points, ce qui n'est en général pas le cas de $\Delta(E)$. Cependant, elle est directement issue de la dimension due à Bouligand, par sa définition:

> *Soit un ensemble E; décomposons-le en une réunion finie ou dénombrable d'ensembles bornés E_n, et calculons* sup $\Delta(E_n)$. *La plus petite valeur que l'on puisse ainsi obtenir, sur toutes les décompositions possibles, est la* **dimension d'empilement** $\hat{\Delta}(E)$.

Dans un langage plus symbolique:

$$\hat{\Delta}(E) = \inf\{\sup \Delta(E_n), \text{ où les } E_n \text{ sont bornés, et } E \subset \cup E_n\}.$$

Cette nouvelle dimension permet, au fond, de "régulariser" la dimension de Bouligand. On appelle souvent $\hat{\Delta}$ la **dimension d'empilement**, car elle est associée à des mesures particulières dites "mesures d'empilement", par opposition aux "mesures de recouvrement" associées à la dimension de Hausdorff. Nous n'abordons pas dans cet ouvrage l'étude de ces mesures. Voici quelques propriétés de $\hat{\Delta}$:

1. $\hat{\Delta}$ est **monotone**: *si E_1 est inclus dans E_2, alors*

$$\hat{\Delta}(E_1) \leq \hat{\Delta}(E_2).$$

2. $\hat{\Delta}$ est σ-**stable**: *si (E_n) est une suite, finie ou infinie, d'ensembles bornés,*

$$\hat{\Delta}(\cup_n E_n) = \sup_n \hat{\Delta}(E_n).$$

3. *Pour tout ensemble borné E,*

$$\hat{\Delta}(E) \leq \Delta(E).$$

4. $\hat{\Delta}$ est **invariante** *par toutes les transformations T du plan dans lui-même, telles que, pour tout x, le rapport*

$$\frac{\log \text{dist}(T(y), T(z))}{\log \text{dist}(y,z)}$$

tend vers 1 lorsque y et z tendent tous deux vers x, $y \neq z$. Pour de telles transformations,

$$\hat{\Delta}(T(E)) = \hat{\Delta}(E).$$

5. *Si Γ est une courbe simple:*

$$\hat{\Delta}(\Gamma) \geq 1.$$

▶ **1.** et **4.** résultent des propriétés correspondantes de Δ (Chap. 10, § 3), et **3.** résulte directement de la définition, avec $E_n = E$.

2. Soit $E = \cup E_n$. Pour tout ϵ, et pour tout n, on peut trouver une suite $(E_{n,k})$ telle que $E_n \subset \cup_k E_{n,k}$, et

$$\sup_k \Delta(E_{n,k}) \leq \hat{\Delta}(E_n) + \epsilon.$$

On a donc $E \subset \cup_{n,k} E_{n,k}$, et

$$\sup_{n,k} E_{n,k} \leq \sup_n \hat{\Delta}(E_n) + \epsilon.$$

En faisant tendre ϵ vers 0, ceci prouve l'inégalité

$$\hat{\Delta}(E) \leq \sup_n \hat{\Delta}(E_n) \ .$$

L'inégalité inverse provient de la propriété **1**.

5. Une courbe est un ensemble compact. Si $\Gamma \subset \cup E_n$, l'un des ensembles E_n a la propriété suivante: il est *quelque part dense* dans Γ, c'est-à-dire que sa fermeture $\overline{E}_n$ contient un sous-arc de Γ (ceci résulte d'un théorème de Baire auquel on fera de nouveau appel en § 4). On en tire:

$$\Delta(E_n) = \Delta(\overline{E}_n) \geq 1 \ .$$

Donc $\sup_n \Delta(E_n) \geq 1$. ◀

◊ La dimension $\hat{\Delta}$ est aussi définie pour les ensembles non bornés: dans la définition, on spécifie seulement que les ensembles E_n sont bornés, afin de pouvoir mesurer leur dimension Δ.

◊ La propriété la plus caractéristique de $\hat{\Delta}$ est la σ-stabilité. La dimension Δ, elle, est stable, mais non σ-stable. En revanche, Δ possède la propriété $\Delta(\overline{E}) = \Delta(E)$, qui fait qu'on ne peut pas associer cette dimension aux propriétés topologiques d'un ensemble.

19.4 Valeurs prises par la dimension d'empilement

• Si E est un ensemble comportant un nombre fini, ou au plus dénombrable, de points, alors $\hat{\Delta}(E) = 0$.

▶ Car E est recouvert par une réunion finie ou dénombrable d'ensembles réduits à un point, de dimension Δ nulle. ◀

• Pour toute courbe de longueur finie,

$$\hat{\Delta}(\Gamma) = \Delta(\Gamma) = 1 \ .$$

• La spirale

$$\begin{cases} \rho(t) = t \\ \theta(t) = \dfrac{2\pi}{t} \end{cases} \quad 0 < t \leq 1 \ ,$$

à laquelle on adjoint l'origine O, a pour dimension d'empilement 1.

▶ Car on peut la décomposer en $\cup E_n$, où $E_0 = \{0\}$, et les E_n sont des arcs de longueur finie, pour tout $n \geq 1$. Comme $\Delta(E_0) = 0$, et $\Delta(E_n) = 1$, on obtient $\hat{\Delta}(\Gamma) \leq 1$. ◀

• Plus généralement, tout ensemble E qui peut se décomposer ainsi:

$$E = E_0 \cup (\cup_{n \geq 1} E_n) \ ,$$

où E_n, $n \geq 1$, est un arc de longueur finie (éventuellement réduit à un point), et où E_0 est un ensemble de dimension $\Delta(E_0) \leq 1$, a une dimension d'empilement égale à 1.

- Pour une large classe d'ensembles, Δ et $\hat{\Delta}$ coïncident:

Si E est un ensemble compact, homogène du point de vue de la dimension Δ,
$$\Delta(E) = \hat{\Delta}(E) .$$

Ce résultat se déduit à première vue du suivant:

THÉORÈME *Si E est un ensemble fermé,*
$$\inf_{x \in E} \Delta(E, x) \leq \hat{\Delta}(E) \leq \sup_{x \in E} \Delta(E, x) .$$

▶ a) On démontre l'inégalité de gauche. On suppose que $\inf_{x \in E} \Delta(E, x) > 0$, et on prend un réel α, $0 < \alpha < \inf_{x \in E} \Delta(E, x)$. On va montrer que
$$\alpha \leq \hat{\Delta}(E) .$$

On peut admettre, sans perdre de généralité, que E est borné. On utilise le théorème suivant dû à Baire:

Soit un ensemble compact E. Appelons **portion** *de E tout sous-ensemble qui contient un ensemble de la forme $E \cap B_\epsilon(x)$, où $\epsilon > 0$ et $x \in E$. Soit (E_n) un recouvrement, fini ou dénombrable, de E par des ensembles fermés. Alors l'un des E_n contient une portion de E.*

C'est une propriété caractéristique des ensembles compacts. On l'énonce de façon équivalente en disant: *un ensemble compact E ne peut être recouvert par une réunion, finie ou dénombrable, d'ensembles nulle part denses dans E.* Par exemple, un intervalle sur la droite ne peut être recouvert par une suite de fermés nulle part denses, du type Cantor, même de longueur non nulle.

Donc supposons que le compact E est inclus dans $\cup E_n$, où les E_n sont bornés. Comme les $\overline{E}_n$ sont compacts, il existe un entier n_0 tel que $\overline{E}_{n_0}$ contient une portion de E. Donc un point x de E et un $\epsilon > 0$ tels que
$$E \cap B_\epsilon(x) \subset \overline{E}_{n_0} .$$

On en tire:
$$\alpha \leq \Delta(E, x_0) \leq \Delta(E \cap B_\epsilon(x_0)) \leq \Delta(\overline{E}_{n_0}) = \Delta(E_{n_0}) .$$

Donc $\alpha \leq \sup \Delta(E_n)$. Comme cette inégalité est vraie pour tout recouvrement (E_n), on obtient $\alpha \leq \hat{\Delta}(E)$.

b) On démontre l'inégalité de droite. Lorsque E est un ensemble borné, nous savons que le membre de droite vaut $\Delta(E)$ (§ 2). L'inégalité se réduit alors à $\hat{\Delta}(E) \leq \Delta(E)$. Donc supposons E non borné.

On prend un réel $\beta > \sup_{x \in E} \Delta(E, x)$, et on montre que

19.4 Valeurs prises par la dimension d'empilement

$$\beta \geq \hat{\Delta}(E) .$$

Soit un recouvrement (E_n) de E par des ensembles bornés. Pour tout $\epsilon > 0$, il existe un E_{n_0} tel que $\Delta(E_{n_0}) \geq \sup \Delta(E_n) - \epsilon$. Nous savons (§ 2) qu'il existe un $x_0 \in \overline{E}_{n_0}$ tel que

$$\Delta(\overline{E}_{n_0}, x_0) = \Delta(\overline{E}_{n_0}) = \Delta(E_{n_0}) .$$

De plus,
$$\Delta(\overline{E}_{n_0}, x_0) \leq \Delta(E, x_0) .$$

De ces inégalités, on tire:

$$\sup_n \Delta(E_n) \leq \Delta(E_{n_0}) + \epsilon \leq \Delta(E, x_0) + \epsilon \leq \beta + \epsilon .$$

En faisant tendre ϵ vers 0, on obtient l'inégalité voulue. ◀

• Si un ensemble E n'est pas homogène du point de vue de la dimension Δ, on peut parfois trouver une relation directe entre $\hat{\Delta}(E)$ et la dimension locale. Par exemple:

Supposons que $\Delta(E, x)$ est une fonction continue de x. Alors

$$\hat{\Delta}(E) = \sup_{x \in E} \Delta(E, x) .$$

▶ Appelons α le membre de droite. L'inégalité $\hat{\Delta}(E) \leq \alpha$ est toujours vraie. Dans l'autre sens: on peut supposer $\alpha > 0$, car sinon, on aurait $\hat{\Delta}(E) = 0$. Soit $\epsilon > 0$. Il existe un point x_0 de E tel que

$$\Delta(E, x_0) \geq \alpha - \epsilon .$$

Un tel point n'est pas isolé dans E, autrement $\Delta(E, x_0)$ serait nul. Comme la fonction $\Delta(E, x)$, de la variable x, est continue en x_0, on peut trouver un réel η tel que

$$x \in E, \text{ et } \mathrm{dist}(x, x_0) \leq \eta \implies \Delta(E, x) \geq \Delta(E, x_0) - \epsilon .$$

On en déduit, par le théorème précédent:

$$\hat{\Delta}(E \cap B_\eta(x_0)) \geq \Delta(E, x_0) - \epsilon .$$

Donc $\hat{\Delta}(E) \geq \alpha - 2\epsilon$. On fait ensuite tendre ϵ vers 0. ◀

• Ce dernier résultat peut s'appliquer à la courbe Γ de la Fig. 19.1, où $\Delta(\Gamma, z(t)) = 2 - t$ est une fonction continue. Si l'on définit une "dimension d'empilement locale" par

$$\hat{\Delta}(E, x) = \lim_{\epsilon \to 0} \hat{\Delta}(E \cap B_\epsilon(x)) ,$$

on obtient pour cette courbe particulière

$$\Delta(\Gamma, (t, z(t))) = \hat{\Delta}(\Gamma, (t, z(t))) = 2 - t .$$

19.5 La σ–stabilisation

Cette opération qui consiste à changer Δ en $\hat{\Delta}$ est en fait très générale: elle peut s'appliquer à toute fonction d'ensembles bornés $\alpha(E)$, en posant

$$\hat{\alpha}(E) = \inf\{\sup \alpha(E_n), \text{ où les } E_n \text{ sont bornés, et } E \subset \cup E_n\}.$$

Elle possède les propriétés suivantes:

1. $\hat{\alpha}$ est **monotone**:
$$E_1 \subset E_2 \Longrightarrow \hat{\alpha}(E_1) \leq \hat{\alpha}(E_2).$$

2. $\hat{\alpha}$ est σ–stable:
$$\hat{\alpha}(\cup E_n) = \sup_n \hat{\alpha}(E_n).$$

3. Pour tout E,
$$\hat{\alpha}(E) \leq \alpha(E).$$

4. Si α est **invariante** par une transformation T, il en est de même de $\hat{\alpha}$:
$$\hat{\alpha}(T(E)) = \hat{\alpha}(E).$$

▶ 1. Si $E_1 \subset E_2$, tout recouvrement de E_2 est un recouvrement de E_1. Donc pour tout recouvrement (F_n) de E_2, $\hat{\alpha}(E_1) \leq \sup \alpha(F_n)$.
 2. Si $E = \cup E_n$, $\hat{\alpha}(E_n) \leq \hat{\alpha}(E)$ par monotonicité, donc $\sup_n \hat{\alpha}(E_n) \leq \hat{\alpha}(E)$. Dans l'autre sens: $\epsilon > 0$ étant donné, il existe pour tout n un recouvrement $(E_{n,k})$ de E_n tel que
$$\sup_k \alpha(E_{n,k}) \leq \hat{\alpha}(E_n) + \epsilon.$$

La famille $(E_{n,k})$ recouvre E, et
$$\hat{\alpha}(E) \leq \sup_{n,k} \alpha(E_{n,k}) = \sup_n(\sup_k \alpha(E_{n,k})) \leq \sup_n \hat{\alpha}(E_n) + \epsilon.$$

On fait ensuite tendre ϵ vers 0.
 3. et 4. sont immédiats. ◀

Exemple 1 La fonction
$$\alpha(E) = \begin{cases} 0 & \text{si } E \text{ est un ensemble fini;} \\ 1 & \text{sinon,} \end{cases}$$
est stable, mais non σ–stable; elle se σ–stabilise comme suit:
$$\hat{\alpha}(E) = \begin{cases} 0 & \text{si } E \text{ est un ensemble fini ou dénombrable;} \\ 1 & \text{s'il est plus que dénombrable.} \end{cases}$$

Exemple 2 Les fonctions $\Delta(E)$ et $\delta(E)$ donnent toutes deux des indices σ-stables $\hat{\Delta}(E)$ et $\hat{\delta}(E)$, qui vérifient les inégalités suivantes:

$$\hat{\delta}(E) \leq \hat{\Delta}(E) \leq \Delta(E)$$

$$\hat{\delta}(E) \leq \delta(E) \leq \Delta(E) \ .$$

On remarque que $\hat{\delta}$ est σ-stable, même si δ n'est pas stable (Chap. 2, § 9 et Chap. 10, § 4). Cet indice $\hat{\delta}$ possède beaucoup de propriétés en commun avec la dimension de Hausdorff; cependant ils ne sont pas identiques.

Localisation de α Lorsque $\alpha(E)$ est une fonction d'ensembles monotone, on peut toujours définir un α local, en tout point de E: on pose

$$\alpha(E, x) = \lim_{\epsilon \to 0} \alpha(E \cap B_\epsilon(x)) \ .$$

Cet indice α sera dit *uniforme* sur le compact E si $\alpha(E, x)$ garde une valeur constante pour tout point de E. Appelons $\alpha_{\text{loc}}(E)$ cette valeur. Elle n'est pas toujours égale à $\alpha(E)$: par exemple, dans l'exemple de la Fig. 2.2, $\delta(E) = 1/2$, tandis que $\delta_{\text{loc}}(E) = \hat{\delta}(E) = 1/3$. D'une façon générale, α_{loc} et $\hat{\alpha}$ sont liés par le théorème suivant:

Si E est un ensemble fermé sur lequel α est uniforme,

$$\alpha_{\text{loc}}(E) = \hat{\alpha}(E) \ .$$

L'indice $\hat{\alpha}$ peut donc s'interpréter comme une "régularisation" de l'indice α.

19.6 Références bibliographiques

On trouvera le théorème de Baire sur les ensembles compacts dans tous les bons manuels; c'est l'un des résultats les plus intéressants de la Topologie.

Il est difficile de trouver une première référence claire sur la notion de dimension locale. Elle apparaît souvent de façon implicite. On en trouvera une dans [C. Tricot], ainsi que la recherche du point de dimension maximale.

La première approche de la dimension d'empilement, et généralement de l'indice régularisé $\hat{\alpha}$, se trouve dans [C. Tricot 1] (1979). Cette régularisation permet de corriger ce qui peut paraître des "anomalies" de la dimension de Bouligand. Du même coup, on pénètre dans la famille des indices définis de façon non constructive, et donc, d'utilité pratique nulle. A cette famille appartient également la dimension de Hausdorff. Les dimensions de Hausdorff, d'empilement, et la dimension $\hat{\delta}$, donnent lieu à d'intéressants parallèles (Chapitre 20) [C. Tricot 3].

20 Analyse ponctuelle des mesures

20.1 Mesures singulières

Nous abordons dans ce chapitre des techniques d'analyse plus fines par les dimensions. Elles font appel à des notions dont on entend souvent parler telles que *mesures et dimensions de Hausdorff, exposants de mesure, spectre de Hausdorff* (ou *multifractal*). Au-delà de la magie des mots, il sera certainement utile d'avoir quelques clés pour pénétrer ce domaine, plutôt théorique, ne fût-ce que pour évaluer l'utilité de ces notions dans le domaine expérimental.

Le point de vue est plus général puisqu'au lieu d'ensembles (de points de la droite ou du plan) on considère les *mesures* à support compact. Ce support peut être un ensemble irrégulier, mais même sur un support régulier (intervalle, carré,...) la mesure peut être distribuée irrégulièrement, et c'est cette irrégularité qui doit être étudiée. Comme pour les ensembles, les exemples types de mesures irrégulières sont construites par itérations successives, ce qui leur mérite le nom de *mesures fractales*.

On imagine assez bien les possibilités d'application d'une telle étude sur toutes les images un peu perturbées. Cependant, pour simplifier l'exposé, nous ne considérerons que des mesures sur la droite, définies par leur valeur sur les intervalles; l'extension de cette étude aux mesures définies dans le plan par leur valeur sur les carrés par exemple, ne pose pas de difficulté technique.

La difficulté principale de ce chapitre est autre. On cherche à faire une analyse *ponctuelle* des mesures ou des ensembles. Cela revient à considérer chaque point comme une limite d'intervalles dont la longueur tend vers 0, et à définir des quantités telles que *l'exposant de Hölder* d'une mesure par exemple, en ce point exactement, donc à l'aide d'un passage à la limite. On sera amené à définir des *ensembles d'irrégularité* qui pourront être assez fins et nécessiteront des outils d'analyse sophistiqués, tels que la dimension de Hausdorff. En revanche le chapitre suivant exposera une approche *locale* où seul l'intervalle est considéré; c'est là que nous retrouverons des outils mathématiques (dimensions, spectres) calculables. Mais les deux chapitres sont étroitement reliés et se complètent.

Une connaissance approfondie de la théorie de la mesure n'est pas requise. Rappelons ce qu'est pour nous une mesure.

Mesure sur la droite C'est une fonction d'ensembles, mais il suffit de la définir sur tous les intervalles de la droite, ou sur un réseau d'intervalles tel que le réseau dyadique. Cette fonction ne prend que des valeurs réelles, positives. Sur un intervalle u on notera en général cette valeur $\mu(u)$.

1. La mesure μ est **finie** si sa valeur sur la droite toute entière est finie. On note cette valeur $\|\mu\|$. Par exemple, une mesure de probabilité est telle que $\|\mu\| = 1$.

2. C'est une fonction **additive** d'ensembles: si E et F sont deux ensembles sans point commun,
$$\mu(E \cup F) = \mu(E) + \mu(F).$$

3. La mesure est **continue** si sa valeur sur chaque point est nulle, ce qu'on exprime par
$$\mu(\{x\}) = 0 \text{ pour tout } x.$$

Par exemple, la longueur (mesure de Borel) définie sur la droite est continue, mais non finie.

4. Un point x appartient au **support** de μ si tout intervalle ouvert contenant x est de mesure non nulle. Le support est l'ensemble de tous ces points. Cet ensemble est noté Supp(μ). C'est un ensemble fermé. S'il est borné, on dit que la mesure est à support compact. On peut aussi définir plus simplement le support comme le complémentaire de la réunion de tous les intervalles de mesure nulle. La mesure est *distribuée* sur son support. Chaque ensemble fermé de la droite est le support de mesures variées.

5. La mesure est **discrète** si son support est réduit à un ensemble fini ou dénombrable. Elle prend alors une valeur non nulle sur certains points du support: elle n'est pas continue.

6. Voici une notion qui peut paraître proche de la notion de support, mais qui est en fait bien différente. On dit que l'ensemble E **porte la mesure** μ si pour tout intervalle u, $\mu(E \cap u) = \mu(u)$. Lorsque la mesure est finie, cela revient à l'égalité toute simple $\mu(E) = \|\mu\|$. Il est clair que l'ensemble Supp(μ) porte la mesure. Mais il n'est pas le seul: si par exemple μ est continue, on peut enlever au support un point, ou une infinité dénombrable de points, et d'une façon générale n'importe quel ensemble de mesure nulle, l'ensemble restant continue de porter la mesure. Donc cette notion d'ensemble qui porte la mesure n'est pas unique, contrairement à celle de support. On ne peut même pas parler en général d'un "plus petit ensemble portant la mesure". Cependant c'est une notion importante, car elle permet de caractériser les mesures singulières.

7. La mesure μ est **singulière** (par rapport à la mesure de Borel L) si elle est portée par un ensemble E tel que $L(E) = 0$. Il est assez clair que la longueur L n'est pas singulière par rapport à elle-même! Toute mesure discrète est singulière. Mais ces mesures ne sont pas continues. Il existe beaucoup de mesures continues et singulières, et elles sont l'objet principal de l'étude présente.

Dans tout le reste du chapitre, les mesures considérées seront *finies*, *continues*, et *à support compact*.

20.2 Exposant de Hölder ponctuel

La singularité d'une mesure est caractérisée par les exposants de Hölder, qui établissent une relation entre la mesure μ et la mesure de Borel. Pour tout intervalle u non réduit à un point, et de mesure non nulle, son exposant de Hölder s'écrit
$$\alpha(u) = \frac{\log \mu(u)}{\log L(u)} \ .$$
Par convention, on prend $\alpha(u) = +\infty$ si la mesure de u est nulle. On remarque que cette définition est *locale*, puisqu'elle s'applique à un intervalle, aussi petit soit-il. Pour obtenir un exposant *ponctuel*, donc en un point donné x du support, il faut se donner une suite $u_n(x)$ d'intervalles contenant x et dont la longueur tend vers 0. La suite des exposants $\alpha(u_n(x))$ existe, mais ne converge pas nécessairement. On définit l'exposant de Hölder de μ en x par
$$\alpha(x) = \liminf_{n \to \infty} \alpha(u_n(x)) \ .$$

◊ On voit la parenté de cette définition avec celle d'exposant de Hölder d'une fonction z en x (Chapitre 12, § 5). Toute mesure μ est associée à une fonction croissante z telle que $z(x) = \mu((-\infty, x])$. Si z est holderienne d'exposant H en x, alors pour tout intervalle $u = [x, x + \epsilon]$,
$$|z(x + \epsilon) - z(x)| \leq c\,\epsilon^H \ ,$$
autrement dit $\mu(u) \leq c\,L(u)^H$. C'est encore vrai pour tout intervalle du type $[x-\epsilon, x]$. On en déduit que pour une certaine constante c', et pour tout intervalle u contenant x, de longueur inférieure à 1, $\alpha(u) \geq H + (\log c' / \log L(u))$. Dans le cas où z est aussi Hölder inverse d'exposant H en x, on obtient une inégalité dans le sens contraire, et finalement $\alpha(x) = H$.

◊ Mais la définition de $\alpha(x)$ est ambiguë puisqu'elle dépend de la suite $u_n(x)$. Si par exemple x se trouve à la frontière de $\mathrm{Supp}(\mu)$, il est toujours possible de choisir des intervalles dont la mesure est aussi petite que l'on veut par rapport à leur longueur, et telle que $\alpha(u_n(x)) \to +\infty$. En fait le choix des intervalles dépend beaucoup de la manière dont la mesure est construite: intervalles centrés, intervalles de mesure maximale (pour une longueur donnée), intervalles dyadiques,...

20.3 Hölder et la dimension fractale

Pour analyser une mesure, une première approche consiste à s'occuper de son support, ou d'une façon générale des sous-ensembles de mesure non nulle. Leur dimension est reliée aux exposants de Hölder locaux et ponctuels. La relation exacte dépend du type de dimension choisie. Nous allons considérer ici la dimension de Minkowski-Bouligand Δ. Les sections suivantes concerneront la dimension d'empilement – et puis celle de Hausdorff, qui intervient tout naturellement dans ce contexte. Certains résultats demandent d'assez longs développements techniques pour être prouvés en toute généralité. Par souci de simplicité, nous allons utiliser systématiquement le réseau des intervalles dyadiques.

Notation Pour tout x de la droite, et $n \geq 0$, on note $u_n(x)$ l'intervalle dyadique de type $[k\,2^{-n}, (k+1)\,2^{-n}]$ qui contient x. Le nombre k est un entier relatif. S'il existe deux tels entiers, donc si x est un rationnel de la forme $k\,2^{-n}$, x est l'extrémité de deux intervalles et on prend par exemple pour $u_n(x)$ celui de droite.

THÉORÈME *Soit μ une mesure continue, finie, à support compact, et E un sous-ensemble de son support, tel que $\mu(E) > 0$. Alors*

$$\inf_{x \in E}(\limsup_n \alpha(u_n(x))) \leq \Delta(E) \leq \limsup_n (\sup_{x \in E} \alpha(u_n(x))).$$

◊ Considérons le cas particulier où la mesure μ est distribuée assez régulièrement: il existe deux constantes non nulle c_1, c_2, et une suite (μ_n), telles que pour tout $x \in E$, pour tout $n \geq 1$,

$$c_1\,\mu_n \leq \mu(u_n(x)) \leq c_2\,\mu_n\,.$$

On déduit alors du théorème précédent que $\Delta(E) = \limsup_n \log \mu_n / (-n \log 2)$.

◊ On remarque que ce résultat n'est pas symétrique. En fait le membre de gauche est toujours au moins égal à $\limsup_n (\inf_{x \in E} \alpha(u_n(x)))$, le symétrique du membre de droite.

▶ Soit $\omega_n(E)$ le nombre d'intervalles dyadiques dont l'intérieur contient un point de E. On sait que $\Delta(E) = \limsup_n \log \omega_n(E) / n \log 2$.

  a) Soit $\alpha_1 = \inf_{x \in E}(\limsup_n \alpha(u_n(x)))$. Soit $\epsilon > 0$, et un entier N. Pour tout $x \in E$, on a $\limsup_n \alpha(u_n(x)) \geq \alpha_1$, donc il existe un plus petit entier $n(x) \geq N$ tel que $\alpha(u_{n(x)}(x)) \geq \alpha_1 - \epsilon$, soit

$$\mu(u_{n(x)}(x)) \leq 2^{-n(x)(\alpha_1 - \epsilon)}\,.$$

Lorsque x parcourt E ces intervalles $u_{n(x)}(x)$ sont confondus, ou d'intérieurs disjoints. La mesure de leur réunion est au moins $\mu(E)$. Pour chaque $n \geq N$, il n'existe pas plus de $\omega_n(E)$ intervalles de ce type. Donc

$$\mu(E) \leq \sum_{n=N}^{+\infty} \omega_n(E)\,2^{-n(\alpha_1 - \epsilon)}\,.$$

Cette inégalité étant vraie pour tout N, la série de droite diverge. Par comparaison avec la série $\sum 2^{-n\epsilon}$, qui converge, on en déduit qu'il existe au moins un entier $k_N \geq N$ tel que $\omega_{k_N}(E)\,2^{-k_N(\alpha_1 - \epsilon)} \geq 2^{-k_N \epsilon}$, soit

$$\omega_{k_N}(E) \geq 2^{k_N(\alpha_1 - 2\epsilon)}\,.$$

Cela entraîne $\limsup_n \log \omega_n(E)/2\log n \geq \alpha_1 - 2\epsilon$, où ϵ est quelconque, donc $\Delta(E) \geq \alpha_1$.

b) Soit $\alpha_2 = \limsup_n (\sup_{x\in E} \alpha(u_n(x)))$, et $\epsilon > 0$. Il existe un entier N tel que pour tout $x \in E$, pour tout $n \geq N$,
$$\alpha(u_n(x)) \leq \alpha_2 + \epsilon,$$
soit encore $2^{-n(\alpha_2+\epsilon)} \leq \mu(u_n(x))$. Pour chaque n, la réunion des intervalles $u_n(x)$ est de mesure $\leq \|\mu\|$, donc
$$\omega_n(E)\, 2^{-n(\alpha_2+\epsilon)} \leq \|\mu\|.$$
Ceci donne $\limsup_n \log \omega_n(E)/2\log n \leq \alpha_2 + \epsilon$, pour tout ϵ, donc $\Delta(E) \leq \alpha_2$. ◄

20.4 Hölder et la dimension d'empilement

Le théorème de la section précédente ne donne pas une analyse très fine du support en général. Le résultat suivant donne des bornes qui encadrent mieux la dimension. Mais il s'agit maintenant de la dimension d'empilement (Chapitre 19).

THÉORÈME *Soit μ une mesure continue, finie, à support compact, et E un sous-ensemble de son support, tel que $\mu(E) > 0$. Alors*

$$\inf_{x\in E}(\limsup_n \alpha(u_n(x))) \leq \hat{\Delta}(E) \leq \sup_{x\in E}(\limsup_n \alpha(u_n(x))).$$

◊ Si en particulier la quantité $\limsup_n \alpha(u_n(x))$ est égale à une constante α pour tout x, alors $\hat{\Delta}(E) = \alpha$.

◊ Cet encadrement est meilleur, en ce sens que pour tout ensemble E, à chaque point x duquel est associée une suite $(a_n(x))$ de nombres réels, on a toujours
$$\sup_{x\in E}(\limsup_n a_n(x)) \leq \limsup_n (\sup_{x\in E} a_n(x)).$$
Si par exemple E est composé des points $x_k = 1/k$, $k \geq 1$, et $a_n(x_k) = k/n$, on obtient $\limsup_n a_n(x) = 0$ pour tout x, alors que $\sup_{x\in E} a_n(x) = +\infty$. L'inégalité précédente s'écrit alors $0 \leq +\infty$.

▶ a) Soit $\alpha_1 = \inf_{x\in E}(\limsup_n \alpha(u_n(x)))$, et $\epsilon > 0$. On peut décomposer E en ensembles E_k tels que $\Delta(E_k) \leq \Delta(E)+\epsilon$. Comme $\mu(E) > 0$, il existe au moins un entier K tel que $\mu(E_K) > 0$. Or $\inf_{x\in E_K}(\limsup_n \alpha(u_n(x))) \geq \alpha_1$. On applique directement le résultat de § 3: $\Delta(E_K) \geq \alpha_1$. Donc $\Delta(E) \geq \alpha_1 - \epsilon$, pour tout ϵ.

b) Soit $\alpha_2 = \sup_{x\in E}(\limsup_n \alpha(u_n(x)))$, et $\epsilon > 0$. Pour tout $x \in E$, il existe un entier $n(x)$ tel que

$$n \geq n(x) \Longrightarrow \alpha(u_n(x)) \leq \alpha_2 + \epsilon.$$

Appelons E_N l'ensemble $\{x \in E$ tel que $n(x) \leq N$ $\}$. La suite (E_N) est une suite croissante d'ensembles, et $E = \cup_N E_N$. Prenons un entier N tel que E_N est non vide. Dès que $n \geq N$, on a $\sup_{x \in E_N} \alpha(u_n(x)) \leq \alpha_2 + \epsilon$. En appliquant de nouveau le résultat de § 3, on en déduit que $\Delta(E_N) \leq \alpha_2 + \epsilon$. Donc $\hat{\Delta}(E) \leq \alpha_2 + \epsilon$. ◄

20.5 Dimension de Hausdorff

Le résultat de § 4 utilise les quantités $\limsup_n \alpha(u_n(x))$. Existe-t-il un résultat analogue avec les exposants de Hölder $\liminf_n \alpha(u_n(x))$? Pour l'obtenir il faut introduire la *dimension de Hausdorff*.

Définition On se donne un ensemble E quelconque. Un *recouvrement* de E est une famille d'intervalles dont la réunion contient E. En général on notera $\mathcal{R}$ un recouvrement, et $\|\mathcal{R}\| = \sup_{u \in \mathcal{R}} L(u)$ la borne supérieure des longueurs d'intervalles de $\mathcal{R}$. On considère des recouvrements d'un type spécial appelés *recouvrements de Vitali* de E, déjà introduits dans le chapitre 2. Pour simplifier l'exposé, on ne considère ici que des recouvrements dénombrables. On peut les caractériser ainsi:

Un recouvrement $\mathcal{R}$ de E est un recouvrement de Vitali s'il peut se décomposer en sous-familles $\mathcal{R}_n$, où chaque $\mathcal{R}_n$ recouvre E et

$$\lim_n \|\mathcal{R}_n\| = 0.$$

(voir aussi en Annexe B). Des recouvrements de ce type ont été utilisés par E. Borel pour définir les *ensembles de mesure nulle*. En continuant dans cette voie, on peut dire qu'un ensemble est plus " rare" qu'un autre s'il peut être recouvert par des familles d'intervalles dont la série des longueurs converge plus vite (Chapitre 2). Une façon de quantifier cela consiste à définir l'*exposant de convergence* de la série des longueurs, soit

$$e(\mathcal{R}) = \inf\{\alpha \text{ tel que } \sum_{u \in \mathcal{R}} L(u)^\alpha \text{ converge }\}.$$

En effet, dès que $\|\mathcal{R}\| \leq 1$, la somme $\sum_{u \in \mathcal{R}} L(u)^\alpha$ est une fonction décroissante de α; il existe une valeur critique unique (éventuellement infinie) au-dessus de laquelle la série converge. La dimension de Hausdorff est définie à l'aide de ces valeurs critiques:

$$\dim(E) = \inf\{e(\mathcal{R}) \text{ où } \mathcal{R} \text{ est un recouvrement de Vitali de } E \}.$$

Propriétés

1. *Pour tout ensemble E de la droite, $0 \leq \dim(E) \leq 1$.*
2. dim *est* **monotone***;*

$$E_1 \subset E_2 \implies \dim(E_1) \leq \dim(E_2) .$$

3. dim *est σ-stable:*

$$\dim(\cup_k E_k) = \sup_n \dim(E_k) .$$

4. *Pour tout ensemble E,*

$$\dim(E) \leq \hat{\Delta}(E) .$$

Pour tout ensemble borné E,

$$\dim(E) \leq \delta(E) \leq \Delta(E) .$$

5. *Si la dimension est strictement inférieure à 1 la longueur de l'ensemble est nulle. Ou encore:*

$$L(E) > 0 \implies \dim(E) = 1 .$$

6. dim *est* **invariante** *pour toute transformation T de la droite telle que pour tout x, le rapport*

$$\frac{\log|T(y) - T(z)|}{\log|y - z|}$$

tend vers 1 lorsque y et z tendent vers x, $y \neq z$. Dans ce cas $\dim(T(E)) = \dim(E)$ pour tout E.

▶ La propriété **2.** provient de ce que tout recouvrement de Vitali de E_2 est aussi un recouvrement de Vitali de E_1.

Si $E = \cup E_k$, la monotonicité implique que $\sup_k \dim(E_k) \leq \dim(E)$. Pour démontrer une inégalité dans l'autre sens, on prend une valeur $\alpha > \sup_k \dim(E_k)$. Pour chaque k il existe donc un recouvrement de Vitali $\mathcal{R}_k$ de E_k tel que $\sum_{u \in \mathcal{R}_k} L(u)^\alpha$ converge. En ôtant à $\mathcal{R}_k$ tous les intervalles plus grands qu'une longueur donnée, on peut donc obtenir un sous-recouvrement de Vitali $\mathcal{S}_k$ de E_k tel que

$$\sum_{u \in \mathcal{S}_k} L(u)^\alpha \leq 2^{-k} .$$

Soit $\mathcal{S} = \cup_k \mathcal{S}_k$: c'est un recouvrement de Vitali de E, et

$$\sum_{u \in \mathcal{S}} L(u)^\alpha \leq \sum_k \sum_{u \in \mathcal{S}_k} L(u)^\alpha < +\infty .$$

Donc $\dim(E) \leq e(\mathcal{S}) \leq \alpha$. Cela montre que $\dim(E) \leq \sup_k \dim(E_k)$. D'où **3.**

Montrons que $\dim(E) \leq \delta(E)$ pour tout ensemble E borné: si

$$\alpha > \delta(E) = \liminf_n \log \omega_n(E)/n \log 2 ,$$

il existe une suite n_k tendant vers ∞ telle que $\omega_{n_k}(E) \leq 2^{n_k \alpha}$. Soit $\mathcal{R}$ la famille de tous ces intervalles dyadiques de rang n_k, pour tout k. C'est un recouvrement de Vitali de E, et pour tout $\epsilon > 0$,

$$\sum_{u \in \mathcal{R}} L(u)^{\alpha+\epsilon} \leq \sum_k \omega_{n_k}(E) 2^{-n_k(\alpha+\epsilon)} .$$

Le membre de droite est inférieur à $\sum_n 2^{-n\epsilon}$ qui converge. On en déduit que $e(\mathcal{R}) \leq \alpha + \epsilon$. Donc $\dim(E) \leq \delta(E)$. En utilisant la σ-stabilité des deux côtés, on obtient $\dim(E) \leq \hat{\delta}(E)$ (Chapitre 19 § 5). D'où les inégalités de **4.** et en particulier $\dim(E) \leq \hat{\Delta}(E)$.

Par monotonicité on en déduit que pour tout sous-ensemble E de la droite, $\dim(E) \leq 1$. Par ailleurs, comme un recouvrement de Vitali contient une infinité d'intervalles, $\sum L(u)^0 = +\infty$. Donc $e(\mathcal{R}) \geq 0$. On en déduit que pour tout E, $\dim(E) \geq 0$, d'où **1**.

Si $\mathcal{R}$ recouvre E, alors $\sum_{u \in \mathcal{R}} L(u) \geq L(E)$. Donc si $\mathcal{R}$ est un recouvrement de Vitali et $L(E) > 0$, $\sum_{u \in \mathcal{R}} L(u)$ diverge. Dans ce cas $\dim(E) \geq 1$. D'où **5**.

On ne donne pas la démonstration de la propriété **6.** afin d'éviter des développements techniques. Elle se fait par des manipulations directes sur les recouvrements de E. ◀

◊ Malgré la différence apparente d'approche la dimension de Hausdorff et la dimension d'empilement ont de nombreux points communs. Elles possèdent un certain nombre de propriétés symétriques, comme le montre le résultat suivant.

20.6 Hölder et la dimension de Hausdorff

THÉORÈME *Soit μ une mesure continue, finie, à support compact, et E un sous-ensemble de son support, tel que $\mu(E) > 0$. Alors*

$$\inf_{x \in E} (\liminf_n \alpha(u_n(x))) \leq \dim(E) \leq \sup_{x \in E} (\liminf_n \alpha(u_n(x))) .$$

◊ Dans les notations de § 2 on peut écrire cela $\inf_{x \in E} \alpha(x) \leq \dim(E) \leq \sup_{x \in E} \alpha(x)$. Si en particulier l'exposant de Hölder $\alpha(x)$ est partout égal à une constante α, alors $\dim(E) = \alpha$.

▶ a) Soit $\alpha_1 = \inf_{x \in E}(\liminf_n \alpha(u_n(x)))$, et $\epsilon > 0$. Pour tout $x \in E$, il existe un entier $n(x)$ tel que
$$n \geq n(x) \Longrightarrow \alpha_1 - \epsilon \leq \alpha(u_n(x)) ,$$
soit $\mu(u_n(x)) \leq 2^{-n(\alpha_1-\epsilon)}$. Appelons E_N l'ensemble $\{x \in E \text{ tel que } n(x) \leq N \}$. La suite (E_N) est une suite croissante d'ensembles, et $E = \cup_N E_N$. Prenons un

entier N tel que $\mu(E_N) > 0$. Pour tout recouvrement $\mathcal{R}$ de E_N par des intervalles dyadiques, tel que $\|\mathcal{R}\| \leq 2^{-N}$, on a donc

$$\mu(E_N) \leq \sum_{u \in \mathcal{R}} \mu(u) \leq \sum_{u \in \mathcal{R}} L(u)^{\alpha_1 - \epsilon} \ .$$

Si de plus $\mathcal{R}$ est un recouvrement de Vitali de E_N, on peut le décomposer en une réunion $\cup_k \mathcal{R}_k$ de recouvrements de E_N de telle sorte que deux recouvrements distincts n'ont aucun intervalle en commun. Or pour chaque k, $\mu(E_N) \leq \sum_{u \in \mathcal{R}_k} L(u)^{(\alpha_1 - \epsilon)}$. On en déduit que

$$\sum_{u \in \mathcal{R}} L(u)^{\alpha_1 - \epsilon} = \sum_k \sum_{u \in \mathcal{R}_k} L(u)^{\alpha_1 - \epsilon} \geq \sum_k \mu(E_N) = +\infty \ .$$

On conclut que $\dim(E) \geq \alpha_1 - \epsilon$, donc $\dim(E) \geq \alpha_1$.

b) Soit $\alpha_2 = \sup_{x \in E}(\liminf_n \alpha(u_n(x)))$, $\epsilon > 0$, et N un entier. Pour tout $x \in E$, appelons $n(x)$ le plus petit entier $\geq N$ tel que $\alpha(u_{n(x)}(x)) \leq \alpha_2 + \epsilon$, soit $2^{-n(x)(\alpha_2 + \epsilon)} \leq \mu(u_{n(x)}(x))$. Ces intervalles $u_{n(x)}(x)$ sont confondus ou d'intérieurs disjoints. Appelons $\mathcal{R}_N$ la famille de ces intervalles: c'est un recouvrement de E, et $\sum_{u \in \mathcal{R}_N} L(u)^{\alpha_2 + \epsilon} \leq \|\mu\|$. De plus $\|\mathcal{R}_N\| \leq 2^{-N}$. Donc

$$\sum_{u \in \mathcal{R}_N} L(u)^{\alpha_2 + 2\epsilon} \leq 2^{-N\epsilon} \|\mu\| \ .$$

En réunissant tous ces recouvrements on obtient un recouvrement de Vitali $\mathcal{R}$ de E tel que

$$\sum_{u \in \mathcal{R}} L(u)^{\alpha_2 + 2\epsilon} \leq \|\mu\| \sum_N 2^{-N\epsilon} \ .$$

Le membre de droite converge. Donc $\dim(E) \leq e(\mathcal{R}) \leq \alpha_2 + 2\epsilon$ pour tout $\epsilon > 0$, ce qui achève la démonstration. ◄

COROLLAIRE *Soit μ une mesure continue, finie, à support compact, et E un sous-ensemble de son support, tel que $\mu(E) > 0$. On suppose que pour tout x de E, $\alpha(u_n(x))$ tend vers une constante α. Alors*

$$\dim(E) = \hat{\Delta}(E) = \alpha \ .$$

◊ Les théorèmes de § 3, § 4 et § 6 restent vrais si on remplace les intervalles dyadiques par d'autres intervalles. Par exemple, on peut utiliser les intervalles centrés $[x - \epsilon, x + \epsilon]$ (en remplaçant les limites quand n tend vers ∞ par des limites quand ϵ tend vers 0).

20.7 Décomposition d'un support de mesure

Pour une analyse plus fine d'une mesure, on ne se contente pas de la dimension du support: on considère tous les sous-ensembles de la forme

$$E(\alpha) = \{x \text{ tel que } \alpha(u_n(x)) \text{ tend vers } \alpha\} \,.$$

Il s'agit donc de l'ensemble des points où l'exposant de Hölder de la mesure vaut α, mais avec la condition supplémentaire que la suite $\alpha(u_n(x))$ converge. Le support n'est donc pas en général la réunion de ces ensembles. Néanmoins l'étude d'exemples types permet de penser que la dimension des ensembles $E(\alpha)$, qui est une fonction de α, caractérise bien la mesure. Pour cela les dimensions Δ, $\hat{\Delta}$, dim peuvent être utilisées. Par définition,

Etant donné une dimension d, le **spectre de dimension** *d'une mesure μ à support compact est la fonction*

$$S_d^\mu(\alpha) = d(E(\alpha)) \,.$$

Par convention, on donne la valeur $-\infty$ à la dimension de l'ensemble vide.

◊ Pour tout α, $S_{\dim}^\mu(\alpha) \leq S_{\hat{\Delta}}^\mu(\alpha) \leq S_{\Delta}^\mu(\alpha)$.

20.8 Mesures régulières sur un support singulier

Ensemble parfait symétrique (Chapitre 1, § 5). La figure 20.1 représente à gauche l'ensemble parfait symétrique de rapport 1/4, sur lequel est distribuée la mesure " équilibrée" (Chapitre 14 § 7) telle que pour tout x non rationnel de E, et pour tout $k \geq 1$,

$$\mu(u_{2k}(x)) = \mu(u_{2k-1}(x)) = 2^{-k} \,.$$

On voit que $\alpha(u_n(x))$ converge uniformément vers 1/2. C'est donc la valeur de toutes les dimensions de E (Δ, $\hat{\Delta}$, dim), en accord avec les théorèmes des sections 3, 4, 6. La dimension de $E(\alpha)$ vaut 1/2 si $\alpha = 1/2$, $-\infty$ sinon. Le spectre de dimension est réduit à un point (Fig. 20.2). A cause de cela on appelle parfois une telle mesure *monofractale*.

Autre ensemble à similitude interne Les mêmes conclusions s'imposent pour les ensembles ayant une structure de similitude interne. Par exemple, l'arbre de la Fig. 20.1 de droite est l'attracteur d'un système de deux similitudes, de rapport 1/2 et 1/4 (déjà vu dans la Fig. 1.8). Pour définir la mesure "équilibrée" μ sur E (Chap. 14 § 5), il faut d'abord résoudre l'équation de similitude

$$(1/2)^e + (1/4)^e = 1$$

qui donne $e = \log(1+\sqrt{5})/\log 2$. On pose $p = (1/2)^e$, $q = (1/4)^e$, et on distribue ces poids sur les intervalles dyadiques recouvrant l'ensemble de la manière décrite dans la Fig. 20.1. On vérifie de même que pour tout x de E, $\alpha(u_n(x))$ converge

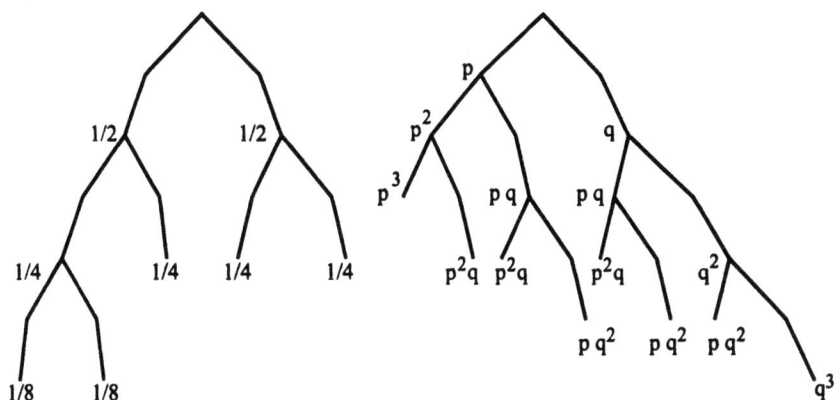

Fig. 20.1. *Mesures équilibrées sur des ensembles parfaits ayant une structure de similitude interne. A gauche, ensemble parfait symétrique de rapport constant $1/4$, de dimension $1/2$, portant une mesure déterminée par les poids $p = q = 1/2$. A droite, ensemble défini par deux similitudes de rapport $1/2$ et $1/4$, de dimension $\log(1+\sqrt{5})/\log 2$, portant une mesure déterminée par les poids p et q tels que $p+q=1$, $q=p^2$.*

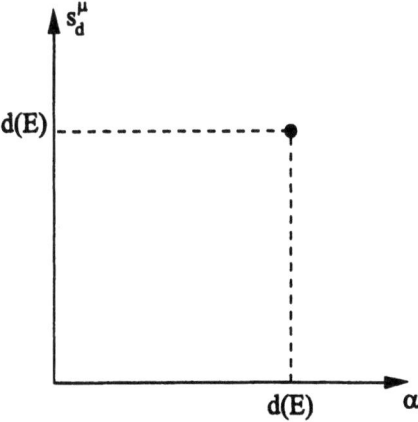

Fig. 20.2. *Le spectre de la mesure " monofractale" distribuée sur un ensemble à similitude interne (Fig.20.1) ne contient qu'un seul point.*

uniformément vers e. C'est aussi la valeur des dimensions Δ, $\hat{\Delta}$, dim. Cette mesure est encore monofractale.

20.9 Mesure irrégulière sur un intervalle

Dans cet exemple le support est régulier: c'est l'intervalle $\mathbf{I} = [0,1]$, alors que la mesure est distribuée de façon que deux intervalles de même taille puissent avoir des mesures très différentes. Il s'agit de la fameuse *mesure singulière de Besicovitch*. Elle se construit par récurrence en même temps que l'arbre dyadique représentant $\mathbf{I}$, c'est pourquoi on va d'abord parler du développement des nombres en base 2 et des *nombres normaux*.

Nombres normaux Tout nombre x de $\mathbf{I}$ est déterminé par son développement binaire, c'est-à-dire une suite $(x_n)_{n\geq 1}$ de 0 et de 1 telle que $x = \sum_{n\geq 1} x_n 2^{-n}$. Ce développement est unique, sauf dans le cas des rationnels de la forme $k2^{-n}$. Posons $N_1(x,n) = \sum_{i=1}^{n} x_i$ le nombre de 1 dans le développement entre les rangs 1 et n, et $N_0(x,n) = n - N_1(x,n)$ le nombre de 0.

On appelle **normal** *un nombre dont le développement a la propriété suivante: La fréquence de 0 (et donc aussi la fréquence de 1) est égale à $1/2$. En d'autres termes, x est normal si*

$$\frac{1}{n} N_1(x,n) \text{ converge vers } \frac{1}{2}.$$

L'ensemble des nombres normaux n'est pas fermé; il ne contient pas les rationnels $k2^{-n}$. Il est dense dans $\mathbf{I}$. Plus précisément, la plupart des nombres x sont normaux, dans le sens suivant:

La longueur (mesure de Borel) des nombres normaux est égale à 1.

L'ensemble des nombres normaux porte donc la mesure de Borel sur $\mathbf{I}$.

Nombres p-normaux Plus généralement, on se donne deux nombres positifs (des probabilités) p et $q = 1 - p$. Pour chaque n on " tire" au hasard la valeur 0 ou 1 avec la probabilité p pour 0, q pour 1. Chaque x_n peut être donc considéré comme une *variable binomiale*. On généralise ainsi la notion de nombre normal:

On appelle normal selon la loi binomiale de paramètre p, ou plus simplement p-normal un nombre dont le développement a la propriété suivante: La fréquence de 0 est égale à p (et donc celle de 1 à q). En d'autres termes, x est p-normal si

$$\frac{1}{n} N_0(x,n) \text{ converge vers } p.$$

Soit E_p l'ensemble des nombres p-normaux. Il n'est pas fermé; il ne contient pas les rationnels $k2^{-n}$. Il est dense dans $\mathbf{I}$. Quelle mesure porte-t-il?

Mesure binomiale de Besicovitch, de paramètre p: Si $0 < p < 1$ cette mesure est définie sur les intervalles dyadiques de $\mathbf{I}$ de la façon suivante:

$$\mu([0,1/2]) = p, \ \mu([1/2,1]) = q,$$

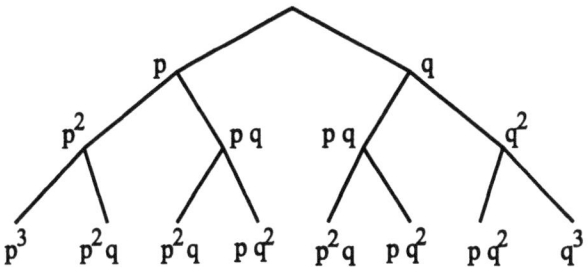

Fig. 20.3. *Mesure binomiale construite sur le réseau d'intervalles dyadiques. Chaque intervalle dyadique u se décompose en deux sous-intervalles u_1 (à gauche) et u_2 (à droite). La mesure μ est définie par la relation de récurrence*

$$\mu(u_1) = p\,\mu(u)\,,\ \mu(u_2) = q\mu(u)\,.$$

Si $p = q = 1/2$, on retrouve la longueur. Si $p \neq q$, on obtient une mesure singulière de support **I**.

et ainsi de suite par récurrence selon le schéma de la Figure 20.3. Nous allons voir qu'elle est singulière, et portée par E_p.

Loi forte des grands nombres Toujours en utilisant le langage des probabilités, $N_1(x,n) = \sum_{i=1}^{n} x_i$ est une somme de n variables aléatoires binomiales, chacune de moyenne q, de variance pq. Donc $N_1(x,n)/n$ est de moyenne q, de variance pq/n. Selon la loi forte des grands nombres, $N_1(x,n)/n$ tend avec probabilité 1 vers sa moyenne. En termes de mesure binomiale μ, cela signifie que l'ensemble des x tels que $N_1(x,n)/n$ tend vers q est de mesure 1. D'où l'on déduit:

L'ensemble des nombres p-normaux E_p porte la mesure binomiale de paramètre p.

Dimension de l'ensemble des nombres p-normaux Tous les points situés à l'intérieur d'un intervalle dyadique de rang n ont un développement binaire qui coïncide sur les n premiers termes. L'intervalle $u_n(x)$ est donc entièrement déterminé par n valeurs $x_1, ..., x_n$ de 0 et de 1. Ces valeurs déterminent aussi la mesure de l'intervalle, par la formule

$$\mu(u_n(x)) = p^{N_0(x,n)} q^{N_1(x,n)}\,.$$

Donc
$$\alpha(u_n(x)) = \frac{1}{n}N_0(x,n)\frac{|\log p|}{\log 2} + \frac{1}{n}N_1(x,n)\frac{|\log q|}{\log 2}\,.$$

Si x est p-normal, $\alpha(u_n(x))$ converge donc vers le nombre

$$p\frac{|\log p|}{\log 2} + q\frac{|\log q|}{\log 2}\,.$$

Comme $\mu(E_p) = 1$, on peut déduire des sections 4 et 6 le résultat suivant:

$$\dim(E_p) = \hat{\Delta}(E_p) = p\frac{|\log p|}{\log 2} + q\frac{|\log q|}{\log 2}.$$

Cette valeur est égale à 1 si $p = q = 1/2$, comme on pouvait s'y attendre. Si $p \neq q$, elle est strictement inférieure à 1. L'ensemble E_p est alors de longueur nulle (puisque tout ensemble de longueur non nulle est de dimension 1). On en déduit que

Si $p \neq q$, la mesure binomiale de paramètre p est singulière.

Spectre de la mesure binomiale On remarque que $\alpha(u_n(x))$ est toujours compris entre 2 valeurs: $|\log p|/\log 2$ et $|\log q|/\log 2$. Prenons pour fixer les idées $q \leq p$, soit $1/2 \leq p < 1$. On pose

$$\alpha_{\min} = |\log p|/\log 2, \quad \alpha_{\max} = |\log q|/\log 2$$

Ce qui permet d'écrire

$$\alpha(u_n(x)) = \alpha_{\max} - (\alpha_{\max} - \alpha_{\min})\frac{N_0(x,n)}{n}.$$

On voit que $\alpha(u_n(x))$ tend vers α si la fréquence $N_0(x,n)/n$ converge vers le nombre

$$\beta(\alpha) = \frac{\alpha_{\max} - \alpha}{\alpha_{\max} - \alpha_{\min}}.$$

Pour tout $\alpha_{\min} \leq \alpha \leq \alpha_{\max}$, l'ensemble $E(\alpha)$ est l'ensemble des nombres $\beta(\alpha)$-normaux. En utilisant les résultats précédents sur la dimension on obtient le spectre de dimension

$$S^{\mu}_{\dim}(\alpha) = S^{\mu}_{\hat{\Delta}}(\alpha)$$
$$= \frac{1}{\log 2}\left(\frac{\alpha - \alpha_{\min}}{\alpha_{\max} - \alpha_{\min}}\left|\log\frac{\alpha - \alpha_{\min}}{\alpha_{\max} - \alpha_{\min}}\right| + \frac{\alpha_{\max} - \alpha}{\alpha_{\max} - \alpha_{\min}}\left|\log\frac{\alpha_{\max} - \alpha}{\alpha_{\max} - \alpha_{\min}}\right|\right).$$

Cette formule permet de représenter le spectre (Fig. 20.4). On remarque deux valeurs particulières de α:

1. La valeur $\alpha_1 = (\alpha_{\min} + \alpha_{\max})/2$, correspondant à $\beta(\alpha_1) = 1/2$, où le spectre atteint un maximum égal à 1. En effet cette valeur 1 est la dimension des nombres normaux, et celle de $\text{Supp}(\mu)$. Le graphe est symétrique par rapport à l'axe vertical $\alpha = \alpha_1$.

2. La valeur $\alpha_0 = p\alpha_{\min} + (1-p)\alpha_{\max}$, pour laquelle $\beta(\alpha_0) = p$, et $S^{\mu}_{\dim}(\alpha_0) = \alpha_0$. C'est la dimension des nombres p-normaux. On peut vérifier que c'est la *plus petite dimension d'un ensemble qui porte la mesure μ*.

◊ Tous ces calculs ne considèrent que le réseau d'intervalles dyadiques, imposé par la définition même de la mesure binomiale. Quel spectre obtiendrait-on avec un autre réseau, ou avec des intervalles du type $u_\epsilon(x) = [x - \epsilon, x + \epsilon]$? On peut montrer que le résultat serait le même – dans le cas de cette mesure particulière.

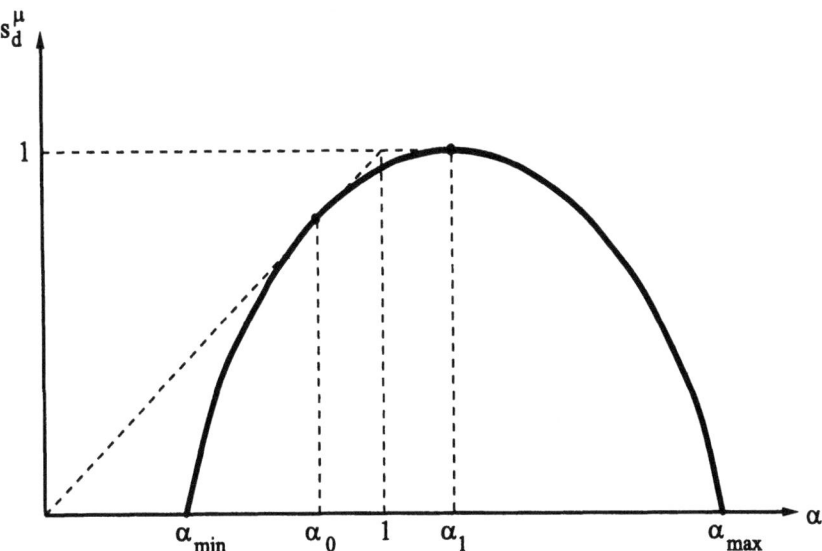

Fig. 20.4. *Graphe du spectre $S_d^\mu(\alpha)$ pour la mesure binomiale de paramètre p, dans le cas où d désigne la dimension de Hausdorff ou la dimension d'empilement. Ce graphe est d'autant plus étroit que p est proche de $1/2$. Lorsque p tend vers $1/2$, il tend vers le point unique $(1,1)$ correspondant au spectre de la mesure "monofractale" de Borel. Noter la position des valeurs α_0 et α_1.*

20.10 La structure fine des ensembles $E(\alpha)$

On a remarqué dans le cas de la mesure binomiale que les $E(\alpha)$ ont une structure assez compliquée – ils ne sont pas fermés, ils sont denses dans le support, ils sont de longueur nulle si $\alpha \neq \alpha_1$. On peut mieux les étudier si on rend explicites les étapes intermédiaires de leur construction. Voici comment on peut procéder:

Soit une mesure finie, continue, à support compact. On reprend le réseau d'intervalles dyadiques pour la simplicité de l'exposé. Pour tout α, $\epsilon > 0$, et pour tout entier N, on pose

$$E(\alpha, \epsilon, N) = \{x \in \text{Supp}(\mu) \text{ tel que } n \geq N \to |\alpha(u_n(x)) - \alpha| \leq \epsilon\}\ .$$

Ces ensembles croissent lorsque N augmente, et leur réunion est notée

$$E(\alpha, \epsilon) = \bigcup_N E(\alpha, \epsilon, N)$$
$$= \{x \in \text{Supp}(\mu) \text{ tel que } |\alpha(u_n(x)) - \alpha| \leq \epsilon \text{ à partir d'un certain rang}\}\ .$$

Comme μ est continue, la fonction $\mu(u_n(x))$ est continue aussi en x – sauf si x est un rationnel de la forme $k2^{-n}$. Si $x \neq k2^{-n}$ la fonction $\alpha(u_n(x))$ est continue en x. On en déduit que $E(\alpha)$ est " essentiellement" un ensemble fermé: l'ensemble $\overline{E(\alpha)} - E(\alpha)$ ne contient au plus que des rationnels $k2^{-n}$, il est au plus dénombrable.

Lorsque ϵ décroît, ces ensembles ne peuvent que diminuer. A la limite,

$$E(\alpha) = \bigcap_{\epsilon>0} E(\alpha,\epsilon)$$

$$= \{x \in \mathrm{Supp}(\mu) \text{ tel que } \alpha(u_n(x)) \text{ converge vers } \alpha\}\,.$$

On peut donc écrire

$$E(\alpha) = \bigcap_{\epsilon>0} \bigcup_N E(\alpha,\epsilon,N)\,.$$

C'est cet ensemble dont la dimension sert à définie le spectre de μ:

$$S_d^\mu(\alpha) = d(E(\alpha))\,.$$

Mais les dimensions de $E(\alpha,\epsilon)$ et de $E(\alpha,\epsilon,N)$ sont aussi intéressantes pour l'analyse de μ.

Dimension de $E(\alpha,\epsilon)$: On se donne une dimension (Δ, $\hat{\Delta}$, dim), qui est toujours une fonction croissante d'ensembles. Lorsque ϵ tend vers 0, la dimension de $E(\alpha,\epsilon)$ ne peut que décroître, et admet donc une limite. On pose

$$S(\lim)_d^\mu(\alpha) = \lim_{\epsilon \to 0} d(E(\alpha,\epsilon))\,.$$

Dimension de $E(\alpha,\epsilon,N)$: Lorsque N croît, $d(E(\alpha,\epsilon,N))$ croît aussi, donc admet une limite, qui est une borne supérieure. Cette limite dépend de ϵ, et c'est, comme $E(\alpha,\epsilon,N)$, une fonction croissante de ϵ: elle aussi converge lorsque ϵ tend vers 0. On peut donc poser

$$S(\limsup)_d^\mu(\alpha) = \lim_{\epsilon \to 0} \sup_N d(E(\alpha,\epsilon,N))\,.$$

Comparaisons entre les spectres Il est clair que si d_1 et d_2 sont deux dimensions telles que $d_1(E) \leq d_2(E)$ pour tout E, on obtient $S_{d_1}^\mu \leq S_{d_2}^\mu$ pour tous les spectres ci-dessus. De plus, comme les ensembles $E(\alpha)$ et $E(\alpha,\epsilon,N)$ sont inclus dans $E(\alpha,\epsilon)$, on obtient pour tout α

$$S_d^\mu(\alpha) \leq S(\lim)_d^\mu(\alpha)\,,\ S(\limsup)_d^\mu(\alpha) \leq S(\lim)_d^\mu(\alpha)\,.$$

Lorsque d est σ-stable (dim ou $\hat{\Delta}$), on a $\sup_N d(E(\alpha,\epsilon,N)) = d(E(\alpha,\epsilon))$. Dans ce cas,

$$S(\limsup)_d^\mu(\alpha) = S(\lim)_d^\mu(\alpha)\,.$$

Ces relations permettent en particulier d'écrire les suivantes:

$$S_{\dim}^\mu(\alpha) \leq S_{\hat{\Delta}}^\mu(\alpha) \leq S(\lim)_{\hat{\Delta}}^\mu(\alpha) = S(\limsup)_{\hat{\Delta}}^\mu(\alpha) \leq S(\limsup)_\Delta^\mu(\alpha)\,.$$

Le spectre $S(\limsup)_\Delta^\mu(\alpha)$ semble particulièrement intéressant. En effet il n'utilise que la dimension Δ, toujours calculable. Cette dimension est calculée sur les ensembles $E(\alpha,\epsilon,N)$ qui sont, comme on a vu, "presque" fermés et en général nulle part denses. Parmi les spectres considérés dans cette section $S(\limsup)_\Delta^\mu$

20.10 La structure fine des ensembles $E(\alpha)$

est le seul que l'on puisse évaluer à partir de données expérimentales. Dans le cas de la mesure binomiale ce spectre donne d'ailleurs le même résultat que S^μ_{dim}, comme on va voir.

Cas de la mesure binomiale Soit μ la mesure binomiale de paramètre p. On peut calculer la dimension des ensembles $E(\alpha, \epsilon, N)$ à l'aide d'un résultat assez semblable à celui qui concerne les nombres p-normaux:

LEMME *On se donne deux nombres réels $0 \leq r_1 < r_2 \leq 1$, et on définit pour chaque N l'ensemble*

$$F_N = \{x \text{ tel que } n \geq N \to r_1 \leq \tfrac{1}{n} N_0(x,n) \leq r_2\}\,.$$

Alors

$$\sup_N \dim(F_N) = \sup_N \Delta(F_N) = \sup_{r_1 \leq r \leq r_2} \frac{1}{\log 2}(r|\log r| + (1-r)|\log(1-r)|)\,.$$

▶ Le membre de droite peut s'écrire

$$\gamma = \begin{cases} (r_2|\log r_2| + (1-r_2)|\log(1-r_2)|)/\log 2 & \text{si } 0 \leq r_1 < r_2 \leq 1/2 \\ 1 & \text{si } 0 \leq r_1 \leq 1/2 \leq r_2 \\ (r_1|\log r_1| + (1-r_1)|\log(1-r_1)|)/\log 2 & \text{si } 1/2 \leq r_1 < r_2 \leq 1 \end{cases}$$

Prenons par exemple le cas où $0 \leq r_1 < r_2 \leq 1/2$.

a) Soit ν la mesure binomiale de paramètre r_2. Les exposants de Hölder d'intervalles correspondants à cette mesure s'écrivent

$$\alpha(u_n(x)) = \frac{1}{\log 2}\left(\frac{N_0(x.n)}{n}|\log r_2| + (1 - \frac{N_0(x.n)}{n})|\log(1-r_2)|\right)\,.$$

Comme $r_2 \leq 1/2$, le membre de droite est une fonction croissante de $N_0(x.n)/n$. Pour tout $x \in E$, et $n \geq N$, on a $N_0(x,n)/n \leq r_2$, donc $\alpha(u_n(x)) \leq \gamma$. Donc $\Delta(F_N)) \leq \gamma$.

b) Soit r un nombre réel tel que $r_1 < r < r_2$. L'ensemble E_r des nombres r-normaux est inclus dans la réunion $\cup_N F_N$. Donc

$$\sup_N \dim(F_N) \geq \dim(E_r) = \frac{1}{\log 2}((r|\log r| + (1-r)|\log(1-r)|))\,.$$

Par continuité, on obtient en faisant tendre r vers r_2:

$$\sup_N \dim(F_N) \geq \gamma\,. \quad \blacktriangleleft$$

On applique ce résultat à l'ensemble $E(\alpha, \epsilon, N)$: les inégalités $\alpha - \epsilon \leq \alpha(u_n(x)) \leq \alpha + \epsilon$ sont équivalentes à

$$\beta(\alpha - \epsilon) \leq \frac{1}{n}N_0(x,n) \leq \beta(\alpha + \epsilon)\,.$$

Donc

$$\sup_N \Delta(E(\alpha,\epsilon,N)) = \sup_{\beta(\alpha-\epsilon) \leq r \leq \beta(\alpha+\epsilon)} \frac{1}{\log 2}(r|\log r| + (1-r)|\log(1-r)|) \ .$$

En faisant tendre ϵ vers 0, on obtient

$$S(\limsup)^\mu_\Delta(\alpha) = \frac{1}{\log 2}(\beta(\alpha)|\log \beta(\alpha)| + (1-\beta(\alpha))|\log(1-\beta(\alpha))|) \ .$$

On sait que le membre de droite est égal à $S^\mu_{\dim}(\alpha)$. Donc pour tout α,

$$S(\limsup)^\mu_\Delta(\alpha) = S^\mu_{\dim}(\alpha) \ .$$

20.11 Références bibliographiques

La dimension de Hausdorff a été définie dans [F. Hausdorff] comme une extension de la théorie de la mesure de Carathéodory. Elle a fait l'objet d'études très poussées et d'une littérature abondante. Notons qu'elle est définie habituellement à partir des *mesures de Hausdorff*. Nous avons voulu dans ce chapitre éviter ce détour et proposer une approche plus directe.

La mesure binomiale est introduite dans [A.S. Besicovitch 1].

Le vocabulaire "exposants de Hölder" est récent, mais non l'utilisation des rapports $\log \mu(u) / \log L(u)$ qui interviennent naturellement dans un calcul de dimension. Déjà Bouligand considère des ensembles tels que $\mu(u_n(x)) \simeq L(u_n(x))^\alpha$, de façon uniforme: le nombre α a dans ce cas le sens de sa dimension Δ [G. Bouligand 5]. Les premiers résultats concernant les limites de tels rapports en relation avec la dimension de Hausdorff sont très partiels, et semblent avoir été réellement organisés pour la première fois dans un contexte général dans [P. Billingsley 1]. On trouve des limites inférieures dans [P. Billingsley 2]. Les résultats concernant les limites supérieures (et donc la dimension d'empilement) sont issus de [C. Tricot 1], et de façon plus élaborée dans [C. Tricot 3].

Le spectre de dimension, ou spectre multifractal, a été introduit en physique pour une analyse plus fine des mesures; voir [B. Mandelbrot] pour une des premières expositions du sujet. Celui-ci est encore loin d'avoir livré tous ses secrets et on y fait de plus en plus référence dans le domaine des applications expérimentales [J. Lévy-Véhel, E. Lutton, C. Tricot]. Cependant ce succès provient, de façon assez paradoxale, de sa parenté avec les spectres *locaux* que l'on va aborder dans le chapitre suivant.

21 Analyse locale des mesures

21.1 Spectre d'exposants locaux

Reprenons les notations du chapitre précédent. Cependant les notions que nous allons introduire ne sont pas ponctuelles, et ne dépendent pas d'un point x donné. Il sera commode de noter génériquement u_n un intervalle dyadique de rang n, donc de la forme $[k2^{-n}, (k+1)2^{-n}]$ où k est entier. Une mesure μ étant donnée, l'exposant de Hölder de u_n (Chapitre 20, § 2) est $\alpha(u_n) = \log \mu(u_n)/(-n \log 2)$. Pour chaque $\alpha > 0$ on s'intéresse aux intervalles d'exposant proche de α, ce qui entraîne la définition d'un nouvel ensemble qui est une réunion d'intervalles:

$$I(\alpha, \epsilon, n) = \bigcup \{u_n \text{ tel que } |\alpha(u_n) - \alpha| \leq \epsilon\} .$$

Remarquons que les ensembles $E(\alpha, \epsilon, N)$ du Chap. 20, § 10 peuvent s'écrire

$$E(\alpha, \epsilon, N) = \bigcap_{n \geq N} I(\alpha, \epsilon, n) .$$

Chaque $I(\alpha, \epsilon, n)$ est composé d'un nombre $\omega(\alpha, \epsilon, n)$ d'intervalles dyadiques d'intérieurs disjoints. Ces intervalles recouvrent $E(\alpha, \epsilon, N)$ lorsque $n \geq N$ mais chacun d'eux ne contient pas nécessairement un point de $E(\alpha, \epsilon, N)$. On s'intéresse à l'ordre de croissance vers $+\infty$ de ces valeurs $\omega(\alpha, \epsilon, n)$:

$$\boxed{f^\mu(\alpha, \epsilon) = \limsup_n \frac{\log \omega(\alpha, \epsilon, n)}{n \log 2}}$$

avec la convention ordinaire $\log 0/n \log 2 = -\infty$. On a toujours $\omega_n(E(\alpha, \epsilon, N)) \leq \omega(\alpha, \epsilon, n)$ et donc pour tout ϵ et tout N, $\Delta(E(\alpha, \epsilon, N)) \leq f^\mu(\alpha, \epsilon)$. Cependant l'inégalité peut être stricte et $f^\mu(\alpha, \epsilon)$ *n'est pas une dimension d'ensemble en général.*

Lorsque ϵ diminue, le nombre $\omega(\alpha, \epsilon, n)$ ne peut que diminuer, donc $f^\mu(\alpha, \epsilon)$ est une fonction croissante de ϵ. Elle tend vers une limite lorsque ϵ tend vers 0:

$$\boxed{f^\mu(\alpha) = \lim_{\epsilon \to 0} f^\mu(\alpha, \epsilon) .}$$

C'est un nouveau spectre pour la caractérisation de la mesure μ, parfois appelé "spectre de grain" ou "spectre des grandes déviations". Comme

$$\sup_N \Delta(E(\alpha,\epsilon,N)) \le f^\mu(\alpha,\epsilon),$$

on a toujours

$$S^\mu_\Delta(\limsup)(\alpha) \le f^\mu(\alpha) \ .$$

Mais ces deux fonctions sont égales dans certains cas typiques comme celui de la mesure binomiale.

21.2 Spectre de la mesure binomiale

Soit p son paramètre. Pour chaque n, et pour chaque $k = 0, ..., n$, il y a exactement C_n^k intervalles u_n de mesure $p^k(1-p)^{n-k}$. Pour de tels intervalles,

$$|\alpha(u_n) - \alpha| \le \epsilon \iff 2^{-n(\alpha+\epsilon)} \le p^k(1-p)^{n-k} \le 2^{-n(\alpha-\epsilon)}$$

$$\iff \beta(\alpha+\epsilon) \le \frac{k}{n} \le \beta(\alpha-\epsilon) \ ,$$

avec $\beta(\alpha) = (\alpha_{\max} - \alpha)/(\alpha_{\max} - \alpha_{\min})$. Le nombre de ces entiers k est de l'ordre de $n(\beta(\alpha-\epsilon) - \beta(\alpha+\epsilon))$. Donc

$$\min\{C_n^k\} \preceq \omega(\alpha,\epsilon,n) \preceq n\left(\beta(\alpha-\epsilon) - \beta(\alpha+\epsilon)\right)\max\{C_n^k\}$$

où le min et le max sont pris sur tous les entiers k tels que $\beta(\alpha+\epsilon) \le \frac{k}{n} \le \beta(\alpha-\epsilon)$. La *formule de Stirling* donne une estimation de la factorielle:

$$\log n! = (n+\frac{1}{2})\log n - n + \frac{1}{2}\log 2\pi + g(n) \ ,$$

où $|g(n)| \preceq 1/n$. Ceci permet de donner une estimation du coefficient binomial $C_n^k = n!/k!(n-k)!$, pour $k = \beta n$. On trouve après quelque calcul

$$\log C_n^{n\beta} = n\gamma(\beta) + h(n) \ ,$$

où $\gamma(\beta) = \beta|\log\beta| + (1-\beta)|\log(1-\beta)|$ et $|h(n)| \preceq \log n$. On en tire:

$$\frac{1}{\log 2}\inf\{\gamma(\beta)\} \le \frac{\log \omega(\alpha,\epsilon,n)}{n\log 2} \le \frac{1}{\log 2}\sup\{\gamma(\beta)\} + k(n) \ ,$$

où les bornes supérieures et inférieures sont prises sur tous les réels β tels que $\beta(\alpha+\epsilon) \le \beta \le \beta(\alpha-\epsilon)$, et $|k(n)| \preceq \log n/n$. En faisant tendre n vers l'infini, puis ϵ vers 0, on remarque que les membres de gauche et de droite de cette inégalité tendent tous deux vers $\gamma(\beta(\alpha))/\log 2$. D'où le résultat:

$$f^\mu(\alpha) = \frac{1}{\log 2}\gamma(\beta(\alpha)) \ .$$

C'est aussi la valeur de $S^\mu_{\dim}(\alpha)$ et de tous les spectres considérés dans le chapitre précédent.

21.3 Autres spectres locaux

Les notions précédentes dépendent étroitement du réseau d'intervalles dyadiques. Un simple changement de coordonnées fournira dans certains cas un spectre f^μ différent. On peut vouloir remplacer la définition de f^μ par une autre plus générale, ne fût-ce que pour obtenir des grandeurs numériquement plus stables et donc plus faciles à évaluer. Il y a plusieurs méthodes pour créer des spectres indépendants du réseau dyadique, mais pour chacune il faudrait vérifier si la nouvelle définition donne lieu à un spectre différent, et dans quels cas les spectres coïncident. Nous allons en décrire deux dans cette section.

Recouvrements de $\text{Supp}(\mu)$ **par des intervalles quelconques:** On note génériquement u_η un intervalle de longueur η. Etant donnée une mesure μ finie, continue, à support compact, considérons tous les intervalles u_η tels que $|\alpha(u_\eta) - \alpha| \le \epsilon$. Pour ces intervalles, s'il en existe,

$$L(u_\eta) = \eta \text{ et } \eta^{\alpha+\epsilon} \le \mu(u_\eta) \le \eta^{\alpha-\epsilon}.$$

Dans le cas des intervalles dyadiques avec $\eta = 2^{-n}$, la longueur totale recouverte par ceux de rang n qui vérifient cette inégalité est $2^{-n}\omega(\alpha, \epsilon, n)$. Par analogie, appelons

$$p(\alpha, \epsilon, \eta) = L(\cup\{u_\eta \text{ tel que } |\alpha(u_\eta) - \alpha| \le \epsilon\})$$

la longueur totale recouverte par tous les intervalles ci-dessus. On peut alors remplacer $f^\mu(\alpha, \epsilon)$ par

$$f_*^\mu(\alpha, \epsilon) = \limsup_{\eta \to 0}(1 - \frac{\log p(\alpha, \epsilon, \eta)}{\log \eta})$$

qui est une fonction croissante de ϵ, et

$$\boxed{f_*^\mu(\alpha) = \lim_{\epsilon \to 0} f_*^\mu(\alpha, \epsilon).}$$

Là encore, malgré l'analogie de l'écriture, il ne s'agit pas de la dimension d'un ensemble de la droite. Comme

$$2^{-n}\omega(\alpha, \epsilon, n) \le p(\alpha, \epsilon, \eta)$$

pour tout $\eta = 2^{-n}$, on obtient

$$f^\mu(\alpha) \le f_*^\mu(\alpha)$$

mais il n'y a pas égalité en général. Remarquons que le spectre $f_*^\mu(\alpha)$ se révèle particulièrement performant en ce qui concerne le calcul numérique; c'est un spectre qui donne de bons résultats sur une mesure binomiale discrétisée. Les bons résultats sont ceux qui se rapprochent le plus de la fonction théorique, qui dans ce cas se trouve avoir la même valeur que $f^\mu(\alpha)$ calculée dans la section précédente.

Nous ne donnons pas le détail de la démonstration de l'égalité $f^\mu_*(\alpha) = f^\mu(\alpha)$ dans le cas de la mesure binomiale.

Pour se débarrasser de ϵ: On peut simplifier l'approche précédente en considérant les intervalles u_η tels que $\alpha(u_\eta) = \alpha$, donc

$$L(u_\eta) = \eta \quad \text{et} \quad \mu(u_\eta) = \eta^\alpha \ .$$

On remarque que la fonction $\alpha([x, x+\eta])$ est une fonction continue de x, et donc qu'entre deux points x_1 et x_2 la fonction prend toutes les valeurs intermédiaires entre $\alpha([x_1, x_1 + \eta])$ et $\alpha([x_2, x_2 + \eta])$.

Comme précédemment on pose

$$\tilde{p}(\alpha, \eta) = L(\cup\{u_\eta \text{ tel que } \alpha(u) = \alpha\})$$

et

$$\tilde{f}^\mu(\alpha) = \limsup_{\eta \to 0} (1 - \frac{\log \tilde{p}(\alpha, \eta)}{\log \eta}) \ .$$

Cette fonction de spectre a l'avantage de ne présenter qu'une seule limite, ce qui dans un sens simplifie son évaluation numérique. Il est clair que

$$\tilde{p}(\alpha, \eta) \leq p(\alpha, \epsilon, \eta)$$

et donc $\tilde{f}^\mu(\alpha) \leq f^\mu_*(\alpha)$ pour tout α.

21.4 Moments d'une mesure

On peut aussi définir un spectre d'irrégularité en utilisant les moments de la mesure μ. Un *moment* est une quantité du type $\sum \mu(u_i)^q$ où les u_i rencontrent le support de la mesure et q est un nombre réel. Comme il y a beaucoup de façons de recouvrir le support, la définition des moments dépend des recouvrements choisis. Une fois encore, le réseau d'intervalles dyadiques nous fournirait des définitions simples. Cependant nous allons prendre une approche un peu plus générale.

Notation Etant donné une famille d'intervalles $\mathcal{R}$, et un réel q, on pose

$$H^\mu_q(\mathcal{R}) = \sup\{\sum_{\mathcal{R}'} \mu(u)^q \text{ où } \mathcal{R}' \subset \mathcal{R} \text{ et } \omega(\mathcal{R}') = 1\} \ .$$

On rappelle que l'indice de recouvrement $\omega(\mathcal{R}')$ vaut 1 si les intervalles de $\mathcal{R}'$ sont d'intérieurs disjoints (Chapitre 15, § 4). La quantité H_q est donc définie à partir de familles d'intervalles d'intérieurs disjoints; pour trouver la borne supérieure il faut en empiler le plus possible.

Par convention, si $\mathcal{R}$ est la famille vide (ne contenant aucun intervalle) on écrira $H^\mu_q(\mathcal{R}) = 0$.

◊ Si $\mathcal{R}$ est composé d'intervalles dont les intérieurs sont disjoints, alors $H^\mu_q(\mathcal{R}) = \sum_{u \in \mathcal{R}} \mu(u)^q$.

Dépendance de $H_q^\mu(\mathcal{R})$ par rapport à $\mathcal{R}$: Dans ce chapitre on ne considérera que des familles $\mathcal{R}$ composées d'intervalles égaux, et dont la réunion porte la mesure μ. Elles ne recouvrent pas nécessairement le support de la mesure: elles le recouvrent "à un ensemble de mesure nulle près". On peut caractériser ces familles d'intervalles par l'égalité

$$\mu(\bigcup_{u \in \mathcal{R}} u) = \|\mu\| .$$

Pour faire court, on dira qu'une telle famille d'intervalles "porte la mesure".

Bien que $H_q^\mu(\mathcal{R})$ dépende du choix des intervalles de $\mathcal{R}$, il faut remarquer que si $\|\mathcal{R}\|$ tend vers 0, l'ordre de croissance vers 0 de $H_q^\mu(\mathcal{R})$ n'en dépend pas. C'est une propriété importante qui découle directement du résultat suivant:

Soit deux familles $\mathcal{R}$ et $\mathcal{R}'$ formées d'intervalles de même longueur et dont chacune porte μ. Alors

$$H_q^\mu(\mathcal{R}) \leq 2^{q+2} H_q^\mu(\mathcal{R}') .$$

D'une suite quelconque de familles $\mathcal{R}(\eta)$ qui portent la mesure, telles que $\|\mathcal{R}(\eta)\| = \eta$, on pourra donc tirer un *invariant* de μ sous la forme de l'ordre de croissance de $H_q^\mu(\mathcal{R}(\eta))$. La démonstration de l'inégalité précédente est décrite dans le paragraphe suivant, au moins dans ses grandes lignes.

Lemmes techniques Une suite d'intervalles fermés converge (au sens de la distance de Hausdorff) si les deux suites de leurs extrémités droite et gauche convergent. La limite est encore un intervalle. Lorsque la mesure μ est finie, la mesure de la limite est limite des mesures des intervalles de la suite.

Pour toute famille $\mathcal{R}$ d'intervalles, on note $\overline{\mathcal{R}}$ la famille de tous les intervalles qui sont limites de ceux de $\mathcal{R}$. Ainsi $\mathcal{R} \subset \overline{\mathcal{R}}$ et il y a égalité dans certains cas, notamment si le nombre d'intervalles de $\mathcal{R}$ est fini. Si les intervalles de $\mathcal{R}$ sont tous de même longueur, il en est de même de ceux de $\overline{\mathcal{R}}$. On dira que $\mathcal{R}$ est *fermée* si $\mathcal{R} = \overline{\mathcal{R}}$.

On pose aussi $\cup\mathcal{R} = \cup_{u \in \mathcal{R}} u$ l'ensemble recouvert par $\mathcal{R}$, pour simplifier les notations.

LEMME *Pour toute famille $\mathcal{R}$ d'intervalles, et pour tout q:*

$$H_q^\mu(\mathcal{R}) = H_q^\mu(\overline{\mathcal{R}}) .$$

▶ On utilise la continuité de μ. ◀

LEMME *Si $\mathcal{R}$ est une famille d'intervalles de même longueur, on peut extraire de $\overline{\mathcal{R}}$ deux familles $\mathcal{R}_1$ et $\mathcal{R}_2$ d'intervalles d'intérieurs disjoints, tels que $\cup \mathcal{R} \subset (\cup \mathcal{R}_1) \cup (\cup \mathcal{R}_2)$.*

▶ On suppose que $\cup \mathcal{R}$ est borné, et on appelle E l'ensemble des extrémités gauches d'intervalles de $\overline{\mathcal{R}}$. C'est un ensemble fermé. On pose

$$x_1 = \inf\{x \in E\} .$$

Soit η la longueur des intervalles de $\mathcal{R}$. On définit par récurrence une suite x_1, ..., x_n, ... en posant

$$x_{n+1} = \begin{cases} \sup\{x \in E \text{ tel que } x_n < x \le x_n + \eta\} & \text{si cet ensemble est non vide} \\ \inf\{x \in E \text{ tel que } x_n + \eta \le x\} & \text{sinon}. \end{cases}$$

Le procédé s'arrête lorsque $\sup E \le x_n + \eta$. Soit $u_n = [x_n, x_n + \eta]$. Ces intervalles forment une famille $\mathcal{R}'$ qui recouvre $\cup\mathcal{R}$ et telle que $\omega(\mathcal{R}') \le 2$. La fin de la démonstration consiste à montrer que toute famille $\mathcal{R}'$ d'indice 2 peut se décomposer en deux familles $\mathcal{R}_1$ et $\mathcal{R}_2$ dont chacune est d'indice 1. ◀

COROLLAIRE *Si $\mathcal{R}$ et $\mathcal{R}'$ sont deux familles d'intervalles qui portent μ, et composées d'intervalles de même longueur:*

$$H_q^\mu(\mathcal{R}) \le 2^{q+2} H_q^\mu(\mathcal{R}') .$$

▶ Sans perte de généralité on peut supposer que $\omega(\mathcal{R}) = 1$, de façon que $H_q^\mu(\mathcal{R}) = \sum_{u \in \mathcal{R}} \mu(u)^q$. On suppose aussi que $\mathcal{R}'$ est fermé. On peut en extraire un sous-recouvrement $\mathcal{R}''$ tel que $\mathcal{R}'' = \mathcal{R}_1 \cup \mathcal{R}_2$ et $\omega(\mathcal{R}_1) = \omega(\mathcal{R}_2) = 1$.

Pour tout intervalle u de $\mathcal{R}$ on peut trouver deux intervalles au plus de $\mathcal{R}''$, notés u_1 et u_2, tels que $\mu(u) \le \mu(u_1 \cup u_2)$. Ceci est encore inférieur à $\mu(u_1) + \mu(u_2)$, donc à $2\max\{\mu(u_1), \mu(u_2)\}$. Appelons $J(u)$ celui des deux intervalles u_1, u_2 dont la mesure est égale à ce maximum (on peut prendre l'intervalle de gauche s'ils ont même mesure). On obtient

$$\sum_{u \in \mathcal{R}} \mu(u)^q \le 2^q \sum_{u \in \mathcal{R}} \mu(J(u))^q .$$

Pour chaque intervalle v de $\mathcal{R}''$ il existe au plus deux intervalles u distincts tels que $v = J(u)$. Donc

$$\sum_{u \in \mathcal{R}} \mu(u)^q \le 2^{q+1} \sum_{v \in \mathcal{R}''} \mu(v)^q .$$

Le membre de droite est égal à $2^{q+1}(\sum_{v \in \mathcal{R}_1} \mu(v)^q + \sum_{v \in \mathcal{R}_1} \mu(v)^q)$, où chacune de ces sommes vaut au plus $H_q^\mu(\mathcal{R}')$. Donc pour finir,

$$\sum_{u \in \mathcal{R}} \mu(u)^q \le 2^{q+2} H_q^\mu(\mathcal{R}') . \quad ◀$$

Voici une autre conséquence du lemme précédent, qui sera utile par la suite:

COROLLAIRE *Soit $\mathcal{R}$ une famille d'intervalles de longueur η, et*

$$\mu_{\min}(\mathcal{R}) = \inf\{\mu(u) \text{ où } u \in \mathcal{R}\} , \quad \mu_{\max}(\mathcal{R}) = \sup\{\mu(u) \text{ où } u \in \mathcal{R}\} .$$

Alors si $q \ge 0$:

$$\frac{L(\cup\mathcal{R})}{2\eta} \mu_{\min}(\mathcal{R})^q \le H_q^\mu(\mathcal{R}) \le \frac{L(\cup\mathcal{R})}{\eta} \mu_{\max}(\mathcal{R})^q .$$

Et si $q \le 0$:

$$\frac{L(\cup\mathcal{R})}{2\eta} \mu_{\max}(\mathcal{R})^q \le H_q^\mu(\mathcal{R}) \le \frac{L(\cup\mathcal{R})}{\eta} \mu_{\min}(\mathcal{R})^q .$$

▶ Prenons le cas $q \geq 0$. On peut extraire de $\overline{\mathcal{R}}$ deux familles $\mathcal{R}_1$ et $\mathcal{R}_2$ telles que $\omega(\mathcal{R}_1) = \omega(\mathcal{R}_2) = 1$, et qui recouvrent $\cup \mathcal{R}$. Donc

$$L(\cup \mathcal{R}) \leq L(\cup \mathcal{R}_1) + L(\cup \mathcal{R}_2) \leq 2 \max_i \{L(\cup \mathcal{R}_i)\} \ .$$

Supposons par exemple que le membre de droite de ces inégalités soit égal à $2\,L(\cup \mathcal{R}_1)$. La famille $\mathcal{R}_1$ contient exactement $L(\cup \mathcal{R}_1)/\eta$ intervalles. On en déduit que

$$\frac{L(\cup \mathcal{R})}{2\eta}\mu_{\min}(\mathcal{R})^q \leq \frac{L(\cup \mathcal{R}_1)}{\eta}\mu_{\min}(\mathcal{R})^q \leq \sum_{u \in \mathcal{R}_1} \mu(u)^q \leq H_q^\mu(\overline{\mathcal{R}}) = H_q^\mu(\mathcal{R}) \ .$$

Pour une inégalité dans l'autre sens, prendre une sous-famille quelconque $\mathcal{R}'$ telle que $\omega(\mathcal{R}') = 1$: on obtient

$$\sum_{u \in \mathcal{R}'} \mu(u)^q \leq \frac{L(\cup \mathcal{R}')}{\eta}\mu_{\max}(\mathcal{R})^q \ ,$$

donc $H_q^\mu(\mathcal{R}) \leq (L(\cup \mathcal{R}')/\eta)\mu_{\max}(\mathcal{R})^q$.

Le cas $q \leq 0$ est symétrique. ◀

Ordre de croissance de $H_q^\mu(\mathcal{R})$ A chaque $\eta \in]0,1]$, associons une famille composée d'intervalles de longueur η qui porte μ. On s'intéresse à l'ordre de croissance de $H_q^\mu(\mathcal{R}(\eta))$ lorsque η tend vers 0. On le définit ainsi pour tout réel q:

$$\boxed{\tau(q) = \liminf_{\eta \to 0} \frac{\log H_q^\mu(\mathcal{R}(\eta))}{\log \eta} \ .}$$

C'est en effet une fonction de q, mais qui ne dépend pas du choix des familles $\mathcal{R}(\eta)$ d'après un corollaire précédent.

Propriétés

1. Lorsque η est suffisamment petit, les intervalles de $\mathcal{R}(\eta)$ sont de mesure ≤ 1. Dans ce cas $H_q^\mu(\mathcal{R}(\eta))$ est une fonction décroissante de q. On en déduit que $\tau(q)$ est une fonction croissante de q.

2. Prenons $q = 0$: $H_0^\mu(\mathcal{R}(\eta))$ est le nombre maximum d'intervalles d'intérieurs disjoints et de mesure non nulle dans $\mathcal{R}(\eta)$. Ce nombre est de l'ordre de $L(\mathrm{Supp}(\mu)(\eta))/\eta$, où $\mathrm{Supp}(\mu)(\eta)$ est la η-saucisse de Minkowski de $\mathrm{Supp}(\mu)$, dont la dimension est $\Delta(\mathrm{Supp}(\mu))$. On obtient

$$\tau(0) = \liminf_{\eta \to 0} \frac{\log L(\mathrm{Supp}(\mu)(\eta))/\eta}{\log \eta} = -\Delta(\mathrm{Supp}(\mu)) \ .$$

3. Si $q = 1$, $H_q^\mu(\mathcal{R}(\eta)) \simeq \|\mu\|$. On en déduit que $\tau(1) = 0$.

4. On pose
$$\alpha_{\min} = \liminf_{\eta \to 0} \frac{\log \mu_{\max}(\mathcal{R}(\eta))}{\log \eta} \;,\; \alpha_{\max} = \liminf_{\eta \to 0} \frac{\log \mu_{\min}(\mathcal{R}(\eta))}{\log \eta} \;.$$

On note que ces deux valeurs sont ≥ 0, mais peuvent être infinies. On utilise la relation $L(\cup \mathcal{R}(\eta)) \simeq L(\mathrm{Supp}(\mu)(\eta))$ pour obtenir

$$\liminf_{\eta \to 0} \frac{\log(L(\cup \mathcal{R}(\eta))\mu_{\max}^q \mathcal{R}(\eta))/\eta}{\log \eta} = q\alpha_{\min} - \Delta(\mathrm{Supp}(\mu))$$

$$\liminf_{\eta \to 0} \frac{\log(L(\cup \mathcal{R}(\eta))\mu_{\min}^q \mathcal{R}(\eta))/\eta}{\log \eta} = q\alpha_{\min} - \Delta(\mathrm{Supp}(\mu)) \;.$$

D'après le corollaire précédent,

$$q\alpha_{\min} - \Delta(\mathrm{Supp}(\mu)) \leq \tau(q) \leq q\alpha_{\max} - \Delta(\mathrm{Supp}(\mu))$$

si $q \geq 0$, et

$$q\alpha_{\max} - \Delta(\mathrm{Supp}(\mu)) \leq \tau(q) \leq q\alpha_{\min} - \Delta(\mathrm{Supp}(\mu))$$

si $q \leq 0$. On en déduit en particulier que si $\alpha_{\min}$ est non nul, alors $\tau(-\infty) = -\infty$ et $\tau(+\infty) = +\infty$.

5. La valeur de $\tau(q)$ ne change pas si on remplace la variable η continue par une suite η_n qui tend vers 0, à condition que cette convergence ne soit pas trop rapide; il suffit en fait que le rapport $(\log \eta_n)/(\log \eta_{n+1})$ tende vers 1, comme pour la suite $\eta_n = 2^{-n}$.

Exemples

1. Prenons pour $\mathcal{R}(2^{-n})$ le recouvrement de $\mathrm{Supp}(\mu)$ par des intervalles dyadiques de rang n. On peut les noter $u_n^1, ..., u_n^{k_n}$ où $k_n = \omega_n(\mathrm{Supp}(\mu))$. Alors

$$\tau(q) = \liminf_{n \to \infty} \frac{\log \sum_{i=1}^{k_n} \mu(u_n^i)^q}{-n \log 2} \;.$$

A titre de cas particulier, on peut considérer le cas où les u_n^i ont tous même mesure: celle-ci vaut alors $\|\mu\|/k_n$. On obtient $\sum_{i=1}^{k_n} \mu(u_n^i)^q \simeq k_n^{1-q}$, et $\tau(q) = (q-1)\Delta(\mathrm{Supp}(\mu))$.

2. Prenons pour $\mathcal{R}(\eta)$ l'ensemble de tous les intervalles de longueur η. Alors $H_q^\mu(\mathcal{R}(\eta)) \simeq (1/\eta) \int_{-\infty}^{+\infty} \mu([x - \eta/2, x + \eta/2])^q \, dx$, et

$$\tau(q) = -\limsup_{\eta \to 0} \left(1 - \frac{\log \int_{-\infty}^{+\infty} \mu([x - \eta, x + \eta])^q \, dx}{\log \eta}\right) \;.$$

L'intégrale $\int_{-\infty}^{+\infty} \mu([x - \eta, x + \eta])^q \, dx$ se calcule en fait, non sur la droite toute entière, mais sur la saucisse de Minkowski $\mathrm{Supp}(\mu)(\eta)$.

21.5 Spectre de Legendre

On peut transformer la fonction $\tau(q)$ de façon à définir une fonction comparable aux spectres d'exposants locaux. Il suffit en effet d'utiliser la *transformée de Legendre* de $\tau(q)$, soit la fonction

$$f_L^\mu(\alpha) = \inf_q (\alpha q - \tau(q)).$$

On appelle cette fonction le "spectre de Legendre" de la mesure. Donnons tout de suite la relation qui en légitime l'emploi:

THÉORÈME *Soit une mesure μ finie, continue, à support compact. Alors pour tout α,*

$$f^\mu(\alpha) \leq f_L^\mu(\alpha) .$$

▶ Soit $\mathcal{R}(\alpha, \epsilon, n)$ la famille des intervalles dyadiques de rang n tels que $|\alpha(u) - \alpha| \leq \epsilon$. Nous rappelons qu'elle contient $\omega(\alpha, \epsilon, n)$ intervalles et que

$$f^\mu(\alpha, \epsilon) = \limsup_n \frac{\log \omega(\alpha, \epsilon, n)}{n \log 2} .$$

Comme $L(\cup \mathcal{R}(\alpha, \epsilon, n)) = 2^{-n} \omega(\alpha, \epsilon, n)$ et $\mu_{\min}(\mathcal{R}(\alpha, \epsilon, n)) \geq 2^{-n(\alpha+\epsilon)}$, on déduit d'un corollaire de § 4 que pour tout $q \geq 0$,

$$H_q^\mu(\mathcal{R}(\alpha, \epsilon, n)) \geq 2^{n-1} 2^{-n} \omega(\alpha, \epsilon, n) 2^{-nq(\alpha+\epsilon)} = 2^{-1-nq(\alpha+\epsilon)} \omega(\alpha, \epsilon, n) .$$

Donc

$$\tau(q) \leq \liminf_n \left(q(\alpha + \epsilon) + \frac{1}{n} - \frac{\log \omega(\alpha, \epsilon, n)}{n \log 2} \right) = q(\alpha + \epsilon) - f^\mu(\alpha, \epsilon) ,$$

soit encore $f^\mu(\alpha, \epsilon) \leq q(\alpha + \epsilon) - \tau(q)$.

Si $q \leq 0$, on utilise l'inégalité $\mu_{\max}(\mathcal{R}(\alpha, \epsilon, n)) \leq 2^{-n(\alpha-\epsilon)}$ pour obtenir $f^\mu(\alpha, \epsilon) \leq q(\alpha-\epsilon) - \tau(q)$. En faisant tendre ϵ vers 0 cela donne $f^\mu(\alpha) \leq q\alpha - \tau(q)$ pour tout réel q, d'où le résultat. ◀

◊ On peut démontrer un résultat plus général avec des arguments tout à fait semblables, en considérant non plus des intervalles dyadiques mais des familles $\mathcal{R}(\eta)$ dont chacune est composée d'intervalles de longueur η et porte la mesure μ. Il faut alors remplacer $f^\mu(\alpha)$ par la fonction

$$\lim_{\epsilon \to 0} \limsup_{\eta \to 0} \left(1 - \frac{\log p(\alpha, \epsilon, \eta)}{\log \eta} \right)$$

où $p(\alpha, \epsilon, \eta) = L(\cup \{u \in \mathcal{R}(\eta) \text{ tel que } |\alpha(u) - \alpha| \leq \epsilon\})$.

Propriétés de la transformée de Legendre : Notons pour simplifier
$$L(g)(\alpha) = \inf_q \{q\alpha - g(q)\}$$
la transformée de Legendre d'une fonction g.

1. On vérifie directement que
$$g_1(q) \leq g_2(q) \text{ pour tout } q \implies L(g_1)(\alpha) \geq L(g_1)(\alpha) \text{ pour tout } \alpha \ .$$

2. La fonction $L(g)$ est **concave**, autrement dit

Pour tout α, β, le segment d'extrémités $(\alpha, L(g)(\alpha))$ et $(\beta, L(g)(\beta))$ est situé au-dessous de la partie du graphe de $L(g)$ comprise entre α et β.

▶ Supposons $\alpha < \beta$. Tout point de $[\alpha, \beta]$ peut s'écrire $(1-t)\alpha + t\beta$, $t \in [0,1]$. Il faut montrer que
$$(1-t)L(g)(\alpha) + tL(g)(\beta) \leq L(g)((1-t)\alpha + t\beta) \ .$$
Or pour toutes fonctions g_1, g_2 ayant même domaine de définition,
$$\inf_x g_1(x) + \inf_x g_2(x) \leq \inf_x (g_1 + g_2)(x) \ .$$
On en déduit que
$$(1-t)\inf_q (q\alpha - g(q)) + t\inf_q (q\beta - g(q)) \leq \inf_q ((1-t)(q\alpha - g(q)) + t(q\beta - g(q)))$$
$$= \inf_q (q((1-t)\alpha + t\beta) - g(q)) \ .$$
Le membre de droite vaut $L(g)((1-t)\alpha + t\beta)$. ◀

3. La double transformée de Legendre $L(L(g))$ est une fonction de q comme la fonction g.

On a toujours
$$g(q) \leq L(L(g))(q) \text{ pour tout } q \ .$$

▶ Pour tout q et α, $L(L(g))(q) \geq q\alpha - L(g)(\alpha)$. Soit $\epsilon > 0$. Il existe un α_0 tel que $L(g)(\alpha_0) \leq q\alpha_0 - g(q) + \epsilon$. Donc pour tout q, $L(L(g))(q) \geq q\alpha_0 - L(g)(\alpha_0) \geq g(q) - \epsilon$. ◀

4. Lorsque g n'est pas convexe elle n'est pas égale à $L(L(g))$. Il y a égalité entre ces deux fonctions lorsque g est **continue** et **convexe**.

Propriétés de $f_L^\mu(\alpha)$

1. *La fonction f_L^μ vérifie l'inégalité*
$$f_L^\mu(\alpha) \leq \min\{\Delta(\text{Supp}(\mu)), \alpha\} \ .$$

▶ Car $q\alpha - \tau(q)$ prend la valeur $\Delta(\text{Supp}(\mu))$ pour $q = 0$, α pour $q = 1$. ◀

2. *En reprenant les notations $\alpha_{\min}$ et $\alpha_{\max}$ de la section précédente,*
$$f_L^\mu(\alpha) = -\infty \text{ pour tout } \alpha \text{ en-dehors de l'intervalle } [\alpha_{\min}, \alpha_{\max}] \ .$$

▶ Les relations vérifiées par $\tau(q)$ impliquent que

$$\inf_{q\geq 0}(q\alpha - \tau(q)) \leq \inf_{q\geq 0} q(\alpha - \alpha_{\min}) + \Delta$$

$$\inf_{q\leq 0}(q\alpha - \tau(q)) \leq \inf_{q\leq 0} q(\alpha - \alpha_{\max}) + \Delta ,$$

où $\Delta = \Delta(\mathrm{Supp}(\mu))$ est la dimension fractale du support. De ceci on tire

$$f_L^\mu(\alpha) \leq \min\{\inf_{q\geq 0} q(\alpha - \alpha_{\min}), \inf_{q\leq 0} q(\alpha - \alpha_{\max})\} + \Delta .$$

Le résultat suit facilement. ◀

3. *La fonction f_L^μ ne dépend pas de la suite $\mathcal{R}(\eta)$ choisie pour la définition de H_q^μ.*

Car $\tau(q)$ n'en dépend pas.

21.6 Egalité entre deux spectres

On a vu que pour tout α, l'inégalité $f^\mu(\alpha) \leq f_L^\mu(\alpha)$ a lieu. Or il se trouve que pour la mesure binomiale et d'autres considérées comme typiques, il s'agit en fait d'une égalité. A-t-elle lieu dans tous les cas ? Non, car f_L^μ est une fonction convexe, alors qu'un spectre f^μ ne l'est pas nécessairement. Une condition nécessaire pour l'égalité est donc la convexité de f^μ. Voici un résultat dans ce sens :

THÉORÈME *On suppose qu'il existe un intervalle borné $[\alpha_{\min}, \alpha_{\max}]$ sur lequel la fonction f^μ est positive, continue et convexe, alors que $f^\mu(\alpha) = -\infty$ en-dehors de cet intervalle. On suppose aussi que $f^\mu(\alpha, \epsilon)$ converge uniformément sur $[\alpha_{\min}, \alpha_{\max}]$ vers $f^\mu(\alpha)$ lorsque ϵ tend vers 0. Autrement dit, pour tout $\eta > 0$, il existe $\epsilon_0 > 0$ tel que*

$$\epsilon \leq \epsilon_0 \text{ et } \alpha_{\min} \leq \alpha \leq \alpha_{\max} \Longrightarrow f^\mu(\alpha, \epsilon) \leq f^\mu(\alpha) + \eta .$$

Alors $f^\mu(\alpha) = f_L^\mu(\alpha)$ pour tout α.

◊ Ces conditions sont en effet vérifiées par la mesure binomiale. Il n'est donc pas nécessaire de calculer directement f_L^μ (en passant par $\tau(q)$) pour cette mesure.

▶ Soit $\epsilon > 0$, et une suite $\alpha_1, ..., \alpha_K$ de valeurs de $[\alpha_{\min}, \alpha_{\max}]$ telle que

$$[\alpha_{\min}, \alpha_{\max}] \subset \cup_k [\alpha_k - \epsilon, \alpha_k + \epsilon] .$$

On peut trouver une telle suite avec $K \simeq (\alpha_{\max} - \alpha_{\min})/2\epsilon$. Pour tout entier n il existe $\omega(\alpha_k, \epsilon, n)$ intervalles dyadiques de rang n tels que $|\alpha(u) - \alpha_k| \leq \epsilon$, c'est-à-dire

$$2^{-n(\alpha_k + \epsilon)} \leq \mu(u) \leq 2^{-n(\alpha_k - \epsilon)} .$$

Soit $\mathcal{R}(2^{-n})$ la famille des intervalles dyadiques dont l'intérieur rencontre le support de μ, tels donc que $\mu(u) > 0$. Supposons $q \geq 0$. Alors

$$H_q^\mu(\mathcal{R}(2^{-n})) \leq \sum_{k=1}^K \omega(\alpha_k, \epsilon, n) 2^{-nq(\alpha_k - \epsilon)}$$

$$= \sum_{k=1}^K 2^{-ng(n,k)} \leq K \sup_k 2^{-ng(n,k)}$$

où

$$g(n,k) = q\alpha_k - \frac{\log \omega(\alpha_k, \epsilon, n)}{n \log 2} - q\epsilon .$$

On en déduit que

$$\frac{\log H_q^\mu(\mathcal{R}(2^{-n}))}{-n \log 2} \geq \inf_k \left\{ q\alpha_k - \frac{\log \omega(\alpha_k, \epsilon, n)}{n \log 2} \right\} - q\epsilon - \frac{\log K}{n \log 2} .$$

On a toujours $\log \omega(\alpha_k, \epsilon, n)/n \log 2 \leq \log \sup_{m \geq n} \omega(\alpha_k, \epsilon, m)/m \log 2$, qui tend vers $f^\mu(\alpha_k, \epsilon)$ losque n tend vers l'infini. Comme la borne inférieure ci-dessus est prise sur un nombre fini d'entiers k, on peut prendre la limite inférieure sur n des deux côtés pour obtenir

$$\tau(q) \geq \inf_k \{q\alpha_k - f^\mu(\alpha_k, \epsilon)\} - q\epsilon$$

$$\geq \inf_{\alpha_{\min} \leq \alpha \leq \alpha_{\max}} \{q\alpha - f^\mu(\alpha, \epsilon)\} - q\epsilon .$$

Lorsque $q \leq 0$, on utilise l'inégalité $\mu(u) \geq 2^{-n(\alpha_k + \epsilon)}$, vraie pour $\omega(\alpha_k, \epsilon, n)$ intervalles dyadiques, pour obtenir $\mu(u)^q \leq 2^{-nq(\alpha_k + \epsilon)}$, et donc en suivant le même chemin:

$$\tau(q) \geq \inf_{\alpha_{\min} \leq \alpha \leq \alpha_{\max}} \{q\alpha - f^\mu(\alpha, \epsilon)\} + q\epsilon .$$

On fait alors tendre ϵ vers 0. C'est ici que la condition de continuité uniforme entre en jeu: le membre de droite de cette inégalité tend vers la transformée de Legendre de f^μ, pour toute valeur réelle de q. On obtient $\tau(q) \geq L(f^\mu)(q)$, et donc en prenant la transformée des deux côtés

$$L(\tau)(\alpha) = f_L^\mu(\alpha) \leq L(L(f^\mu))(\alpha) .$$

Comme f^μ est continue et convexe, $f^\mu(\alpha) = L(L(f^\mu))(\alpha)$ pour tout α. D'où le résultat. ◀

21.7 Formalisme multifractal

Une mesure *suit le formalisme multifractal* au sens fort si elle vérifie l'égalité

$$S_{\dim}^\mu(\alpha) = f_L^\mu(\alpha)$$

pour tout α. C'est en effet le cas de la mesure binomiale, parangon de toutes les mesures singulières dans ce texte ! Tous les spectres des chapitres 20 et 21 coïncident alors. C'est aussi le cas des mesures dites *multinomiales* et de leurs généralisations. Cependant, en-dehors de ces classes de mesures *fractales*, le problème de donner une condition suffisante pour cette égalité ne se résout pas de façon simple. Tant que l'on n'aura pas trouvé de propriété géométrique ou analytique simple, l'intérêt de cette notion de formalisme multifractal risque de rester très abstrait, et éloigné de tout application expérimentale.

Il nous paraît qu'il existe deux démarches essentiellement différentes pour l'analyse des mesures singulières; l'une est une analyse ponctuelle, dont on a esquissé les grandes lignes dans le Chapitre 20; l'autre est une analyse locale, décrite dans ce chapitre. Pour comparer les différents spectres on peut vouloir rester dans l'une, ou dans l'autre, de ces approches analytiques; on peut aussi chercher à établir un pont entre les deux. Le travail se divise en trois:

1. Comparer entre eux les spectres d'exposants locaux. On en a présenté plusieurs dans ce chapitre, et donné un exemple de théorème de comparaison entre le spectre f^μ (défini à partir du réseau dyadique) et le spectre f_L^μ (dont on a vu qu'il était indépendant d'un réseau). Ce genre d'étude a un grand intérêt pratique. L'idéal est de trouver des formules de spectre qui soit stables numériquement et qui, appliquées à des exemples bien connus comme la mesure binomiale, présentent un aspect proche de la courbe théorique après un minimum d'itérations. Au fond la démarche est la même que pour la recherche de bonnes techniques de calcul de la dimension fractale d'un ensemble, mais ici le problème est plus compliqué.

2. Comparer entre eux les spectres d'exposants ponctuels. Nous sommes maintenant dans un autre univers, beaucoup plus proche de la théorie de la mesure. On peut se laisser guider par les résultats connus sur les dimensions d'ensembles. Par exemple, on connaît une condition pour que $\dim(E) = \hat{\Delta}(E)$: c'est que E porte une mesure pour laquelle l'exposant de Hölder $\alpha(x)$ soit une limite, constante sur E. Peut-on obtenir une condition analogue pour comparer $S_{\dim}^\mu$ et $S_{\hat{\Delta}}^\mu$? Autre exemple, on connaît une condition, d'une autre nature, pour l'égalité $\hat{\Delta}(E) = \Delta(E)$: c'est que E soit suffisamment *homogène*, c'est-à-dire que la dimension *locale* soit constante (Chapitre 19). L'égalité $S_{\hat{\Delta}}^\mu = S_{\Delta}^\mu(\limsup)$ dépend-elle également d'une forme d'homogénéité de la mesure μ?

3. Etablir un pont entre les approches ponctuelles et locales, en particulier: comparer entre eux les deux spectres $S_\Delta^\mu(\limsup)$ et f^μ. On a vu que pour tout α,
$$S_\Delta^\mu(\limsup)(\alpha) \leq f^\mu(\alpha) \ .$$

A quelles conditions obtient-on une égalité? La caractérisation des mesures pour lesquelles ces deux spectres coïncident est importante pour une bonne compréhension de la nature des mesures singulières. C'est en tous cas un problème plus large que celui du formalisme multifractal classique.

21.8 Spectres de fonctions

A toute mesure sur la droite est associée une fonction croissante, définie par

$$z(x) = \mu((-\infty, x]) \ .$$

La mesure d'un intervalle est $\mu([a,b]) = z(b) - z(a)$. Si μ est continue, la fonction z l'est également. L'analyse que l'on a faite des mesures au cours des chapitres 20 et 21 peut être considérée comme une analyse des fonctions croissantes. Sur chaque intervalle, on a mesuré l'irrégularité de z sous la forme $z(b) - z(a)$; ceci permet de définir les exposants de Hölder locaux $\alpha([a,b])$, puis les exposants ponctuels, d'où proviennent les différents spectres.

Comment procéder avec une **fonction continue** quelconque? La réponse est simple: on définit une mesure $v(u,z)$ de l'irrégularité de z sur chaque intervalle u. Cette fonction v doit être en fait une fonction d'ensembles $v(E,z)$ avec les propriétés suivantes qui sont partagées par les mesures continues:

1. *La fonction v s'annule en chaque ensemble réduit à un point:*

$$v(\{x\}, z) = 0 \ .$$

2. *Pour tout z, $v(E,z)$ est une fonction croissante d'ensembles:*

$$E_1 \subset E_2 \Longrightarrow v(E_1, z) \leq v(E_2, z) \ .$$

3. *Pour toute suite emboîtée d'ensembles $E_{n+1} \subset E_n$,*

$$v(\cap_n E_n, z) = \lim_{n \to \infty} v(E_n, z) \ .$$

4. *La fonction $v(E,z)$ est sous-additive: si E_1 et E_2 sont disjoints,*

$$v(E_1 \cup E_2, z) \leq v(E_1, z) + v(E_2, z) \ .$$

Mais v n'est pas nécessairement une mesure. Du choix de v dépend toute l'analyse multifractale des fonctions: les exposants de Hölder locaux s'écrivent

$$\alpha(u) = \frac{\log v(u,z)}{\log |u|}$$

les exposants ponctuels $\alpha(x) = \liminf_n \alpha(u_n(x))$, et tous les spectres des chapitres précédents se construisent de la même façon, et seront notés $S^z_{\dim}, ..., f^z_L,...$ Donnons deux exemples qui s'inspirent du Chapitre 12.

Oscillation On peut poser

$$v([t-\tau, t+\tau], z) = \mathrm{osc}_\tau(t, z)$$

où $\mathrm{osc}_\tau(t, z)$ est la τ-oscillation de z en t (Chapitre 12, § 2). Donc

$$v(E, z) = \sup\{z(t) - z(t') \text{ où } t, t' \text{ sont dans } E\} \ .$$

L'exposant de Hölder de l'intervalle $u = [t - \tau, t + \tau]$ s'écrit

$$\alpha(u) = \frac{1}{\log 2\tau} \log(\sup_{|s|\leq\tau} z(t+s) - \inf_{|s|\leq\tau} z(t+s)) .$$

Normes-β On reprend les normes du Chapitre 12, § 6: on choisit un réel $\beta \geq 1$ et on remplace l'oscillation par

$$v(E, z) = \left(\int_{E \times E} |z(s) - z(t)|^\beta \, ds \, dt \right)^{1/\beta} .$$

Lorsque β tend vers $+\infty$ on retrouve l'oscillation. L'exposant de Hölder de l'intervalle $u = [t - \tau, t + \tau]$ s'écrit

$$\alpha(u) = \frac{1}{\beta \log 2\tau} \log \left(\int_{-\tau}^{+\tau} \int_{-\tau}^{+\tau} |z(t+s) - z(t+s')|^\beta \, ds \, ds' \right) .$$

21.9 Références bibliographiques

Il y a de nombreux développements concernant la solution du "formalisme multifractal": voir par exemple [G. Brown, G. Michon, J. Peyrière], [L. Olsen], [S.J. Taylor], [Y. Heurteaux]. Le livre [K. Falconer 2] donne une bonne idée des relations entre spectre de Legendre et spectre f^μ, avec des détails intéressants sur les points remarquables d'un spectre. Un point de vue original sur les "spectres de grandes déviations" est décrit dans [J. Lévy-Véhel]. Il reste à faire pour ordonner et clarifier les travaux des pionniers dans ce domaine.

A. Limites supérieures et inférieures

A.1 Convergence

Il y a deux manières principales d'aborder la convergence: on peut définir ce type de comportement pour des fonctions $f(x)$ d'une variable x réelle (variable *continue*), au voisinage d'un point, ou à l'infini; ou bien, pour des suites $a(n)$ lorsque n tend vers l'infini (variable *discrète*). Si l'on considère une suite comme une fonction, définie sur l'ensemble des entiers naturels, la seconde approche peut être vue comme un cas particulier de la première. Cependant, l'approche par les suites possède un avantage pédagogique incontestable, elle rend les théorèmes plus intuitifs, et elle se trouve certainement plus proche du traitement des données expérimentales, puisque les données sont toujours liées à des variables discrètes. Au prix de quelques redites, nous garderons les deux points de vue dans cette annexe.

Commençons par quelques rappels concernant les suites.

- Une suite $a(n)$ de nombres réels est **bornée** s'il existe un nombre réel K tel que pour tout n,
$$|a(n)| \leq K \ .$$

- La suite $a(n)$ converge vers la limite a si les valeurs $a(n)$ se rapprochent de a aussi près que l'on veut lorsque n est suffisamment grand. Autrement dit, pour tout $\epsilon > 0$, il existe un entier $N(\epsilon)$ tel que
$$n \geq N(\epsilon) \Longrightarrow |a(n) - a| \leq \epsilon \ .$$

On écrit alors:
$$a(n) \longrightarrow a \ ,$$
ou encore: $a = \lim_{n \to +\infty} a(n)$.

- Par extension, $a(n)$ tend vers l'infini si, lorsque n est suffisamment grand, $a(n)$ est positif, non nul, et $1/a(n)$ tend vers 0. Ce qui revient à dire: pour tout réel K, il existe un entier $N(K)$ tel que
$$n \geq N(K) \Longrightarrow a(n) \geq K \ .$$

On écrit:
$$a(n) \longrightarrow +\infty \ .$$

- La suite est *croissante* si, pour tout n, $a(n) \leq a(n+1)$. Si une telle suite est bornée, elle converge nécessairement. La suite est *strictement croissante* si, pour tout n, $a(n) < a(n+1)$.

- Symétriquement, la suite est *décroissante* si, pour tout n, $a(n) \geq a(n+1)$. Si une telle suite est bornée, elle converge.

- Une suite *extraite* de $a(n)$ est formée de valeurs $a(k_n)$, où k_n est une suite strictement croissante d'entiers. Toute suite bornée contient une suite extraite convergente.

Exemple La suite $a(n) = (-1)^n$ ne converge pas, mais elle est bornée (on peut prendre $K = 1$), et la suite extraite $a(2n)$ converge, vers la limite 1. Ici, $k_n = 2n$.

Considérons maintenant une fonction $f(x)$, définie sur l'ensemble des nombres réels.

- $f(x)$ converge vers une limite y_0 au voisinage de x_0 si, pour tout $\epsilon > 0$, il existe une valeur $\eta(\epsilon)$ telle que

$$x \neq x_0, \ |x - x_0| \leq \eta(\epsilon) \Longrightarrow |f(x) - y_0| \leq \epsilon.$$

On écrit:
$$y_0 = \lim_{\substack{x \to x_0 \\ x \neq x_0}} f(x).$$

- $f(x)$ est continue en x_0 si $f(x)$ converge vers une limite y_0 lorsque x tend vers x_0, de telle manière que
$$y_0 = f(x_0).$$

- Par extension, $f(x)$ tend vers $+\infty$ au voisinage de x_0 si, pour tout réel K, il existe une valeur $\eta(K)$ telle que

$$x \neq x_0, \ |x - x_0| \leq \eta(K) \Longrightarrow f(x) \geq K.$$

On écrit parfois:
$$\lim_{\substack{x \to x_0 \\ x \neq x_0}} f(x) = +\infty.$$

- Des conventions du même genre sont suivies dans le cas où la variable x tend vers l'infini: le comportement de $f(x)$ se caractérise alors de la même manière que celui d'une suite $a(n)$. Par exemple, on écrit

$$\lim_{x \to +\infty} f(x) = y_0$$

lorsque, pour tout $\epsilon > 0$, il existe un réel A tel que

$$x > A \Longrightarrow |f(x) - y_0| \leq \epsilon.$$

• Voici un résultat important qui relie suites et fonctions continues: si $a(n)$ converge vers une limite finie a, et si $f(x)$ est continue en a, alors

$$f(a) = \lim_{n \to \infty} f(a(n)) \,.$$

A.2 Suites non convergentes

1. Borne supérieure d'un ensemble Soit un ensemble borné E de la droite réelle. Un **majorant** de E est un nombre réel supérieur ou égal à tout point de E. La **borne supérieure** de E est le plus petit des majorants. C'est, aussi, l'extrémité droite du plus petit intervalle contenant E. Elle est notée sup E. Si E est fermé, il contient sa borne supérieure.

2. Limite supérieure d'une suite Soit une suite $a(n)$, bornée. Pour chaque n, notons $E(n)$ l'ensemble de toutes les valeurs $a(k)$, où $k \geq n$ ($E(n)$ est parfois appelé familièrement la "queue" de la suite, à partir du rang n). La suite $E(n)$ est une suite décroissante d'ensembles, en ce sens que

$$E(n+1) \subset E(n) \,.$$

La suite sup $E(n)$ des bornes supérieures est donc une suite décroissante: elle converge, vers une limite qui est la limite supérieure de $a(n)$. On note

$$\limsup_{n \to \infty} a(n) = \lim_{n \to \infty} (\sup E(n)) \,.$$

Une autre façon de la définir consiste à utiliser les valeurs limite de la suite. On peut en effet extraire de $a(n)$ une sous-suite qui converge. La limite de cette sous-suite est une **valeur limite** de $a(n)$. Il peut se faire que, pour toutes les sous-suites convergentes, la valeur limite est la même: alors $a(n)$ est convergente. Sinon, il existe plusieurs valeurs limite (parfois une infinité). L'ensemble Ω des valeurs limites est de toutes façons fermé.

▶ En effet, considérons une suite convergente $x(k)$ de points limite de la suite $a(n)$. Pour chaque k, $x(k)$ est la limite d'une sous-suite $a(k,n)$. Soit x^* la limite de la suite $x(k)$. Pour tout ϵ on peut trouver un entier k tel que $|x(k) - x^*| \leq \epsilon/2$, et un entier n_k, tel que $|x(k) - a(k, n_k)| \leq \epsilon/2$. Comme $|a(k, n_k) - x^*| \leq \epsilon$, x^* se trouve être la limite d'une suite extraite de $a(n)$. Donc toute limite d'une suite convergente de Ω appartient à Ω: Ω est fermé. ◀

L'ensemble Ω contient donc sa borne supérieure, qui est la limite supérieure de $a(n)$:

$$\limsup a(n) = \sup \Omega .$$

Enfin, $\limsup a(n)$ se caractérise axiomatiquement de la manière suivante:

La limite supérieure de la suite $a(n)$ est la valeur α telle que, pour tout $\epsilon > 0$, il existe un entier $N(\epsilon)$ pour lequel les deux propositions suivantes sont vraies:
(i) pour tout $n \geq N(\epsilon)$, $a(n) \leq \alpha + \epsilon$;
(ii) il existe $n_0 \geq N(\epsilon)$ tel que $a(n_0) \geq \alpha - \epsilon$.

Exemples
Si $a(n) = (-1)^n$, $\limsup a(n) = 1$.
Si $a(n) = n\pi -$ (partie entière de $n\pi$), la suite $a(n)$ "remplit" l'intervalle $[0,1]$ de façon dense. Tout point de $[0,1]$ est valeur limite de la suite: donc $\limsup a(n) = 1$.
Si $a(n)$ converge, $\limsup a(n) = \lim a(n)$.

3. Limite inférieure d'une suite Cette notion est symétrique de la précédente: c'est

$$\liminf_{n\to\infty} a(n) = \lim_{n\to\infty} (\inf E(n)) ,$$

ou encore, la plus petite des valeurs limite de $a(n)$.

◊ On observe que, si $f(x)$ est continue, et croissante,

$$f(\limsup a(n)) = \limsup f(a(n)) ,$$

et

$$f(\liminf a(n)) = \liminf f(a(n)) ,$$

tandis que si $f(x)$ est décroissante,

$$f(\limsup a(n)) = \liminf f(a(n)) ,$$

et

$$f(\liminf a(n)) = \limsup f(a(n)) .$$

Par exemple, $\liminf a(n) = -\limsup(-a(n))$; ou encore, si $a(n) \neq 0$ pour tout n,

$$\liminf a(n) = \frac{1}{\limsup \frac{1}{a(n)}} .$$

A.3 Fonctions non convergentes

On étend les notions de la section 2 aux fonctions réelles d'une variable réelle. Ainsi
$$\limsup_{x \to x_0} f(x) = \lim_{\epsilon \to 0} \left(\sup f([x_0 - \epsilon, x_0 + \epsilon]) \right) :$$
cette définition est rendue possible grâce au fait que les ensembles images $f([x_0 - \epsilon, x_0 + \epsilon])$ sont des ensembles emboîtés, et que $\sup f([x_0 - \epsilon, x_0 + \epsilon])$ est donc une fonction de ϵ qui décroît lorsque ϵ décroît: elle admet une limite lorsque ϵ tend vers 0.

Mais on peut aussi définir la limite supérieure d'une fonction en x_0 en considérant les **valeurs limite** de $f(x)$: une valeur limite est un réel α tel que
$$\alpha = \lim_{n \to \infty} f(x_n),$$
où x_n est une suite convergeant vers x_0. L'ensemble de toutes les valeurs limite est un ensemble fermé, qui se réduit à la seule valeur $f(x_0)$ lorsque f est continue en x_0. Sinon, il contient plus d'une valeur, et la limite supérieure de f est la plus grande.

On peut caractériser axiomatiquement la limite supérieure en disant que

La limite supérieure de $f(x)$ en x_0 est la valeur α telle que, pour tout $\epsilon > 0$, il existe $\eta(\epsilon)$ pour laquelle les deux propositions suivantes sont vraies:
(i) $x \neq x_0$, $|x - x_0| \leq \eta(\epsilon) \Longrightarrow f(x) \leq \alpha + \epsilon$;
(ii) il existe un x_ϵ tel que $|x_\epsilon - x_0| \leq \eta(\epsilon)$, et $f(x_\epsilon) \geq \alpha - \epsilon$.

Exemples
Soit
$$f(x) = \begin{cases} 1 & \text{si } x \text{ est rationnel;} \\ 0 & \text{si } x \text{ est irrationnel:} \end{cases}$$
en tout point x_0, on a $\limsup_{x \to x_0} f(x) = 1$.

Soit $f(x) = \sin(1/x)$: l'ensemble des valeurs limite de cette fonction en $x_0 = 0$ est l'intervalle $[-1, 1]$, et $\limsup_{x \to 0} f(x) = 1$.

Si $f(x)$ est continue en x_0, $\limsup_{x \to x_0} f(x) = f(x_0)$.

◊ On peut, de la même façon, définir la limite supérieure d'une fonction lorsque x tend vers l'infini, et aussi, la limite inférieure, notion symétrique.

A.4 Limites du rapport $\log f(\epsilon) / \log g(\epsilon)$

Les rapports de logarithmes interviennent très souvent lorsqu'on parle de dimension: la raison en est donnée au Chap. 2, § 5. Les résultats techniques de cette section permettent une certaine souplesse dans les diverses formulations de $\Delta(E)$ ou de $\delta(E)$.

Nous admettons, une fois pour toutes, que les deux fonctions $f(\epsilon)$ et $g(\epsilon)$ sont définies dans un voisinage de 0, et qu'elles sont positives et non nulles. De plus, nous supposons que

$$\lim_{\epsilon \to 0} f(\epsilon) = \lim_{\epsilon \to 0} g(\epsilon) = 0.$$

- S'il existe deux constantes, $0 < c_1 \leq c_2$, telles que

$$c_1 \leq \frac{f(\epsilon)}{g(\epsilon)} \leq c_2,$$

alors

$$\lim_{\epsilon \to 0} \frac{\log f(\epsilon)}{\log g(\epsilon)} = 1.$$

▶ Car alors,
$$\log c_1 + \log g(\epsilon) \leq \log f(\epsilon) \leq \log c_2 + \log g(\epsilon).$$

Sans perdre de généralité, on peut supposer que $|g(\epsilon)| < 1$: alors

$$1 + \frac{\log c_2}{\log g(\epsilon)} \leq \frac{\log f(\epsilon)}{\log g(\epsilon)} \leq 1 + \frac{\log c_1}{\log g(\epsilon)}.$$

Les membres de gauche et de droite tendent vers 1 lorsque ϵ tend vers 0. ◀

◊ La réciproque de ce résultat n'est pas vraie: par exemple, les fonctions $f(x) = x^\alpha |\log x|$ et $g(x) = x^\alpha$ ne remplissent pas l'hypothèse, cependant le rapport $\log f(\epsilon)/\log g(\epsilon)$ tend encore vers 1.

- Voici deux représentations du même nombre:

$$\boxed{\begin{aligned}\limsup_{\epsilon \to 0} \frac{\log f(\epsilon)}{\log g(\epsilon)} &= \inf\{\alpha \text{ tel que } g(\epsilon)^\alpha/f(\epsilon) \to 0\} \\ &= \inf\{\alpha \text{ tel que } g(\epsilon)^\alpha/f(\epsilon) \\ &\qquad \text{est borné au voisinage de } 0\}.\end{aligned}}$$

▶ Appelons $\alpha_1, \alpha_2, \alpha_3$ ces trois nombres, dans l'ordre.
a) Tout d'abord, remarquons que

$$\alpha > \alpha_2 \implies g(\epsilon)^\alpha/f(\epsilon) \to 0.$$

Car, par définition de la borne inférieure, il existe un réel β tel que $\alpha > \beta > \alpha_2$, et $g(\epsilon)^\beta/f(\epsilon) \to 0$. Or $g(\epsilon)^\alpha/f(\epsilon) = g(\epsilon)^{\alpha-\beta} g(\epsilon)^\beta/f(\epsilon)$ est le produit de deux fonctions tendant vers 0.
b) De même,

$$\alpha > \alpha_3 \implies g(\epsilon)^\alpha/f(\epsilon) \text{ est borné au voisinage de } 0.$$

Car il existe un réel β, $\alpha > \beta > \alpha_3$, tel que pour un certain K, $g(\epsilon)^\beta/f(\epsilon) \leq K$. Or $g(\epsilon)^\alpha/f(\epsilon)$ est inférieur à $K g(\epsilon)^{\alpha-\beta}$, qui tend vers 0, donc en particulier est borné.

c) Montrons que
$$\alpha_1 \leq \alpha_2 :$$

Soit $\alpha > \alpha_2$. Il suffit de montrer que $\alpha \geq \alpha_1$. Comme, selon a), $g(\epsilon)^\alpha/f(\epsilon)$ tend vers 0, il existe un ϵ_0 tel que pour tout $\epsilon \leq \epsilon_0$, $g(\epsilon)^\alpha/f(\epsilon) < 1$, et $g(\epsilon) < 1$. On en déduit que $\log f(\epsilon)/\log g(\epsilon) < \alpha$. Donc $\alpha_1 \leq \alpha$.

d) Montrons que
$$\alpha_2 \leq \alpha_3 :$$

Soit $\alpha > \alpha_3$. Il suffit de montrer que $\alpha \geq \alpha_2$. Pour tout couple α, β tels que $\alpha_3 < \beta < \alpha$, il existe un K tel que $g(\epsilon)^\beta/f(\epsilon) \leq K$, donc $g(\epsilon)^\alpha/f(\epsilon) \leq K g(\epsilon)^{\alpha-\beta}$, qui tend vers 0. Donc $\alpha \geq \alpha_2$.

e) Montrons que
$$\alpha_3 \leq \alpha_1 :$$

Soit $\alpha > \alpha_1$. Il suffit de montrer que $\alpha \geq \alpha_3$. Il existe un ϵ_0 tel que, pour tout $\epsilon \leq \epsilon_0$, $\log f(\epsilon)/\log g(\epsilon) < \alpha$, et $g(\epsilon) < 1$. Ceci implique l'inégalité $g(\epsilon)^\alpha/f(\epsilon) < 1$. Donc $\alpha \geq \alpha_3$. ◀

• Les mêmes formules sont vraies si l'on remplace $f(\epsilon)$ et $g(\epsilon)$ par deux suites positives $a(n)$ et $b(n)$ qui tendent vers 0.

• Enfin, on obtient des formules symétriques pour la limite inférieure:

$$\liminf_{\epsilon \to 0} \frac{\log f(\epsilon)}{\log g(\epsilon)} = \sup\{\alpha \text{ tel que } g(\epsilon)^\alpha/f(\epsilon) \to +\infty\}$$
$$= \sup\{\alpha \text{ pour lequel il existe } h > 0 \text{ tel que}$$
$$g(\epsilon)^\alpha/f(\epsilon) > h \text{ au voisinage de } 0\}.$$

A.5 Quelques applications

1. La dimension sur la droite (Chap. 2) s'écrit

$$\Delta(E) = \limsup(1 - \frac{\log L(E(\epsilon))}{\log \epsilon}) = \frac{\log(\epsilon/L(E(\epsilon)))}{\log \epsilon}.$$

Avec $f(\epsilon) = \epsilon/L(E(\epsilon))$ et $g(\epsilon) = \epsilon$, on obtient

$$\Delta(E) = \inf\{\alpha \text{ tel que } \epsilon^{\alpha-1} L(E(\epsilon)) \to 0\}.$$

De même,
$$\delta(E) = \sup\{\alpha \text{ tel que } \epsilon^{\alpha-1} L(E(\epsilon)) \to +\infty\}.$$

2. La dimension dans le plan (Chap. 10) peut s'écrire

$$\Delta(E) = \limsup(2 - \frac{\log \mathcal{A}(E(\epsilon))}{\log \epsilon}).$$

Avec $f(\epsilon) = \epsilon^2/L(E(\epsilon))$ et $g(\epsilon) = \epsilon$, on obtient

$$\Delta(E) = \inf\{\alpha \text{ tel que } \epsilon^{\alpha-2}\mathcal{A}(E(\epsilon)) \to 0\}.$$

3. L'indice e_B est défini (Chap. 2, § 3) par

$$e_B = \limsup \frac{\log n}{|\log \frac{1}{n}\sum_{i=n}^{\infty} c_i|} = \limsup \frac{\log(1/n)}{\log \frac{1}{n}\sum_{i=n}^{\infty} c_i}.$$

Ce qui donne, avec $a(n) = 1/n$ et $b(n) = \sum_{i=n}^{\infty} c_i/n$:

$$e_B = \inf\{\alpha \text{ tel que } n^{1-\alpha}(\sum_{i=n}^{n} c_i)^{\alpha} \to 0\}.$$

On trouve de la même façon:

$$e = \limsup \frac{\log n}{|\log c_n|} = \inf\{\alpha \text{ tel que } n\, c_n^{\alpha} \to 0\},$$

et

$$e_{BM} = \limsup(1 - \frac{\log \sum_{i=n}^{\infty} c_i}{\log c_n}) = \inf\{\alpha \text{ tel que } c_n^{\alpha-1}\sum_{i=n}^{\infty} c_i \to 0\}.$$

B. Deux lemmes sur les recouvrement

B.1 Lemme de Vitali

Le lemme de Vitali est certainement l'une des pierres angulaires de la théorie géométrique de la mesure. Il en existe de nombreuses variantes, de plus ou moins grande généralité. Nous l'abordons ici sous un aspect particulier, seul utilisé dans cet ouvrage (Chap. 2, § 1 et Chap. 7, § 4): celui des recouvrements d'un sous-ensemble borné de la droite par des intervalles (ou, ce qui revient au même, d'un sous–ensemble d'une courbe de longueur finie par des arcs): la mesure utilisée est celle de la longueur. Commençons par définir ces recouvrements.

> *On appelle recouvrement de Vitali d'un ensemble E de la droite, une famille $\mathcal{F}$ d'intervalles fermés telle que, pour tout $\epsilon > 0$, on peut en extraire un recouvrement de E par des intervalles qui sont tous de longueur inférieure à ϵ.*

C'est donc une famille très riche, puisque pour tout x de E, on peut trouver une suite $(u_n(x))$ d'intervalles de $\mathcal{F}$ qui contiennent tous le point x, et dont la longueur tend vers 0.

Exemple 1 L'exemple le plus simple est peut–être celui de la famille des intervalles *dyadiques*, du type $[k/2^n, (k+1)/2^n]$, pour tous entiers n, k: c'est un recouvrement de Vitali de la droite réelle, et donc de chacun de ses sous–ensembles.

Exemple 2 La famille de tous les intervalles fermés contenant un point de E, est un recouvrement de Vitali de E. Ou encore, la famille de tous les intervalles $[x-\epsilon, x+\epsilon]$, pour tous $x \in E$, et $0 < \epsilon \leq 1$, est un recouvrement de Vitali de E.

Le lemme de Vitali montre que l'on peut extraire d'une telle famille un recouvrement de E par intervalles disjoints; ou tout au moins, un recouvrement de presque tout E.

LEMME *Soit E un ensemble borné de la droite, et $\mathcal{F}$ un recouvrement de Vitali de E. On peut en tirer une sous–famille d'intervalles disjoints $J_1, J_2, \ldots, J_n, \ldots$, telle que*
$$L(E - \cup_n J_n) = 0 .$$

Comme toujours, L désigne ici la *longueur,* autrement dit la mesure de Borel sur la droite.

▶ a) Construisons la famille des intervalles J_n. Sans perdre de généralité, supposons que tous les intervalles de $\mathcal{F}$ sont de longueur inférieure à un nombre donné.

Soit
$$s_1 = \sup_{u \in \mathcal{F}} L(u)$$
la borne supérieure de ces longueurs. On peut toujours trouver un intervalle J_1 de $\mathcal{F}$ tel que
$$L(J_1) > \frac{s_1}{2} \ .$$
Posons $\mathcal{F}_1 = \mathcal{F}$. Soit $\mathcal{F}_2$ la famille de tous les intervalles de $\mathcal{F}_1$ qui sont disjoints de J_1. On note
$$s_2 = \sup_{u \in \mathcal{F}_2} L(u) \ ,$$
et on cherche un intervalle J_2 de $\mathcal{F}_2$ tel que
$$L(J_2) > \frac{s_2}{2} \ .$$
Par récurrence: supposons choisis les intervalles disjoints $J_1, J_2, \ldots, J_{n-1}$. Soit $\mathcal{F}_n$ la famille de tous les intervalles de $\mathcal{F}$ qui sont disjoints de ces $(n-1)$ intervalles. On note
$$s_n = \sup_{u \in \mathcal{F}_n} L(u) \ ,$$
et on cherche dans $\mathcal{F}_n$ un intervalle J_n tel que
$$L(J_n) > \frac{s_n}{2} \ .$$
S'il n'existe aucun tel intervalle, le processus devra s'arrêter là. Dans ce cas, tous les points de E sont à distance nulle de la réunion des $J_1, \ldots, J_{n-1}$. Or ceux-ci sont fermés, et en nombre fini, donc leur union aussi est fermée: on en déduit
$$E \subset \bigcup_{i=1}^{n-1} J_i \ ,$$
et le lemme est prouvé (l'ensemble $E - \cup J_i$ est vide). C'est ici que nous faisons usage de l'hypothèse: les intervalles de $\mathcal{F}$ sont fermés.

Si le processus ne s'arrête pour aucune valeur de n, alors on obtient une famille infinie (J_n).

b) Il nous reste, dans le cas d'une famille infinie (J_n), à montrer que
$$L(E - \cup_n J_n) = 0 \ .$$
Pour cela, on utilise les intervalles J_n^*, de même milieu que J_n, mais de longueur $L(J_n^*) = 5 L(J_n)$. Fixons l'entier n, et considérons un intervalle J de $\mathcal{F}_n$. Il existe un entier $k \geq n$ tel que
$$s_{k+1} < L(J) \leq s_k \ .$$
Comme J n'appartient pas à $\mathcal{F}_{k+1}$, nécessairement J rencontre l'un des intervalles $J_1, \ldots, J_k$. Comme J appartient à $\mathcal{F}_n$, il est disjoint de $J_1, \ldots, J_{n-1}$. Donc J rencontre l'un des intervalles $J_n, \ldots, J_k$. Soit J_p cet intervalle. On a
$$L(J) \leq s_k \leq s_p \leq 2L(J_p) \ ,$$

donc
$$J \subset J_p^*.$$

Or tout point de E, qui n'est pas dans $\bigcup_{i=1}^{n-1} J_i$, se trouve dans un intervalle de $\mathcal{F}_n$. On en déduit qu'il appartient à la réunion des intervalles $J_n^*, J_{n+1}^*, \ldots$. En d'autres termes,
$$E - \bigcup_{i=1}^{n-1} J_i \subset \bigcup_{p=n}^{\infty} J_p^*.$$

On en tire les inégalités suivantes:
$$L(E - \bigcup_{i=1}^{\infty} J_i) \le L(E - \bigcup_{i=1}^{n-1} J_i)$$
$$\le L(\bigcup_{p=n}^{\infty} J_p^*)$$
$$\le \sum_{p=n}^{\infty} L(J_p^*)$$
$$\le 5 \sum_{p=n}^{\infty} L(J_p).$$

Comme E est borné, et comme les J_n sont disjoints, la série $\sum L(J_n)$ converge. Donc le dernier membre des inégalités précédentes tend vers 0 lorsqu'on fait tendre n vers l'infini. On en déduit que le premier membre, qui est indépendant de n, est nul. Ceci prouve le lemme. ◀

On ne se sert pas toujours du lemme tout entier: on utilise aussi le résultat partiel suivant:

COROLLAIRE *Soit E un ensemble borné de la droite, et $\mathcal{F}$ un recouvrement de Vitali de E. Pour tout $\epsilon > 0$, on peut tirer de $\mathcal{F}$ une famille finie d'intervalles disjoints $J_1, J_2, \ldots, J_n$, telle que*
$$L(E) \le \sum_{i=1}^{n} L(J_i) + \epsilon.$$

Autrement dit, les J_i recouvrent E, à un ensemble de longueur $\le \epsilon$ près. Ce corollaire se déduit immédiatement de la démonstration précédente.

▶ Car $L(E) - \sum_1^n L(J_i) \le L(E - \cup_1^n J_i)$. On prend n tel que $L(\cup_{p=n+1}^{\infty} J_p^*) \le \epsilon$. ◀

◊ Grâce à la paramétrisation par longueurs d'arc, on peut transporter directement ces résultats sur une courbe Γ de longueur finie (Chap. 7): les arcs remplacent les intervalles, moyennant quoi les recouvrements de Vitali de Γ sont définis exactement comme ci-dessus et les résultats énoncés restent vrais.

◊ Le lemme de Vitali peut également s'énoncer dans le plan. On remplace les intervalles par des figures géométriques telles que boules ou carrés, d'aires non nulles. La longueur est remplacée par l'aire. En particulier, il n'est pas possible de recouvrir un carré avec des disques disjoints, inclus dans ce carré. Mais le lemme de Vitali prouve qu'il est possible d'effectuer un empilement de disques, disjoints, à l'intérieur du carré, tel que l'ensemble non recouvert soit d'aire nulle.

Le même type de généralisation peut s'effectuer dans l'espace, ou dans un espace à n dimensions. La démonstration du lemme de Vitali est alors, de toutes façons, très proche de celle donnée sur la droite.

B.2 Recouvrements par des convexes homothétiques

On recouvre un ensemble E par des domaines convexes de même taille, et on agrandit chacun de ces domaines par une homothétie: comment évaluer l'aire du nouveau recouvrement? Voici un résultat dans ce sens.

THÉORÈME *Dans le plan muni d'axes Ox_1, Ox_2, on se donne un convexe K non dégénéré (non réduit à un segment), contenant l'origine O. On note*

$$K_\epsilon(x) = \epsilon K + x$$

l'image de K par l'homothétie de centre O, rapport ϵ, suivie de la translation $\overrightarrow{Ox}$. Enfin, soit E un ensemble borné du plan. Pour toutes valeurs $0 < \epsilon \leq \eta$,

$$\mathcal{A}(\bigcup_{x \in E} K_\eta(x)) \leq \frac{\eta^2}{\epsilon^2} \mathcal{A}(\bigcup_{x \in E} K_\epsilon(x)).$$

◊ On note que la translation de vecteur $\overrightarrow{xy}$ transforme $K_\epsilon(x)$ en $K_\epsilon(y)$, tandis que l'homothétie de centre x, rapport η/ϵ, transforme $K_\epsilon(x)$ en $K_\eta(x)$. Par conséquent,

$$\mathcal{A}(K_\eta(x)) = \frac{\eta^2}{\epsilon^2} \mathcal{A}(K_\epsilon(x)).$$

L'inégalité annoncée par le théorème devient donc une égalité lorsque les domaines $K_\eta(x)$ sont disjoints, c'est-à-dire lorsque E est composé d'un nombre fini de points dont les distances réciproques sont $\geq 2\eta$.

▶ La démonstration est en trois parties.

a) Soit x, y deux points de E, et h l'homothétie de centre x, rapport η/ϵ. On va montrer que si les deux convexes $K_\epsilon(x)$ et $K_\epsilon(y)$ se touchent:

$$h(K_\epsilon(x) \cap K_\epsilon(y)) \subset K_\eta(x) \cap K_\eta(y).$$

Soit z un point de $K_\epsilon(x) \cap K_\epsilon(y)$, $\omega = h(z)$, g l'homothétie de centre y, rapport η/ϵ, z' tel que $g(z') = \omega$, et enfin, z'' le point tel que $\overrightarrow{xz''} = \overrightarrow{xy} + \overrightarrow{xz}$. Le point ω appartient à $K_\eta(x)$, et le point z'' à $K_\epsilon(y)$. De plus, comme $\overrightarrow{zz'} = a\overrightarrow{xy}$, où $a = 1 - \epsilon/\eta < 1$ (Fig. B.1), z' se trouve sur le segment d'extrémités z et z''. Par

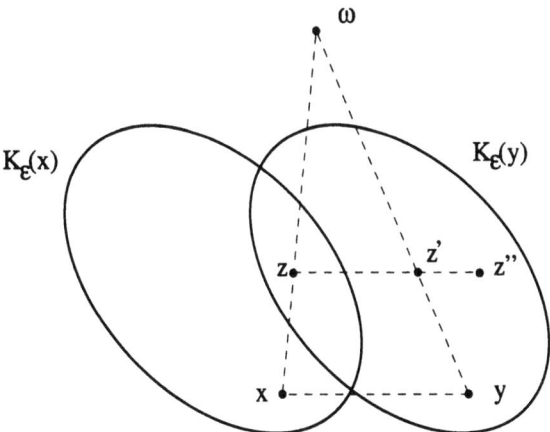

Fig. B.1. *Si le point z est dans $K_\epsilon(x) \cap K_\epsilon(y)$, le point z' se trouve dans $K_\epsilon(y)$.*

convexité, on en déduit que $z' \in K_\epsilon(y)$. Comme $g(z') = \omega$, le point ω est dans $K_\eta(y)$. Donc $\omega \in K_\eta(x) \cap K_\eta(y)$. Ceci démontre l'inclusion cherchée.

b) Supposons que E est dénombrable, et arrangeons ses points en une suite $(x_n)_{n \geq 0}$. On crée de nouvelles suites d'ensembles de recouvrement:

$$C_0 = K_\epsilon(x_0), \ldots, C_n = K_\epsilon(x_n) - \cup_{i=0}^{n-1} K_\epsilon(x_i),$$
$$C_0' = K_\eta(x_0), \ldots, C_n' = K_\eta(x_n) - \cup_{i=0}^{n-1} K_\eta(x_i).$$

Les ensembles de la suite (C_n) ne sont plus convexes, mais ils sont disjoints; de même pour ceux de (C_n'). De plus, si h_n désigne l'homothétie de centre x_n, rapport η/ϵ,
$$C_n' \subset h_n(C_n) :$$
En effet, on déduit de a) que, pour tout $i < n$,
$$h_n(K_\epsilon(x_n) \cap K_\epsilon(x_i)) \subset K_\eta(x_n) \cap K_\eta(x_i),$$
et donc:
$$K_\eta(x_n) \cap h_n(K_\epsilon(x_i)) \subset K_\eta(x_n) \cap K_\eta(x_i).$$
En utilisant le fait que h_n est une bijection,
$$K_\eta(x_n) \cap h_n(\cup_{i=0}^{n-1} K_\epsilon(x_i)) = \cup_{i=0}^{n-1}(K_\eta(x_n) \cap h_n(K_\epsilon(x_i)))$$
$$\subset \cup_{i=0}^{n-1}(K_\eta(x_n) \cap K_\eta(x_i)) = K_\eta(x_n) \cap (\cup_{i=0}^{n-1} K_\eta(x_i)).$$

Donc
$$K_\eta(x_n) - \cup_{i=0}^{n-1} K_\eta(x_i)) \subset K_\eta(x_n) - h_n(\cup_{i=0}^{n-1} K_\epsilon(x_i))$$
$$= h_n(K_\epsilon(x_n) - \cup_{i=0}^{n-1} K_\epsilon(x_i)).$$

Ceci prouve l'inclusion cherchée: $C_n' \subset h_n(C_n)$. On en tire immédiatement:

$$\mathcal{A}(C_n') \leq \frac{\eta^2}{\epsilon^2} \mathcal{A}(C_n).$$

En faisant la somme sur tous les entiers n des deux membres de cette inégalité, on trouve
$$\mathcal{A}(\cup K_\eta(x_n)) \leq \frac{\eta^2}{\epsilon^2}\mathcal{A}(\cup K_\epsilon(x_n)) \ .$$

c) Supposons E quelconque, mais borné: on peut toujours trouver dans E un sous-ensemble dénombrable F qui est *dense* dans E, c'est-à-dire tel que $F \subset E \subset \overline{F}$. Soit $a > 1$:
$$\cup_{x \in E} K_\eta(x) \subset \cup_{x \in F} K_{a\eta}(x) \ .$$

On déduit de b) que
$$\mathcal{A}(\cup_{x \in F} K_{a\eta}(x)) \leq \frac{a^2 \eta^2}{\epsilon^2} \mathcal{A}(\cup_{x \in F} K_\epsilon(x)) \ .$$

On en tire:
$$\mathcal{A}(\cup_{x \in E} K_\eta(x)) \leq \frac{a^2 \eta^2}{\epsilon^2} \mathcal{A}(\cup_{x \in E} K_\epsilon(x)) \ .$$

On fait ensuite tendre a vers 1, ce qui achève la démonstration. ◂

Application à la continuité de $\mathcal{A}(\cup_{x \in E} K_\epsilon(x))$. Avec les mêmes notations:
COROLLAIRE *La fonction $\mathcal{A}(\cup_{x \in E} K_\epsilon(x))$ est une fonction continue du compact E, et de $\epsilon > 0$.*

Autrement dit: Pour tout compact E, et pour toute suite ϵ_n convergeant vers $\epsilon > 0$, on a
$$\lim_{n \to \infty} \mathcal{A}(\cup_{x \in E} K_{\epsilon_n}(x)) = \mathcal{A}(\cup_{x \in E} K_\epsilon(x)) \ .$$
Et pour tout $\epsilon > 0$, pour toute suite E_n de compacts convergeant vers le compact E, on a
$$\lim_{n \to \infty} \mathcal{A}(\cup_{x \in E_n} K_\epsilon(x)) = \mathcal{A}(\cup_{x \in E} K_\epsilon(x)) \ .$$

▶ On désigne la fonction $\mathcal{A}(\cup_{x \in E} K_\epsilon(x))$ par $f(\epsilon)$. Soit $h_n = \epsilon_n - \epsilon$. Comme f est une fonction croissante de ϵ,
$$f(\epsilon - |h_n|) \leq f(\epsilon + h_n) \leq f(\epsilon + |h_n|) \ ,$$
et donc
$$\frac{(\epsilon - |h_n|)^2}{\epsilon^2} f(\epsilon) \leq f(\epsilon + h_n) \leq \frac{(\epsilon + |h_n|)^2}{\epsilon^2} f(\epsilon) \ .$$
On voit que $f(\epsilon + h_n)$ tend vers $f(\epsilon)$.

Pour montrer la deuxième limite, prenons une suite E_n de compacts tels que la distance de Hausdorff $\eta_n = \text{dist}(E, E_n)$ tend vers 0. Posons $f_n(\epsilon) = \mathcal{A}(\cup_{x \in E_n} K_\epsilon(x))$. Comme $E_n \subset E(\eta_n)$, on a $E_n(\epsilon) \subset E(\epsilon + \eta_n)$, donc $f_n(\epsilon) \leq f(\epsilon + \eta_n)$. Le théorème implique l'inégalité suivante:
$$f_n(\epsilon) \leq (1 + (\frac{\eta_n}{\epsilon}))^2 f(\epsilon) \ .$$

Dans l'autre sens, on remarque que $E \subset E_n(\eta)$, donc dès que $\eta_n \leq \epsilon$, $E(\epsilon - \eta_n) \subset E_n(\epsilon)$. On en déduit:

B.2 Recouvrements par des convexes homothétiques 351

$$(1 - (\frac{\eta_n}{\epsilon}))^2 f(\epsilon) \leq f_n(\epsilon) .$$

Comme η_n tend vers 0, on voit que $f_n(\epsilon)$ tend vers $f(\epsilon)$. ◀

Application aux normes. Supposons que l'ensemble convexe K du théorème admet l'origine O pour centre de symétrie. Alors il est associé, de façon unique, à une fonction $N(x)$ à valeurs réelles positives, appelée une **norme**, et définie par

$$N(x) = \inf\{\, a > 0 \text{ tel que } x \in K_a(O) \,\} .$$

Cette fonction possède les trois propriétés suivantes:

(i) $N(x) = 0 \Leftrightarrow x = 0$;
(ii) $N(\lambda x) = |\lambda| N(x)$ pour tout réel λ ;
(iii) $N(x + y) \leq N(x) + N(y)$.

Elle induit une *distance* (Chap. 4, § 2) dans le plan, par la relation

$$\text{dist}(x, y) = N(x - y) .$$

Le convexe K est confondu avec la *boule unité*

$$K = K_1(O) = \{\, x \text{ tel que } N(x) \leq 1 \,\} ,$$

et plus généralement,

$$K_\epsilon(x) = \{\, y \text{ tel que } N(x - y) \leq \epsilon \,\} .$$

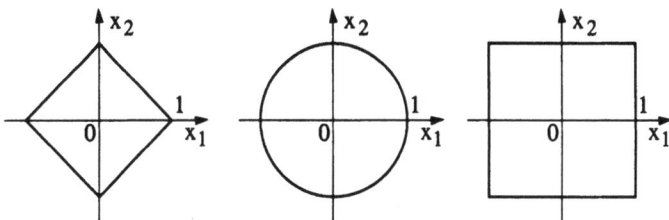

Fig. B.2. *Trois cas de normes dans le plan, déterminées par leur boule unité $K_1(O)$: norme du taxi $N_1(x) = |x_1| + |x_2|$; norme euclidienne $N_2(x) = \sqrt{x_1^2 + x_2^2}$; norme du maximum $N_\infty(x) = \max\{|x_1|, |x_2|\}$.*

La *norme euclidienne*, définie par $N(x) = \sqrt{x_1^2 + x_2^2}$, associée au convexe K qui est un disque centré en O, de rayon 1, n'est qu'un exemple de norme parmi d'autres (Fig. B.2). Ces normes définissent à leur tour de nouvelles *distances de Hausdorff* entre les ensembles compacts, correspondant à des *saucisses de Minkowski* de formes diverses. On a déjà rencontré (Chap. 10) les saucisses formées de boules centrées $B_\epsilon(x)$ (norme euclidienne), et celles formées de carrés centrés $C_\epsilon(x)$ (norme du maximum). Le théorème de cette section permet, pour chaque norme, d'établir une relation entre les deux saucisses $E(\epsilon) = \cup_{x \in E} K_\epsilon(x)$

et $E(\eta) = \cup_{x \in E} K_\eta(x)$ (utilisation dans le Chap. 10, § 6). Mais notons qu'il peut exister d'autres types d'applications: dans le théorème, l'origine O n'est pas nécessairement centre de symétrie de K.

Application à la longueur de la frontière d'une saucisse. Soit un ensemble E, et un nombre réel $\epsilon > 0$. On s'intéresse à la saucisse de Minkowski $E(\epsilon)$ (construite avec des boules centrées; mais on pourrait adopter le contexte beaucoup plus général du théorème précédent). Le Corollaire précédent nous dit que $\mathcal{A}(E(\epsilon))$ est une fonction continue de ϵ. Considérons maintenant la frontière F de cette saucisse:

$$F = \partial(E(\epsilon)) = \{\, x \text{ tel que dist}(x, E) = \epsilon \,\},$$

qui est formée d'une ou de plusieurs courbes fermées. Cet ensemble F est de *longueur finie*: ce fait, qui paraît évident, pourrait se déduire de la géométrie propre à F, qui possède en tout point un rayon de courbure $\geq \epsilon$, au moins d'un côté de F. Mais le théorème nous permet d'en donner une démonstration très simple: on peut en effet montrer que

$$\boxed{\limsup_{u \to 0} \frac{\mathcal{A}(F(u))}{2u} \leq \frac{2}{\epsilon} \mathcal{A}(E(\epsilon))\,.}$$

On en tire immédiatement (Chap. 9) que la longueur de F est bornée par le membre de droite, donc que cette longueur est finie.

▶ On vérifie cette formule, en utilisant l'inclusion

$$F(u) \subset E(\epsilon + u) - E(\epsilon - v)\,,$$

pour tous $0 < u < v < \epsilon$. On en déduit, en faisant tendre v vers u, que

$$\mathcal{A}(F(u)) \leq \mathcal{A}(E(\epsilon + u)) - \mathcal{A}(E(\epsilon - u))$$
$$\leq \left((\frac{\epsilon + u}{\epsilon - u})^2 - 1 \right) \mathcal{A}(E(\epsilon - u))\,.$$

Donc
$$\frac{\mathcal{A}(F(u))}{2u} \leq \frac{2\epsilon}{(\epsilon - u)^2} \mathcal{A}(E(\epsilon))\,.$$

Lorsque u tend vers 0, le membre de droite tend vers $2\mathcal{A}(E(\epsilon))/\epsilon$. ◀

C. Ensembles convexes dans le plan

C.1 Convexité

Un ensemble convexe K est déterminé par la propriété suivante:

Si deux points quelconques A, B appartiennent à K, le segment AB est inclus dans K.

Ou encore:

Si une droite $\mathbf{D}$ coupe K, leur intersection est un segment (éventuellement réduit à un point).

Il s'ensuit en particulier que, par chaque point extérieur à K, il passe une droite ne rencontrant pas K: à la limite, par tout point de la frontière (ou bord) ∂K de l'ensemble convexe, il passe une droite $\mathbf{D}$ telle que K est situé entièrement du même côté de $\mathbf{D}$. Une telle droite est appelée *droite de support* de K. D'où cette propriété caractéristique des ensembles convexes:

Par tout point du bord ∂K, il passe une droite de support.

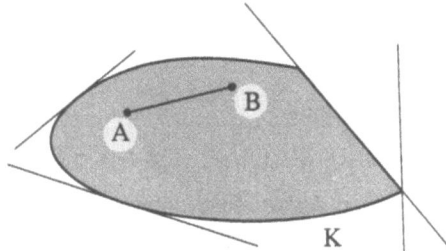

Fig. C.1. *L'ensemble K est convexe si, pour tous points A et B de K, le segment AB est inclus dans K. Un ensemble convexe se trouve toujours d'un seul côté de chacune de ses droites de support D.*

L'intérêt de la géométrie convexe, c'est qu'elle est conservée par les transformations affines: en effet, une transformation affine F, définie par une matrice et un vecteur de translation (Chap. 13, § 4), transforme une droite en une droite, et un segment en un segment; donc un ensemble convexe en un ensemble convexe.

Exemples Un disque, surface bordée par un cercle, est un ensemble convexe. Transformé par une application affine, il devient une surface bordée par une ellipse: c'est encore un ensemble convexe. Un carré est convexe, et de même toutes ses transformées affines, qui sont les parallélogrammes. Un triangle est également convexe: ses transformées sont les triangles. Un polygone régulier est convexe: ses transformées sont des *polytopes* convexes. Un segment est convexe.

◊ Si un ensemble ouvert V est convexe, sa fermeture $\overline{V}$ est aussi convexe: on appelle $\overline{V}$ un *corps convexe*. De ce fait, tout ensemble convexe et fermé est un corps convexe, à la seule exception du segment. Tous les ensembles convexes K que nous allons considérer sont des ensembles fermés: ils contiennent leur frontière ∂K. On les supposera également *bornés*.

◊ Une autre propriété intéressante de la famille des ensembles convexes est la suivante:

L'intersection de deux convexes qui se touchent est aussi convexe.

▶ En effet, si deux points A et B appartiennent à la fois à K_1 et à K_2, le segment AB se trouve dans $K_1 \cap K_2$. ◀

◊ Enfin, si une suite d'ensembles convexes (K_n) converge, au sens de la distance de Hausdorff (Chap. 5, § 2), *leur limite K est encore un ensemble convexe.*

▶ Cela se démontre aisément en remarquant que tout segment AB dont les extrémités appartiennent à K est une limite de segments $A_n B_n$ inclus dans K_n. Il est donc lui-même inclus dans K. ◀

C.2 Taille d'un ensemble convexe

Ce qu'on appelle **taille** d'un ensemble convexe K peut être déterminé par divers paramètres (Chap. 11, § 3), qui sont en fait équivalents (en ce sens que, pour tout ensemble convexe, le rapport entre deux de ces paramètres est toujours compris entre deux constantes non nulles).

• Le **diamètre** de K, défini comme

$$\mathrm{diam}\,(K) = \max\{\,\mathrm{dist}(A, B)\,:\, A \in K,\, B \in K\,\}.$$

Comme K est supposé fermé, il existe effectivement deux points, C et D, situés sur ∂K, tels que $\mathrm{dist}(C, D) = \mathrm{diam}\,(K)$. Remarquons cependant que la paire (C, D) n'est pas nécessairement unique (dans le cas du disque, toute paire de points diamétralement opposés vérifie cette égalité). Faisons passer par les points C et D une droite perpendiculaire au segment CD. On obtient ainsi deux droites de support de K: sinon, $\mathrm{dist}(C, D)$ ne serait pas la plus grande distance entre deux points de K. Par les extrémités d'un diamètre, il passe donc deux droites de support, perpendiculaires à ce diamètre. On en déduit cette autre définition du diamètre:

Le diamètre d'un ensemble K est la plus grande distance entre deux droites parallèles touchant K.

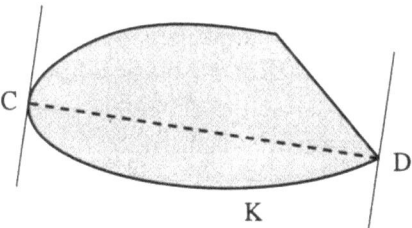

Fig. C.2. *Si CD est un diamètre du convexe K, les droites perpendiculaires à ce diamètre en C et en D sont des droites de support.*

- Le **périmètre** de K, c'est-à-dire la longueur du bord ∂K. Dans un plan où l'on a tracé un axe Ox, il existe une formule intégrale donnant exactement cette valeur: c'est

$$L(\partial K) = \int_0^\pi p(\theta)\, d\theta\,,$$

démontrée, dans un cadre plus général, dans le Chap. 8. La fonction $p(\theta)$ désigne la longueur de la projection de K sur une droite faisant l'angle θ avec Ox. Le segment, cas limite, est considéré comme un convexe dont le périmètre vaut deux fois sa longueur.

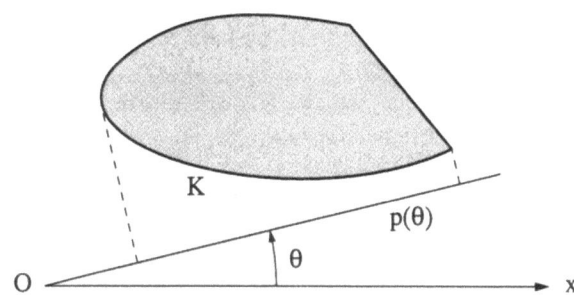

Fig. C.3. *Le périmètre de K est proportionnel à la moyenne des projections orthogonales $p(\theta)$ de K sur une droite d'angle θ.*

Le périmètre est un paramètre équivalent au diamètre: on peut montrer que

$$2\operatorname{diam}(K) \leq L(\partial K) \leq \pi \operatorname{diam}(K)\,.$$

▶ La première inégalité vient simplement du fait que, si CD est un diamètre de K, la longueur de CD est plus petite que celle des deux arcs $C\frown D$ de ∂K, de part et d'autre de CD. Quant à la deuxième, elle se vérifie grâce à la formule intégrale: en effet, pour tout θ, on a $p(\theta) \leq \operatorname{diam}(K)$. ◀

Remarquons que les limites des inégalités ci-dessus sont atteintes: $L(\partial K) = 2\operatorname{diam}(K)$ pour un segment, et $L(\partial K) = \pi \operatorname{diam}(K)$ pour un disque.

• Le **diamètre du cercle circonscrit** à K. Notons ce cercle $C(K)$. Ce diamètre est encore un paramètre équivalent au diamètre de K lui-même. En effet,

$$\operatorname{diam}(K) \leq \operatorname{diam}(C(K)) \leq \frac{2}{\sqrt{3}}\operatorname{diam}(K).$$

▶ La première inégalité est due à l'inclusion $K \subset C(K)$. La deuxième, associée aux propriétés du triangle, se démontre d'abord pour les ensembles convexes dont le bord est formé d'un nombre fini de segments (polytopes). Elle se vérifie ensuite pour les convexes quelconques par un argument d'approximation. ◀

Les limites de ces inégalités sont atteintes: $\operatorname{diam}(C(K)) = \operatorname{diam}(K)$ pour un disque, et $\operatorname{diam}(C(K)) = 2/\sqrt{3}\operatorname{diam}(K)$ pour un triangle équilatéral.

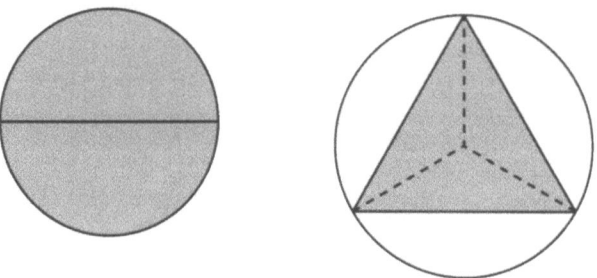

Fig. C.4. *On trace le cercle circonscrit à K: son diamètre vaut $\operatorname{diam}(K)$ pour un disque, et $2\operatorname{diam}(K)/\sqrt{3}$ pour un triangle équilatéral.*

Ces paramètres remplissent les conditions suivantes, qui les rendent propres à une bonne analyse des ensembles:

Si $F(K)$ désigne l'une des fonctions $\operatorname{diam}(K)$, $L(\partial K)$, $\operatorname{diam}(C(K))$, alors $F(K)$ est croissante:

$$K_1 \subset K_2 \Longrightarrow F(K_1) \leq F(K_2),$$

et continue:

$$Si\ K = \lim K_n,\ F(K) = \lim F(K_n).$$

▶ Ces deux propriétés sont faciles à établir pour $\operatorname{diam}(K)$ et $\operatorname{diam}(C(K))$. En ce qui concerne $L(\partial K)$, le meilleur moyen est sans doute l'utilisation des propriétés connues de l'intégrale: Si $L(\partial K_1) = \int_0^\pi p_1(\theta)\,d\theta$, et $L(\partial K_2) = \int_0^\pi p_2(\theta)\,d\theta$, l'inclusion $K_1 \subset K_2$ implique que $p_1(\theta) \leq p_2(\theta)$, donc $L(\partial K_1) \leq L(\partial K_2)$. Et si (K_n) tend vers K selon la distance de Hausdorff, alors pour tout θ, $(p_n(\theta))$ tend vers $p(\theta)$. On en déduit que $\int_0^\pi p_n(\theta)\,d\theta$ tend vers $\int_0^\pi p(\theta)\,d\theta$, par application du théorème de convergence dominée de Lebesgue. ◀

C.3 Largeur d'un ensemble convexe

Passons maintenant aux paramètres qui caractérisent l'"allongement", ou l'"épaisseur", d'un ensemble convexe:

• La **largeur** de K, notée ici

$$\text{Largeur}(K),$$

est par définition *la plus petite distance entre deux droites parallèles de part et d'autre de K*. On en déduit immédiatement que

$$\text{Largeur}(K) \leq \text{diam}(K).$$

Cette notion généralise celle de largeur d'un rectangle. On peut toujours trouver sur le bord ∂K une paire de points (non nécessairement unique), par lesquels passent deux droites de support, distantes de la valeur Largeur(K). Ainsi, tout convexe K peut s'inscrire dans un parallélogramme dont

—*les deux côtés les plus longs sont distants de* Largeur(K);
—*les deux côtés les plus courts sont distants de* diam(K).

◊ Dans un rectangle, la largeur est effectivement égale à la longueur du plus petit côté, alors que le diamètre est égal à la diagonale. L'angle entre le plus petit côté et la diagonale n'est pas un angle droit. D'une façon générale,

Si on appelle ϕ, $0 \leq \phi \leq \pi/2$, l'angle que forme une direction de diamètre avec une direction de largeur: on a

$$\boxed{\cos\phi \leq \frac{\text{Largeur}(K)}{\text{diam}(K)}.}$$

▶ Voir la Fig C.6: on peut trouver sur le parallélogramme qui circonscrit K trois points P_1, P_2, P_3, formant un triangle rectangle d'angle ϕ, tels que $\text{dist}(P_1, P_2) = \text{diam}(K)$, et $\text{dist}(P_2, P_3) \leq \text{Largeur}(K)$. ◀

• Un autre paramètre, comparable à la largeur, est le **diamètre intérieur**, soit le plus grand diamètre d'un cercle inclus dans K: on le note

$$\text{diam int}(K).$$

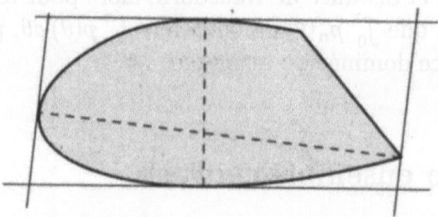

Fig. C.5. *Le convexe K est inscrit dans un parallélogramme, dont deux côtés sont distants de* diam (K), *et les deux autres de* Largeur(K).

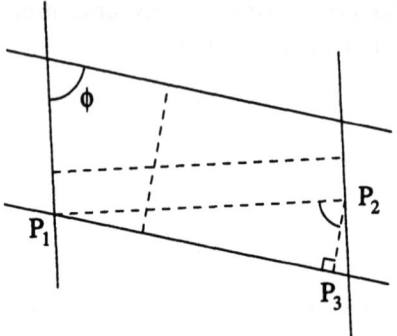

Fig. C.6. *Démonstration de l'inégalité* diam $(K) \cos \phi \leq$ Largeur(K).

On a toujours les inégalités suivantes:

$$\frac{2}{3} \text{Largeur}(K) \leq \text{diam int}(K) \leq \text{Largeur}(K) \,.$$

Nous ne donnons pas la démonstration de la première inégalité, très technique. La deuxième est immédiate. Remarquons que les bornes sont atteintes: diam int$(K) = (2/3)$ Largeur(K) dans le cas du triangle équilatéral et dans le cas du disque: diam int$(K) =$ Largeur(K). Dans ce dernier cas, la largeur est d'ailleurs aussi égale au diamètre.

• Enfin, il est parfois commode d'utiliser une notion de **largeur dans une direction perpendiculaire à un diamètre**: étant donné un diamètre de K, on va noter

$$L^{\perp}(K) \,.$$

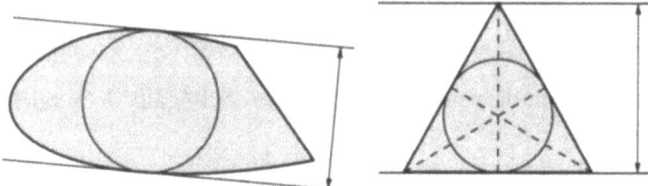

Fig. C.7. *Le diamètre intérieur n'est pas toujours égal à la largeur. Pour le triangle équilatéral, il vaut* $(2/3)$ Largeur(K).

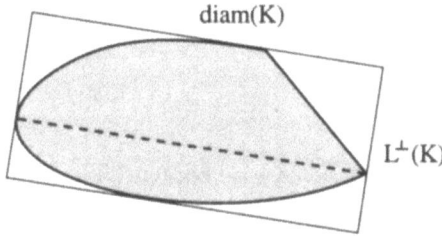

Fig. C.8. *Le convexe K peut s'inscrire dans un rectangle, dont les côtés ont pour longueur* diam(K) *et* $L^\perp(K)$.

la plus petite distance entre deux droites parallèles à ce diamètre, de part et d'autre de K.

S'il y a, dans le convexe K, plusieurs segments de longueur égale au diamètre, la définition ci-dessus est ambigüe: on peut alors définir $L^\perp(K)$ comme le minimum de toutes les valeurs obtenues en faisant varier ces diamètres. Il est assez clair que $L^\perp(K) = $ Largeur(K) dans le cas du disque, ou de l'ellipse, alors que $L^\perp(K) > $ Largeur(K) pour un rectangle. D'une façon générale:

$$\text{Largeur}(K) \leq L^\perp(K) \leq \sqrt{2}\,\text{Largeur}(K)\,.$$

▶ Seule la deuxième inégalité peut faire difficulté. Pour la démontrer, on remarque d'abord que $L^\perp(K) \leq $ Largeur$(K)/\sin\phi$, où ϕ désigne, comme précédemment, l'angle entre le diamètre et la largeur considérée. D'autre part, on a clairement $L^\perp(K) \leq $ diam(K). En remplaçant diam(K) par h_1, Largeur(K) par h_2, et $\sin\phi$ par $\sqrt{1-\cos^2\phi}$, où $\cos\phi \leq h_2/h_1$, on obtient

$$L^\perp(K) \leq h_2 \min\left\{\frac{h_1}{h_2}, \frac{1}{\sqrt{1-\left(\frac{h_2}{h_1}\right)^2}}\right\}.$$

Ce minimum est obtenu lorsque les deux termes sont égaux: leur valeur commune est alors égale à $\sqrt{2}$. ◀

Ici encore, les bornes sont atteintes (Fig. C.9).

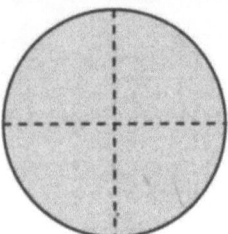 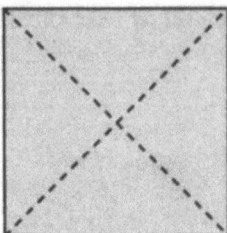

Fig. C.9. *Pour un disque, $L^\perp(K) = \text{Largeur}(K)$. Pour un carré, $L^\perp(K) = \sqrt{2}\,\text{Largeur}(K)$.*

◊ Ces paramètres jouissent des mêmes propriétés que ceux de la section 2: les fonctions $\text{Largeur}(K)$, $\text{diam int}(K)$, $L^\perp(K)$ sont en effet croissantes, et continues.

◊ Un ensemble convexe K est dit **de largeur constante** si

$$\text{diam}(K) = \text{Largeur}(K).$$

Les ensembles de largeur constante ne sont pas nécessairement des disques: nous donnons dans la Fig. C.10 un exemple d'un tel ensemble, dit *polygone de Reuleaux*, construit à l'aide d'arcs de cercle de mêmes rayons.

◊ Si l'on tient compte de la largeur, on peut obtenir une relation entre périmètre et diamètre plus fine que l'inégalité $L(\partial K) \geq 2\,\text{diam}(K)$ de § 2. On va montrer que

$$L(\partial K) \geq 2\sqrt{\text{diam}(K)^2 + L^\perp(K)^2}.$$

▶ Le convexe K s'inscrit dans un rectangle $h_1 \times h_2$, où $h_1 = \text{diam}(K)$, $h_2 = L^\perp(K)$. Notons A, B, C, D quatre points de contact des quatre côtés avec K (Fig. C.11; dans des cas limite, certains de ces points peuvent être confondus). Soit I et J les projections de B et D sur AC. On pose $x = \text{dist}(B, I)$, $y = \text{dist}(D, J)$, $s = \text{dist}(A, I)$, $t = \text{dist}(C, J)$. Comme K contient le quadrilatère $ABCD$, son périmètre vaut au moins la somme des côtés de ce quadrilatère, soit

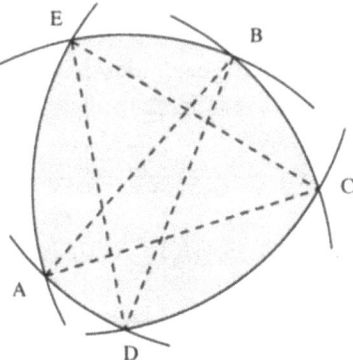

Fig. C.10. *Construction d'un polygone de Reuleaux à 5 côtés. Son diamètre est égal à sa largeur. Sa projection orthogonale sur n'importe quelle droite a donc une valeur constante: son périmètre vaut π diam(K).*

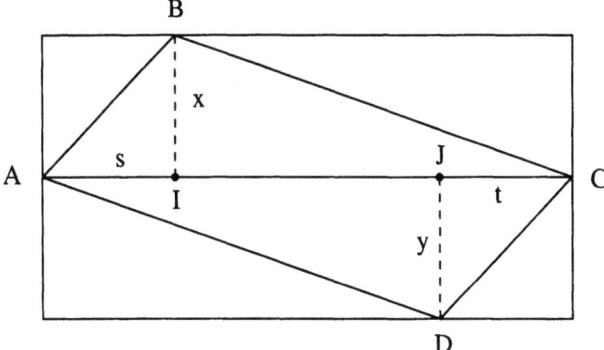

Fig. C.11. *Le plus petit périmètre du quadrilatère $ABCD$ s'obtient lorsque les quatre côtés sont égaux.*

$$L(\partial K) \geq \sqrt{x^2 + s^2} + \sqrt{x^2 + (h_1 - s)^2} + \sqrt{y^2 + t^2} + \sqrt{y^2 + (h_1 - t)^2}\,.$$

Il s'agit de trouver le minimum de cette fonction sur les 4 variables s, t, x et y, avec la contrainte $x+y = h_2$: on l'obtient pour $s = t = h_1/2$, et $x = y = h_2/2$ (on peut utiliser le fait que le minimum de la fonction $f(z) = \sqrt{z^2 + a^2} + \sqrt{(z-b)^2 + a^2}$ sur $[a, b]$ s'obtient pour $z = b/2$). On en tire:

$$L(\partial K) \geq 2\sqrt{h_1^2 + h_2^2}\,.$$

Cette inégalité devient une égalité lorsque K est un losange (quadrilatère à quatre côtés égaux). ◂

C.4 Aire d'un ensemble convexe

Les deux paramètres: diamètre et largeur, suffisent à donner un ordre de grandeur de l'aire $\mathcal{A}(K)$ d'un ensemble convexe K, mais ils ne suffisent pas à la déterminer exactement. On peut montrer que

$$\frac{1}{2}\operatorname{diam}(K)\operatorname{Largeur}(K) \leq \mathcal{A}(K) \leq \sqrt{2}\operatorname{diam}(K)\operatorname{Largeur}(K).$$

La première inégalité devient une égalité pour les triangles. En revanche, la constante $\sqrt{2}$ à droite n'est pas la meilleure possible; elle a simplement l'avantage de rendre la démonstration facile.

▶ Il suffira de démontrer les inégalités suivantes:

$$\frac{1}{2}\operatorname{diam}(K) L^{\perp}(K) \leq \mathcal{A}(K) \leq \operatorname{diam}(K) L^{\perp}(K).$$

On renvoie aux notations de la Fig. C.11: le polygone de sommets $ABCD$ est d'aire $\operatorname{diam}(K) L^{\perp}(K)/2$, et il est, clairement, inclus dans K. D'autre part, K se trouve inclus dans un rectangle d'aire $\operatorname{diam}(K) L^{\perp}(K)$. ◀

◊ On ne doit pas en conclure que le maximum de l'aire d'un convexe de diamètre donné est $\sqrt{2}\operatorname{diam}(K)^2$. En effet, *l'inégalité isopérimétrique* donne un résultat meilleur:

$$\mathcal{A}(K) \leq \frac{1}{4\pi} L(\partial K)^2,$$

avec égalité dans le cas du disque; comme $L(\partial K) \leq \pi \operatorname{diam}(K)$, on en tire:

$$\mathcal{A}(K) \leq \frac{\pi}{4}\operatorname{diam}(K)^2.$$

C.5 Enveloppe convexe

Etant donné un ensemble E du plan, on appelle **enveloppe convexe** de E, et on note

$$\mathcal{K}(E),$$

le plus petit ensemble convexe contenant E.

Il en existe bien un: en effet, l'intersection d'une famille de convexes, si elle est non vide, est encore convexe. L'enveloppe convexe peut donc se définir comme l'intersection de tous les convexes contenant E.

◊ Si E lui-même est convexe, alors $\mathcal{K}(E) = E$.

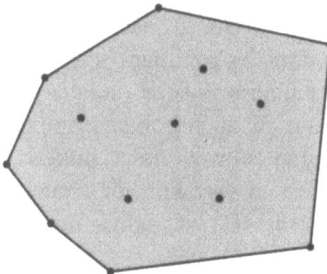

Fig. C.12. *Enveloppe convexe d'un nombre fini de points.*

◇ Si E est un ensemble fini de points, alors la frontière $\partial \mathcal{K}(E)$ de l'enveloppe convexe est faite d'un nombre fini de segments. En effet, $\mathcal{K}(E)$ est la réunion de tous les triangles ayant pour sommets trois points choisis parmi E.

◇ Si $E = \Gamma$ est une courbe simple, alors $\mathcal{K}(\Gamma)$ *est la réunion de tous les segments dont les extrémités appartiennent à la courbe.*

▶ Notons $\mathcal{U}$ cette réunion de segments. Elle doit nécessairement être incluse dans tout convexe contenant Γ: donc $\mathcal{U} \subset \mathcal{K}(\Gamma)$. Montrons d'autre part que $\mathcal{U}$ est un ensemble convexe.

On montre tout d'abord que, si A, B, C sont trois points de Γ, le triangle ABC est inclus dans $\mathcal{U}$. On suppose que les points en question sont rangés dans cet ordre sur Γ. Soit P un point intérieur au triangle, et $\mathbf{D}_1$, $\mathbf{D}_2$ les deux demi-droites, passant par P, d'origine A et C. $\mathbf{D}_1$ coupe l'arc $B\frown C$ en au moins un point: on appelle Q_1 celui de ces points qui est le plus éloigné de A. De même, $\mathbf{D}_2$ coupe l'arc $A\frown B$ en au moins un point: on appelle Q_2 celui de ces points qui est le plus éloigné de C. A cause de la simplicité de Γ, il n'y a que deux cas possibles: P se trouve sur $\mathbf{D}_1$ entre A et Q_1, ou bien P se trouve sur $\mathbf{D}_2$ entre C et Q_2. Dans les deux cas, P appartient à $\mathcal{U}$.

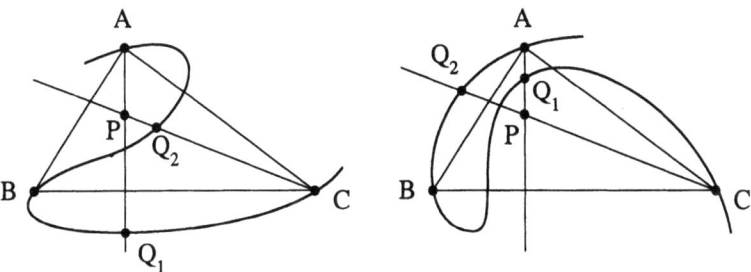

Fig. C.13. *Le point P appartient, soit au segment AQ_1, soit au segment CQ_2 (ou à ces deux segments simultanément).*

De même, tout quadrilatère convexe (surface dont le bord est formé de 4 segments) dont les 4 sommets sont sur Γ, est inclus dans $\mathcal{U}$: car ce quadrilatère se décompose en 2 triangles dont les sommets sont sur Γ.

Prenons maintenant deux points A et B dans $\mathcal{U}$: le point A appartient à un segment $A_1 A_2$ d'extrémités sur Γ, et le point B appartient à un segment $B_1 B_2$ d'extrémités sur Γ. L'enveloppe convexe des 4 points A_1, A_2, B_1, B_2 peut être un quadrilatère, un triangle, ou un segment, de sommets sur Γ. Cette enveloppe convexe, qui contient le segment AB, est incluse dans $\mathcal{U}$. Donc $AB \subset \mathcal{U}$. ◂

C.6 Périmètre de l'enveloppe convexe d'une courbe

En accord avec les notations précédentes, $L(\partial \mathcal{K}(E))$ désigne le périmètre de l'enveloppe convexe d'un ensemble E. Cette longueur a une signification géométrique:

Le périmètre de $\mathcal{K}(E)$ est la plus petite longueur que puisse avoir une courbe fermée entourant E.

▶ Pour le démontrer, il faut d'abord vérifier que la longueur d'une courbe fermée Γ quelconque est toujours plus grande que le périmètre de son enveloppe convexe:
$$L(\partial \mathcal{K}(\Gamma)) \leq L(\Gamma) \ .$$
Sans vouloir entrer dans les détails, disons en effet que $\partial \mathcal{K}(\Gamma)$ est formé de points de Γ, et de segments dont les longueurs sont plus petites que les arcs de Γ qu'ils sous-tendent.

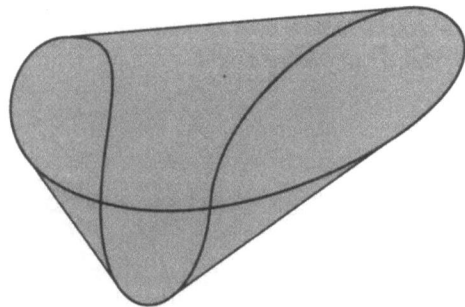

Fig. C.14. *La longueur d'une courbe fermée est toujours au moins égale au périmètre de son enveloppe convexe.*

Prenons maintenant un ensemble E, et une courbe Γ entourant E, quelconques: comme $\mathcal{K}(E) \subset \mathcal{K}(\Gamma)$, nous savons que
$$L(\partial \mathcal{K}(E)) \leq L(\partial \mathcal{K}(\Gamma)) \ .$$

En conséquence, $L(\partial \mathcal{K}(E)) \leq L(\Gamma)$. ◄

De l'inégalité
$$L(\partial \mathcal{K}(\Gamma)) \leq L(\Gamma),$$
vraie si Γ est une courbe fermée, nous déduisons immédiatement que, si Γ est une courbe quelconque, d'extrémités A et B,

$$\boxed{L(\partial \mathcal{K}(\Gamma)) \leq L(\Gamma) + \operatorname{dist}(A, B) .}$$

▶ En effet, $\Gamma \cup AB$ est une courbe fermée, et $\mathcal{K}(\Gamma \cup AB) = \mathcal{K}(\Gamma)$. ◄

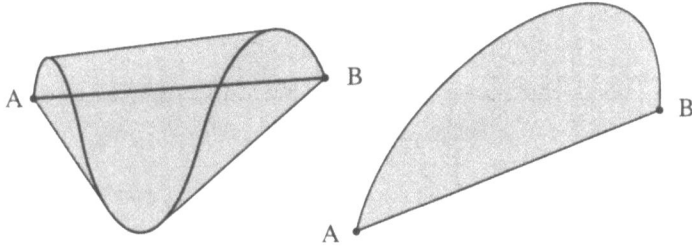

Fig. C.15. *Le périmètre de $\mathcal{K}(\Gamma)$ est au plus égal à $L(\Gamma) + \operatorname{dist}(A, B)$.*

Ce petit lemme est utilisé dans le Chap. 8, § 4. On obtient une égalité lorsque Γ est un sous-arc de la frontière d'un ensemble convexe, car alors, AB est la corde de cet arc, et $\partial \mathcal{K}(\Gamma \cup AB) = \Gamma \cup AB$.

C.7 Aire de l'enveloppe convexe d'une courbe

Quel rapport existe-t-il entre la longueur d'une courbe, la distance entre ses extrémités, et l'aire de son enveloppe convexe? Voici un résultat dans ce sens (utilisé dans le Chap. 7, § 2), pour une courbe Γ d'extrémités A et B:

$$\boxed{\mathcal{A}(\mathcal{K}(\Gamma)) \leq L(\Gamma)^{3/2} \sqrt{L(\Gamma) - \operatorname{dist}(A, B)} .}$$

▶ On sait (§ 4) que
$$\mathcal{A}(\mathcal{K}(\Gamma)) \leq \operatorname{diam}(\Gamma) \, L^\perp(\mathcal{K}(\Gamma)) .$$

En rassemblant les inégalités

$$2\sqrt{\operatorname{diam}(\Gamma)^2 + L^\perp(\mathcal{K}(\Gamma))^2} \leq L(\partial\mathcal{K}(\Gamma))$$

de § 3, et

$$L(\partial\mathcal{K}(\Gamma)) \leq L(\Gamma) + \operatorname{dist}(A,B)$$

de § 6, on trouve

$$L^\perp(\mathcal{K}(\Gamma))^2 \leq \frac{1}{4}(L(\Gamma) + \operatorname{dist}(A,B))^2 - \operatorname{diam}(\Gamma)^2 \ .$$

Avec $\operatorname{dist}(A,B) \leq \operatorname{diam}(\Gamma) \leq L(\Gamma)$, on obtient

$$L^\perp(\mathcal{K}(\Gamma)) \leq \sqrt{L(\Gamma)}\sqrt{L(\Gamma) - \operatorname{dist}(A,B)} \ :$$

D'où l'inégalité cherchée. ◀

Références

Barnsley M., *Fractals everywhere* (1988), Academic Press.

Besicovitch A.S. (1), On the sum of digits of real numlbers represented in dyadic system, *Math. Annal.* **110** (1935), 321-330.

Besicovitch A.S. (2), On the existence of tangent to rectifiable curves, *J. London Math. Soc.* **19** (1944), 205–207.

Besicovitch A.S. & Taylor S.J., On the complementary intervals of a linear closed set of zero Lebesgue measure, *J. Lond. Math. Soc.* **29** (1954), 449–459.

Billingsley P. (1), Hausdorff dimension in probability theory, *Ill. J. Math.* **4** (1960), 187–209.

Billingsley P. (2), *Ergodic Theory and Information* (1965), Wiley.

Blaschkee W., *Vorlesungen über Integralgeometrie* (1936), Leipzig.

du Bois-Reymond P., Sur la grandeur relative des infinis de fonctions, *Annali di Mathematica* **4** (1871), 338–353.

Borel E. (1), *Œuvres* (1972), éditions du C.N.R.S., Paris.

Borel E. (2), *Leçons sur la théorie de la croissance* (1910), Gauthier Villars.

Borel E. (3), *Eléments de la théorie des ensembles* (1949), Albin Michel.

Bouligand G. (1), Dimension, Etendue, Densité, *C. R. Acad. Sc. Paris* **180** (1925), 246–248.

Bouligand G. (2), Sur le potentiel et quelques théories connexes, *C.R. Acad. Sc. Paris* **184** (1927), 430–431.

Bouligand G. (3), Ensembles impropres et nombre dimensionnel, *Bull. Sc. Math.* **52** (1928), 320–334 & 361–376.

Bouligand G. (4), Sur la notion d'ordre de mesure d'un ensemble plan, *Bull. Sc. Math.* **53** (1929), 185–192.

Bouligand G. (5), *Les définitions modernes de la dimension* (1935), Hermann.

Bourbaki N., *Fonctions d'une variable réelle* **4** (1961), Hermann.

Brown G., Michon G. & Peyrière J., On the multifractal analysis of measures, *J. Statist. Phys.* **66** (1982), 775–790.

Burkill J.C. & H., *A second course in Mathematical Analysis* (1970), Cambridge University Press.

Cantor G., Traductions parues dans *Acta Mathematica*, t. 2 et suivants (1883).

Cauchy A., Note sur divers théorèmes relatifs à la rectification des courbes, et à la quadrature des surfaces, *C. R. Acad. Sc. Paris* **13** (1841). Voir dans *Œuvres de Cauchy*, t. VI, 369–379.

Crofton M.W., On the theory of local probability, applied to straight lines at random in a plane, *Phil. Trans. Royal Soc.* **158** (1868), 181–199.

Czuber E., *Geometrische Wahrscheinlichkeiten und Mittelwerte* (1984), Leipzig. Traduit sous le titre *Probabilités et moyennes géométriques* (1902), Hermann.

Deltheil R., *Probabilités géométriques* (1926), Gauthier Villars.

Denjoy A. (1), Sur une classe d'ensembles parfaits discontinus, *Atti Re. Ac. Naz. Lincei* **29** (1920), 291–294.

Denjoy A. (2), Les degrés de nullité dans la mesure des ensembles parfaits linéaires, *C. R. Acad. Sc. Paris* **259** (1964), 4449–4451.

Dubuc S. & Zaoui M., The fractal dimension of a union of trinomial arcs, *Fractals* **4** (1996), 555-562.

Dugac P., *Sur les fondements de l'Analyse de Cauchy à Baire* (1978), thèse de doctorat, U. de Paris VI.

Dupain Y., Kamae T. & Mendès France M., Can one measure the temperature of a curve?, *Arch. Rational Mech. Anal.* **94** (1986), 155–163

Dupain Y., Mendès France M. & Tricot C., Dimension de spirales, *Bull. Soc. Math. France* **111** (1983), 193–201.

Falconer K. (1), *The geometry of fractal sets* (1985), Cambridge University Press.

Falconer K. (2), *Fractal Geometry: Mathematical Foundations and Applications* (1990), Wiley.

Fast H., *L'aire de cercles généralisés* (I),(II) (en russe), Fund. Math. 46 (1959), 137-163.

Favard J., Une définition de la longueur et de l'aire, *C. R. Acad. Sc. Paris* **194** (1932), 344–346.

Federer H., *Geometric Measure Theory* (1969), Springer–Verlag.

Fréchet M., Une généralisation de la raréfaction d'un ensemble de mesure nulle, *C. R. Acad. Sc. Paris* **252** (1961), 1245–1250.

Grebogi C., Mc Donald S., Ott E. & Yorke J.A., Exterior dimension of fat fractals, *Phys. Lett. A* **110** (1985), 1–4.

Hardy G.H. (1), *Orders of infinity*, (1910), Cambridge University Press.

Hardy G.H. (2), Weierstrass non–differentiable function, *Trans. Amer. Math. Soc.* **17** (1916), 301–325.

Hata M. & Yamaguti M., The Takagi function and its generalization, *Japan J. Applied Math.* **1** (1984), 183–199.

Hata M., Fractals in Mathematics, *Stud. appl. Math.* **18** (1986), 259–278.

Hausdorff F., Dimension und äusseres Mass, *Math. Ann.* **79** (1919), 157–179.

Hawkes J., Hausdorff measure, entropy and the independence of small sets, *Proc. London Math. Soc.* **28** (1974), 700–724.

Heurteaux Y., Estimation de la dimension inférieure et de la dimension supérieure des mesures, *Ann. Inst. H. Poincaré* **34** (1998), 309–338.

Hille E. & Tamarkin J.D., Remarks on a known example of a monotone function, *Amer. Monthly* **36** (1929), 255–264.

Hobson E.W., *The theory of functions of a real variable*, 3e édition (1927), Cambridge University Press.

Hutchinson J.E., Fractal and self–similarity, *Ind. U. Math. J.* **30** (1981), 713–747.

Jordan C., *Cours d'Analyse* 2e édition (1893).

Kahane J.-P. & Salem R., *Ensembles parfaits et séries trigonométriques* (1963), Hermann.

Kaplan J., Mallet–Paret J. & Yorke J.A., The Lyapounov dimension of a nowhere differentiable attracting torus, *Ergod. Th. and Dyn. Syst.* **4** (1984), 261–281.

Knopp K., Ein Einfaches Verfarhen zur Bildung stetiger nirgends differenzierbarer Funktionen, *Math. Zeits.* **2** (1918), 1–26. Cité dans [E.W. Hobson].

Kolmogorov A.N. & Tihomirov V.M., Epsilon–entropy and epsilon–capacity of sets in functional spaces, *Amer. Math. Soc. Transl.* **17** (1961), 277–364.

Kôno N., On self–affine functions I and II, *Japan J. Appl. Math.* **3** (1986), 271–280 et **5** (1988), 441–454.

Kuratowski K., *Topologie* (1958), édité par l'Acad. des Sc. polonaise, Warsawa.

Lebesgue H. (1), *Œuvres scientifiques* (1972), Enseignement mathématique, Genève.

Lebesgue H. (2), *La mesure des grandeurs* (1956), Monographie de l'Enseignement Mathématique, réimprimé dans La Librairie Scientifique et Technique (1975), A. Blanchard.

Lévy Véhel J., Fractal Approaches in Signal Processing, *Fractal Geometry and Analysis, The Mandelbrot Festschrift, Curacao 1995* (1996), C.J.C. Evertz, H.-O. Peitgen & R. F. Voss (eds), World Scientific.

Lévy Véhel J., Lutton E. & Tricot C. (eds), *Fractals in Engineering* (1997), Springer-Verlag.

Mandelbrot B. (1), Intermittent turbulence in self-similar cascades: Divergence of high moments and dimension of the carrier, *J. Fluid Mech.* **62** (1974), 331-358.

Mandelbrot B. (2), *Fractals: Form, Chance and Dimension* (1977), Freeman.

Mandelbrot B. (3), *The Fractal Geometry of Nature* (1982), Freeman.

Mandelbrot B. (4), Self–affine fractal sets and fractal dimension, *Phys. Scr.* **32** (1986), 257–260.

Minkowski H., Über die Begriffe Länge, Oberfläche und Volumen, *Jahr. Deut. Math.* **9** (1901), 115–121.

Moran P.A.P., Measuring the length of a curve, *Biometrika* **53** (1966), 359–364.

Moszner Z., Sur une notion de raréfaction d'un ensemble de mesure nulle, *Ann. Sc. Ec. Norm. Sup.* **83** (1966), 191–200.

Normant F. & Tricot C., Fractal simplification of lines using convex hulls, *Geographical Analysis* (1992).

Olsen L., A Multifractal Formalism, *Adv. in Math.* (1995).

Peano G. (1), Rend. Lincei (4) vol.VI (1890), 54.

Peano G. (2), Sur une courbe qui remplit une aire plane, *Mathematische Annalen* **36** (1890), 157–160.

Pelling M.J., Formulae for the arc-length of a curve in $\mathcal{R}^n$, *Ann. Math. Monthly* **84** (1977), 465–467.

Perkal J., Sur les ensembles ϵ-convexes, *Colloquium Mathematicum* **4** (1956), 1–10. Voir aussi: On the length of empirical curves, *Michigan Inter-University Community of Mathematical Geographers* **10** (1966).

Pontrjagin L. & Schnirelmann L., Sur une propriété métrique de la dimension, *Ann. of Math.* **33** (1932), 156–162.

Richardson L., The problem of contiguity: an appendix of statistics for deadly quarrels, *General Systems Yearbook* **6** (1961), 139–187.

Santaló L., *Integral Geometry and Geometric Probability* (1976), Encyclopedia of Mathematics, Addison-Wesley.

Sherman S., A comparizon of linear measures in the plane, *Duke Math. J.* **9** (1942), 1–9.

Steinhaus H. (1), Sur la portée pratique et théorique de quelques théorèmes sur la mesure des ensembles de droites, *C. R. du premier congrès des mathématiciens des pays slaves* (1930), 353–354.

Steinhaus H. (2), Zur Praxis der Rectifikation und zum Längenbegrife, *Ber. Acad. Wiss.* **82** (1930), 120–130.

Steinhaus H. (3), Length, Shape and Area, *Colloq. Math.* **3** (1954), 1–13.

Tagaki T., A simple example of continuous function without derivative, *Proc. Phys. Math. Soc. Japan* **1** (1903), 176–177. Voir dans *The collected papers of Teiji Tagaki*, Iwanami Shoten Publ. (1973), Tokyo.

Taylor S.J., The Fractal analysis of Borel Measures, *J. of Fourier Anal. and Appl.* Kahane special issue (1995), 553–568.

Tricot C., *Sur la notion de densité* (1973), Cahiers du Dept. d'Econométrie de l'U. de Genève.

Tricot C. (1), *Sur la classification des ensembles boréliens de mesure de Lebesgue nulle* (1979), thèse de doctorat, U. de Genève.

Tricot C. (3), Two definitions of fractional dimension, *Math. Proc. Camb. Phil. Soc.* **91** (1982), 57–74.

Tricot C. (4), Metric properties of compact sets of measure 0 in $\mathcal{R}^2$, dans *Mesures et dimensions* (1983), thèse de doctorat, U. de Paris XI; voir aussi: Porous surfaces, dans *Constructive approximations* **5** (1989), 117–136.

Tricot C. (5), The geometry of the complement of a fractal set, *Phys. Lett. A* **114** (1986), 430–434.

Tricot C. (6), Dimension fractale et spectre, *J. Chimie Phys.* **85** (1988), 379–384.

Tricot C. (7), Local convex hulls of a curve, and the value of its fractal dimension, *Real Anal. Exchange* **5** (1990), 675–693.

Tricot C. (8), Function Norms and Fractal Dimension, *SIAM J. Math. Anal.* **28** (1997), 189-212.

Tricot C., Quiniou J.F., Wehbi D., Roques–Carmes C. & Dubuc B., Evaluation de la dimension fractale d'un graphe, *Rev. Phys. Appl.* **23** (1988), 111–124.

Wilker J.B., Sizing up a solid packing, *Per. Math. Hung.* **8** (1977), 117–134.

Yamaguti Y. & Hata M., Weierstrass's function and chaos, *Hokkaido Math. J.* **12** (1983), 333–342.

Young W.H. & G., *The theory of sets of points* (1906), Cambridge University Press.

Index

accessibilité, 287
adjacent, 129, 131, 222, 279
affinité, 161, 181, 234, 235, 292, 353
– diagonale, 174, 181
– interne, 140, 173, 185, 189, 236, 237
– triangulaire, 174
aiguille de Buffon, 89, 106
aire, **45**, 91
– d'un ensemble convexe, 362
– d'une enveloppe convexe, 76, 365
arbre (dyadique), **6**, 10, 11, 28, 312, 315
arc, **47**, 220, 266
– de Jordan, **48**, 85
– local, **145**, 148, 240
– minimal selon une jauge, 241

boîte (dyadique), **130**
borélien, 2
borne
– supérieure, 272, 339
– supérieure essentielle, 272
boule, 45
– unité d'une norme, 351

Cantor
– ensemble de, 4
– mesure de, 19
cercle circonscrit, 144, 356
chemin
– de déviation constante, 258
– de jauge constante, 240
– le long d'une courbe, 60, 61, 221
cône, 75, 82
contractante (application), 174, 191, 194, 234, 292
convergence
– d'une fonction, 21, 337
– d'une suite, 337
– uniforme, 146, 148, 197, 320, 331
coordonnées
– cartésiennes, 266
– curvilignes, 266
– polaires, 266, 269

– rectilignes, 267
corps convexe, 354
côte géographique, 61, 213, 214, 260, 289
coupure, 23
courbe, **46, 47**
– continue, 46
– de coordonnées, 266
– de Gosper, 207, 212, 275
– de jauge uniforme, 245
– de largeur constante, 260
– de largeur uniforme, 248
– de longueur finie, 46, 85, 125, 140, 146, 262, 270, 297
– de longueur infinie, **119**, 120, 139, 146, 148, 270, 277
– de Von Koch, 205, 212, 225, 230, 259, 266
– expansive, 217, 233, 236, 258
– expérimentale, 292
– fermée, 132
– fractale, 46, 122, 139, 141, **146**, 148, 210, 291
– homogène, 140, 141, 146
– homogène du point de vue de la dimension, 292, **292**
– localement rectifiable, 85, 119, 182, 291
– non rectifiable, 140, 141
– nulle part rectifiable, 140, 146
– paramétrée, 2, 63, 220, 275
– paramétrée par longueur d'arc, 63, 69
– polygonale, **48**, 51, 58, 68, 97, 105, 113, 196, 198
– polygonale d'approximation, **54**, 119, 121, 202, 239
– polygonale régulière, 60
– quadratique, 207
– rectifiable, 51, 75, 85, 122, 139, 277
– simple, 48, 199
critère
– d'expansivité, 226, 229, 235, 237
– de l'ensemble fermé, 200, 202
– de l'ensemble ouvert, 214
– de simplicité, 199, 205, 207, 235, 237

dénombrable, 2, 8, 297, 300
densité spectrale de puissance, 187
déplacement, 133, 191
déviation, 140, 217, **218**, 219, 231, 247, 248
– constante, **220**
diagramme logarithmique, **40**, 160–162, 164, 258, 260
diamètre, **109**, 133, 140, 142, 143, 217, 247, 354, 357
– intérieur, **133**, 218, 357
difféomorphisme, 30, 184, 309
digitalisation, 213
dilatation, 191
dimension, 217
– associée à une jauge, 242, 252
– associée à une norme de fonction, 159
– associée au diamètre, 252
– d'empilement, 295, 297, 301, 307
– d'empilement locale, 299
– d'intersection, 271–273
– d'un ensemble de la droite, 343
– d'un ensemble du plan, **123**, 344
– d'un graphe, 152, 155
– d'une courbe, 131, 132, 140, 146, 149, 203, 212, 253, 256, 263, 281, 287
– de Besicovitch–Taylor, 36
– de Bouligand, 20, **25**, 26, 27, 29, 38, 119, 122, 129, 306
– de Hausdorff, 276, 296, 301, 308, 310
– de similitude, 215
– directionnelle, 263, 267, 270
– du support d'une mesure, 312
– extérieure, **39**, 278, 283
– inférieure, 30, 123, 124, 126
– intérieure, 278, 283, 285
– latérale, **39**, 278, 281
– locale, 292
– polaire, 262
– supérieure, 30, 123, 126
– uniforme, 301
distance, **53**, 58, 351
– de Hausdorff, **51**, 58, 119, 122, 143, 177, 198, 199, 218, 351, 354
– locale (fonction de), 71
domaine, **132**
droite
– aléatoire, 89, 104
– de support, 353, 357
dualité
– droite–point, 90, 92
– mesure–aire, 92

échelle
– de fonctions, 23

– de Hardy, 23
empilement
– de boîtes, 280
– de boules disjointes, 278
ensemble
– borné, 29, 52, 92, 296
– compact, **53**, 55, 297, 298
– complet, 24
– connexe par arcs, 137
– convexe, 95, 97, 102, 133, 202, 217, 229, 233, 235, 237, 348, **353**
– de Cantor, 4, 9, 40, 66, 70
– de mesure nulle sur la droite, 38, 160, 272, 273, 276
– discret, 4, 6
– dual, 93, 101
– fermé, **1**, 3, 21, 35, 45, 52, 339
– fini, 22
– homogène du point de vue de la dimension, 291, **292**, 298, 299
– nulle part dense, 5, 35, 270, 298
– ouvert, **1**, 35, 45
– parfait, **4**, 5, 6, 8
– parfait symétrique, **8**, 31, 69, 312
– parfait symétrique à rapport constant, 9, 22, 28
– portant une mesure, 304
enveloppe convexe, 142, 144, 145, 205, 217, 226, 258, 362
– locale, 76, 222
équivalence (de deux fonctions), **22**; 342
escalier du diable, 65, **66**
– généralisé, 69
expansive, 224, 230, 247
exposant
– critique, 25, 124
– de convergence, 36, 308, 344
– de Hölder, 154, 155, 181
– de Hölder de mesure, 305
– de Hölder local, 321
– de similitude, 202, 204, 212

fermeture, 1, 29, 52, 124
Fibonacci (suite de), 12
fonction
– affine, 124, 173
– continue, 338
– d'ensembles σ-stable, 296, 309
– d'ensembles équivalente, 218
– d'ensembles continue, 143, 218, 356, 360
– d'ensembles croissante, 143, 218, 356, 360
– d'ensembles invariante, 29, 124, 296, 300, 309

– d'ensembles monotone, 29, 124, 262, 296, 300, 309
– d'ensembles stable, 29, 32, 124, 300, 301
– définie par une série, 169
– de distance locale, 120
– de Knopp, 155, 160, 164, 167, 274, 284
– de structure, 156
– de taille locale, 145, 146, 149, 210
– de Weierstrass, 155, 160, 164, 170, 184, 188, 274, 275, 292, 293
– de Weierstrass–Mandelbrot, 182, **184**, 268, 292
– holderienne, 154, 169, 172, 181
– holderienne uniformément, 154
– invariante, 164, 180, 182, 184, 187
– inversement holderienne, 154, 167
– limite de, 338
– nulle part dérivable, 148
– périodique, 183, 269
– uniformément continue, 55
formalisme multifractal, 332
frontière, 259, 277, 286, 287, 363
– d'un domaine, 132
– d'une saucisse, 352

générateur, 196, 199, 207, 214
graphe, **48**, 67, 126, 212, 229, 251, 258, 259, 261, 262, 264, 274, 284, 291

homéomorphisme, **55**, 132
homogène, 140
homothétie, 29, 191, 348

indice (de recouvrement), 222, 240, 324
inégalité isopérimétrique, 362
interpolation, 139
– fractale, 161
intersection
– d'un ensemble par une courbe, 274
– d'un ensemble par une droite, 89, 93, 97, 104, 261, 270
– d'une courbe par une droite, 40, 115
intervalle, 1
– contigu, 3, 6, 35, 38, 66
– dyadique, 10, 16, 345
– fondamental, 3
– isolant, **9**, 17

jacobien, 266, 268
jauge, **240**
jauges équivalentes, 243

largeur, 142, 217, **217**, 247, 357, 358, 360
– constante, 360

– uniforme, 248
limite
– inférieure, 30, 59, 128, 340, 341, 343
– supérieure, 30, 128, 339, 341, 342
logarithme itéré, 24
longueur, 15, 58, 63, 64
– d'un chemin de jauge constante, 241
– d'un ensemble de la droite, 35, 345
– d'un fermé de la droite, 3
– d'un intervalle, 3
– d'un ouvert de la droite, 3
– d'une courbe, **56**, 58, 97, 101, 102, 105, 110, 115, 148, 239, 352
– d'une courbe paramétrée, 65
– de la frontière d'une saucisse, 352
– efficace, 239, 241
– locale, 76, 84
– nulle sur la droite, 2
– nulle sur une courbe, 82

majorant, 339
matrice
– d'une similitude, 191
– orthogonale, 191
– triangulaire, 174
mesure, 2, 20, 64, 303, 304
– binomiale, 314, 322
– continue, 304
– d'empilement, 296
– d'un arc, 210
– d'une famille de droites, 90, 94, 95, 99
– de Borel dans le plan, 45
– de Borel sur la droite, 2, 68
– de Hausdorff, 86
– de recouvrement, 296
– discrète, 304
– du temps, 119
– finie, 304
– image, 64, 68
– nulle sur la droite, **15**, 16, **16**, 17, 64, 122
– nulle sur un ensemble, 85
– nulle sur une courbe, 63, 77
– singulière, 304
méthode
– à pas variables, 258, 260
– d'intersection, 276
– de calcul d'une longueur, 102, 113
– de calcul de dimension, 40, 160
– de calcul de spectre, 333
– de la saucisse de Minkowski, 161, 212, 276
– de variation, 162, 212, 257, 258
– des boîtes, 161, 212, 276
– des diamètres, 212, 213, 233, 257, 258

- des enveloppes convexes, 257
- du compas, 60, 239

multiplicité
- d'un point d'une courbe, 48
- d'une projection, 101

nombre
- normal, 314
- p-normal, 314

norme
- géométrique dans le plan, **351**
- N^α d'une fonction, 151, 156, 335

opération
- de σ-stabilisation, 300
- du type $\mathcal{T}$, 233, 235, 236, 253
- Minkowski inverse, 286

ordre de croissance, 21, 23, **23**, 25, 35, 36, 38, 149, 152, 327

oscillation locale, 148, 154, 162, 334

parallélogramme, 235, 236
paramétrisation, 64, 67, 75, 119, 120, 147, 195, 209, 275
- naturelle, 208, 210, 212
- par longueurs d'arc, **63**, 347

paramètre, 47
périmètre (d'un ensemble convexe), 95, 355, 364

point
- de dimension maximale, 293
- double, **48**
- isolé, 4

polygone de Reuleaux, 361

presque partout, **63**, 67, 75, 77, 82, 84, 111, 148, 273, 325

probabilité
- (mesure de) sur la droite, 304
- (mesure de) sur une courbe, 209
- d'une famille de droites, 90, 105

raréfaction, 18
raréfaction logarithmique, 35, 41

recouvrement
- de Vitali, 16, 18, 82, 308, 345
- indice de, 222, 240, 324
- par des éléments semblables, 200
- par des boîtes centrées, 128
- par des boîtes disjointes, 129
- par des boules disjointes, 131
- par des convexes homothétiques, 348
- par des convexes locaux, 221, 224
- par des croix, 135
- par des ensembles bornés, 300
- par des figures quelconques, 132

- par intervalles, 15, 325
- par intervalles dyadiques, 27

rectangle circonscrit, 143

saucisse, 133
- autour d'un support de mesure, 327
- curviligne, 266, 267
- d'éléments carrés, 129
- d'éléments en croix, 135, 152
- de Minkowski, **19**, 21, 41, 52, 109, 115, 120, 122, 135, 222, 223, 259, 262, 267, 277, 291, 351, 352
- de segments horizontaux, 149
- de segments parallèles, 115
- demi-saucisse, 286
- des enveloppes convexes, 259
- directionnelle, 262, 267, 268, 270
- frontière de, 352
- généralisée, 133

semblable, 140, 213, 231

similitude, 124, 191, 234, 237, 292
- interne, 122, 140, 193, 201, 212, 233, 258, 282, 312
- interne généralisée, 214, 231
- interne statistique, 213, **231**, 250
- interne stricte, 212, 213, 237, 250, 264

sommet (d'une courbe polygonale), **48**

spectre
- d'une fonction invariante, 187
- de dimension, 312
- de grain, 322
- de Legendre, 329
- de puissance, 187
- des grandes déviations, 322
- multifractal de fonction, 334

spirale, 57, 65, 121, 125, 126, 128, 139, 229, 291, 297

suite
- bornée, 337
- convergente, 339
- croissante, 338
- de Cauchy, 198
- décroissante, 338
- emboîtée d'ensembles, 234

support, **304**

taille, 119, 140, **143**, 145, 146, 217, 219, 231, 247, 248, 354
- d'un arc local, 148, 245

tangente, **75**, 82, 119, 266

temps, 46, 64, 119

théorème
- de Baire, 297, 298, 301
- de convergence dominée de Lebesgue, 73

trajectoire, 46, 119, 148
translation, 29, 191, 235

valeur limite, 339, 341
valeur propre, 236
variation, **149**, 150, 153, 264
Vitali

– lemme de, 345, 347
– recouvrement de, 345

vitesse, 64, 68, 70, 119, 121, 148
– instantanée, 64, 71, 73, 148
– locale, 260
– moyenne locale, 71, 245

Impression et reliure: Legoprint S.r.l., Lavis (Trento)

MIX
Papier aus verantwortungsvollen Quellen
Paper from responsible sources
FSC® C105338

If you have any concerns about our products,
you can contact us on
ProductSafety@springernature.com

In case Publisher is established outside the EU,
the EU authorized representative is:
**Springer Nature Customer Service Center GmbH
Europaplatz 3, 69115 Heidelberg, Germany**

Printed by Libri Plureos GmbH
in Hamburg, Germany